建筑工人技术系列手册

装饰工手册（上册）
（第三版）

饶 勃 主编

中国建筑工业出版社

图书在版编目（CIP）数据

装饰工手册（上、下册）/饶勃主编. —3版. —北京：中国建筑工业出版社，2006
（建筑工人技术系列手册）
ISBN 7-112-08744-9

Ⅰ.装... Ⅱ.饶... Ⅲ.建筑装饰-工程施工-技术手册 Ⅳ.TU767-62

中国版本图书馆CIP数据核字（2006）第082002号

建筑工人技术系列手册
装饰工手册（上、下册）
（第三版）
饶 勃 主编

*

中国建筑工业出版社出版、发行（北京西郊百万庄）
新 华 书 店 经 销
霸州市顺浩图文科技发展有限公司制版
北京云浩印刷有限责任公司印刷

*

开本：787×1092毫米 1/32 印张：39½ 字数：900千字
2006年10月第三版 2006年10月第十三次印刷
印数：57001—61000册 定价：**64.00**元（上、下册）
_____
ISBN 7-112-08744-9
(15408)

版权所有 翻印必究
如有印装质量问题，可寄本社退换
（邮政编码100037）

本社网址：http://www.cabp.com.cn
网上书店：http://www.china-building.com.cn

本书根据近年来新颁布的国家标准和建筑工程施工质量验收系列规范及新材料、新技术、新工艺发展等进行编写。

全书共分17章内容,其中包括:常用数据和符号、资料;装饰识图;常用装饰工具、机具;装饰抹灰;墙面装饰工程;柱体装饰施工;吊顶工程;楼地面装饰工程;室内轻质隔墙与隔断施工;建筑涂饰工程施工;玻璃饰面装饰;门窗装饰工程;玻璃幕墙工程;金属幕墙工程;石材幕墙工程;店面及室内其他装饰施工;室内木装修。

本书特点是包括了现代建筑装饰装修施工技术丰富的内容,按照最新规范、标准编写,突出了实际操作技能,可操作性强。该书通俗易懂、文图并茂、简明实用。

本书可供建筑装饰装修行业工长、装饰工使用,也可供装饰装修行业技术培训使用参考。

* * *

责任编辑:余永祯
责任设计:董建平
责任校对:邵鸣军 张 虹

第三版出版说明

建筑工人技术系列手册1999年修订了第二版。近年来我国先后对建筑材料、建筑结构设计、建筑安装施工质量验收系列规范等进行了全面地修订,现在大量的新标准、新规范已颁布实施,这套工人技术系列手册密切结合新的标准和规范,以1996年建设部《建设行业职业技能标准》为主线进行修订。这次修订补充了许多新技术内容,但仍突出了文字通俗易懂,深入浅出,文图并茂,实用性强的特点。

这次修订的第三版反映了目前我国最新的施工技术水平,更适应21世纪建筑企业广大建筑工人的新的需求,继续成为建筑工人的良师益友。

中国建筑工业出版社
2005年1月

第二版出版说明

建筑工人技术系列手册共列题9种,自1990年出版以来深受广大建筑工人的欢迎,累计印数达到40余万册,对提高建筑工人的技术素质起到了较好的作用。

1996年建设部颁发了《建设行业职业技能标准》,1989年建设部颁发的《土木建筑工人技术等级标准》停止使用;这几年新技术、新工艺、新材料、新设备有了新的发展,为此我们组织了这套系列手册的修订。这次修订增加了许多新的技术内容,但仍保持了第一版的风格,文字通俗易懂,深入浅出,文图并茂,便于使用。

这次修订的第二版更适应新形势下的需要和要求,希望这套建筑工人技术系列手册继续成为建筑工人的良师益友。

1999年3月

第一版出版说明

随着四化建设的深入进行，工程建设的蓬勃发展，建筑施工新技术、新工艺和新材料不断涌现，为了适应这种形势，提高建筑工人技术素质与水平，满足建筑工人的使用要求，我们组织出版了这套"建筑工人技术手册"，希望这套书能成为建筑工人的良师益友，帮助他们提高技术水平，建造出更多的优质工程。

这套书是按工种来编写的，它包括了本工种初、中、高级工人必备的理论和实践知识，尽量以图表形式为主，文字通俗易懂，深入浅出，便于使用。全套书现共列题十种。

这套工人技术手册能否满足读者的要求，还希望广大读者提出批评意见，以便不断提高和改进。

中国建筑工业出版社
1990年

第三版前言

《装饰工手册》一书,自1994年出版以来,由于得到广大读者的厚爱,至今已重印12次。在此,我们除向广大读者朋友表示衷心的感谢外,希望大家更加关注本书。尤其欢迎新、老朋友们根据各自在施工中发现的问题和不足,提出您的宝贵意见,以利我们修改。使《装饰工手册》一书,在我们的共同努力下,成为本业从业人员的可靠指南。

此次第三版重点在,它是根据新规范的实施进行了全面修改。由于增加了金属饰面、金属幕墙、石材幕墙等当今装饰业中的新工艺和新的施工方法,本书会给您的工作助一臂之力。

编者
2006.6.3

目 录

1 常用数据和符号、资料 ... 1

1.1 常用字母及符号 ... 1
1.1.1 汉语拼音字母 ... 1
1.1.2 拉丁（英文）字母 ... 1
1.1.3 希腊字母 ... 2
1.1.4 常用建筑构件代号 ... 2
1.1.5 钢筋符号 ... 3
1.1.6 金属建材涂色标记 ... 3

1.2 法定计量单位 ... 4

1.3 常用单位换算 ... 6
1.3.1 长度单位及其换算 ... 6
1.3.2 常用面积单位换算 ... 12
1.3.3 常用重量单位换算 ... 12
1.3.4 力的单位换算 ... 12
1.3.5 分布荷载的单位换算 ... 13
1.3.6 kg/mm^2 与 N/mm^2 换算 ... 14

1.4 常用数值 ... 14
1.4.1 斜度与角度的换算 ... 14
1.4.2 角度与弧度的换算 ... 15
1.4.3 弧度与角度的换算 ... 16
1.4.4 角度的函数 ... 16

1.5 常用几何图形及计算公式 ... 17

1.5.1	几种特殊四边形的面积、周长的计算	17
1.5.2	圆及其部分的面积、周长的计算	17
1.5.3	正方体、长方体、棱柱、棱台、拟柱体的计算	17
1.5.4	圆柱、圆锥、圆台、球及其部分的计算	17

2 装饰识图 22

2.1 识图的基本知识 22
- 2.1.1 制图的标准和有关规定 22
- 2.1.2 投影与视图 50

2.2 建筑施工图的识读 57
- 2.2.1 建筑施工图的种类 57
- 2.2.2 建筑施工图识读的要点 58
- 2.2.3 建筑平面图的识读 58
- 2.2.4 建筑立面图的识读 62
- 2.2.5 建筑剖面图的识读 63
- 2.2.6 详图的识读 66

2.3 装饰施工图的识读 68
- 2.3.1 装饰施工平面图识读要点 68
- 2.3.2 装饰施工立面图识读要点 70
- 2.3.3 顶棚施工平面图识读要点 71
- 2.3.4 装饰施工剖面图与节点图的识读要点 72

3 常用装饰工具、机具 75

3.1 手工工具 75
- 3.1.1 木工工具 75
- 3.1.2 装饰抹灰工具 79
- 3.1.3 装饰工工具 86

3.2 电动工具 95
- 3.2.1 钻 95

3.2.2 锯（割、刨、剪）……………………………… 104
3.2.3 雕、挖、磨……………………………………… 113
3.3 气动工具…………………………………………… 118
3.3.1 钻…………………………………………… 118
3.3.2 扭、铆……………………………………… 124
3.3.3 其他气动工具、机具……………………… 130
3.4 装饰机具…………………………………………… 132
3.4.1 水磨石机…………………………………… 132
3.4.2 地面抹光机………………………………… 136
3.4.3 高压无气喷涂机…………………………… 138

4 装饰抹灰……………………………………………… 140

4.1 石粒类装饰抹灰…………………………………… 140
4.1.1 水刷石……………………………………… 140
4.1.2 干粘石……………………………………… 147
4.1.3 机喷干粘石………………………………… 155
4.1.4 斩假石（剁斧石）………………………… 157
4.2 水泥、石灰类装饰抹灰…………………………… 161
4.2.1 拉毛………………………………………… 161
4.2.2 拉条抹灰…………………………………… 166
4.2.3 假面砖抹灰………………………………… 169
4.2.4 仿假石抹灰………………………………… 171
4.2.5 拉假石……………………………………… 173
4.3 质量与安全………………………………………… 175
4.3.1 各类抹灰的质量标准……………………… 175
4.3.2 检查工具的使用及检查方法……………… 177
4.3.3 抹灰工程的安全技术……………………… 181

5 墙面装饰工程………………………………………… 184

5.1 饰面砖镶贴………………………………………… 184

- 5.1.1 外墙面砖镶贴 …………………………………… 184
- 5.1.2 耐酸饰面砖镶贴 ………………………………… 190
- 5.1.3 粉状面砖胶粘剂施工 …………………………… 198

5.2 瓷砖镶贴 …………………………………………… 202
- 5.2.1 传统方法粘贴瓷砖 ……………………………… 202
- 5.2.2 采用 SG 8407 胶粘剂镶贴 ……………………… 207
- 5.2.3 质量通病及防治措施 …………………………… 211

5.3 陶瓷锦砖镶贴 ……………………………………… 212
- 5.3.1 采用传统做法镶贴陶瓷锦砖 …………………… 212
- 5.3.2 采用 AH-05 建筑胶粘剂镶贴陶瓷锦砖 ………… 222

5.4 玻璃锦砖镶贴 ……………………………………… 225
- 5.4.1 材料要求 ………………………………………… 225
- 5.4.2 施工准备 ………………………………………… 225
- 5.4.3 施工要点 ………………………………………… 225
- 5.4.4 操作要点 ………………………………………… 225
- 5.4.5 施工中应注意事项 ……………………………… 227
- 5.4.6 质量通病及防治措施 …………………………… 228

5.5 饰面板安装 ………………………………………… 229
- 5.5.1 大理石饰面板安装 ……………………………… 229
- 5.5.2 采用 AH-03 大理石胶粘剂镶贴大理石新工艺 … 246
- 5.5.3 花岗石饰面板安装 ……………………………… 249
- 5.5.4 碎拼大理石面层施工 …………………………… 254
- 5.5.5 陶瓷壁画施工 …………………………………… 256

5.6 裱糊饰面工艺 ……………………………………… 261
- 5.6.1 基层施工 ………………………………………… 261
- 5.6.2 壁纸裱贴 ………………………………………… 267
- 5.6.3 玻璃纤维印花贴墙布 …………………………… 290
- 5.6.4 装饰墙布 ………………………………………… 292
- 5.6.5 无纺贴墙布 ……………………………………… 294

- 5.6.6 绸缎墙面粘贴工艺 ··· 295
- 5.6.7 裱糊工程质量要求及检验标准 ··· 300

5.7 金属内墙 ··· 301
- 5.7.1 施工准备 ··· 302
- 5.7.2 粘贴式单层金属板墙面安装 ··· 303
- 5.7.3 扣接式金属板墙面安装 ··· 309
- 5.7.4 嵌条式金属板墙面安装 ··· 313
- 5.7.5 金属内墙安装质量要求及检验标准 ··· 318

5.8 饰面板（砖）工程质量要求及检验标准 ··· 318
- 5.8.1 饰面板安装工程 ··· 318
- 5.8.2 饰面砖粘贴工程 ··· 318

6 柱体装饰施工 ··· 321

6.1 柱体施工 ··· 321
- 6.1.1 砖柱 ··· 321
- 6.1.2 抹水刷石抽筋圆柱面施工 ··· 325
- 6.1.3 变截面抽筋圆柱面斩假石施工 ··· 329
- 6.1.4 方柱装饰成圆柱施工 ··· 333
- 6.1.5 钢木混合结构柱体施工 ··· 339
- 6.1.6 空心圆柱体结构施工 ··· 344
- 6.1.7 钢筋混凝土圆柱体施工 ··· 345

6.2 柱体面层饰面装饰 ··· 349
- 6.2.1 大理石饰面板的安装 ··· 349
- 6.2.2 木圆柱饰面面层安装 ··· 352
- 6.2.3 不锈钢板饰面安装 ··· 353
- 6.2.4 铝合金方柱饰面板安装 ··· 371
- 6.2.5 空心石板圆柱饰面板安装 ··· 372

6.3 功能性装饰柱及半圆装饰柱施工 ··· 374
- 6.3.1 功能性装饰柱施工 ··· 374

6.3.2　半圆装饰柱施工 …………………………………… 377

7　吊顶工程 …………………………………………………… 380

7.1　吊顶的构造及种类 ………………………………………… 380
　　7.1.1　吊顶的构造 …………………………………………… 380
　　7.1.2　吊顶的种类 …………………………………………… 382
7.2　明龙骨吊顶安装 …………………………………………… 383
　　7.2.1　明龙骨吊顶构造 ……………………………………… 383
　　7.2.2　施工准备 ……………………………………………… 383
　　7.2.3　施工工艺 ……………………………………………… 385
　　7.2.4　施工要点 ……………………………………………… 385
　　7.2.5　操作要点 ……………………………………………… 386
7.3　暗龙骨吊顶安装 …………………………………………… 399
　　7.3.1　暗龙骨吊顶构造 ……………………………………… 399
　　7.3.2　施工工艺 ……………………………………………… 400
　　7.3.3　操作要点 ……………………………………………… 400
7.4　室内木制吊顶安装 ………………………………………… 411
　　7.4.1　木制吊顶构造 ………………………………………… 411
　　7.4.2　施工准备 ……………………………………………… 412
　　7.4.3　施工工艺 ……………………………………………… 412
　　7.4.4　操作要点 ……………………………………………… 412
　　7.4.5　室内木制吊顶制作安装实例 ………………………… 418
7.5　方型金属板吊顶安装 ……………………………………… 432
　　7.5.1　方型金属板吊顶构造 ………………………………… 433
　　7.5.2　施工准备 ……………………………………………… 433
　　7.5.3　施工工艺 ……………………………………………… 435
　　7.5.4　固结法安装方型金属板吊顶 ………………………… 435
　　7.5.5　搁置法安装方型金属板吊顶 ………………………… 436
　　7.5.6　卡入式安装方型金属板吊顶 ………………………… 439

7.6 条型金属板吊顶安装 ······ 440
7.6.1 封闭型和开敞型金属条板吊顶构造 ······ 440
7.6.2 施工准备 ······ 441
7.6.3 施工工艺 ······ 445
7.6.4 封闭型条板吊顶操作要点 ······ 445
7.6.5 开敞型条板（M型）吊顶操作要点 ······ 449
7.6.6 条型金属板吊顶安装注意事项 ······ 451

7.7 金属格栅吊顶安装 ······ 452
7.7.1 金属格栅吊顶构造 ······ 453
7.7.2 金属格栅吊顶单体构件 ······ 453
7.7.3 施工工艺 ······ 456
7.7.4 操作要点 ······ 457

7.8 吊顶工程质量要求及检验标准 ······ 465
7.8.1 一般规定 ······ 465
7.8.2 暗龙骨吊顶工程 ······ 466
7.8.3 明龙骨吊顶工程 ······ 467

8 楼地面装饰工程 ······ 469

8.1 楼地面的功能、组成及分类 ······ 469
8.1.1 楼地面的功能 ······ 469
8.1.2 楼地面的组成 ······ 470
8.1.3 楼地面分类 ······ 470

8.2 木楼地面装饰 ······ 470
8.2.1 施工准备 ······ 471
8.2.2 木楼地面构造 ······ 475
8.2.3 粘贴式木楼地面安装 ······ 477
8.2.4 实铺式木楼地面安装 ······ 482
8.2.5 架空式木楼地面安装 ······ 491
8.2.6 木地板质量要求及检验标准 ······ 498

8.3 活动地板及发光楼地面 … 502
8.3.1 活动地板 … 502
8.3.2 发光楼地面 … 514
8.3.3 活动地板质量要求及检验标准 … 517
8.4 塑料地板地面 … 518
8.4.1 硬质塑料地板铺贴 … 519
8.4.2 软聚氯乙烯地板铺贴 … 531
8.4.3 氯化聚乙烯卷材地板铺贴 … 535
8.4.4 塑料地板质量要求及检验标准 … 537
8.4.5 塑料地面使用中保养注意要点 … 538
8.4.6 质量通病及防治措施 … 538
8.5 地毯及铺设 … 542
8.5.1 地毯铺设方法 … 542
8.5.2 材料要求 … 543
8.5.3 施工准备 … 545
8.5.4 施工要点 … 547
8.5.5 用倒刺板固定地毯操作要点 … 548
8.5.6 用粘结法固定地毯操作要点 … 552
8.5.7 楼梯地毯的铺设操作要点 … 553
8.5.8 机织羊毛满铺地毯的铺设操作要点 … 554
8.5.9 地毯地面的质量要求及检验标准 … 555
8.5.10 地毯表面污渍的清除 … 556
8.5.11 地毯的整新与染色 … 557
8.5.12 质量通病及防治措施 … 558
8.6 板块地面施工 … 559
8.6.1 大理石板块地面 … 560
8.6.2 碎拼大理石地面 … 563
8.6.3 陶瓷锦砖地面施工 … 564
8.6.4 预制水磨石地面 … 568

8.6.5 地面砖镶贴 …………………………………… 572
8.6.6 板、块地面质量要求及检验方法 …………… 574

9 室内轻质隔墙与隔断施工 ………………………… 581

9.1 立筋式隔墙施工 ………………………………… 581
9.1.1 立筋式木骨架隔墙施工 ……………………… 582
9.1.2 立筋式钢骨架隔墙施工 ……………………… 586
9.1.3 石膏龙骨隔墙施工 …………………………… 607
9.1.4 骨架隔墙工程要求及检验标准 ……………… 614

9.2 板材式隔墙施工 ………………………………… 616
9.2.1 石膏条板隔墙施工 …………………………… 616
9.2.2 加气混凝土条板隔墙施工 …………………… 623
9.2.3 板材隔墙工程要求及检验标准 ……………… 628

9.3 石膏板贴面隔墙施工 …………………………… 629
9.3.1 施工准备 ……………………………………… 629
9.3.2 直接粘结法粘贴石膏板操作要点 …………… 632
9.3.3 板条铺板方法粘贴石膏板 …………………… 633
9.3.4 龙骨铺板方法粘贴石膏板 …………………… 634
9.3.5 耐火等级砌体的防火石膏板粘贴 …………… 635
9.3.6 石膏板贴面墙表面装饰 ……………………… 637
9.3.7 石膏板贴面墙安装注意事项 ………………… 637

9.4 金属与活动式隔断 ……………………………… 638
9.4.1 铝合金玻璃隔断 ……………………………… 639
9.4.2 铜柱复合铝板隔断 …………………………… 643
9.4.3 金属花格隔断 ………………………………… 646
9.4.4 活动式隔断 …………………………………… 650
9.4.5 活动隔墙工程质量要求及检验标准 ………… 656

9.5 竹木花格隔断的制作与安装 …………………… 658
9.5.1 竹花格隔断的制作与安装 …………………… 658

9.5.2 木花格隔断的制作与安装 …………………………… 660

10 建筑涂饰工程施工 ………………………………… 663

10.1 建筑涂饰工程材料 ………………………………… 663
10.1.1 建筑涂料 ……………………………………… 663
10.1.2 腻子 …………………………………………… 667

10.2 基层 ………………………………………………… 670
10.2.1 基层要求 ……………………………………… 670
10.2.2 基层处理方法 ………………………………… 670
10.2.3 基层管理 ……………………………………… 673

10.3 施工准备 …………………………………………… 675
10.3.1 材料 …………………………………………… 675
10.3.2 工具、机具 …………………………………… 675
10.3.3 "样板间" ……………………………………… 676

10.4 施工要点及施工工序 ……………………………… 676
10.4.1 施工要点 ……………………………………… 676
10.4.2 施工工序 ……………………………………… 677

10.5 施工方法 …………………………………………… 679
10.5.1 喷涂 …………………………………………… 679
10.5.2 弹涂 …………………………………………… 683
10.5.3 滚涂 …………………………………………… 684

10.6 建筑涂料施工 ……………………………………… 687
10.6.1 多彩涂料施工 ………………………………… 687
10.6.2 彩砂涂料施工 ………………………………… 691
10.6.3 "石头漆"涂料施工 …………………………… 693
10.6.4 喷塑涂料施工 ………………………………… 697
10.6.5 仿壁毯涂料施工 ……………………………… 703

10.7 涂饰工程质量要求及检验标准 …………………… 707
10.7.1 基层处理规定 ………………………………… 707

10.7.2 水性涂料涂饰工程质量要求及检验标准 …………… 708
10.7.3 溶剂型涂料涂饰工程质量要求及检验方法 …………… 709
10.7.4 内、外墙涂料涂饰工程检验标准 …………… 710

11 玻璃饰面装饰 …………… 714

11.1 玻璃工程 …………… 714
11.1.1 材料要求 …………… 714
11.1.2 施工准备 …………… 716
11.1.3 施工要点 …………… 718
11.1.4 玻璃安装方法 …………… 720
11.1.5 玻璃安装要点 …………… 723
11.1.6 质量通病及防治措施 …………… 727

11.2 玻璃隔断及玻璃屏风安装 …………… 730
11.2.1 玻璃隔断安装 …………… 730
11.2.2 玻璃屏风安装 …………… 733

11.3 玻璃砖隔墙施工 …………… 738
11.3.1 玻璃砖隔墙构造 …………… 739
11.3.2 施工准备 …………… 740
11.3.3 操作要点 …………… 741
11.3.4 玻璃隔墙质量要求及验收标准 …………… 746
11.3.5 成品保护 …………… 747
11.3.6 施工注意事项 …………… 747

11.4 厚玻璃装饰门安装施工 …………… 747
11.4.1 施工准备 …………… 748
11.4.2 厚玻璃门固定部分安装要点 …………… 748
11.4.3 厚玻璃活动门扇安装要点 …………… 750

11.5 装饰玻璃镜安装 …………… 756
11.5.1 施工准备 …………… 756
11.5.2 顶面玻璃镜安装要点 …………… 757

    11.5.3 墙、柱面镶贴镜面玻璃安装要点 …………… 759
    11.5.4 施工注意事项 …………………………… 763
  11.6 玻璃栏河的安装 …………………………………… 764
    11.6.1 玻璃栏河材料 …………………………… 764
    11.6.2 玻璃栏河构造 …………………………… 765
    11.6.3 楼梯扶手厚玻璃的安装 ………………… 768
    11.6.4 玻璃栏河施工注意事项 ………………… 769

12 门窗装饰工程 ………………………………………… 772
  12.1 木门窗 …………………………………………… 772
    12.1.1 门窗图的识读 …………………………… 772
    12.1.2 门窗的类型与构造 ……………………… 780
    12.1.3 木门窗的制作与安装 …………………… 789
    12.1.4 木门窗制作与安装工程质量要求及检验标准 …… 804
  12.2 钢门窗 …………………………………………… 808
    12.2.1 钢门窗种类、型号 ……………………… 809
    12.2.2 钢门窗构造及编号 ……………………… 810
    12.2.3 钢门窗材料 ……………………………… 814
    12.2.4 钢门窗加工技术要求 …………………… 822
    12.2.5 钢门窗安装 ……………………………… 825
    12.2.6 钢门窗安装质量要求及检验标准 ……… 839
  12.3 涂色镀锌钢板门窗 ……………………………… 842
    12.3.1 涂色镀锌钢板门窗性能 ………………… 842
    12.3.2 平开、推拉涂色镀锌钢板门窗分类、规格、型号 … 843
    12.3.3 平开、推拉涂色镀锌钢板门窗技术要求 … 846
    12.3.4 平开、推拉涂色镀锌钢板门窗构造 …… 850
    12.3.5 涂色镀锌钢板门窗安装 ………………… 851
    12.3.6 涂色镀锌钢板门窗安装质量通病及防治措施 … 856
    12.3.7 涂色镀锌钢板门窗质量要求及检验标准 … 859

12.4 铝合金门窗 ……………………………… 859
12.4.1 铝合金门窗的特点 ……………………… 859
12.4.2 铝合金门窗型材及配件 ………………… 860
12.4.3 铝合金门窗规格及性能 ………………… 862
12.4.4 铝合金门窗主要五金配件 ……………… 865
12.4.5 铝合金门窗代号和标记 ………………… 866
12.4.6 铝合金门窗构造及规格选用 …………… 867
12.4.7 铝合金窗的制作 ………………………… 872
12.4.8 铝合金门的制作 ………………………… 883
12.4.9 铝合金门窗装配要求 …………………… 885
12.4.10 铝合金门窗的安装 …………………… 886
12.4.11 铝合金门窗安装质量要求及检验标准 … 895
12.4.12 铝合金百叶窗 ………………………… 895
12.4.13 微波自动门安装 ……………………… 897

12.5 金属转门及防火门 ……………………… 901
12.5.1 金属转门 ………………………………… 901
12.5.2 防火门 …………………………………… 905

12.6 塑料门窗 ………………………………… 906
12.6.1 塑料门窗的特性 ………………………… 907
12.6.2 塑料门窗用异型材 ……………………… 908
12.6.3 塑料窗的制作 …………………………… 912
12.6.4 塑料窗的安装 …………………………… 916
12.6.5 塑料门的制作 …………………………… 919
12.6.6 塑料门的安装 …………………………… 921
12.6.7 塑料门窗安装质量通病及防治 ………… 926
12.6.8 塑料门窗安装质量要求及检验标准 …… 928

13 玻璃幕墙工程 …………………………………… 931

13.1 玻璃幕墙特点及性能 …………………… 931

- 13.1.1 玻璃幕墙的特点 …………………………… 931
- 13.1.2 玻璃幕墙的性能 …………………………… 934
- 13.2 玻璃幕墙组成材料 ………………………………… 938
  - 13.2.1 骨架材料 …………………………………… 938
  - 13.2.2 玻璃 ………………………………………… 941
  - 13.2.3 密封填缝防水材料 ………………………… 952
- 13.3 玻璃幕墙构造 ……………………………………… 957
  - 13.3.1 玻璃幕墙构造体系 ………………………… 958
  - 13.3.2 构造连接 …………………………………… 961
- 13.4 玻璃幕墙构件制作与组装 ………………………… 965
  - 13.4.1 施工准备 …………………………………… 965
  - 13.4.2 预埋件制作 ………………………………… 965
  - 13.4.3 金属杆件加工技术要求 …………………… 967
  - 13.4.4 玻璃加工 …………………………………… 969
  - 13.4.5 隐框幕墙玻璃板材构件制作 ……………… 972
  - 13.4.6 幕墙框架组装（明框） …………………… 977
- 13.5 玻璃幕墙安装 ……………………………………… 980
  - 13.5.1 施工准备 …………………………………… 980
  - 13.5.2 定位放线与连接件固定 …………………… 981
  - 13.5.3 竖框安装 …………………………………… 983
  - 13.5.4 避雷设施 …………………………………… 985
  - 13.5.5 横梁安装 …………………………………… 986
  - 13.5.6 幕墙玻璃（组件）安装 …………………… 988
  - 13.5.7 耐候胶嵌缝 ………………………………… 993
  - 13.5.8 防火保温措施 ……………………………… 995
- 13.6 玻璃幕墙节点构造 ………………………………… 996
  - 13.6.1 明框幕墙节点构造 ………………………… 996
  - 13.6.2 隐框幕墙节点构造 ………………………… 1003
  - 13.6.3 玻璃幕墙避雷与防火设计节点构造 ……… 1004

13.7 玻璃幕墙工程质量要求及检验标准 …………………… 1009
13.8 玻璃幕墙的安装施工注意事项 ………………………… 1016

14 金属幕墙工程 …………………………………………… 1020

14.1 金属幕墙特点及分类 …………………………………… 1020
14.1.1 金属幕墙的特点 ………………………………… 1020
14.1.2 金属幕墙的分类 ………………………………… 1020

14.2 金属幕墙组成材料 ……………………………………… 1021
14.2.1 金属板 …………………………………………… 1021
14.2.2 金属骨架 ………………………………………… 1030
14.2.3 紧固件及密封材料 ……………………………… 1030

14.3 复合铝板幕墙安装 ……………………………………… 1031
14.3.1 施工准备 ………………………………………… 1031
14.3.2 幕墙构件加工与组装 …………………………… 1032
14.3.3 铝合金型材骨架安装 …………………………… 1041
14.3.4 复合铝板安装 …………………………………… 1048
14.3.5 蜂窝铝板安装 …………………………………… 1050
14.3.6 注胶封闭 ………………………………………… 1054
14.3.7 节点构造 ………………………………………… 1055

14.4 单层铝板幕墙安装 ……………………………………… 1062
14.4.1 单层铝板幕墙的特点 …………………………… 1062
14.4.2 幕墙铝板比较 …………………………………… 1064
14.4.3 单层铝板幕墙安装 ……………………………… 1066

14.5 金属幕墙工程质量要求及检验标准 …………………… 1075

15 石材幕墙工程 …………………………………………… 1078

15.1 石材幕墙的特点 ………………………………………… 1078
15.1.1 石材幕墙安装形式 ……………………………… 1078
15.1.2 石材幕墙设计原则 ……………………………… 1079

- 15.1.3 石材幕墙施工方法 …………………………… 1080
- 15.2 干挂石板幕墙构造 …………………………… 1080
  - 15.2.1 直接式构造 ………………………………… 1081
  - 15.2.2 骨架式构造 ………………………………… 1082
- 15.3 石材幕墙材料要求 …………………………… 1084
  - 15.3.1 干挂天然石材 ……………………………… 1084
  - 15.3.2 金属骨架 …………………………………… 1085
  - 15.3.3 石材干挂件 ………………………………… 1086
- 15.4 干挂石板幕墙（无骨架）安装 ……………… 1094
  - 15.4.1 安装前准备 ………………………………… 1094
  - 15.4.2 施工工艺 …………………………………… 1096
  - 15.4.3 施工准备 …………………………………… 1097
  - 15.4.4 构件加工 …………………………………… 1097
  - 15.4.5 操作要点 …………………………………… 1099
- 15.5 石材幕墙工程质量要求及检验标准 ………… 1104

16 店面及室内其他装饰施工 …………………… 1107

- 16.1 店面装饰施工 ………………………………… 1107
  - 16.1.1 施工准备 …………………………………… 1107
  - 16.1.2 招牌制作与安装 …………………………… 1108
  - 16.1.3 店面装饰配套设置施工 …………………… 1115
  - 16.1.4 橱窗安装 …………………………………… 1119
- 16.2 室内装饰灯具安装 …………………………… 1121
  - 16.2.1 灯具安装施工准备 ………………………… 1121
  - 16.2.2 室内灯具安装要点 ………………………… 1126
  - 16.2.3 室内灯具安装注意事项 …………………… 1130
- 16.3 花饰装饰 ……………………………………… 1131
  - 16.3.1 花饰的制作 ………………………………… 1131
  - 16.3.2 花饰的安装 ………………………………… 1137

- 16.3.3 花饰制作安装的质量要求及检验标准 …………… 1140
- 16.3.4 质量通病及防治措施 …………………………… 1140

17 室内木装修 …………………………………………… 1142

17.1 施工准备 …………………………………………… 1142
- 17.1.1 安装工序及一般要求 …………………………… 1142
- 17.1.2 材料选用 ………………………………………… 1143
- 17.1.3 工具及操作台准备 ……………………………… 1145

17.2 木护墙板及其安装 ………………………………… 1146
- 17.2.1 木质护墙板板面安装形式 ……………………… 1147
- 17.2.2 木质护墙板安装节点构造处理 ………………… 1152
- 17.2.3 木质护墙板安装 ………………………………… 1160
- 17.2.4 木墙裙安装 ……………………………………… 1167

17.3 木筒子板、贴脸板及窗台板安装 ………………… 1168
- 17.3.1 木筒子板安装 …………………………………… 1168
- 17.3.2 木贴脸板安装 …………………………………… 1171
- 17.3.3 木窗台板安装 …………………………………… 1173

17.4 木窗帘盒安装 ……………………………………… 1175
- 17.4.1 明窗帘盒安装 …………………………………… 1175
- 17.4.2 暗窗帘盒安装 …………………………………… 1177
- 17.4.3 窗帘轨安装 ……………………………………… 1177
- 17.4.4 窗帘盒安装注意事项 …………………………… 1178

17.5 窗帘安装 …………………………………………… 1179
- 17.5.1 布窗帘安装 ……………………………………… 1179
- 17.5.2 塑料百页窗帘安装 ……………………………… 1182

17.6 木挂镜线、木收口线及木暖气罩安装 …………… 1183
- 17.6.1 木挂镜线安装 …………………………………… 1183
- 17.6.2 木收口线安装 …………………………………… 1185
- 17.6.3 木暖气罩安装 …………………………………… 1196

- 17.7 软包木墙饰面装饰 …………………………………… 1200
  - 17.7.1 装饰布软包木墙饰面 …………………………… 1200
  - 17.7.2 皮革和人造革软包木墙饰面 …………………… 1203
  - 17.7.3 楼梯栏杆扶手 …………………………………… 1205
- 17.8 软包和细部工程的质量要求及检验标准 …………… 1212
  - 17.8.1 软包工程 ………………………………………… 1212
  - 17.8.2 窗帘盒、窗台板和散热器罩制作与安装工程 … 1213
  - 17.8.3 门窗套制作与安装工程 ………………………… 1214
  - 17.8.4 护栏和扶手制作与安装工程 …………………… 1214

主要参考书目 …………………………………………………… 1216

1 常用数据和符号、资料

1.1 常用字母及符号

1.1.1 汉语拼音字母
汉语拼音字母见表1-1。

汉语拼音字母 表1-1

大写	小写	读音	大写	小写	读音	大写	小写	读音	大写	小写	读音
A	a	啊	H	h	喝	O	o	喔	V	v	万
B	b	玻	I	i	衣	P	p	坡	W	w	乌
C	c	雌	J	j	基	Q	q	欺	X	x	希
D	d	得	K	k	科	R	r	日	Y	y	衣
E	e	鹅	L	l	勒	S	s	思	Z	z	资
F	f	佛	M	m	摸	T	t	特			
G	g	哥	N	n	讷	U	u	乌			

1.1.2 拉丁（英文）字母
拉丁（英文）字母见表1-2。

拉丁（英文）字母 表1-2

大写	小写	读音	大写	小写	读音	大写	小写	读音	大写	小写	读音
A	a	欸	H	h	欸曲	O	o	欧	V	v	维
B	b	比	I	i	阿哀	P	p	批	W	w	达不留
C	c	西	J	j	街	Q	q	克由	X	x	欸克斯
D	d	地	K	k	凯	R	r	阿尔	Y	y	外
E	e	衣	L	l	欸耳	S	s	欸斯	Z	z	哲
F	f	欸夫	M	m	欸姆	T	t	梯			
G	g	基	N	n	欸恩	U	u	由			

1.1.3 希腊字母

希腊字母见表1-3。

希腊字母 表1-3

大写	小写	读音	大写	小写	读音	大写	小写	读音
A	α	阿尔法	I	ι	约塔	P	ρ	洛
B	β	贝塔	K	κ	卡帕	Σ	σ	西格马
Γ	γ	伽马	Λ	λ	兰姆达	T	τ	陶
Δ	δ	德耳塔	M	μ	米尤	Υ	υ	宇普西隆
E	ε	艾普西隆	N	ν	纽	Φ	φ	斐
Z	ζ	截塔	Ξ	ξ	克西	X	χ	喜
H	η	艾塔	O	o	奥密克戎	Ψ	ψ	普西
Θ	θ	西塔	Π	π	派	Ω	ω	欧美伽

注：读音均系近似读音。

1.1.4 常用建筑构件代号

常用建筑构件代号见表1-4。

建筑构件代号表 表1-4

序号	名称	代号	序号	名称	代号
1	板	B	16	圈梁	QL
2	屋面板	WB	17	过梁	GL
3	空心板	KB	18	连系梁	LL
4	槽形板	CB	19	基础梁	JL
5	折板	ZB	20	楼梯梁	TL
6	密肋板	MB	21	檩条	LT
7	楼梯板	TB	22	屋架	WJ
8	盖板、沟盖板	GB	23	托架	TJ
9	檐口板	YB	24	天窗架	CJ
10	吊车安全走道板	DB	25	刚架	GJ
11	墙板	QB	26	框架	KJ
12	天沟板	TGB	27	支架	ZJ
13	梁	L	28	柱	Z
14	屋面梁	WL	29	基础	J
15	吊车梁	DL	30	设备基础	SJ

续表

序号	名称	代号	序号	名称	代号
31	桩	ZH	37	阳台	YT
32	柱间支撑	ZC	38	梁垫	LD
33	垂直支撑	CC	39	预埋件	M
34	水平支撑	SC	40	天窗端壁	TD
35	梯	T	41	钢筋网	W
36	雨篷	YP	42	钢筋骨架	G

注：1. 预制钢筋混凝土构件，现浇钢筋混凝土构件、钢构件和木构件，一般可直接采用本表中构件代号。在设计中，当需要区别上述构件种类时，应在图中加以说明。
2. 预应力钢筋混凝土构件代号，应在构件代号前加注"Y—"，如Y—DL表示预应力钢筋混凝土吊车梁。

1.1.5 钢筋符号

钢筋符号见表1-5。

钢筋符号　　　　　　　表1-5

种 类		符 号
热轧钢筋	HPB235(Q235)	Φ
	HRB335(20MnSi)	Φ
	HRB400(20MnSiV、20MnSiNb、20MnTi)	Φ
	RRB400(K20MnSi)	Φ^R
预应力钢筋	钢绞线	Φ^S
预应力钢筋 消除应力钢丝	光面	Φ^P
	螺旋肋	Φ^H
	刻痕	Φ^I
预应力钢筋 热处理钢筋	40Si2Mn	Φ^{HT}
	48Si2Mn	
	45Si2Cr	

1.1.6 金属建材涂色标记

金属建材涂色标记见表1-6。

金属建材涂色标记　　　　　　　　表 1-6

牌号	涂色标记	牌号	涂色标记
普通碳素钢		合金结构钢	
1号钢	白色+黑色	锰钢	黄色+蓝色
2号钢	黄色	硅锰钢	红色+黑色
3号钢	红色	锰钒钢	蓝色+绿色
4号钢	黑色	铬钢	绿色+黄色
5号钢	绿色	铬硅钢	蓝色+红色
6号钢	蓝色	铬锰钢	蓝色+黑色
7号钢	红色+棕色	钼钢	紫色
优质碳素结构钢		钼铬钢	紫色+绿色
0～15号钢	白色	钼铬锰钢	紫色+白色
20～25号钢	棕色+绿色	铬钼钢	铝白色
30～40号钢	白色+蓝色	铬钼铝钢	黄色+紫色
45号钢	白色+棕色	硼钢	紫色+黑色
15～40Mn	白色 二条		

1.2　法定计量单位

法定计量单位,是国际标准化组织于1973年确定的"SI单位制"。通称为"国际单位制"。我国定为法定计量单位。

习用计量单位,即过去在我国通行的"公制单位"。采用法定计量单位后,亦称为"非法定计量单位",现已淘汰。

法定计量单位与习用计量单位的基本名称、符号、换算等见表 1-7 和表 1-8。

法定计量单位（一）　　　　　　　　表 1-7

量的名称	单位名称	符号	进 位 关 系
长度	米	m	1m＝10dm ＝100cm ＝1000mm
	分米	dm	
	厘米	cm	
	毫米	mm	

续表

量的名称	单位名称	符号	进 位 关 系
质量(重量)	千克(公斤) 吨	kg t	1t=1000kg
体积	升	L,(l)	1L=1dm³=10×10×10cm³
时间	秒 分 小时 天	s min h d	1min=60s 1h=60min 1d=24h
电流	安[培]	A	
电压	伏[特]	V	
功率	瓦[特]	W	
平面角	[角]秒 [角]分 度	(″) (′) (°)	1′=60″ 1°=60′
旋转速度 频率	转/分 赫[兹]	r/min Hz	1r/min=1/60Hz 1Hz=60r/min

注：[ ]号内的字，在不致混淆的情况下，可以省略。

法定计量单位（二）   表1-8

量的名称	习用计量单位		法定计量单位		换算关系
	名称	符号	名称	符号	
力	千克力 （公斤力）	kgf	牛[顿]	N	1kgf=9.80665N
	吨力	tf	千牛[顿]	kN	1tf=9.80665kN
线分布力	千克力每米	kgf/m	牛顿每米	N/m	1kgf/m=9.80665N/m
面分布力、压强	千克力每平方米	kgf/m²	牛每平方米（帕[斯卡]）	Pa(N/m²)	1kgf/m²=9.80665 Pa(N/m²)
	吨力每平方米	tf/m²	千牛每平方米（千帕）	kPa(kN/m²)	1tf/m²=9.80665 kPa(kN/m²)
应力、强度	千克力每平方毫米	kgf/mm²	牛每平方毫米（兆帕）	MPa (N/mm²)	kgf/mm²=9.80665 MPa(N/mm²)
	千克力每平方厘米	kgf/cm²			1kgf/cm²=0.0980665 MPa(N/mm²)

续表

量的名称	习用计量单位		法定计量单位		换算关系
	名称	符号	名称	符号	
弹性模量	千克力每平方厘米	kgf/cm²	牛每平方毫米(兆帕)	MPa (N/mm²)	1kgf/cm²=0.0980665 MPa(N/mm²)
力矩、弯矩、扭矩	千克力米	kgf·m	牛顿米	N·m	1kgf·m=9.80665N·m
	吨力米	tf·m	千牛米	kN·m	1tf·m=9.80665kN·m
功率	米制马力		瓦[特]	W	1米制马力=735.499W
	电功马力		瓦[特]	W	电工马力=746W
	锅炉马力		瓦[特]	W	锅炉马力=9809.5W
	千卡每小时	kcal/h	瓦[特]	W	kcal/h=1.163W
热量	国际蒸汽卡	cal	焦[瓦]	J	cal=4.1868J
传热系数	卡每平方厘米秒摄氏度	cal/(cm²·s·℃)	瓦特每平方米开尔文	W/(m²·K)	1cal/(cm²·S·℃) =41863W/(m²·K)
导热系数	卡每厘米秒摄氏度	cal/(cm·s·℃)	瓦特每米开尔文	W/(m·K)	1cal/(cm·s·℃) =1.163W/(m·K)
	千卡每米小时摄氏度	kcal/(m·h·℃)	瓦特每米开尔文	W/(m·K)	1kcal/(m·h·℃) =1.163W/(m·K)

1.3 常用单位换算

1.3.1 长度单位及其换算

1. 主要长度单位换算

主要长度单位换算见表1-9。

主要长度单位换算表 表1-9

cm	m	km	市尺	市里	in	ft	yd	mile	n mile
1	0.01		0.03		0.3937	0.0328			
100	1	0.001	3	0.002	39.37	3.2808	1.0936		
	1000	1	3000	2	39370	3280.8	1093.6	0.6214	0.5396
33.33	0.3333		1		13.123	1.0936	0.3645		
	500	0.5	1500	1		1640.4	546.8	0.3107	0.2698
2.54	0.0254		0.0762		1	0.0833	0.0278		

续表

cm	m	km	市尺	市里	in	ft	yd	mile	n mile
30.48	0.3048		0.9144		12	1	0.3333		
	0.9144		2.7432		36	3	1		
	1609.3	1.6093	4828	3.2187		5280	1760	1	0.8684
	1853	1.853	5559.6	3.7064		6080	2006.6	1.1515	1

注：1 日尺＝0.3030 米　　　　1 俄尺＝0.3048 米
　　　　＝0.9091 市尺　　　　　　＝0.9144 市尺
　　　　＝033313 码　　　　　　　＝0.3333 码
　　　　＝0.9939 英尺　　　　　　＝1 英尺
　　　　＝0.9942 俄尺　　　　　　＝1.0058 日尺

2. 英寸的分数、小数、习惯称呼与毫米对照表

英寸的分数、小数、习惯称呼与毫米对照表见表 1-10。

英寸的分数、小数、习惯称呼与毫米对照表　表 1-10

英寸分数		英寸小数	我国习惯称呼	mm
1/64		0.015625	一厘二毫半	0.396875
	1/32	0.031250	二厘半	0.793750
3/64		0.046875	三厘七毫半	1.190625
	1/16	0.062500	半分	1.587500
5/64		0.078125	六厘二毫半	1.904375
	3/32	0.093750	七厘半	2.381250
7/64		0.109375	八厘七毫半	2.778125
	1/8	0.125000	一分	3.173000
9/64		0.140625	一分一厘二毫半	3.571875
	5/32	0.156250	一分二厘半	3.968750
11/64		0.171875	一分三厘七毫半	4.365625
	3/16	0.487500	一分半	4.762500
13/64		0.203125	一分六厘二毫半	5.159375
	7/32	0.218750	一分七厘半	5.556250
15/64		0.234375	一分八厘七毫半	5.953125
	1/4	0.250000	二分	6.350000
17/64		0.265625	二分一厘二毫半	6.746875
	9/32	0.281250	二分二厘半	7.043750
19/64		0.293875	二分三厘七毫半	7.540625
	5/16	0.312500	二分半	7.937500
21/64		0.328125	二分六厘二毫半	8.334375
	11/32	0.343750	二分七厘半	8.731250
23/64		0.359375	二分八厘七毫半	9.128125
	3/8	0.375000	三分	9.525000

续表

英寸分数	英寸小数	我国习惯称呼	mm
25/64	0.390625	三分一厘二毫半	9.921875
13/32	0.406250	三分二厘半	10.318750
27/64	0.421875	三分三厘七毫半	10.715625
7/16	0.467500	三分半	11.112500
29/64	0.453125	三分六厘二毫半	11.509375
15/32	0.468750	三分七厘半	11.906250
31/64	0.484375	三分八厘七毫半	12.303125
1/2	0.500000	四分	12.700000
33/64	0.515625	四分一厘二毫半	13.096875
17/32	0.531250	四分二厘米	13.493750
35/64	0.546875	四分三厘七毫半	13.890625
9/16	0.562500	四分半	14.287500
37/64	0.578125	四分六厘二毫半	14.684375
19/32	0.593750	四分七厘半	15.081250
39/64	0.609375	四分八厘七毫半	15.478125
5/8	0.625000	五分	15.875000
41/64	0.640625	五分一厘二毫半	16.271875
21/32	0.656250	五分二厘半	16.668750
43/64	0.671875	五分三厘七毫半	17.065625
11/16	0.687500	五分半	17.462500
45/64	0.703125	五分六厘二毫半	17.859375
23/32	0.718750	五分七厘半	18.256250
47/64	0.734375	五分八厘七毫半	18.653125
3/4	0.750000	六分	19.050000
49/64	0.765625	六分一厘二毫半	19.446875
25/32	0.781250	六分二厘半	19.843750
51/64	0.796875	六分三厘七毫半	20.240625
13/16	0.812500	六分半	20.637500
53/64	0.828125	六分六厘二毫半	21.036375
27/32	0.843750	六分七厘半	21.431250
55/64	0.859375	六分八厘七毫半	21.828125
7/8	0.875000	七分	22.225000
57/64	0.890625	七分一厘二毫半	22.621875
29/32	0.906250	七分二厘半	23.018750
59/61	0.921875	七分三厘七毫半	23.415625
15/16	0.937500	七分半	23.812500
61/64	0.953125	七分六厘二毫半	24.209375
31/32	0.965750	七分七厘半	24.606250
63/64	0.984375	七分八厘七毫半	25.003125
1	1.000000	一英寸	25.400000

表 1-11

英寸与毫米对照表

吋	0	1/16	1/8	3/16	1/4	5/16	3/8	7/16	1/2	9/16	5/8	11/16	3/4	13/16	7/8	15/16
0	毫米	1.588	3.175	4.763	6.350	7.938	9.525	11.113	12.700	14.238	15.875	17.463	19.050	20.638	22.225	23.813
1	25.400	26.988	28.575	30.163	31.750	33.338	34.925	36.513	38.100	39.688	41.275	42.863	44.450	46.038	47.625	49.213
2	50.800	52.388	53.975	55.563	57.150	58.738	60.325	61.913	63.500	65.088	66.675	68.263	69.850	71.438	73.025	74.613
3	76.200	77.788	79.375	80.963	82.550	84.138	85.725	87.313	88.900	90.488	92.075	93.663	95.250	96.838	98.425	100.01
4	101.60	103.19	104.78	109.36	107.95	109.54	111.13	112.71	114.30	115.89	117.48	119.06	120.65	122.24	123.83	125.41
5	127.00	128.59	130.18	131.76	133.35	134.94	136.53	138.11	139.70	141.29	142.88	144.46	146.05	147.64	149.23	150.81
6	152.40	153.99	155.58	157.16	158.75	160.34	161.93	163.51	165.10	166.69	168.28	169.86	171.45	173.04	174.63	176.21
7	177.80	179.39	180.98	182.56	184.15	185.74	187.33	188.91	190.50	192.09	193.68	195.26	196.85	198.44	200.03	201.61
8	203.20	204.79	206.38	207.96	209.55	211.14	212.73	214.31	215.90	217.49	219.08	220.66	222.25	223.84	225.43	227.01
9	228.60	230.19	231.78	233.36	234.95	236.54	238.13	239.71	241.30	242.89	244.48	246.06	247.65	249.24	250.83	252.41
10	254.00	255.59	257.18	258.76	260.35	261.94	263.53	265.11	266.70	268.29	269.88	271.46	273.05	274.64	276.23	277.81
11	279.40	280.99	282.58	284.16	285.75	287.34	288.93	290.51	292.10	293.69	295.28	296.86	298.45	300.04	301.63	303.21
12	304.80	306.39	307.98	309.56	311.15	312.74	314.33	315.91	317.50	319.09	320.68	3°2.26	323.85	325.44	327.03	328.61
13	330.20	331.79	333.38	334.96	336.55	338.14	339.73	341.31	342.90	344.49	346.08	347.66	349.25	350.84	352.43	354.01
14	355.60	357.19	358.78	360.36	361.95	363.54	365.13	366.71	368.30	369.89	371.48	373.06	374.65	376.24	377.83	379.41
15	381.00	382.59	384.18	385.76	387.35	388.94	390.53	392.11	393.70	395.29	396.88	398.46	400.05	401.64	403.23	404.81
16	406.40	407.99	409.58	411.16	412.75	414.34	415.93	417.51	419.10	420.69	422.28	423.86	425.45	427.04	428.63	430.21

续表

吋	0	1/16	1/8	3/16	1/4	5/16	3/8	7/16	1/2	9/16	5/8	11/16	3/4	13/16	7/8	15/16
17	431.80	433.39	434.98	436.56	438.15	439.74	441.33	442.19	444.50	446.09	447.68	449.26	450.85	452.44	454.03	455.61
18	457.20	458.79	460.38	461.96	463.55	465.14	466.73	468.31	469.90	471.49	473.08	474.66	476.25	477.84	479.43	481.01
19	482.60	484.19	485.78	487.36	488.95	490.54	492.13	493.71	495.30	496.89	498.48	500.06	501.65	503.24	504.83	506.41
20	508.00	509.59	511.18	512.76	514.35	515.94	517.53	519.11	520.70	522.29	523.88	525.46	527.05	528.64	530.23	531.81
21	533.40	534.99	536.58	538.16	539.75	541.34	546.93	544.51	546.10	547.69	549.28	550.86	552.45	554.04	555.63	557.21
22	558.80	560.39	561.98	563.56	565.15	566.74	568.33	569.91	571.50	573.09	574.68	576.26	577.85	579.44	581.03	582.61
23	284.20	585.79	587.38	588.96	590.55	592.14	593.73	595.31	596.90	598.49	600.08	601.66	603.25	604.84	606.43	608.01
24	669.60	611.19	612.78	614.36	615.95	617.54	619.13	620.71	622.30	623.89	625.48	627.06	628.65	630.24	631.83	633.41
25	635.00	636.59	638.18	639.76	641.35	642.94	644.53	646.11	617.70	649.29	650.88	652.46	654.05	655.64	657.23	658.81
26	680.40	661.99	663.58	665.16	666.75	668.34	669.93	671.51	673.10	674.69	676.28	677.86	679.45	681.04	982.93	934.21
27	685.80	687.39	688.98	690.56	692.15	693.74	695.33	696.91	869.50	700.09	701.68	703.26	704.85	706.44	708.03	709.61
28	711.20	712.39	714.38	715.96	717.55	719.14	720.73	722.31	723.90	725.49	727.08	728.66	730.25	731.84	733.43	735.01
29	736.60	738.19	739.78	741.36	742.95	744.54	746.13	747.71	749.30	750.89	752.48	754.06	755.65	757.24	758.83	760.41
30	762.00	763.59	765.18	766.36	768.35	769.94	771.53	773.11	774.70	776.29	777.88	779.46	781.05	782.64	784.23	785.81
31	787.40	788.99	796.58	792.16	793.75	795.34	796.93	798.51	800.10	801.69	803.28	804.86	806.45	808.04	809.63	811.21
32	812.80	814.39	815.98	817.56	819.15	820.74	822.33	823.91	825.50	827.09	828.68	830.26	831.85	833.44	835.03	836.61
33	838.20	839.79	841.38	842.96	844.55	846.14	847.73	849.31	850.90	852.49	854.08	855.66	857.25	858.84	890.43	862.01

续表

时	0	1/16	1/8	3/16	1/4	5/16	3/8	7/16	1/2	9/16	5/8	11/16	3/4	13/16	7/8	15/16
34	863.60	865.19	866.78	868.36	869.95	871.54	873.13	874.71	876.30	877.89	879.48	881.06	882.65	884.24	885.83	887.41
35	889.00	890.59	892.18	893.76	895.35	896.94	898.53	900.11	901.70	903.29	904.88	906.46	908.05	906.64	901.23	912.81
36	914.40	915.99	917.58	919.16	920.75	922.34	923.93	925.51	927.10	928.69	930.28	931.86	933.45	935.04	936.63	938.21
37	939.80	941.39	842.98	944.56	946.15	947.74	949.33	950.91	952.50	954.09	955.68	957.26	958.85	960.44	962.03	963.61
38	065.20	666.79	968.38	969.96	971.55	973.14	974.73	976.31	977.90	979.49	981.08	982.66	984.25	985.84	987.43	989.01
39	990.60	992.19	993.78	995.36	996.95	998.54	1000.1	1001.7	1003.3	1004.9	1006.5	1008.1	1009.7	1011.2	1072.8	1014.4
40	1016.0	1017.6	1019.2	1020.8	1022.4	1023.9	1025.5	1027.1	1028.7	1030.3	1031.9	1033.5	1035.1	1036.6	1038.2	1039.8
41	1041.4	1043.0	1044.6	1046.8	1047.8	1049.8	1050.9	1052.5	1054.1	1055.7	1057.3	1058.9	1060.5	1062.0	1063.6	1065.2
42	1066.8	1068.4	1070.0	1071.6	1073.2	1074.7	1076.3	1077.9	1079.5	1081.1	1082.0	1084.3	1085.9	1087.4	1089.0	1098.6
43	1092.2	1093.8	1095.4	1097.0	1098.6	1100.1	1101.7	1103.3	1104.9	1106.5	1108.1	1109.7	1111.3	1112.8	1114.4	1116.0
44	1117.6	1119.2	1120.8	1122.4	1124.0	1125.5	1127.1	1128.7	1130.3	1181.9	1133.5	1135.1	1136.6	1138.2	1139.8	1141.4
45	1143.0	1144.6	1146.2	1147.8	1149.4	1150.9	1152.5	1154.1	1155.7	1157.3	1158.9	1160.5	1162.1	1163.6	1165.2	1166.8
46	1168.4	1170.0	1171.6	1173.2	1174.8	1176.8	1177.9	1179.5	1181.1	1182.7	1184.3	1185.9	1187.5	1189.0	1190.6	1192.2
47	1193.8	1195.4	1197.0	1198.0	1200.2	1201.7	1203.3	1204.1	1206.5	1208.1	1209.7	1211.3	1212.9	1214.4	1216.0	1217.6
48	1219.2	1220.8	1222.4	1224.6	1225.6	1227.1	1228.7	1230.1	1231.9	1233.5	1235.1	1236.7	1238.3	1239.8	1241.4	1243.0
49	1244.6	1246.2	1247.8	1249.4	1251.0	1252.5	1254.1	1255.6	1257.8	1258.9	1260.5	1262.1	1263.7	1265.2	1266.8	1268.4
50	1270.7	1271.6	1273.2	1274.8	1276.4	1277.9	1279.5	1281.3	1282.7	1284.3	1285.9	1287.5	1289.1	1290.6	1292.2	1293.8

3. 英寸与毫米对照表

英寸与毫米对照表见表1-11。

1.3.2 常用面积单位换算

常用面积单位换算见表1-12。

常用面积单位换算表　　表1-12

平方米	平方厘米	平方毫米	平方市尺	平方英尺	平方英寸
1	10000	1000000	9	10.7369	1550
0.0001	1	100	0.0009	0.001076	0.1550
0.000001	0.01	1	0.000009	0.000011	0.001550
0.111111	1111.11	111111	1	1.1960	172.23
0.092903	929.03	92903	0.83613	1	144
0.000645	6.4516	645.16	0.005816	0.006944	1

1.3.3 常用重量单位换算

常用重量单位换算见表1-13。

常用重量单位换算表　　表1-13

吨	公斤	市担	市斤	英吨	美吨	磅
1	1000	20	2000	0.98421	1.1023	2204.6
0.001	1	0.02	2	0.000984	0.001102	2.2046
0.05	50	1	100	0.04921	0.0551	110.231
0.0005	0.5	0.01	1	0.000492	0.000551	1.1023
1.01605	1016.05	20.3209	2032.09	1	1.1200	2240
0.90719	907.19	18.1437	1814.37	0.8929	1	2000
0.000454	0.4536	0.009072	0.9072	0.000446	0.0005	1

1.3.4 力的单位换算

1. 力的单位换算

力的单位换算见表1-14。

力的单位换算表　　表1-14

单位	N	kN	MN	kgf
N	1	0.001	0.000001	1.102
kN	1000	1	0.001	102
MN	1000000	1000	1	102000
kgf	9.807	0.009807	0.000009807	1

2. 力或重力单位换算

力或重力单位换算见表 1-15。

力或重力单位换算 表 1-15

dyn	N	kgf	lb
1	10^{-5}	1.02×10^{-6}	2.25×10^{-6}
10^5	1	1.02×10^{-1}	2.25×10^{-1}
9.18×10^5	9.81	1	2.205
4.45×10^5	4.45	0.454	1

3. 应力、强度、弹性模量单位换算

应力、强度、弹性模量单位换算见表 1-16。

应力、强度、弹性模量单位换算 表 1-16

Pa	MPa	kgf/cm²	kgf/mm²
1	1×10^6	0.0000102	$1.02/1 \times 10^7$
1×10^6	1	10.2	0.102
98070	0.09807	1	0.01
9.807×10^6	9.807	100	1

1.3.5 分布荷载的单位换算

分布荷载的单位换算，见表 1-17。

分布荷载的单位换算 表 1-17

N/m	kN/m	kgf/m	tf/m	N/m²	kN/m²	kgf/m²	tf/m²
1	0.001	0.102	0.000102				
1000	1	102	0.102				
9.807	0.009807	1	0.001				
9807	9.807	1000	1				
				1	0.001	0.102	0.000102
				1000	1	102	0.102
				9.807	0.009807	1	0.001
				9807	9.807	1000	1

1.3.6 kg/mm² 与 N/mm² 换算

kg/mm² 与 N/mm² 的换算见表 1-18。

kg/mm² 与 N/mm² 换算表　　　表 1-18

$\dfrac{kg}{mm^2}$	$\dfrac{N}{mm^2}$	$\dfrac{kg}{mm^2}$	$\dfrac{N}{mm^2}$	$\dfrac{kg}{mm^2}$	$\dfrac{N}{mm^2}$	$\dfrac{kg}{mm^2}$	$\dfrac{N}{mm^2}$
1	9.807	26	254.97	51	500.14	76	745.31
2	19.613	27	264.78	52	509.95	77	755.11
3	29.420	28	274.59	53	519.75	78	764.92
4	39.227	29	284.39	54	529.56	79	774.73
5	49.033	30	294.20	55	539.37	80	784.53
6	58.840	31	304.01	56	549.17	81	794.34
7	68.647	32	313.81	57	558.98	82	804.15
8	78.453	33	323.62	58	568.79	83	813.95
9	88.260	34	333.43	59	578.59	84	823.76
10	98.067	35	343.23	60	588.40	85	833.57
11	107.87	36	353.04	61	598.21	86	843.37
12	117.68	37	362.85	62	608.01	87	853.18
13	127.49	38	372.65	63	617.82	88	862.99
14	137.29	39	382.46	64	627.63	89	872.79
15	147.10	40	392.27	65	637.43	90	882.60
16	156.91	41	402.07	66	647.24	91	892.40
17	166.71	42	411.88	67	657.05	92	902.21
18	176.52	43	421.69	68	666.86	93	912.02
19	186.33	44	431.49	69	676.66	94	921.83
20	196.13	45	441.30	70	686.47	95	931.63
21	205.94	46	451.11	71	696.27	96	941.44
22	215.75	47	460.91	72	706.08	97	951.25
23	225.55	48	470.72	73	715.09	98	961.05
24	235.36	49	480.53	74	725.69	99	970.86
25	245.17	50	490.33	75	735.50	100	980.67

1.4 常用数值

1.4.1 斜度与角度的换算

斜度与角度的换算见表 1-19。

斜度与角度的换算　　　　　　　　表 1-19

斜度(%)	角度	斜度(%)	角度	斜度(%)	角度
1	0°40′	11	6°20′	22	12°25′
2	1°10′	12	6°50′	24	13°30′
3	1°40′	13	7°20′	26	14°35′
4	2°20′	14	8°0′	28	15°40′
5	2°50′	15	8°30′	30	16°50′
6	3°25′	16	9°10′	32	17°45′
7	4°0′	17	9°40′	34	18°50′
8	4°40′	18	10°10′	36	19°50′
9	5°10′	19	10°45′	38	20°50′
10	5°45′	20	11°20′	40	21°50′

1.4.2 角度与弧度的换算

角度与弧度的换算见表 1-20。

$$1°=\frac{\pi}{180}=0.01745\text{rad}$$

$$1\text{rad}=\frac{180°}{\pi}=57.2958°=57°17′44.81″$$

角度与弧度互换表　　　　　　　　表 1-20

角度	弧度	角度	弧度	角度	弧度	角度	弧度	角度	弧度
1′	0.0003	5′	0.0015	9′	0.0026	40′	0.0116	2°	0.0340
2′	0.0006	6′	0.0017	10′	0.0029	50′	0.0145	3°	0.0524
3′	0.0009	7′	0.0020	20′	0.0058	60′	0.0175	4°	0.0698
4′	0.0012	8′	0.0023	30′	0.0087	1°	0.0175	5°	0.0873
6°	0.1047	17°	0.2967	28°	0.4857	39°	0.6807	90°	1.5708
7°	0.1222	18°	0.3142	29°	0.5061	40°	0.6981	100°	1.7453
8°	0.1396	19°	0.3316	30°	0.5286	45°	0.7854	110°	1.9199
9°	0.1571	20°	0.3491	31°	0.5411	50°	0.8727	120°	2.0943
10°	0.1745	21°	0.3665	32°	0.5585	55°	0.9599	150°	2.6180
11°	0.1920	22°	0.3840	33°	0.5760	60°	1.0472	180°	3.1416
12°	0.2094	23°	0.4014	34°	0.5934	65°	1.1345	200°	3.4907
13°	0.2269	24°	0.4189	35°	0.6109	70°	1.2217	250°	4.3633
14°	0.2443	25°	0.4363	36°	0.6283	75°	1.3090	270°	4.7124
15°	0.2618	26°	0.4538	37°	0.6458	80°	1.3963	300°	5.2360
16°	0.2703	27°	0.4712	38°	0.6632	85°	1.4335	360°	6.2802

1.4.3 弧度与角度的换算

弧度与角度的换算见表1-21。

弧度与角度互换表　　　　表1-21

弧度(rad)	角度	弧度(rad)	角度	弧度(rad)	角度	弧度(rad)	角度
0.001	0°03′	0.01	0°34′	0.1	5°44′	1	57°18′
0.002	0°07′	0.02	1°09′	0.2	11°28′	2	114°35′
0.003	0°10′	0.03	1°43′	0.3	17°11′	3	171°53′
0.004	0°14′	0.04	2°18′	0.4	22°55′	4	229°11′
0.005	0°17′	0.05	2°52′	0.5	28°39′	5	286°29′
0.006	0°21′	0.06	3°26′	0.6	34°23′	6	343°46′
0.007	0°24′	0.07	4°01′	0.7	40°06′	7	401°04′
0.008	0°28′	0.08	4°35′	0.8	45°50′	8	458°22′
0.009	0°31′	0.09	5°09′	0.9	51°34′	9	515°40′

1.4.4 角度的函数

角度的函数见表1-22。

角度的函数　　　　表1-22

度	倍数	$\sin\theta$	$\cos\theta$	$\mathrm{tg}\theta$	$\mathrm{ctg}\theta$	$\sec\theta$	$\csc\theta$
0°	0	0	1	0	∞	1	∞
30°	$\frac{\pi}{6}$	$\frac{1}{2}$	$\frac{\sqrt{3}}{2}$	$\frac{\sqrt{3}}{3}$	$\sqrt{3}$	$\frac{2\sqrt{3}}{3}$	2
45°	$\frac{\pi}{4}$	$\frac{\sqrt{2}}{2}$	$\frac{\sqrt{2}}{2}$	1	1	$\sqrt{2}$	$\sqrt{2}$
60°	$\frac{\pi}{3}$	$\frac{\sqrt{3}}{2}$	$\frac{1}{2}$	$\sqrt{3}$	$\frac{\sqrt{3}}{3}$	2	$\frac{2\sqrt{3}}{3}$
90°	$\frac{\pi}{2}$	1	0	∞	0	∞	1
180°	π	0	−1	0	∞	−1	∞
270°	$\frac{3}{2}\pi$	−1	0	∞	0	∞	−1
360°	2π	0	1	0	∞	1	

1.5 常用几何图形及计算公式

1.5.1 几种特殊四边形的面积、周长的计算

几种特殊四边形的面积、周长的计算见表 1-23。

几种特殊四边形的面积、周长计算　　　　表 1-23

名　称	简　图	面积 S、周长 l 的计算公式
正方形		$S=a^2$ $l=4a$ （$S=$边长×边长）
长方形		$S=ab$ $l=2a+2b$ （$S=$长×宽）
平行四边形		$S=ah=ab\sin\alpha$ $l=2a+2b$ （$S=$底×高）
梯形		$S=\dfrac{1}{2}(a+b)h=mh$ 或 $S=\dfrac{(上底+下底)\times 高}{2}$
圆内接四边形		$S=\sqrt{(s-a)(s-b)(s-c)(s-d)}$ 且 $S=\dfrac{1}{2}(a+b+c+d)$

1.5.2 圆及其部分的面积、周长的计算

表 1-24 为圆及其部分的面积 S、周长 l 的计算。

1.5.3 正方体、长方体、棱柱、棱台、拟柱体的计算

正方体、长方体、棱柱、棱台、拟柱体的计算见表 1-25。

1.5.4 圆柱、圆锥、圆台、球及其部分的计算

圆柱、圆锥、圆台、球及其部分的计算见表 1-26。

圆及其部分的面积 S、周长 l 的计算　　表 1-24

名称	图形	计 算 公 式
圆		$S = \pi r^2 \approx 3.1416 r^2 = \dfrac{1}{4}\pi d^2 \approx 0.7854 d^2$ $l = 2\pi r \approx 6.2832 r = \pi d \approx 3.1416 d$
扇形		设 $\alpha = \theta(\text{弧}) = n(°)$ $S = \dfrac{1}{2} lr = \dfrac{1}{2}\theta r^2 = \dfrac{n}{360}\pi r^2 \approx 0.008727 n r^2$ $l = \theta r = \dfrac{n\pi r}{180} \approx 0.01745 nr$ $\alpha = \dfrac{l}{r}(\text{弧}) = \dfrac{l \cdot 180}{\pi r}(°) \approx \dfrac{57.296 l}{r}$
弓形		$S = \dfrac{1}{2} r^2(\theta - \sin\theta) = r^2 \arccos\dfrac{r-h}{r} - (r-h) \times \sqrt{2rh - h^2}$ $= \dfrac{1}{2}[rl - b(r-h)] \approx \dfrac{1}{12h}\left[(b^2 + 4h^2)^{\frac{3}{2}} - (b^2 + 4h^2)b\right]$ $\quad + \dfrac{1}{2} bh$ $l = \theta r = \dfrac{n}{180}\pi r \approx 0.01745 nr \approx \dfrac{4}{3}\sqrt{b^2 + 4h^2} - \dfrac{1}{3} b$ $r = \dfrac{b^2 + 4h^2}{8h}$
环形		$S = \pi(R^2 - r^2) = 3.1416(R^2 - r^2)$
圆环扇形		$S = \dfrac{1}{2}\theta(R^2 - r^2) = \dfrac{n\pi}{360}(R^2 - r^2) = 0.008727 n(R^2 - r^2)$

正方体、长方体、棱柱、棱台、拟柱体的计算　表 1-25

名称	图形	表面积 S	侧面积 M	体积 V
正方形		$6a^2$	$4a^2$	a^3
长方体		$2(ab+bc+ac)$	$2(bc+ac)$	abc
平行六面体				$S_1 h$
正棱柱（底面为正 n 边形）		$nah+2S_1$	nah	$S_1 h$
正棱锥（底面为正 n 边形）		$\frac{1}{2}nal+S_1$	$\frac{1}{2}nal$	$\frac{1}{3}S_1 h$
正棱台（上下底面为正 n 边形）		$\frac{1}{2}n(a+b)h+S_1+S_2$	$\frac{1}{2}n(a+b)h$	$\frac{1}{3}h(S_1+S_2)+\sqrt{S_1 S_2}$

续表

名称	图形	表面积 S	侧面积 M	体积 V
拟柱体				$\frac{1}{6}h(S_1+S_2+4S_0)$ S_1:下底面积 S_2:上底面积 S_0:中截面积

圆柱、圆锥、圆台、球及其部分的计算　　表 1-26

名称	图形	表面积 S	侧面积 M	体积 V
圆柱		$2\pi r(r+h)$	$2\pi rh$	$\pi r^2 h$
圆锥		$\pi r(l+r)$	πrl	$\frac{1}{3}\pi r^2 h$
圆台		$\pi[r_1^2+r_2^2+(r_1+r_2)l]$	$\pi(r_1+r_2)l$	$\frac{1}{3}\pi h(r_1^2+r_2^2+r_1 r_2)$
球		$4\pi R^2=\pi D^2$ (D 是球的直径)		$\frac{4}{3}\pi R^3=\frac{1}{6}\pi D^3$
球冠		$2\pi Rh$		
球缺				$\frac{1}{6}\pi h(3r^2+h^2)$ $=\pi h^2\left(R-\frac{h}{3}\right)$

续表

名称	图形	表面积 S	侧面积 M	体积 V
球带		$2\pi Rh$ (R 是球半径)		
球台				$\dfrac{1}{6}\pi h[3(r_1^2+r_2^2)+h^2]$
球扇形		底面是球带		$\dfrac{2}{3}\pi R^2 h = \dfrac{1}{3}SR$ S 是底面(球带或球冠)的面积,h 是球带或球冠的高
	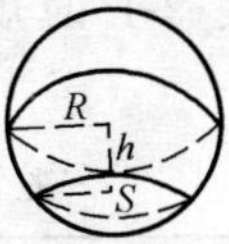	底面是球冠		

2 装饰识图

2.1 识图的基本知识

2.1.1 制图的标准和有关规定

1. 图纸的幅面

(1) 图纸的幅面及图框的尺寸

图纸的幅面及图框的尺寸应符合表 2-1 的规定和图 2-1~图 2-3 的格式。

幅面及图框尺寸 (mm)　　　表 2-1

尺寸代号＼幅面代号	A0	A1	A2	A3	A4
$b×l$	841×1189	594×841	420×594	297×420	210×297
c		10			5
a			25		

(2) 图纸长边加长

图纸的短边一般不加长,长边可加长,但应符合表 2-2 中的规定。

图纸长边加长尺寸 (mm)　　　表 2-2

幅面尺寸	长边尺寸	长边加长后尺寸						
A0	1189	1486	1635	1783	1932	2080	2230	2378
A1	841	1051	1261	1471	1682	1892	2102	
A2	594	743	891	1041	1189	1338	1486	1635
A2	594	1783	1932	2080				
A3	420	630	841	1051	1261	1471	1682	1892

注:有特殊需要的图纸,可采用 $b×l$ 为 841mm×891mm 与 1189mm×1261mm 的幅面。

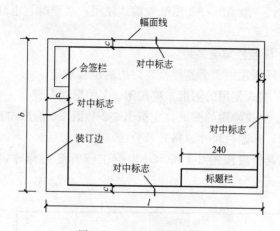

图 2-1 A0~A3 横式幅面

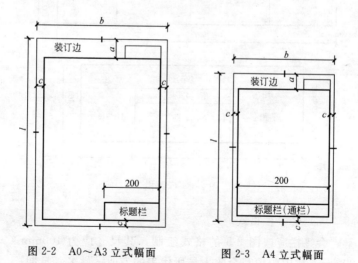

图 2-2 A0~A3 立式幅面　　图 2-3 A4 立式幅面

(3) 图纸的横式和立式

图纸以短边作为垂直边称为横式,以短边作为水平边称为立式。一般 A0～A3 图纸直横式使用；必要时，也可立式使用。

2. 标题栏与会签栏

(1) 标题栏、会签栏及装订边的位置规定

1) 横式使用的图纸，应按图 2-1 的形式布置。

2) 立式使用的图纸，应按图 2-2 和图 2-3 的形式布置。

(2) 标题栏尺寸、格式及分区

标题栏应按图 2-4 所示，根据工程需要选择确定其尺寸、格式及分区。

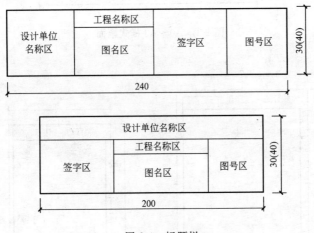

图 2-4 标题栏

(3) 会签栏格式

会签栏应按图 2-5 的格式绘制，其尺寸应为 100mm×20mm，栏内应填写会签人员所代表的专业、姓名、日期。

3. 图线

工程图都是由不同图线绘制而成的，为了使绘制的图样

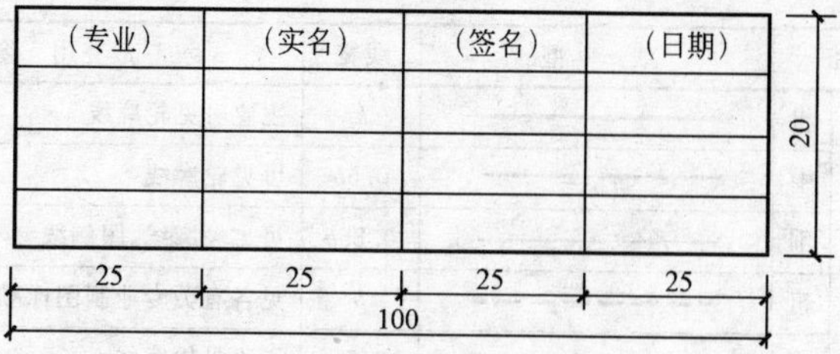

图 2-5 会签栏

主次分明、清晰易懂，因此，对图线有如下规定：

（1）图线的宽度 b，宜从下列线宽系列中选取：2.0、1.4、1.0、0.7、0.5、0.35mm。

每个图样，应根据复杂程度与比例大小，先选定基本线宽 b，再选用表 2-3 中相应的线宽组。

线宽组（mm） 表 2-3

线宽比	线 宽 组					
b	2.0	1.4	1.0	0.7	0.5	0.35
$0.5b$	1.0	0.7	0.5	0.35	0.25	0.18
$0.25b$	0.5	0.35	0.25	0.18	—	—

注：1. 需要微缩的图纸，不宜采用 0.18mm 及更细的线宽。
　　2. 同一张图纸内，各不同线宽中的细线，可统一采用较细的线宽组的细线。

（2）工程建设制图，应选用表 2-4 中所示的图线。

（3）图纸的图框和标题栏线，可采用表 2-5 的规定。

4. 尺寸标注

工程图中的尺寸由尺寸线、尺寸界线、尺寸起止点、尺寸数字四部分组成，如图 2-6 所示。

尺寸界线有时与房屋的轴线重合，它用短竖线表示，起止点的斜线一般与尺寸线成 45°角，尺寸线与界线相交，相

图　线　　　　　表2-4

名称		线型	线宽	一般用途
实线	粗	——————	b	主要可见轮廓线
	中	——————	0.5b	可见轮廓线
	细	——————	0.25b	可见轮廓线、图例线
虚线	粗	– – – – –	b	见各有关专业制图标准
	中	– – – – –	0.5b	不可见轮廓线
	细	– – – – –	0.25b	不可见轮廓线、图例线
单点长画线	粗	—·—·—·—	b	见各有关专业制图标准
	中	—·—·—·—	0.5b	见各有关专业制图标准
	细	—·—·—·—	0.25b	中心线、对称线等
双点长画线	粗	—··—··—	b	见各有关专业制图标准
	中	—··—··—	0.5b	见各有关专业制图标准
	细	—··—··—	0.25b	假想轮廓线、成型前原始轮廓线
折断线		⌇	0.25b	断开界线
波浪线		∿∿	0.25b	断开界线

图框线、标题栏线的宽度（mm）　　　表2-5

幅面代号	图框线	标题栏外框线	标题栏分格线、会签栏线
A0、A1	1.4	0.7	0.35
A2、A3、A4	1.0	0.7	0.35

交应适当延长一些，绘制短斜线后使人看时清晰。

5. 尺寸和比例

（1）图纸的尺寸　图线上除标高及总平面图上尺寸以米为单位外，其他一律以毫米为单位。如果数字的单位不是毫米，那就必须注写清楚。

（2）图纸的比例　图纸上标出的尺寸，实际上并非在图

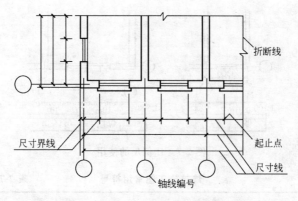

图 2-6 尺寸界线、尺寸线、起止点的画法

上就真是那么长,而是通过把要绘的建筑物缩小几十倍、几百倍绘在图纸上。把这种缩小的倍数称为比例图,如有图纸上用图面尺寸为 1cm 长度代表实物长度 1m(100cm)的话,那么就称用这种缩小的尺寸绘成的图的比例叫 1:100。

一般图纸采用的比例可见表 2-6。

绘图所用的比例　　　　表 2-6

常用比例	1:1、1:2、1:5、1:10、1:20、1:50、1:100、1:150、1:200、1:500、1:1000、1:2000、1:5000、1:10000、1:20000、1:50000、1:100000、1:200000
可用比例	1:3、1:4、1:6、1:15、1:25、1:30、1:40、1:60、1:80、1:250、1:300、1:400、1:600

看图纸时懂得这个道理后,就可以用比例尺去量取图上未标尺寸的部分,从而知道它的实际尺寸,如图 2-7 所示。

6. 符号

图纸的符号是很多的。有的用图示标志的符号;有的用文字标志的符号;还有用符号标志说明某种含意的符号等。

施工图纸中常用的符号见表 2-7。

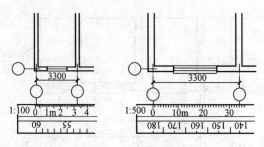

图 2-7 比例尺的使用

建筑施工图常用符号　　　　　表 2-7

名　称	线型或符号	说　明
剖切符号	(图示)	1. 表示剖切位置,以剖切线经过表示 2. 剖视方向,以有剖视编号一侧表示;其中1、2剖线表示剖面图的全面剖视;3、4剖线表示局部断面图的剖视
索引符号(一)	(图示) 注:圈的直径为10mm	图中数字的意义 1. 圈外水平线表示标准图的图册编号,非标准图则不用圈外水平线 2. 圈内上部数字表示详图编号 3. 圈内下部数字表示详图所在的图纸号;如详图即在本页内,可用水平细实线表示
索引符号(二)	(图示)	只适用于钢筋、杆件、零件,设备等的编号

续表

名 称	线型或符号	说 明
详图符号	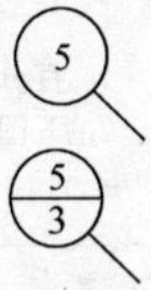 ⑤ ⑤/③ 注：圈的直径为14mm	1. 上图表示详图与被索引的图样同在一张图纸内，数字为详图编号 2. 下图表示详图与被索引的图样不在同一张图纸内。上面数字为详图号，下面数字为被索引的图纸号。亦可用上图的方法
引出线	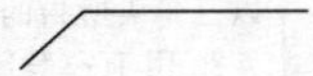	说明文字与在横线上
	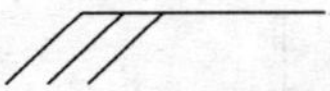	共用同一种文字说明的引出线
	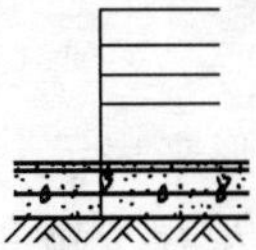	多层构造说明的引出线
对称符号	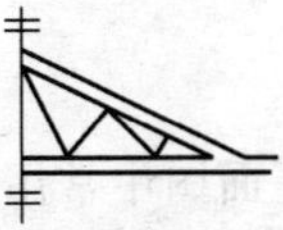	用两组平行线表示。平行线距离2～3mm，平行线两侧长短相等，总长度为6～10mm
定位轴线	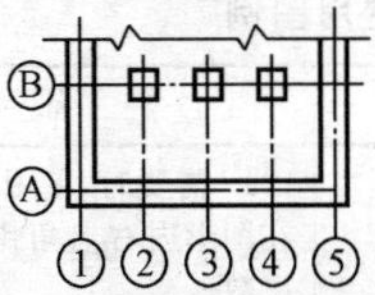	表示建筑构造在图上的平面位置；横向从左至右，用阿拉伯数字，竖向从下至上，用大写拉丁字母
尺寸线	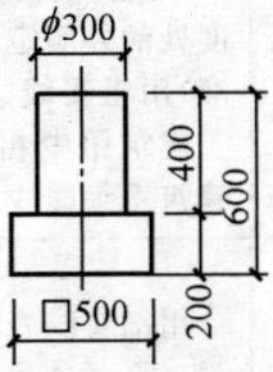 φ300 400 600 □500 200	1. 尺寸单位如未注明，通常采用mm；水平尺寸宜写在线上；竖向尺寸宜写在线左 2. 在侧面标注时，圆柱用φ表示，正方形用□表示

续表

名 称	线型或符号	说 明
坡度	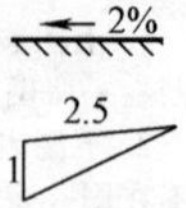 ←2% 2.5/1	1. 百分数表示坡度比例 2. 下图多用于屋面
标高	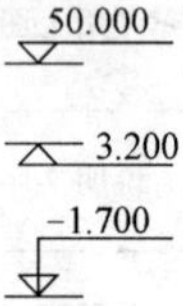 50.000 3.200 -1.700 单位为m	1. 表示建筑物构造的高度位置,以三角尖所指的位置为准 2. 用于一般图上为空心三角形;如为全黑三角形,只用于总平面图上

7. 图例

图例是建筑施工图纸上用图形来表示一定含义的一种符号。它具有一定的形象性,使人看了就能知道它代表的东西。

施工图中常用的图例:

(1) 平面图中常用图例:平面图中常用图例见表 2-8。

平面图常用图例　　　表 2-8

序号	名 称	图 例	备 注
1	新建建筑物	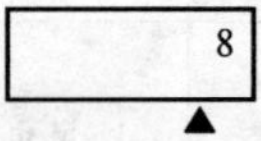 8 ▲	1. 需要时,可用▲表示出入口,可在图形内右上角用点数或数字表示层数 2. 建筑物外形(一般以±0.00高度处的外墙定位轴线或外墙面线为准)用粗实线表示。需要时,地面以上建筑用中粗实线表示,地面以下建筑用细虚线表示
2	原有建筑物	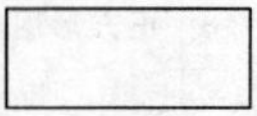	用细实线表示

续表

序号	名称	图例	备注
3	计划扩建的预留地或建筑物		用中粗虚线表示
4	拆除的建筑物	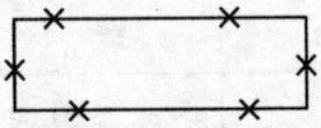	用细实线表示
5	建筑物下面的通道	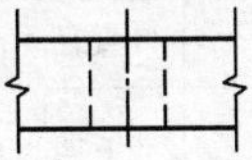	
6	散状材料露天堆场	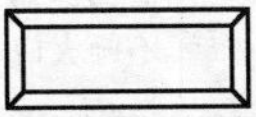	需要时可注明材料名称
7	其他材料露天堆场或露天作业场		
8	铺砌场地	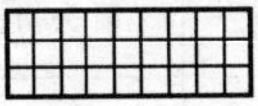	
9	敞棚或敞廊	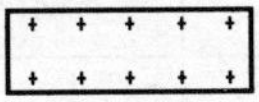	
10	高架式料仓	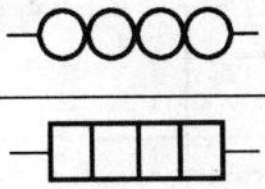	
11	漏斗式贮仓		左、右图为底卸式 中图为侧卸式
12	冷却塔(池)		应注明冷却塔或冷却池
13	水塔、贮罐	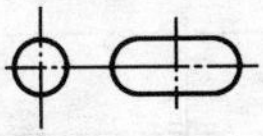	左图为水塔或立式贮罐 右图为卧式贮罐
14	水池、坑槽		也可以不涂黑

续表

序号	名 称	图 例	备 注
15	明溜矿槽(井)	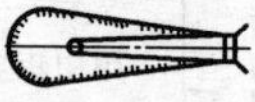	
16	斜井或平洞	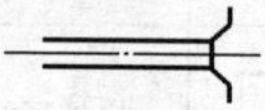	
17	烟囱		实线为烟囱下部直径,虚线为基础,必要时可注写烟囱高度和上、下口直径
18	围墙及大门		上图为实体性质的围墙,下图为通透性质的围墙,若仅表示围墙时不画大门
19	挡土墙		
20	挡土墙上设围墙		被挡土在"突出"的一侧
21	台阶	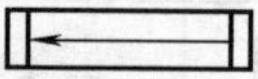	箭头指向表示向下
22	露天桥式起重机	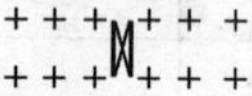	"+"为柱子位置
23	露天电动葫芦	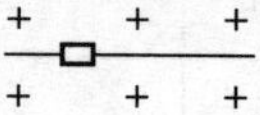 	"+"为支架位置
24	门式起重机	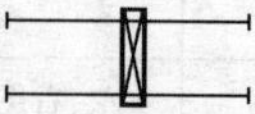 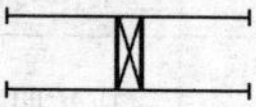	上图表示有外伸臂 下图表示无外伸臂
25	架空索道		"I"为支架位置
26	斜坡卷扬机道		
27	斜坡栈桥(皮带廊等)	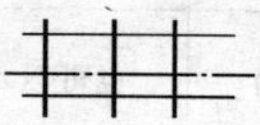	细实线表示支架中心线位置

续表

序号	名称	图例	备注
28	坐标	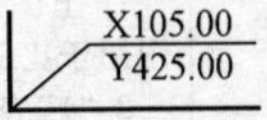 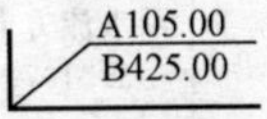 X105.00 / Y425.00 A105.00 / B425.00	上图表示测量坐标 下图表示建筑坐标
29	方格网交叉点标高	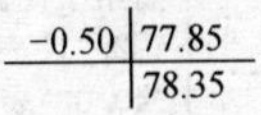 -0.50 | 77.85 | 78.35	"78.35"为原地面标高 "77.85"为设计标高 "-0.50"为施工高度 "-"表示挖方("+"表示填方)
30	填方区、挖方区、未整平区及零点线	 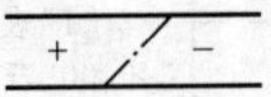	"+"表示填方区 "-"表示挖方区 中间为未整平区 点划线为零点线
31	填挖边坡		1. 边坡较长时,可在一端或两端局部表示
32	护坡		2. 下边线为虚线时表示填方
33	分水脊线与谷线	 	上图表示脊线 下图表示谷线
34	洪水淹没线		阴影部分表示淹没区(可在底图背面涂红)
35	地表排水方向		
36	截水沟或排水沟	 40.00	"1"表示1‰的沟底纵向坡度,"40.00"表示变坡点间距离,箭头表示水流方向

33

续表

序号	名称	图例	备注
37	排水明沟	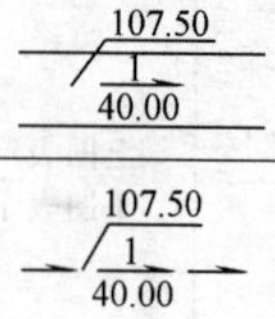 107.50 / 1 / 40.00 ; 107.50 / 1 / 40.00	1. 上图用于比例较大的图面,下图用于比例较小的图面 2. "1"表示1%的沟底纵向坡度,"40.00"表示变坡点间距离,箭头表示水流方向 3. "107.50"表示沟底标高
38	铺砌的排水明沟	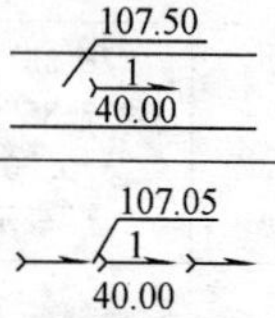 107.50 / 1 / 40.00 ; 107.05 / 1 / 40.00	1. 上图用于比例较大的图面,下图用于比例较小的图面 2. "1"表示1%的沟底纵向坡度,"40.00"表示变坡点间距离,箭头表示水流方向 3. "107.50"表示沟底标高
39	有盖的排水沟	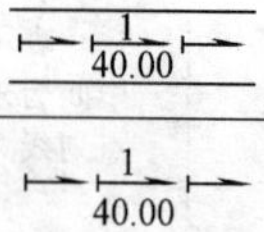 1 / 40.00 ; 1 / 40.00	1. 上图用于比例较大的图面,下图用于比例较小的图面 2. "1"表示1%的沟底纵向坡度,"40.00"表示变坡点间距离,箭头表示水流方向
40	雨水口		
41	消火栓井		
42	急流槽		箭头表示水流方向
43	跌水		
44	拦水(闸)坝		
45	透水路堤	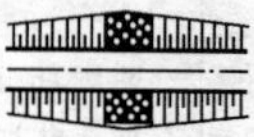	边坡较长时,可在一端或两端局部表示
46	过水路面		
47	室内标高	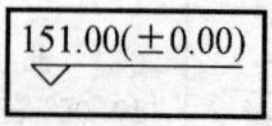 151.00(±0.00)	
48	室外标高	●143.00▼143.00	室外标高也可采用等高线表示

(2) 结构图图例：结构图图例见表 2-9。

表 2-9a

序号	名称	图 例	说 明
1	圆木	ϕ 或 d	1. 木材的断面图均应画出横纹线或顺纹线 2. 立面图一般不画木纹线，但木键的立面图均须画出木纹线
2	半圆木	$1/2\phi$ 或 d	
3	方木	$b \times h$	
4	木板	$b \times h$ 或 h	

表 2-9b

序号	名称	截面	标注	说 明
1	等边角钢		$b \times t$	b 为肢宽 t 为肢厚
2	不等边角钢	B	$B \times b \times t$	B 为长肢宽 b 为短肢宽 t 为肢厚
3	工字钢		N Q N	轻型工字钢加注 Q 字 N 工字钢的型号
4	槽钢		N Q N	轻型槽钢加注 Q 字 N 槽钢的型号
5	方钢	b	b	

续表

序号	名称	截面	标注	说明
6	扁钢		—$b \times t$	
7	钢板		$\dfrac{-b \times t}{l}$	宽×厚 板长
8	圆钢		ϕd	
9	钢管		$DN \times \times$ $d \times t$	内径 外径×壁厚
10	薄壁方钢管		B□$b \times t$	薄壁型钢加注B字 t 为壁厚
11	薄壁等肢角钢		B∟$b \times t$	
12	薄壁等肢卷边角钢		B$b \times a \times t$	
13	薄壁槽钢		B$h \times b \times t$	
14	薄壁卷边槽钢		B$h \times b \times a \times t$	
15	薄壁卷边Z型钢		B$h \times b \times a \times t$	
16	T型钢	T	TW×× TM×× TN××	TW 为宽翼缘 T 型钢 TM 为中翼缘 T 型钢 TN 为窄翼缘 T 型钢
17	H型钢	H	HW×× HM×× HN××	HW 为宽翼缘 H 型钢 HM 为中翼缘 H 型钢 HN 为窄翼缘 H 型钢

续表

序号	名称	截面	标注	说明
18	起重机钢轨		QU××	详细说明产品规格型号
19	轻轨及钢轨		××kg/m钢轨	

（3）卫生设备图例　卫生设备图例见表2-10。

卫生设备图例　　表2-10

序号	名称	图例	备注
1	立式洗脸盆		
2	台式洗脸盆		
3	挂式洗脸盆		
4	浴盆		
5	化验盆、洗涤盆	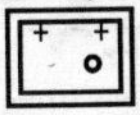	
6	带沥水板洗涤盆		不锈钢制品
7	盥洗槽	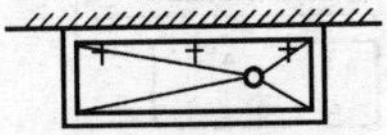	
8	污水池		
9	妇女卫生盆		

续表

序号	名称	图例	备注
10	立式小便器		
11	壁挂式小便器		
12	蹲式大便器	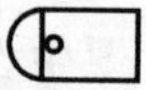	
13	坐式大便器		
14	小便槽	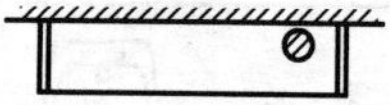	
15	淋浴喷头		

（4）建筑材料图例：建筑材料图例见表 2-11。

常用建筑材料图例　　表 2-11

序号	名称	图例	备注
1	自然土壤		包括各种自然土壤
2	夯实土壤		
3	砂、灰土		靠近轮廓线绘较密的点
4	砂砾石、碎砖三合土	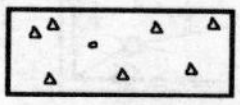	
5	石材	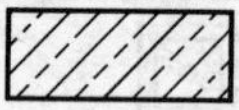	
6	毛石		
7	普通砖	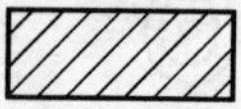	包括实心砖、多孔砖、砌块等砌体。断面较窄不易绘出图例线时，可涂红

续表

序号	名称	图例	备注
8	耐火砖		包括耐酸砖等砌体
9	空心砖	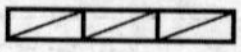	指非承重砖砌体
10	饰面砖		包括铺地砖、马赛克、陶瓷锦砖、人造大理石等
11	焦渣、矿渣	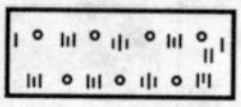	包括与水泥、石灰等混合而成的材料
12	混凝土	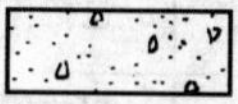	1. 本图例指能承重的混凝土及钢筋混凝土 2. 包括各种强度等级、骨料、添加剂的混凝土 3. 在剖面图上画出钢筋时,不画图例线 4. 断面图形小,不易画出图例线时,可涂黑
13	钢筋混凝土		
14	多孔材料		包括水泥珍珠岩、沥青珍珠岩、泡沫混凝土、非承重加气混凝土、软木、蛭石制品等
15	纤维材料	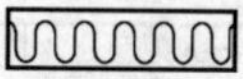	包括矿棉、岩棉、玻璃棉、麻丝、木丝板、纤维板等
16	泡沫塑料材料	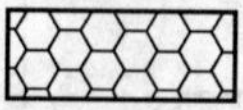	包括聚苯乙烯、聚乙烯、聚氨酯等多孔聚合物类材料
17	木材	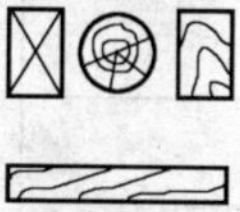	1. 上图为横断面,上左图为垫木、木砖或木龙骨 2. 下图为纵断面
18	胶合板	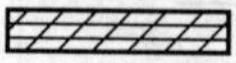	应注明为×层胶合板
19	石膏板	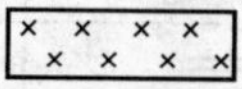	包括圆孔、方孔石膏板、防水石膏板等
20	金属		1. 包括各种金属 2. 图形小时,可涂黑
21	网状材料		1. 包括金属、塑料网状材料 2. 应注明具体材料名称

续表

序号	名称	图例	备注
22	液体	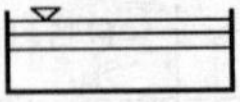	应注明具体液体名称
23	玻璃		包括平板玻璃、磨砂玻璃、夹丝玻璃、钢化玻璃、中空玻璃、加层玻璃、镀膜玻璃等
24	橡胶		
25	塑料		包括各种软、硬塑料及有机玻璃等
26	防水材料		构造层次多或比例大时,采用上面图例
27	粉刷		本图例采用较稀的点

注:序号1、2、5、7、8、13、14、16、17、18、22、23图例中的斜线、短斜线、交叉斜线等一律为45°。

(5) 构造及配件图例:构造及配件图例见表2-12。

构造及配件图例　　　　表2-12

序号	名称	图例	说明
1	墙体		应加注文字或填充图例表示墙体材料,在项目设计图纸说明中列材料图例表给予说明
2	隔断		1. 包括板条抹灰、木制、石膏板、金属材料等隔断 2. 适用于到顶与不到顶隔断
3	栏杆		
4	楼梯	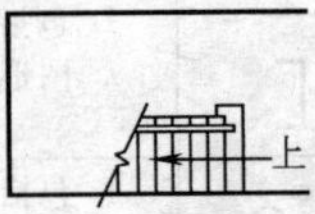	1. 上图为底层楼梯平面,中图为中间层楼梯平面,下图为顶层楼梯平面 2. 楼梯及栏杆扶手的形式和梯段踏步数应按实际情况绘制

续表

序号	名称	图例	说明
4	楼梯	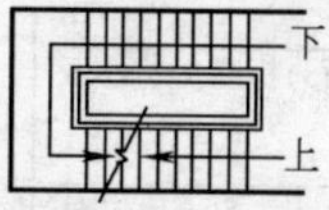 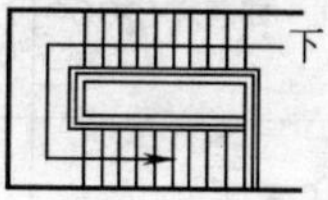	1. 上图为底层楼梯平面,中图为中间层楼梯平面,下图为顶层楼梯平面 2. 楼梯及栏杆扶手的形式和梯段踏步数应按实际情况绘制
5	坡道	 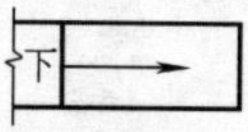 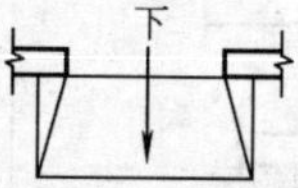 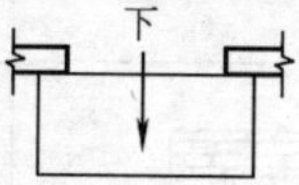	上图为长坡道,下图为门口坡道
6	平面高差	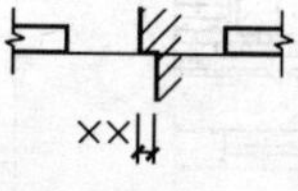	适用于高差小于100的两个地面或楼面相接处
7	检查孔		左图为可见检查孔 右图为不可见检查孔
8	孔洞		阴影部分可以涂色代替
9	坑槽		

续表

序号	名称	图例	说明
10	墙顶留洞	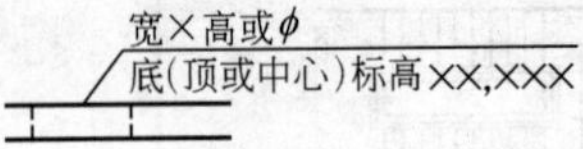 宽×高或ϕ / 底(顶或中心)标高××.×××	1. 以洞中心或洞边定位 2. 宜为涂色区别墙体和留洞位置
11	墙预留槽	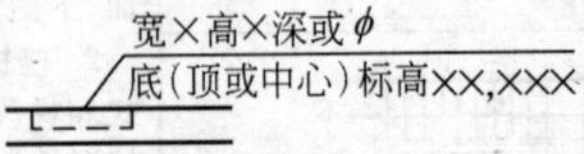 宽×高×深或ϕ / 底(顶或中心)标高××.×××	
12	烟道	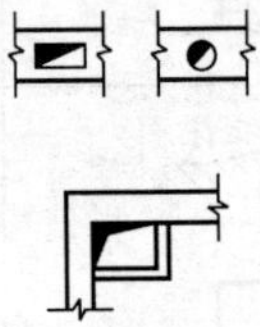	1. 阴影部分可以涂色代替 2. 烟道与墙体为同一材料,其相接处墙身线应断开
13	通风道	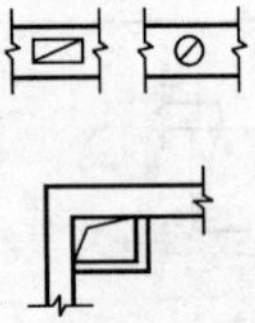	
14	新建的墙和窗	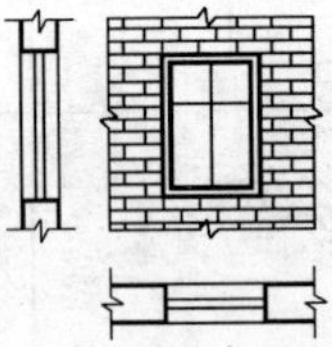	1. 本图以小型砌块为图例,绘图时应按所用材料的图例绘制,不易以图例绘制的,可在墙面上以文字或代号注明 2. 小比例绘图时平、剖面窗线可用单粗实线表示
15	改建时保留的原有墙和窗	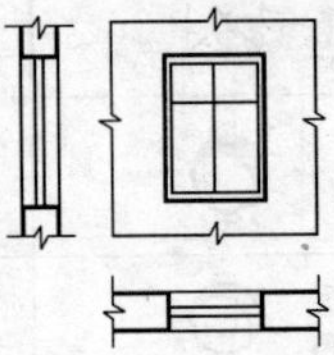	

续表

序号	名称	图例	说明
16	应拆除的墙	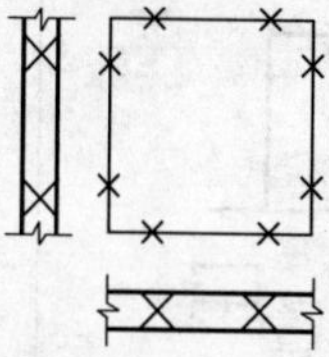	
17	在原有墙或楼板上新开的洞	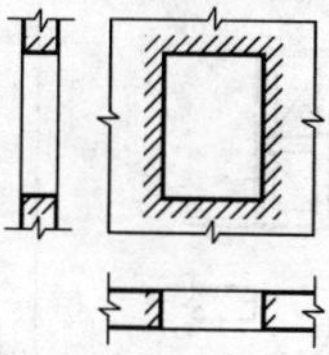	
18	在原有洞旁扩大的洞	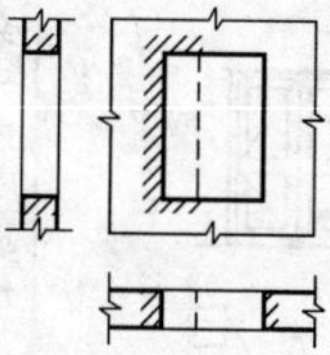	
19	在原有墙或楼板上全部填塞的洞	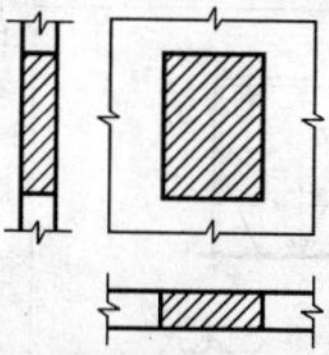	
20	在原有墙或楼板上局部填塞的洞	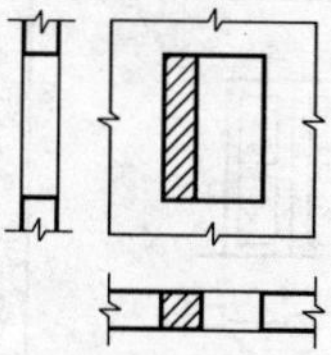	

43

续表

序号	名称	图例	说明
21	空门洞	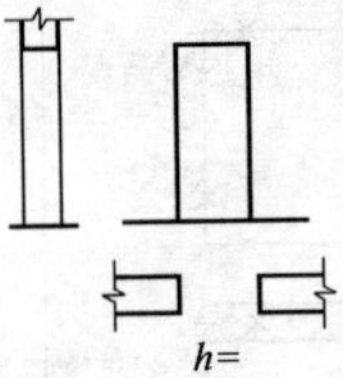	h 为门洞高度
22	单扇门（包括平开或单面弹簧）	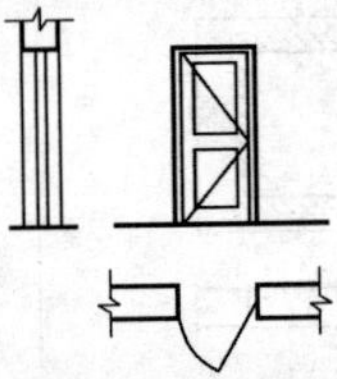	1. 门的名称代号用 M 2. 图例中剖面图左为外、右为内，平面图下为外、上为内 3. 立面图上开启方向线交角的一侧为安装合页的一侧，实线为外开，虚线为内开 4. 平面图上门线应 90°或 45°开启，开启弧线宜绘出 5. 立面图上的开启线在一般设计图中可不表示，在详图及室内设计图上应表示 6. 立面形式应按实际情况绘制
23	双扇门（包括平开或单面弹簧）	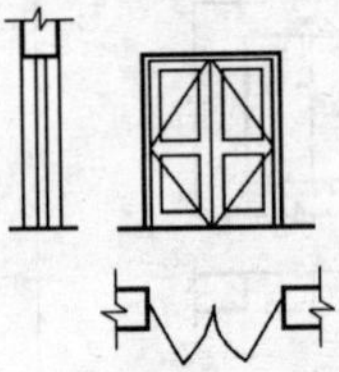	
24	对开折叠门	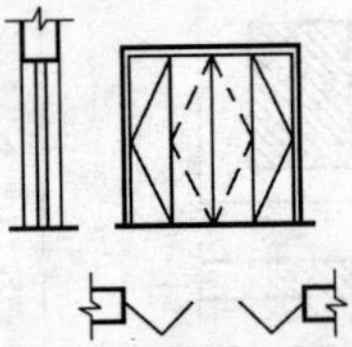	
25	推拉门	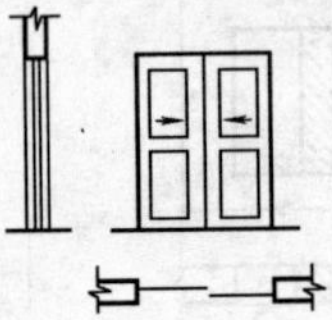	1. 门的名称代号用 M 2. 图例中剖面图左为外、右为内，平面图下为外、上为内 3. 立面形式应按实际情况绘制

续表

序号	名称	图例	说明
26	墙外单扇推拉门	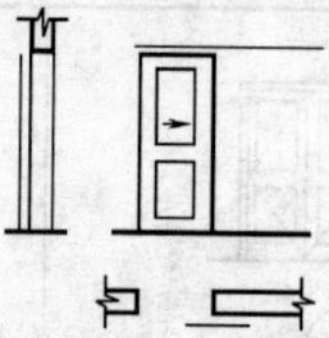	
27	墙外双扇推拉门	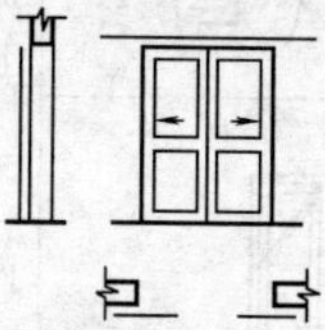	1. 门的名称代号用 M 2. 图例中剖面图左为外、右为内，平面图下为外、上为内 3. 立面形式应按实际情况绘制
28	墙中单扇推拉门	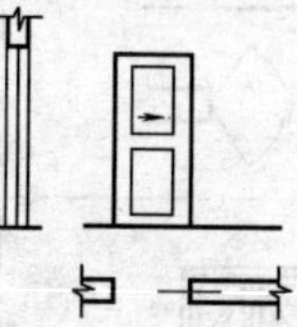	
29	墙中双扇推拉门	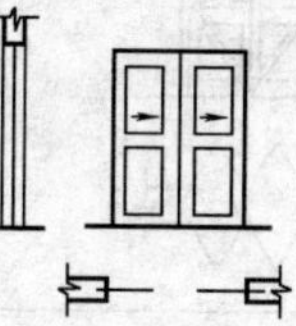	
30	单扇双面弹簧门	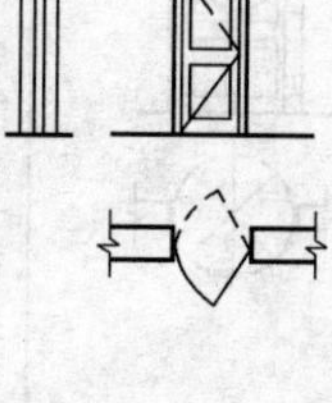	1. 门的名称代号用 M 2. 图例中剖面图左为外、右为内，平面图下为外、上为内 3. 立面图上开启方向线交角的一侧为安装合页的一侧，实线为外开，虚线为内开 4. 平面图上门线应 90°或 45°开启，开启弧线宜绘出 5. 立面图上的开启线在一般设计图中可不表示，在详图及室内设计图上应表示 6. 立面形式应按实际情况绘制

续表

序号	名称	图例	说明
31	双扇双面弹簧门	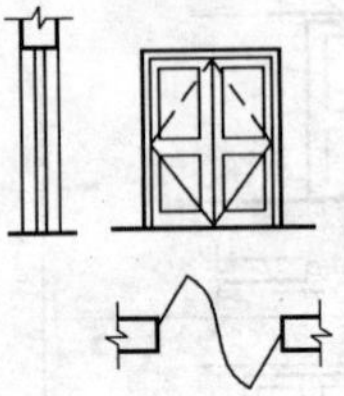	1. 门的名称代号用 M 2. 图例中剖面图左为外、右为内，平面图下为外、上为内 3. 立面图上开启方向线交角的一侧为安装合页的一侧，实线为外开，虚线为内开 4. 平面图上门线应 90°或 45°开启，开启弧线宜绘出 5. 立面图上的开启线在一般设计图中可不表示，在详图及室内设计图上应表示 6. 立面形式应按实际情况绘制
32	单扇内外开双层门（包括平开或单面弹簧）	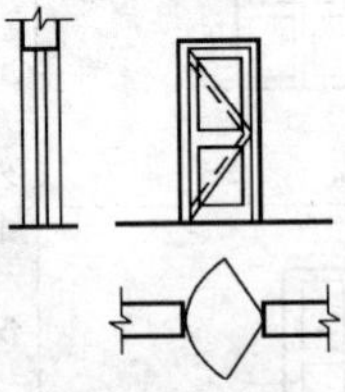	
33	双扇内外开双层门（包括平开或单面弹簧）	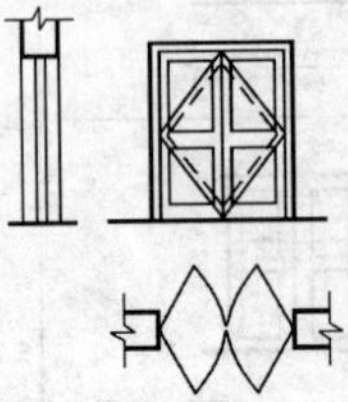	
34	转门	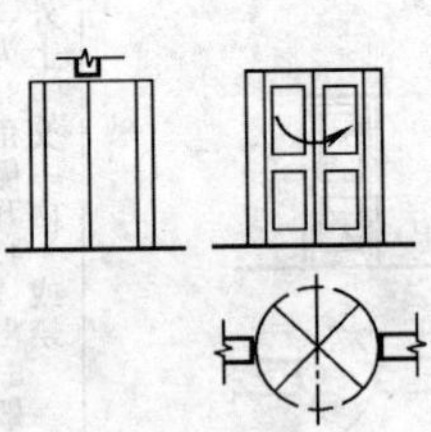	1. 门的名称代号用 M 2. 图例中剖面图左为外、右为内，平面图下为外、上为内 3. 平面图上门线应 90°或 45°开启，开启弧线宜绘出 4. 立面图上的开启线在一般设计图中可不表示，在详图及室内设计图上应表示 5. 立面形式应按实际情况绘制

续表

序号	名称	图例	说明
35	自动门	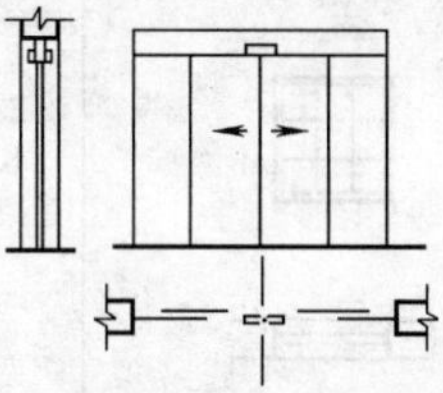	1. 门的名称代号用 M 2. 图例中剖面图左为外、右为内，平面图下为外、上为内 3. 立面形式应按实际情况绘制
36	折叠上翻门	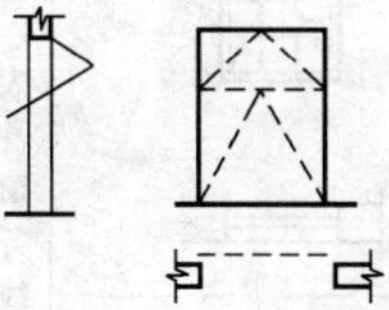	1. 门的名称代号用 M 2. 图例中剖面图左为外、右为内，平面图下为外、上为内 3. 立面图上开启方向线交角的一侧为安装合页的一侧，实线为外开，虚线为内开 4. 立面形式应按实际情况绘制 5. 立面图上的开启线设计图中应表示
37	竖向卷帘门	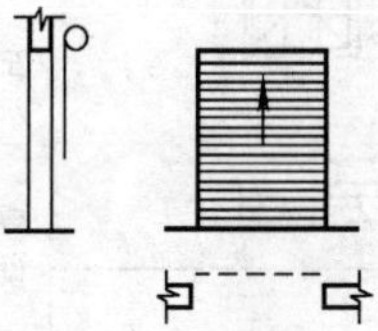	
38	横向卷帘门	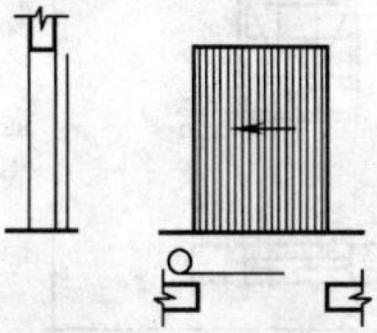	1. 门的名称代号用 M 2. 图例中剖面图左为外、右为内，平面图下为外、上为内 3. 立面形式应按实际情况绘制
39	提升门	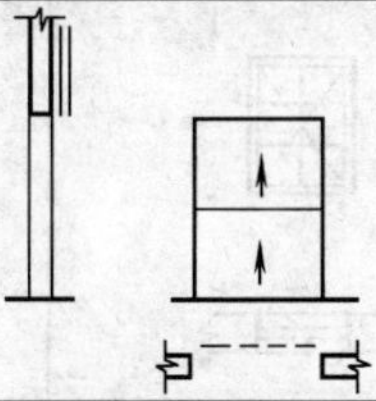	

续表

序号	名称	图例	说明
40	单层固定窗	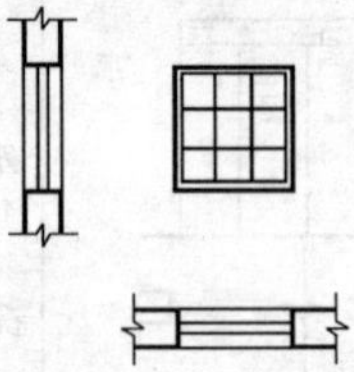	
41	单层外开上悬窗	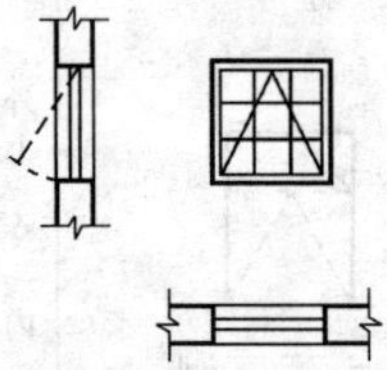	1. 窗的名称代号用 C 表示 2. 立面图中的斜线表示窗的开启方向,实线为外开,虚线为内开;开启方向线交角的一侧为安装合页的一侧,一般设计图中可不表示 3. 图例中,剖面图所示左为外,右为内,平面图所示下为外,上为内 4. 平面图和剖面图上的虚线仅说明开关方式,在设计图中不需表示 5. 窗的立面形式应按实际绘制 6. 小比例绘图时平、剖面的窗线可用单粗实线表示
42	单层中悬窗	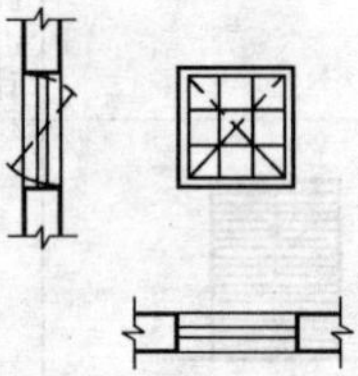	
43	单层内开下悬窗	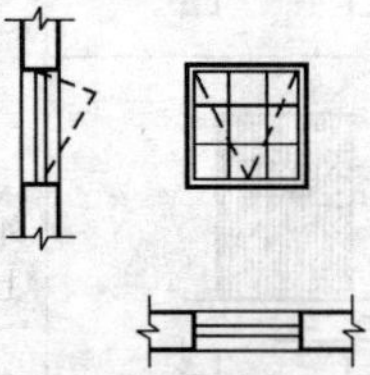	
44	立转窗	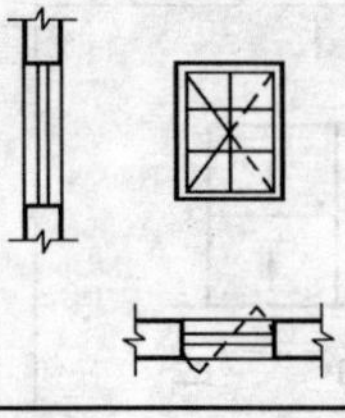	

续表

序号	名称	图例	说明
45	单层外开平开窗	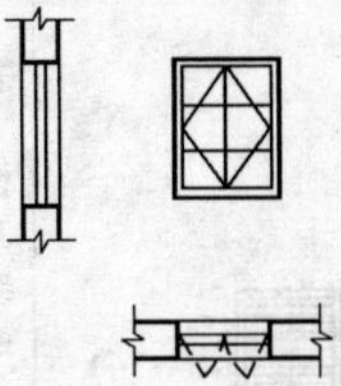	1. 窗的名称代号用 C 表示 2. 立面图中的斜线表示窗的开启方向,实线为外开,虚线为内开;开启方向线交角的一侧为安装合页的一侧,一般设计图中可不表示 3. 图例中,剖面图所示左为外,右为内,平面图所示下为外,上为内 4. 平面图和剖面图上的虚线仅说明开关方式,在设计图中不需表示 5. 窗的立面形式应按实际绘制 6. 小比例绘图时平、剖面的窗线可用单粗实线表示
46	单层内开平开窗	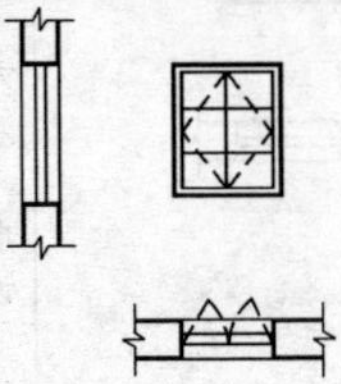	
47	双层内外开平开窗	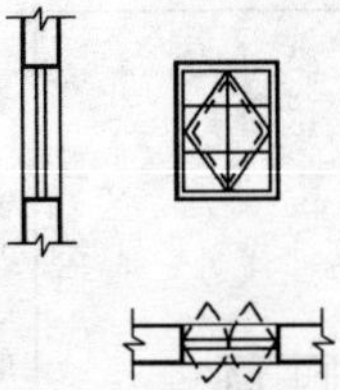	
48	推拉窗	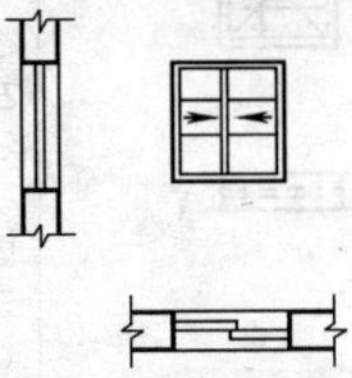	1. 窗的名称代号用 C 表示 2. 图例中,剖面图所示左为外,右为内,平面图所示下为外,上为内 3. 窗的立面形式应按实际绘制 4. 小比例绘图时平、剖面的窗线可用单粗实线表示
49	上推窗	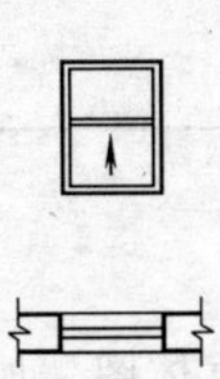	

续表

序号	名 称	图 例	说 明
50	百叶窗	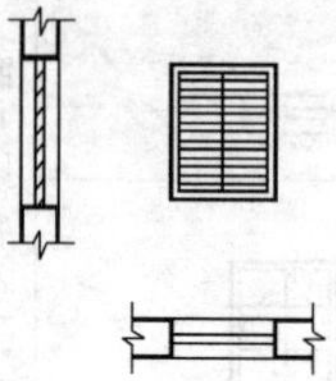	1. 窗的名称代号用 C 表示 2. 立面图中的斜线表示窗的开启方向,实线为外开,虚线为内开;开启方向线交角的一侧为安装合页的一侧,一般设计图中可不表示 3. 图例中,剖面图所示左为外,右为内,平面图所示下为外,上为内 4. 平面图和剖面图上的虚线仅说明开关方式,在设计图中不需表示 5. 窗的立面形式应按实际绘制
51	高窗	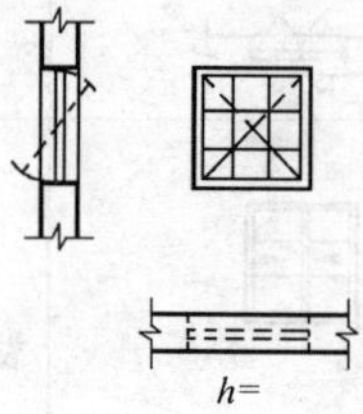 $h=$	1. 窗的名称代号用 C 表示 2. 立面图中的斜线表示窗的开启方向,实线为外开,虚线为内开;开启方向线交角的一侧为安装合页的一侧,一般设计图中可不表示 3. 图例中,剖面图所示左为外,右为内,平面图所示下为外,上为内 4. 平面图和剖面图上的虚线仅说明开关方式,在设计图中不需表示 5. 窗的立面形式应按实际绘制 6. h 为窗底距本层楼地面的高度

2.1.2 投影与视图

1. 投影概念

看到的图画一般都是立体图,如图 2-8 所示,这种图和

图 2-8 某职工住宅透视图

看实际物体所得到的印象比较一致,容易看懂。但这种图不能把物体真实形状、大小准确地表示出来,不能满足工程制作或施工的要求,更不能全面地表达设计意图。正确的表达物体,只能采用投影图,而且只能采用正投影图才行。

(1) 什么叫投影

在日常生活中,光线照射物体,在地面和墙面上就会出现影子,这些影子不但能反映物体的外形,同时也能反映物体上部和内部的情况,这样形成的影子就称为投影。

当光源中心位置改变时,影子的形状、位置也随之改变,如图 2-9 (a) 所示。灯光照射到桌子上,地面就会出现影子,影子比桌面尺寸,如灯的位置在桌面正中上方,则

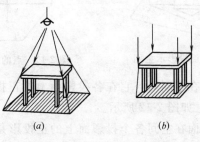

图 2-9 投影

它与桌面的距离愈远，影子就愈接近桌面的实际大小。如把灯移到无限远的高度，则光线可以看作是互相平行且垂直桌面和地面的平行线，这时在地面上出现的影子就和桌面大小相等，如图 2-9（b）所示。所以说，影子是可以反映物体的大小和外形的。

把表示光源的线称为投射线，把落影平面称为投影面，把所产生的影子称为投影图。

(2) 什么叫正投影

当照射物体的光线相互平行，并且垂直照射物体和投影面，这时形成的投影为正投影，如图 2-10 所示。这样的投影不但能正确地反映物体的外部，而且还能正确地反映物体的内部情况。一般工程图纸，都是按正投影的方法绘制的，如立面图、平面图、侧面图等。

(3) 点、线、面的正投影

1) 一个点在空间各个投影面上的投影仍是一个点，如图 2-11 所示。

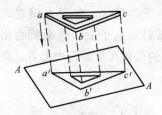

图 2-10　正投影示意图

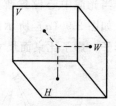

图 2-11　点的三面正投影

2) 线条在空间时，它在各投影面上的正投影，是由点和线反映的，如图 2-12 所示。

3) 一个面在空间各个投影面上的正投影是由面和线来反映的，如图 2-13 所示。

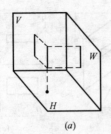
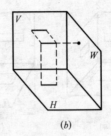

图 2-12 线的三面正投影

4) 物体的三面正投影。一个物体一般都可以在空间六个竖直和水平面上投影，反映出它的大小和形状。而如同砖本身是一块平行六面体，它的两个对面是完全相同的，所以只要取它向下、后、侧三个平面上的投影图形，就可以知道它的形状和大小，如图 2-14 所示。所投影的面为正立投影面、侧立投影面和水平投影面。

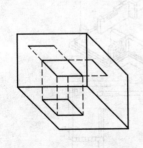
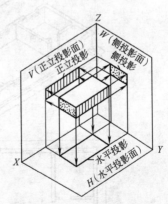

图 2-13 面的三面正投影　　图 2-14 砖的三面正投影

5) 三个投影面的展开。为把空间三个投影面上所得到的投影画在一个平面上，需将三个互相垂直的投影平面展开

53

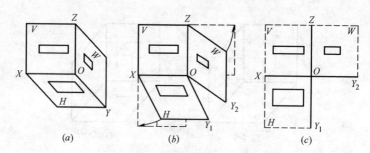

图 2-15 三个投影面的开展

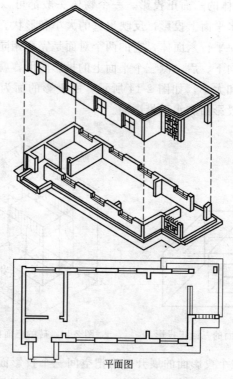

平面图

图 2-16 上视图（平面图）

摊平为一个平面,如图 2-15 所示。展开后的平面图,就是平、立、侧面图。

2. 视图

视图就是人从不同的位置所看到的一个物体在投影面上投影后所绘制的图纸。

(1) 上视图　即人在这个物体的上部往下看物体在下面投影平面上所投影出的形象,如图 2-16 所示。

(2) 前、后、侧视图　是人在物体的前、后、侧面看到的这个物体的形象,如图 2-17 所示。

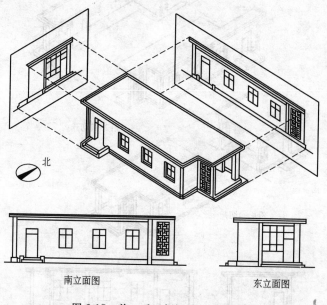

图 2-17　前、后、侧视图(立面图)

(3) 剖视图　这是人们假想一个平面把物体从某处剖开后,移走一部分,人站在未移走的那部分物体剖切面前面所

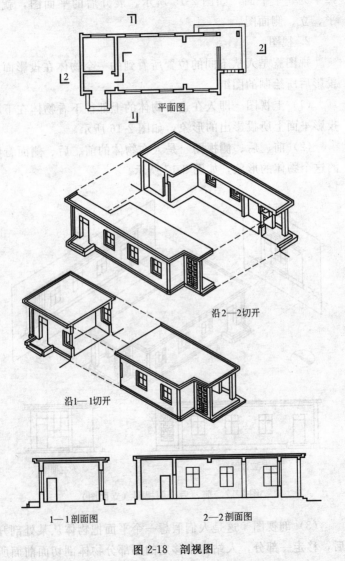

图 2-18 剖视图

看到的物体在剖切平面上的投影的形象，如图 2-18 所示。

（4）仰视图　即人在物体下部向上看所得到的形象。建筑的仰视图，一般在室内人仰头观看到的顶棚构造或吊顶下面的布置图形。

2.2 建筑施工图的识读

2.2.1 建筑施工图的种类

1. 建筑总平面图

建筑总平面图是说明建筑物所在地理位置和周围环境的平面图。一般在图上标出新建筑物的外形，建筑物周围的地形、地貌及建筑物，建成后的道路、水源、电源、下水道干线的位置，如在山区还标有等高线。为了表示建筑物的朝向和方位，在总平面图中，还给有指北针和表示风向的"风玫瑰"图等。

2. 建筑施工图

建筑施工图是说明房屋建造的规模、尺寸、细部构造的图纸。这类图纸的图标上的图号区内常写为建施×号图。建筑施工图包括建筑平面图、立面图、剖面图以及施工详图、材料做法说明等。

3. 结构施工图

结构施工图是说明一栋房屋的屋架构造的类型、尺寸、使用材料要求和构件的详细构造的图纸。这类图纸的图标上的图号区内常写为结施×号图。它包括结构平面图、构件详图，必要时还有剖面图、基础图。

4. 暖卫施工图

这类图纸说明一栋楼房中卫生设备、上、下水管道、暖气管道，以及有煤气或通风设备的构造情况。它分为平面图、透视图、详图等。图标内标上"水施"、"暖通"。

5. 电气设备施工图

电气设备施工图是房屋建筑内部电气线路的走向和电气设备的施工图纸,它有平面布置图、系统图、详图等,图标内标上"电施"。

2.2.2 建筑施工图识读的要点

对于从事装饰工程的工人、技师必须掌握识图的基本要领,看懂图纸,特别是要看懂建筑图纸,这是做好施工工作的基础。

(1) 要掌握好投影作图的基本原理和建筑形体的表示方法。

(2) 要熟悉房屋的建筑构造和结构构造的一般方法。

(3) 要掌握好常用的图例和符号。要看懂施工图,对常用的图例、符号必须熟记。

(4) 看图时要先粗后细,先大后小,互相对照。

2.2.3 建筑平面图的识读

建筑平面图是施工图中的主要形式之一,它是施工的重要依据。在施工过程中,房屋的定位放线、砌墙、安装门窗、设备、装修等都要使用平面图。

1. 主要内容

(1) 建筑物及其组成房间的图,尺寸、定位轴线和墙厚等。

(2) 走廊、楼梯位置及尺寸。

(3) 门、窗位置及编号。门的代号是 M,窗的代号是 C。

(4) 台阶、阳台、雨篷、散水的位置及细部尺寸。

(5) 室内地面标高。

（6）首层平面图上应画出剖面图的剖切位置线。

2. 建筑平面图的尺寸

建筑平面图注有外部和内部尺寸，从标注的尺寸中，可以了解到建筑物以及房间的开间、进深、门窗及室内设备的大小和位置。

（1）外部尺寸　为了便于阅读和施工，一般在图形下方及左侧注写三道尺寸：

第一道尺寸表示外轮廓的总尺寸，即指从一端的外墙边到另一端外墙边的总长和总宽。

第二道尺寸表示轴线间距离，用以说明房间的开间及进深尺寸。

第三道尺寸表示各细部的位置大小，如门窗洞的宽度和位置、柱的大小和位置等。

（2）内部尺寸　为说明室内门窗洞、孔洞、墙厚和固定设备大小的位置，以及室内楼地面的高度，在平面图上应标注有关的内部尺寸及楼地面的标高。

3. 建筑平面图的识读要点

（1）识读平面图的习惯方法是：由外向内，由大到小，由粗到细，先看说明附注，再看图形，逐步深入阅读。

（2）先了解平面图总长、总宽的尺寸以及内部房间的功能关系、布置方式，然后了解纵横轴线间的尺寸距离。注意主要房间的开间，进深尺寸和墙、柱的布置规律，查看承重墙和非承重墙的位置、厚度和材料。

（3）查看门窗洞口尺寸、编号，并与门窗表核对。注意楼梯出入口的位置以及有关尺寸。

（4）了解房间内设备的位置及尺寸和室外设施的位置及尺寸。

(5) 核对以下尺寸:

1) 建筑物的总尺寸与各分尺寸之和是否一致;

2) 建筑物的主要开间、进深尺寸有无错误,房间净尺寸有无错误。

3) 各层平面的地面标高有无错误。

4. 看图示例

图 2-19 为某学校教学楼底层平面图。

从平面图中看出,右下角为指北针,箭头所指方向为北向,从中可以了解房屋的朝向。其比例为 1:100。从图的形状和总长、总宽尺寸,可计算出房屋的用地面积。从定位轴线的编号和间距中,可了解房间的开间及进深、承重构件的位置。

该楼有一个入口,在南立面左边,走廊为内廊式。楼梯为双跑楼梯,设在入口门厅的对面。楼的东侧有宿舍 12 个房间,西侧有盥洗室和厕所。

从门窗的代号及编号中可知底层共有两种门和两种窗。

通过平面图中的尺寸标记,可看出其外部有三道尺寸,分别表示房屋的总长、总宽、轴线间距以及门窗和窗间墙的大小。内部尺寸表示室内门窗洞口、墙厚。底层地面标高为标高零点 (±0.000),盥洗室地面标高 −0.020 (比室内低 20mm),室外地面标高 −0.300 (比室内低 300mm)。

在平面图中还画有剖面图剖切的位置,1—1 为房屋的横剖面图。

从底层平面图中可看出花格详图为 1/9,可在第 9 号中第 1 详图查阅。花台为 2/10,可在第 10 号中第 2 详图查阅。

从图中还可看出,室外台阶、散水、水落管的尺寸及位

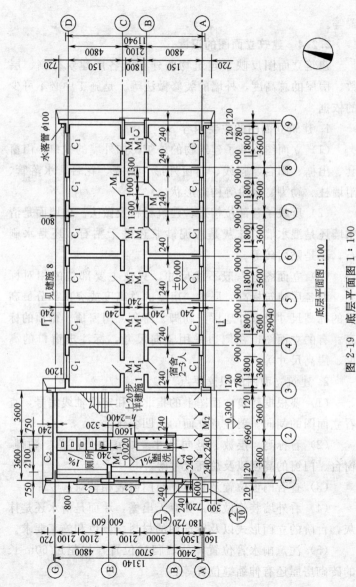

图 2-19 底层平面图 1:100

置等。

2.2.4 建筑立面图的识读

建筑立面图反映了建筑物的外貌及各层建筑标高、层数、房屋的总高度，外墙的装修做法等。是施工中必不可少的依据。

1. 建筑立面图的主要内容

(1) 立面图反映了建筑物的外貌，如外墙的檐口、门窗套、出檐、阳台、腰线、门窗外形、雨篷、花台、水落管、附墙柱、勒脚、台阶等构造形状。

(2) 反映了各部位构造、建筑材料及做法。如墙面是清水墙还是混水墙，抹灰是水泥砂浆还是干粘石，还是水刷石，还是贴面砖等。

(3) 立面图上一般不注尺寸，只注主要部位的相对标高。如各层建筑标高，层数，房屋的总高度或突出部分最高点的标高尺寸及室外地坪，勒脚、窗台、门窗顶、檐顶的标高。有的立面图也在侧边采用竖向尺寸，标注出窗口的高度、层高尺寸等。

2. 建筑立面图的识读要点

(1) 要根据建筑立面图上的指北针和定位轴线编号，查看立面图的朝向。要注意立面的凸凹变化。

(2) 看标高、层数、竖向尺寸。如室内外高差、勒脚、窗台、门窗的高度以及总高尺寸等。

(3) 查看门窗位置及数量，与门窗表相核对。

(4) 看外墙装修做法。如有无出檐，墙面是清水还是抹灰，台阶的立面形式以及所选用的材料、颜色和施工要求。

(5) 注意雨水管位置，外墙爬梯位置，如超过60m长的砖砌房屋还有伸缩缝位置等。

3. 看图示例

图 2-20 为建筑立面图示例。

图 2-20 为某宿舍楼的立面图,与图 2-19 中的指北针对照,可知该立面图为南立面图,其比例为 1∶100。

该楼局部五层,其余为四层楼。每层楼的标高分别为 3.000m、6.000m、9.000m、12.000m。女儿墙的标高分别为 12.400m 和 15.4000m。

外门为四对玻璃大门,外窗为三扇式大窗。首层窗台标高为 0.90m,每层窗身高度为 1.80m。

从图中可以看到外墙都是混水墙,用 1∶2 水泥砂浆抹面。窗上下出砖檐并用白色水泥刷浆。女儿墙外装修为白水刷石。门头做法另有详图可查。

根据建筑物左侧所注写的标高可知室内外地坪标高。

2.2.5 建筑剖面图的识读

建筑剖面图是与建筑平面图、立面图互相配合不可缺少的重要图样,是施工中的主要依据之一,用以表示房屋内部的结构形式、分层情况和各部位的联系、材料做法、高度尺寸等。

1. 建筑剖面图的主要内容

(1) 剖切到的各部位的位置、形状及图例。其中有室内外地面、楼板层及屋顶层、内外墙及门窗、梁、女儿墙或挑檐、楼梯及平台、雨篷、阳台等。

(2) 未剖切到的可见部分。如墙面的凹凸轮廓线、门、窗、勒脚、踢脚线、台阶、雨篷等。

(3) 垂直方向尺寸及标高。一般只标注剖面图中剖切部分的尺寸,还需注明建筑标高和结构标高。建筑标高是指各部位竣工后的上(或下)表面的标高,结构标高是指结构构

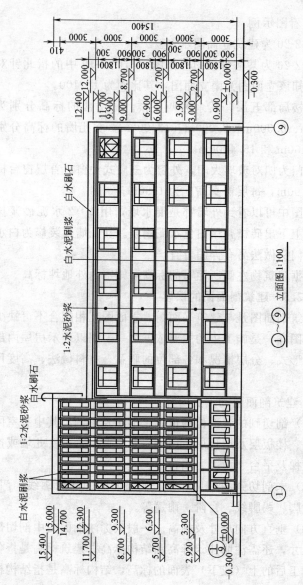

图 2-20 建筑立面图图示

件的上（或下）皮的标高。

(4) 外墙定位轴线及其间距。

(5) 详图索引符号。在建筑剖面图中，对需要另用详图表示的部位，都要加注索引符号以便查阅。

(6) 施工说明。

2. 建筑剖面图的识读要点

(1) 看平面图上的剖切位置和剖面编号，对照剖面图上的编号是否与平面图上的剖面编号相同。

(2) 识读建筑剖面图时，要由建筑平面图到建筑剖面图，由外到内，由下到上，反复查阅，形成对房屋的整体概念。

(3) 看楼层的标高及竖向尺寸，楼板的构造形式，外墙及内墙门、窗的标高及竖向尺寸，最高处标高，屋顶的坡度等。

(4) 查看室外部分内容。即从±0.000开始，先沿外墙查阅防潮层、勒脚、散水的位置、尺寸和材料、做法等，然后再沿外墙向上看窗台、过梁、楼板与外墙的关系以及其形状、位置、材料及做法等。

(5) 查看室内部分内容。即从±0.000开始，沿内墙向下查看防潮层、管沟，向上查看门洞、地面、楼面、墙面、踢脚、顶棚各部分的尺寸、材料做法等。

(6) 查看剖面图中的详图索引符号，与施工详图对照。

3. 看图示例

图2-21为某单身宿舍剖面图。从图中可以看到：

(1) 剖面图2-21是根据图2-19平面图中Ⅰ—Ⅰ位置剖切后向右投影，即得Ⅰ—Ⅰ剖面图。

(2) 从剖面图中可看出楼层标高分别为：3.000m、

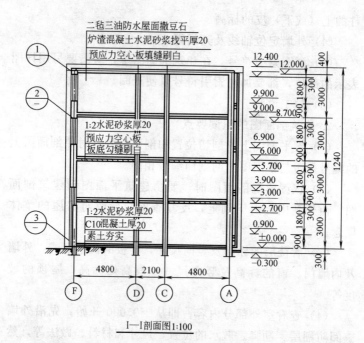

I—I剖面图1:100

图2-21 建筑剖面图示例

6.000m及9.000m。窗台的标高分别为0.900m、3.900m、6.900mm、9.900m。室外地坪标高为-0.300m。

（3）楼地面做法及屋面做法，可以在剖面图上看得清楚。

（4）檐口、过梁及散水等墙身节点都有详图索引标志，另用详图来表示，其详图构造和尺寸如图2-22所示。

2.2.6 详图的识读

建筑详图是建筑细部的施工图。因为平、立、剖面图的比例较小，房屋上许多细部构造无法表示清楚，根据施工需要，必须另外绘制比例较大的图样才能表达清楚。

1. 外墙剖面详图

外墙剖面详图实际上是建筑剖面图的局部放大图,它表达房屋的屋面、楼面、地面和檐口的构造、楼板与墙的连接、门窗顶及过梁、窗台、勒脚、室内外地面、防潮层、散水等。外墙剖面图常用1:10和1:20的比例。

(1) 外墙剖面详图的主要内容

1) 表示墙体的轴线位置,墙体厚度和材料。

2) 表示楼面、地面、屋面及檐口的构造做法。

3) 表示楼板与墙面的连接、门窗顶及过梁、窗台、勒脚、室内外地面、防潮层、散水等构造做法。

(2) 外墙剖面详图阅读要点

1) 看图时,应先找到图所表示的建筑部位,与平面图、剖面图对照来看。

2) 看图时,应由下而上,或由上而下逐个节点阅读。

3) 应了解各部位的详细做法与构造尺寸,并与总说明中的材料做法表核对。

2. 看图示例

图2-22为某单身宿舍外墙剖面详图。

(1) 图2-22所示为墙身详图,从图中可了解外墙(F)轴线在墙中心,墙厚为240mm,图中45°斜线表示普通黏土砖。

(2) 从图中可看出,外墙防潮在地圈梁,高240mm,散水为C10混凝土,宽800mm,厚60mm,坡度10%。

(3) 从图中可了解到,窗台为砖砌窗台,挑60mm,高120mm。木窗立在外墙侧,窗台标高为:0.900m、3.900m、6.900m、9.900m,窗高180mm。

(4) 从图中还可以看到楼板位置、地面做法、窗过梁的位置、断面形式及梁底标高。

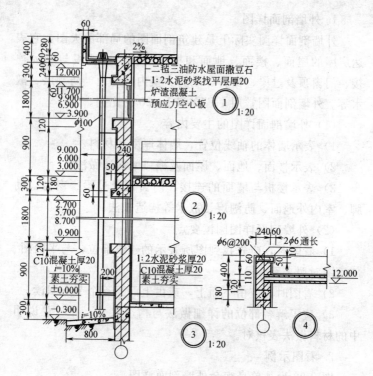

图 2-22 墙身详图图例

（5）从图中了解到墙顶部檐口构造及檐口底标高等。

2.3 装饰施工图的识读

装饰施工图是按投影视图的基本方法，来表示室内、外的各部位相互关系，合理地确定其室内外部形式与装饰手段，用来表示装饰结构、装饰造型及饰面处理要求。

2.3.1 装饰施工平面图识读要点

装饰施工平面图，不仅表现了建筑结构及尺寸，同时还表现了装饰布局和装饰结构关系及家具安放位置和尺寸的关系。如图 2-23 所示。

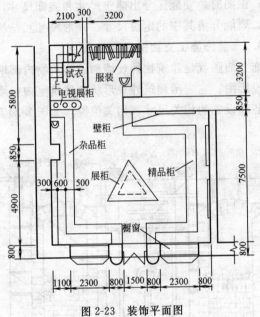

图 2-23 装饰平面图

看装饰平面图应抓住面积、功能、装饰面、设施以及与建筑结构的关系。

(1) 识读装饰平面图时，首先应了解各房间的名称、功能，以及满足该功能对装饰面的要求、对设施的要求。

(2) 通过装饰面的文字说明，来了解施工图对材料、规格、品种的要求，对工艺的要求。

(3) 通过装饰面的文字说明，了解各饰面的色彩要求，对室内装饰色调及风格有一个明确概念，以便进行配色的准备工作。

(4) 通过装饰面的文字说明,了解各饰面的结构基层与饰面材料的衔接关系与固定方式。

(5) 识图时,要能区分出建筑尺寸和装饰尺寸,在装饰尺寸中,要能分清其中的定位尺寸、外形尺寸和结构尺寸。

2.3.2 装饰施工立面图识读要点

装饰立面图就是建筑物外观墙面或建筑物内部墙与物体的正立投影图。它表示建筑外观形状和建筑室内各墙身、墙面以及各种设置的相关尺寸、相关位置,如图 2-24 所示。

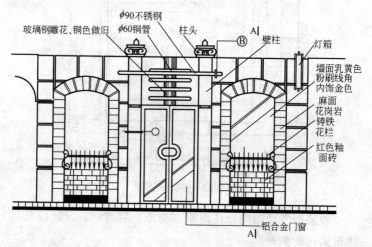

图 2-24 装饰立面图

(1) 识图时,注意地面标高与楼层底面高度、吊顶顶棚的高度之间的关系。

(2) 注意墙面装饰造型和所用的设备位置尺寸及文字说明所需装饰材料及工艺要求。

(3) 搞清楚每个立面上有几种不同的装饰面,这些装饰面所用材料以及施工工艺要求。

(4) 装饰结构与建筑结构的衔接，装饰结构之间的连接方法和固定方式应搞清楚，以便提前准备预埋件和紧固件。

(5) 要注意设施的安装位置、电源开关、插座的安装位置和安装方式。

(6) 要注意门、窗、隔墙、装饰隔断物等设施的高度尺寸和安装尺寸。

2.3.3 顶棚施工平面图识读要点

顶棚平面图是将建筑物内的吊顶面向地面投影而得到投影视图，如图 2-25 所示。

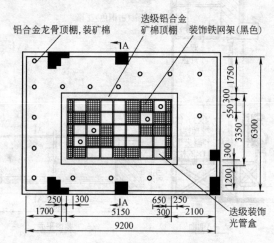

图 2-25 顶棚平面图

顶棚平面图可以表现顶棚板装饰造型式样与尺寸，说明顶棚板所用的装饰材料、规格及灯具式样、空调风口位置、消防报警系统及音响系统位置等。

(1) 注意顶棚板装饰造型式样、位置及尺寸。

(2) 注意顶棚板所用的装饰材料及装饰施工工艺。

(3) 注意顶棚板上设备与顶棚面的衔接方式。

(4) 注意空调风口位置、消防报警系统及音响系统的位置与顶棚面处理关系。

2.3.4 装饰施工剖面图与节点图的识读要点

1. 装饰剖面图

装饰剖面图是将装饰面整个剖切或局部剖切,以表达它内部结构的视图。

图 2-26 为局部装饰剖面图。

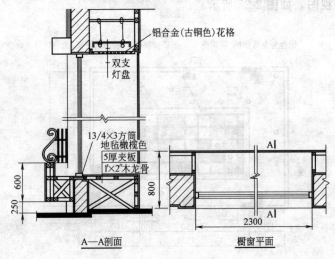

图 2-26 装饰剖面图

看剖面图时要注意:

(1) 弄清楚该图从何处剖切而来。分清是从立面图上,还是从平面图上剖切来的。剖切面的编号或字母,应与剖面图符号一致。

(2) 注意装饰面本身结构形式、局部尺寸、材料做法及施工要求。

(3) 注意装饰结构与建筑结构之间的详细的衔接尺寸与连接形式。

(4) 注意装饰面上的设备安装方式或固定方法,以及装饰面与设备间的收口、收边方式。

2. 装饰节点图识读

图 2-27 为装饰节点图。

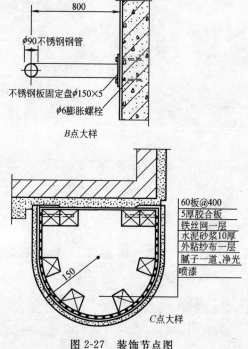

图 2-27 装饰节点图

(1) 弄清节点图剖切位置,是立面还是从平面剖切的。注意剖切方向和视图投影方向。

（2）注意构件、配件局部的详细尺寸、做法及施工要求。

（3）注意装饰面上的设备安装方式或固定方法，装饰面与设备间的收口、收边方式。

3 常用装饰工具、机具

3.1 手工工具

3.1.1 木工工具

1. 钢卷尺

(1) 构造图

图 3-1 (a) 为钢卷尺制动式构造图。图 3-1 (b) 为摇卷架式钢卷尺构造图。

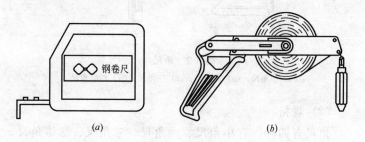

图 3-1 钢卷尺
(a) 制动式钢卷尺；(b) 摇卷架式钢卷尺

(2) 规格

钢卷尺规格，见表 3-1。

钢卷尺规格　　表 3-1

名　称	自卷式、制动式	摇卷盒式、摇卷架式
长度(m)	1,2,3,3.5,5,10	5,10,15,20,30,50,100
宽度(mm)	6～25	8～16
厚度(mm)	0.14	0.18～0.24

(3) 用途

钢卷尺一般用于测量建筑物构件和建筑物长度的量具。

2. 角尺

(1) 构造图

图 3-2 为角尺构造图。

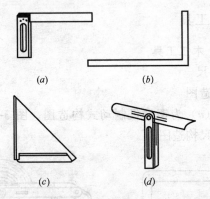

图 3-2　角尺
(a) 小角尺；(b) 大角尺；(c) 三角尺；(d) 活络角尺

(2) 规格

角尺有四种：有小角尺、大角尺、三角尺、活络角尺。小角尺尺度长 150mm，尺翼长 300mm，大角尺长边为 500mm，短边为长边的 1/2。它们可以用不锈钢制作。三角尺和活络角尺可以用不变形的木料制作。

(3) 用途

大、小角尺可以用来检验构件相邻面是否成直角。三角尺沿翼斜边画 45°斜角线。活络角尺（活尺）用于测量构件相邻两面的角度或画角度线。使用时先将螺帽放松，找好角后再拧紧。

3. 水平尺

(1) 构造图

图 3-3 为水平尺构造图。

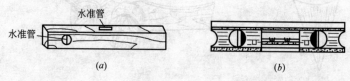

图 3-3 水平尺
(a) 木水平尺；(b) 钢制水平尺

(2) 规格

水平尺有木制和钢制两种，尺的中部及端部各装有水准管。

(3) 用途

水平尺用来检验建筑构件、安装件表面的水平或垂直。

4. 线坠

(1) 构造图

图 3-4 为线坠外形图。

(2) 规格

线坠是由金属制成的正圆锥体，在其上端中央设有带孔螺栓盖，可系一条线绳，其规格按重量分，由 0.5～5kg 大小不等。

(3) 用途

线坠用于检验物体、建筑构件及建筑物的垂直度。是建筑安装的必备工具之一。

5. 墨斗

(1) 构造图

图 3-5 为墨斗构造图。

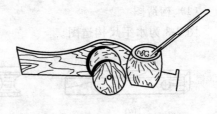

图 3-4 线锤　　　　　图 3-5 墨斗

(2) 规格

墨斗是由硬质木材制成的。前半部是墨池,后半部是线轮。墨池内装已浸墨汁的棉丝,线轮上有线,墨线一端穿过墨斗。线头栓一走针,可在木板上或其他材料面上,弹出较长而直的墨线条。

(3) 用途

用于弹线。

6. 扳手

(1) 构造图

图 3-6 为扳手构造图。

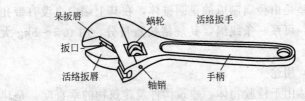

图 3-6 活动扳手

(2) 用途

活动扳手用来安装构件时紧固、拆卸螺丝。是木工安装时的必要工具。

3.1.2 装饰抹灰工具

1. 平抹子

(1) 构造图

图 3-7 为平抹子外形图。

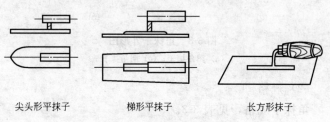

尖头形平抹子　　　梯形平抹子　　　长方形抹子

图 3-7 平抹子外形图

(2) 规格

平抹子规格,见表 3-2。

平抹子的主要规格尺寸(单位:mm)　　表 3-2

平抹板长 $L\pm2.0$	平抹板宽(B)			平抹板厚(δ)		
	尖头形(±1.5)	长方形(±2.0)	梯形(±1.5)	尖头形	长方形	梯形
224、220	80、85、90	85、90、95	90、95	≤2.5(Ⅰ) ≤2.0(Ⅱ、Ⅲ)	≤2.0	≤2.0
236、240	85、90、95	90、95、100	95、100			
250	90、95、100	95、100、105	100、105			
265、260	95、100、105	100、105、110	105、110			
280	100、105、110	105、110、115	110、115			
300	105、110、115	110、115、120	118、120			

(3) 用途

平抹子用来抹底层灰及面层灰。

2. 角抹子

(1) 构造图

图 3-8 为角抹子外形图。

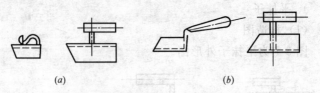

图 3-8 角抹子外形图
(a) 阳角抹子；(b) 阴角抹子

（2）规格

角抹子规格，见表 3-3。

角抹子的主要规格尺寸（单位：mm）　　　表 3-3

角抹板长(L)		角抹板厚(δ)		角抹板角度($\alpha°$)	
阳角抹子(±2.0)	阴角抹子(±2.0)	阳角抹子	阴角抹子	阳角抹子	阴角抹子
60、70、80　Ⅰ	80　Ⅰ	≤2.0	≤2.0	94^{+2}_{-3}	86^{+2}_{-3}
90、100、110　Ⅰ、Ⅱ	90、100、110、120　Ⅰ、Ⅱ				
120、130、140	130、140、150				
150、160、170、180　Ⅱ	160、170、180　Ⅱ				

（3）用途

角抹子用来抹阴、阳角。同时用来对阴、阳角进行压光。

3. 压子

（1）构造图

图 3-9 为压子外形图。

（2）规格

压子的规格，见表 3-4。

4. 托灰板

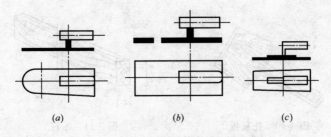

图 3-9 压子外形图

(a) 尖头形压子；(b) 长方形压子；(c) 梯形压子

(1) 构造图

压子的主要规格尺寸（单位：mm）　　表 3-4

压板长(L)		压板宽(B)		压板厚(δ)
190	±2.0	50	±1.5	≤2.0
195				
200		55		
205				
210		60		

图 3-10 为托灰板外形图。

(2) 用途

用于抹灰时承托砂浆。

5. 木杠

(1) 构造图

图 3-11 为木杠外形图。

(2) 规格

长木杠长 250～350cm，短木杠长 100cm。

(3) 用途

主要用于刮平抹灰饰面。

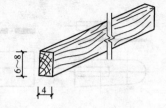

图 3-10 托灰板　　　　图 3-11 木杠

6. 靠尺板

(1) 构造图

图 3-12 为靠尺板外形图。

(2) 规格

靠尺板长 3～3.5m。

(3) 用途

主要用于抹灰线。

7. 分格器

(1) 构造图

图 3-13 为分格器外形图。

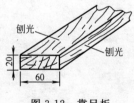
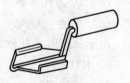

图 3-12 靠尺板　　　　图 3-13 分格器

(2) 用途

分格器也称劈缝溜子或抽筋铁板，用于抹灰面层分格。

8. 花锤（花锤、木锤、胶锤）

(1) 构造图

图3-14为花锤外形图。

（2）用途

锤子分铁锤、花锤、木锤、胶锤等几种。铺预制水磨石、大理石应用胶锤或木锤；铺陶瓷锦砖、水泥砖，应用铁锤。花锤用于做斩假石。

9. 开刀

（1）构造图

图3-15为开刀外形图。

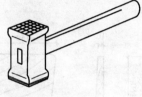

图3-14 花锤

图3-15 开刀

（2）用途

开刀主要用于陶瓷锦砖拨缝。

10. 剁斧

（1）构造图

图3-16为剁斧外形图。

（2）用途

剁斧主要用于剁斩假石和清理混凝土基层。

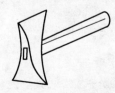

图3-16 斩斧（剁斧）

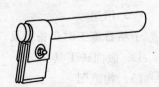

图3-17 单刀或多刀

11. 单刀或多刀

(1) 构造图

图 3-17 为单刀或多刀外形图。

(2) 用途

单刀或多刀主要用来剁斩假石。

12. 干粘石专用工具

(1) 构造图

图 3-18 为干粘石专用工具，即托盘和木拍。

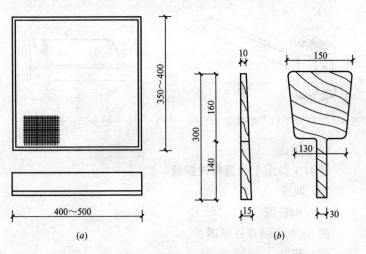

图 3-18 干粘石施工专用工具
(a) 托盘；(b) 木拍

(2) 用途

干粘石施工时必备工具。

13. 假面砖工具

(1) 构造图

图 3-19~图 3-21 是假面砖施工专用工具外形图。

(2) 用途

图 3-19 为做假面砖时用的铁辊子。图 3-20 为做假面砖用的铁梳子和铁皮刨子。图 3-21 为做假面砖用的钉耙子。

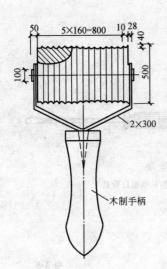

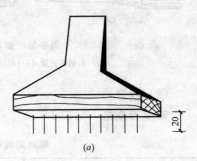

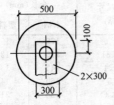

图 3-19 铁辊构造

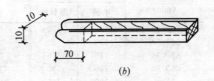

图 3-20 铁梳子和铁皮刨子
(a) 铁梳子；(b) 铁皮刨子

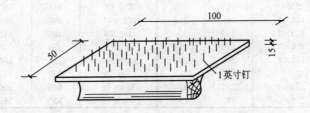

图 3-21 钉耙子

3.1.3 装饰工工具

1. 螺丝刀

（1）构造图

图 3-22 为螺丝刀外形图。

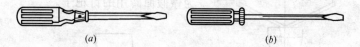

图 3-22 螺丝刀
(a) 木柄螺钉旋具；(b) 塑料柄螺钉旋具

（2）规格

螺丝刀规格，见表 3-5。

螺丝刀规格　　　　表 3-5

公称尺寸	全长(mm)		公称尺寸	全长(mm)	
(mm)	木柄	塑料柄	(mm)	木柄	塑料柄
50×3+	105	100	65×6	175	155
50×5*	130	120	75×31	130	125
65×3+	120	115	75×4	145	135
65×5*	150	135	75×5*	160	145
75×6	185	165	200×3*	335	310
100×3	155	150	200×10	380	350
100×5	185	170	250×4	320	310
100×6*	210	190	250×5	335	320
100×8	235	210	250×6	360	340
125×6*	235	215	250×8	385	360
125×7	245	225	250×9*	400	380
150×3	205	200	300×8	435	410
150×4	220	210	300×9	450	430
150×6	260	240	300×10*	480	450
150×7*	270	250	350×9	500	480
200×3	255	250	350×10	530	500
200×5	285	270	400×10	580	550

注：1. 公称尺寸的两组字，前为柄外杆身长度，后为杆身直径。
　　2. 带 * 号的，为常见规格；带 + 号的，为小型塑料柄螺钉旋具常见规格。

(3) 用途

螺丝刀主要用于装卸木螺丝。装卸木螺丝时,要使其刀头紧压在螺丝帽槽口内,顺时针方向拧则螺丝上紧,逆时针方向拧螺丝退出。

2. 拉铆枪与铆螺母枪

(1) 构造图

图 3-23 为拉铆枪与铆螺母枪构造图。

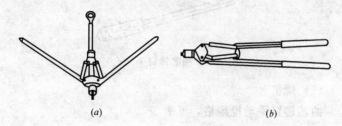

图 3-23 拉铆枪与铆螺母枪

(a) 铆螺母枪;(b) 拉铆枪

(2) 规格

拉铆枪与铆螺母枪规格,见表 3-6。

拉铆枪与铆螺母枪规格　　　　表 3-6

拉 铆 枪				铆 螺 母 枪		
型号	拉铆头子孔径 (mm)	拉铆范围	生产厂	型号	铆螺母范围 (mm)	生产厂
SLM-1	$\phi2,\phi2.5$	抽芯铝铆钉 $\phi3\sim\phi4$	上海木钻厂	SLM-N-1	$\phi3,\phi4,\phi5,\phi6$	上海异型铆钉厂
SLM-2	$\phi2.5,\phi3.5$	抽芯铝铆钉 $\phi3\sim\phi5$				

(3) 用途

用于金属结构安装,进行拉铆抽芯铝铆钉。

3. 抽芯铆钉手动枪

(1) 构造图

图 3-24 为抽芯铆钉手动枪构造图。

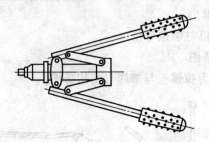

图 3-24 抽芯铆钉手动枪

(2) 规格

抽芯铆钉手动枪规格，见表 3-7。

抽芯铆钉手动枪规格　　　　　表 3-7

项目 型号	适用范围 (mm)	枪头内孔 尺寸(mm)	拉力 (kgf)	工作行程 (mm)	外形尺寸 (mm)	重量 (kg)	生产单位
SLM-CH	$\phi 3 \sim \phi 5$	$\phi 2,\phi 2.4,\phi 3$	5880	12	$450 \times 105 \times 30$	1.43	上海安宁异型铆钉联合集团公司 上海异型铆钉厂

(3) 用途

该工具不需外接能源、操作简单、铆接速度快、不受封闭构件难于铆接的限制，是提高劳动生产率不可缺少的铆接工具。

4. 手钳式拉铆枪

(1) 构造图

图 3-25 为手钳式拉铆枪构造图。

(2) 规格

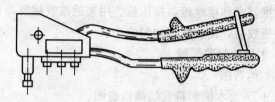

图 3-25 手钳式拉铆枪

手钳式拉铆枪规格,见表 3-8。

手钳式拉铆枪规格 表 3-8

项目 型号	适用范围(mm)		外形尺寸 (mm)	重量 (kg)	生产单位
	纯铝抽芯铆钉	铝镁合金铆钉			
SQLM	φ3~φ5	φ3~φ4	110×75×23	0.65	上海异型铆钉厂

(3) 用途

手钳式拉铆枪是铆接抽芯铆钉的工具。在狭小场地可以操作。是维修或小批量铆接的必备工具。

5. 助推器

(1) 构造图

图 3-26 为助推器构造图。

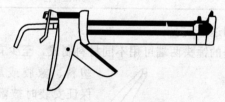

图 3-26 助推器

(2) 规格

规格为 300~420mm;弹簧压力 0.7~0.8MPa。

(3) 用途

助推器又称堵缝枪，挤压枪。用来助推胶粘剂，它的作用是挤压胶筒，使胶粘剂均匀流出。

6．木柄塑料安装锤

（1）构造图

图 3-27 为木柄塑料安装锤构造图。

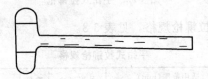

图 3-27　木柄塑料安装锤

（2）规格

木柄塑料安装锤规格，见表 3-9。

木柄塑料安装锤规格　　　　表 3-9

锤直径(mm)	20	25	30	35	40	45	50
锤重(kg)	0.11	0.19	0.31	0.45	0.65	0.80	1.05
塑料锤静压负荷(kg)	1000	2000	3000	3500	4000	4500	5000
木柄抗弯静压负荷(kg)	10	12	15	30	40	50	60
脱柄抗拉负荷(kg)	150	200	250	400	600	800	1000
生产厂	杭州塑料包装厂						

（3）用途

安装锤的锤头两端可用不同材料制成，至少有一端是用塑料、橡胶或尼龙制成。保证安装时被敲击面没有锤疤和痕迹、不损伤表面，不冒火花。它还特别适用薄板的敲击和整形，是代替木锤的理想工具。

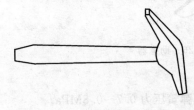

图 3-28　装饰工锤

7. 装饰工锤

(1) 构造图

图 3-28 为装饰工锤外形图。

(2) 规格

规格：0.2kg，0.28kg。

(3) 用途

是室内装饰作业用的工具，其一端有敲打槽，经处理附磁，可吸附圆钉等。

8. 辊子

(1) 构造图

图 3-29 为辊子构造图。

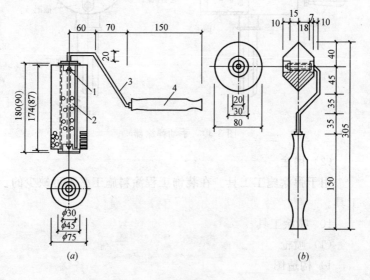

图 3-29 辊子

(a) 滚涂墙面用的辊子；(b) 滚涂阴角用的辊子

1—串钉和铁垫；2—硬薄塑料；3—ϕ8 镀锌管或钢筋棍；4—手柄

(2) 用途

用于滚涂施工工具。

9. 手动弹涂器

(1) 构造图

图 3-30 为手动弹涂器构造图。

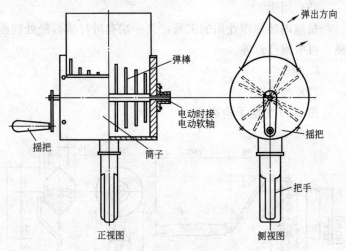

图 3-30　手动弹涂器

(2) 用途

用于弹涂施工工具。在装饰工程涂料施工必不可缺少的工具。

10. 喷涂工具

(1) 喷枪

1) 构造图

图 3-31 为喷枪构造图。

2) 用途

用于喷涂施工。

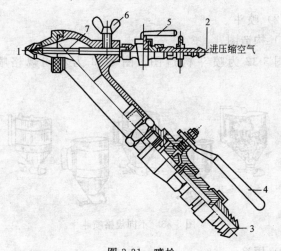

图 3-31 喷枪
1—喷嘴；2—压缩空气接头；3—涂料皮管接头；4—涂料控制阀；5—压缩空气控制阀；6—顶丝；7—喷气管

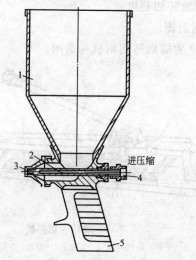

图 3-32 喷斗
1—砂浆斗；2—喷管；3—喷嘴；4—压缩空气接头；5—手柄

(2) 喷斗

1) 构造图

图 3-32 为喷斗构造图。图 3-33 为不同规格喷斗构造图。

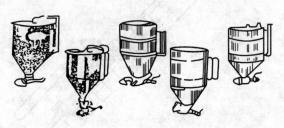

图 3-33 不同规格喷斗

2) 用途

用于喷涂施工。

11. 墙地砖切割机

(1) 构造图

图 3-34 为墙地砖切割机构造图。

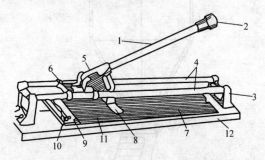

图 3-34 墙地砖切割机

1—手柄；2—手球；3—支架；4—导轨；5—刀座；
6—滑体；7—橡皮；8—压板；9—刻度表；
10—角尺；11—刀片；12—底盘

(2) 用途

用于装饰工程中,墙、地砖的切割。

12. 划规

(1) 构造图

图 3-35 为划规外形图。

(2) 规格

划规长度 L (mm):160~500;

划规半径 H (mm):200~620;

厚度 b (mm):9~16。

(3) 用途

划规是画圆、分度等用的工具。

13. 尖嘴钳

(1) 构造图

图 3-36 为尖嘴钳外形图。

图 3-35 划规

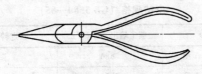

图 3-36 尖嘴钳

(2) 用途

用金属薄板和铝塑板加工圆弧用。

3.2 电动工具

3.2.1 钻

1. 手电钻

(1) 构造图

图 3-37 为手电钻外形图。

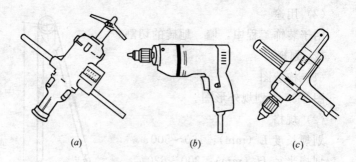

图 3-37 手电钻

(a) 三相电钻；(b) 枪柄电钻；(c) 双侧手柄电钻

(2) 规格

1) 电钻规格，见表 3-10。
2) 部分国产手电钻规格及生产厂，见表 3-11。
3) 进口手电钻规格，见表 3-12。

电钻规格 （GB 5580—85）　　　表 3-10

规格(mm)		额定输出功率(W)	额定转矩(N·m)
4	A 型	≥80	≥0.35
6	A 型	≥90	≥0.50
	B 型	≥120	≥0.85
	C 型	≥160	≥1.20
8	A 型	≥120	≥1.00
	B 型	≥160	≥1.60
	C 型	≥200	≥2.20
10	A 型	≥140	≥1.50
	B 型	≥180	≥2.20
	C 型	≥230	≥3.00
13	A 型	≥200	≥2.50
	B 型	≥230	≥4.00
	C 型	≥320	≥6.00

续表

规格(mm)		额定输出功率(W)	额定转矩(N·m)
16	A型	≥320	≥7.00
	B型	≥400	≥9.00
19	A型	≥400	≥12.00
23	A型	≥400	≥16.00

注：1. 电钻规格指电钻钻削钢材时所允许使用的最大钻头直径。同一直径的电钻，根据其参数的不同可分为A型、B型、C型。
2. 这里指的电钻包括单相串激电钻、交直流两用电钻。

部分国产手电钻规格及生产厂 表 3-11

型号	最大钻孔直径(mm)	额定电压(V)	输入功率(W)	空载转速(r/min)	净重(kg)	形式	生产厂
J1Z-6	6	220	250	1300		枪柄	南方电动工具厂
J1Z-13	13	220	480	550		环柄	
J1Z-ZD2-6A	6	220	270	1340	1.7	枪柄	杭州电动工具厂
J1Z-ZD2-13A	13	220	430	550	4.5	双侧柄	
J1Z-ZD-10A	10	220	430	800	2.2	枪柄	
J1Z-ZD-10C	10	220	300	1150	1.5	枪柄	
J1Z$_2$-6	6	220	230	1200	1.5	枪柄	
J1Z-SF2-6A	6	220	245	1200	1.5	枪柄	上海锋利电动工具厂
J1Z-SF3-6A	6	220	280	1200	1.5	枪柄	
J1Z-SF2-13A	13	220	440	500	4.5	双侧柄	
J1Z-SF1-10A	10	220	400	800	2	环柄	
J1Z-SF1-13A	13	220	460	580	2	环柄	
J1Z-SD03-6A	6	220	230	1350	1.2	枪柄	
J1Z-SD04-6C	6	220	220	1600	1.15	枪柄	
J1Z-SD05-6A	6	220	240	1350	1.32	枪柄	
J1Z$_2$-6K	6	220	165	1600	1	枪柄	
J1Z-SD04-10A	10	220	320	700	1.55	环柄	上海电动工具厂
J1Z-SD03-10A	10	220	440	680	1.8	下侧柄	
J1Z-SD03-13A	13	220	420	550	3.35	双侧柄	
J1Z-SD04-13A	13	220	440	570	2	环柄	
J1Z-SD05-13A	13	220	420	550	3.12	双侧柄	
J1Z-SD04-19A	19	220	740	330	6.5	双侧柄	
J1Z-SD04-23A	23	220	1000	300	6.5	双侧柄	

续表

型 号	最大钻孔直径(mm)	额定电压(V)	输入功率(W)	空载转速(r/min)	净重(kg)	形式	生产厂
J3Z-32	32	380	1100	190		双侧柄	珠海电动工具厂
J3Z-38	38	380	1100	160		双侧柄	
J3Z-49	49	380	1300	120		双侧柄	

进口手电钻规格 表 3-12

额定电压(V)	额定功率(W)	额定转速(r/min)	重量(kg)
DC4.8		空载 320	1.00
DC7.2		空载 300/650	1.50
DC9.6		空载 300/1000	1.60
220	250	空载 2500	1.60
220	335	空载 2200	1.90
220	240	空载 2700	1.15
220	280	空载 0~2300	1.30
220	240/600	空载 2100/1800	1.20/2.00
220	400/800	空载 1250/700	2.20/3.50
220	380	空载 1250	2.00
220	340	空载 0~1110	1.40
220	550~300	空载 1250/2700	1.80/1.40
220	600	空载 1800/1500	2.20~2.30
220	720/620	空载 550~750	2.80~4.40
220	670~800	空载 700~1400	3.50~4.70
220	860	空载 500	6.00
220	1100	空载 235	19.70
220	1500	空载 190	25.00

注：产品中使用直流电源的为电池式电钻。

（3）用途

手电钻是用来对金属、塑料或其他类似材料或工件进行钻孔的电动工具。

2. 电动冲击钻

（1）构造图

图 3-38 为电动冲击钻构造图。

(2) 规格

冲击电钻规格，见表 3-13。

(3) 用途

电动冲击钻，在金属饰面装饰工程中，以及安装水电设备等必不可缺少的电动工具。

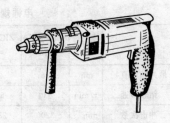

图 3-38 冲击电钻

电动冲击钻规格型号 　　　　　表 3-13

型号		回 JIZC-10	回 JIZC-20
额定电压(V)		220	220
额定转速(r/min)		≥1200	≥800
额定转矩(N·m)		0.009	0.035
额定冲击次数(次/min)		14000	8000
额定冲击幅度(mm)		0.8	1.2
最大钻孔直径(mm)	钢铁中	6	13
	混凝土制品中	10	20

3. 电锤

(1) 构造图

图 3-39 为电锤外形图。

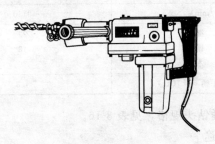

图 3-39 电锤

(2) 规格

1) 电锤的规格，见表 3-14。

电锤规格型号   表 3-14

型号	单位	ZIC-XS1-16	ZIC-XS1-22	ZIC-LS2-26	ZIC-XS2-27	ZIC-XS1-32
最大钻孔直径	mm	16	22	26	27	32
钻轴转速	r/min	630	510	350	260	260
冲击次数	min^{-1}	3200	2860	3000	2700	2700
电源频率	Hz	50	50	50	50	50
输入功率	W	450	570	620	750	850
额定电压	V	220	220	220	220	220
额定电流	A	2.18	2.71	3.03	3.62	4.18
净重	kg	3.0	5.0	5.2	7.5	7.5

2）电锤的技术性能，见表 3-15。

电锤技术性能   表 3-15

型号	DH22
电压（按地区不同）(V)	110,115,120,127,200,220,230,240
输入功率(W)	520
空载转速(r/min)	800
满载冲击率(次/min)	3150
工作能力(mm) 混凝土	22
工作能力(mm) 钢	13
工作能力(mm) 木材	30
重量（电缆、侧手柄不计）(kg)	4.3

3）电锤钻头规格，见表 3-16。

(3) 用途

电锤广泛用于装饰工程中，金属门窗及金属龙骨吊顶安装。

4. 角向电钻

电锤钻头规格　　　　　表 3-16

直径(mm)	6	8	10	12	14	16	19	22	23	26	27	32	35	38
长度(mm)	105 155	105 155	155 205	165 215	165 215	165 215 230	200 280 350	200 350	280 380	280 380 500	280 350 500	280 380 500	280 380 500	380 500 650

(1) 构造图

图 3-40 为角向电钻外形图。

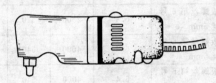

图 3-40　角向电钻

(2) 规格

角向电钻规格，见表 3-17。

角向电钻规格　　　　　表 3-17

最大钻孔直径(mm)	额定电压(V)	额定功率(W)	空载转速(r/min)	重量(kg)
6.5	220	120	3000	1.2
10.0	220	400	300～2300	1.7

(3) 用途

用于特殊空间钻孔。

5. 自攻螺钉钻

(1) 构造图

图 3-41 为自攻螺钉钻外形图。

(2) 技术性能

常用自攻钻的技术性能，见表 3-18。

图 3-41　自攻螺钉钻

常用自攻钻的技术性能参数　　　　表 3-18

型号	工作能力	钻柄尺寸（六角）(mm)	回转数（次/min）	额定输入功率(W)	长度(mm)	净重(kg)
6701B	大螺丝 8mm、小螺丝 5.5mm、螺母 6mm	6.4	500	230	270	1.8
6801N	自攻螺丝 6mm、六角螺栓 6mm	6.4	2500	500	285	1.9
6800BD	干面板螺丝第 6 号、自攻螺丝 5mm	6.4	2500	540	280	1.3
6800DBV	干面板螺丝第 6 号、自攻螺丝 5mm	6.4	2500	540	280	1.3
6801DB	干面板螺丝第 6 号、自攻螺丝 5mm	6.4	4000	540	280	1.5
6801DBV	干面板螺丝第 6 号、自攻螺丝 5mm	6.4	4000	540	280	1.5
6802BV	自攻螺丝 6mm	6.4	2500	510	265	1.7
6806BV	小螺丝 6.2mm、小螺丝 8mm、螺母 8mm、自攻螺丝 6mm	6.4	2500	510	267	1.9
6820V	干面板螺丝第 5 号、自攻螺丝 6mm	6.4	4000	570	268	1.3

（3）用途

该钻是自攻螺钉钻的专用机具，用于轻钢龙骨或铝合金龙骨安装金属饰面板。

6．电动螺丝刀

（1）构造图

图 3-42 为电动螺丝刀外形图。

（2）规格

1）国产电动螺丝刀规格，见表 3-19。

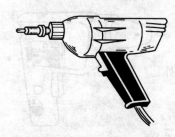

图 3-42　电动螺丝刀

2) 进口电动螺丝刀规格,见表 3-20。

自攻螺钉规格　　　　　　　　　　表 3-19

规格(mm) \ 项目	输入功率(W)	空载转速(r/min)	重量(kg)
8	730	2400	2.9
12	1300	2200	5.0

电动螺丝刀规格　　　　　　　　　　表 3-20

适用范围	额定电压(V)	输入功率(W)	额定转矩(N·m)	力矩范围(N·m)	重量(kg)
POL-1、2 型(微型)					
M1 及以下	9		1.10		0.15
M2 及以下	9		2.20		0.16
POL 及 POLZ 型					
M4 及以下	24	20	0.90		1.70
M4 及以下	24		1.0		
PIL 型					
M4~M6	220	230		2.5~8	1.70
M4~M6	220	250		2~8	1.40
进口产品					
M1.4~M3	DC16~38	27	0.05~0.70		0.38
M2.2~M4	DC16~38	47	0.20~2.00		0.57
M5	220	340			1.40
M6	220	340/520			1.50/1.70
M6	220	520	0~14.00		1.90
M8	220	190			1.90

注:有额定转矩的均附带有控制器。进口产品中还有使用直流电源的电池式螺丝刀。

7. 电动扳手

(1) 构造图

图 3-43 为电动扳手构造图。

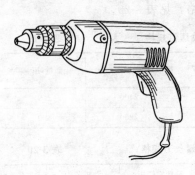

图 3-43 电动扳手

(2) 规格

电动扳手规格,见表 3-21。

(3) 用途

电动扳手用于装拆紧固件,拆卸螺栓、螺母等,广泛用于建筑工程和装饰工程中。

3.2.2 锯(割、刨、剪)

1. 型材切割机

部分国产电动扳手规格　　　　表 3-21

型号	拆装螺纹最大规格	适用范围	额定电压(V)	额定扭矩(N·m)	冲击次数(次/min)
回 P1B-8	M8	M6~M8	220	15	1200
回 P1B-12	M12	M10~M12	220	60	1500
回 P1B-16	M16	M14~M16	220	150	1600~1800
回 P1B-20	M20	M18~M20	220	220	1600~1800
回 P1B-24	M24	M22~M24	220	400	1500
回 P1B-30	M30	M20~M30	220	800	1600
回 P3B-36	M36	M20~M36	380	1500	
回 P3B-42	M42	M27~M42	380	2000	
回 P3B-48	M48	M36~M48	380	5000	

(1) 构造图

图 3-44 为型材切割机构造图。

(2) 规格

型材切割机型号及主要参数,见表 3-22。

(3) 用途

型材切割机利用砂轮磨削原理,切割各种型材。

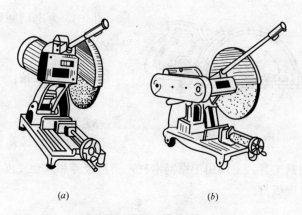

图 3-44 型材切割机

(a) 双速砂轮切割机；(b) 普通砂轮切割机

型材切割机型号及主要参数 表 3-22

型　号		J_3G-400 型	J_3GS-300 型（双速）
电动机		三相工频电动机	三相工频电动机
额定电压(V)		380	380
额定功率(kW)		2.2	1.4
转速(r/min)		2880	2880
极速		二级	二级
增强纤维砂轮片(mm)		400×32×3	300×32×3
切割线速度(m/s)		砂轮片 60	砂轮片 68，木工圆锯片 32
最大切割范围(mm)	圆钢管、异形管	135×6	90×5
	槽钢、角钢	100×10	80×10
	圆钢、方钢	ϕ50	ϕ25
	木材、硬质塑料		ϕ90
夹钳可转角度		0°,15°,30°,45°	0～45°（任意调节）
切割中心调整量(mm)		50	
机重(kg)		80	40

2. 电动圆锯

（1）构造图

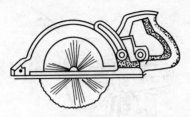

图 3-45 电动圆锯

图 3-45 为电动圆锯构造图。

（2）规格

电动圆锯规格，见表 3-23。

（3）用途

电动圆锯是一种手提式切割工具，主要用于锯割木材，塑料板等和其他硬度相近的装饰板材。

电圆锯常用规格与技术参数　　　　表 3-23

	锯片直径（mm）	锯割深度（mm）	额定电压（V）	输入功率（W）	空载转速（r/min）	重量（kg）
国内产品	200	65	380	810	2700	11.0
	250	65	220	1120	4000	
	350	140	220	1670	2500	
进口产品	110	32	220	860	11000	2.8
	125	33	220	650	4600	3.3
	150	45	220	710	4400	2.9
	160	55	220	670	4700	3.1
	170	55	220	1050	4500	4.0
	185	63	220	1100	5500	4.0
	190	65	220	1600	4800	5.7
	210	75	220	1600	4500	6.1
	235	84	220	1750	4200	8.0
	335	128	220	1800	2800	10.5
	382	143	220	1800	2300	12.5
	415	157	220	1750	2200	14.0

3. 手提式电刨

(1) 构造图

图 3-46 为手提式电刨构造图。

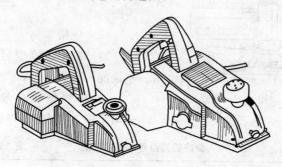

图 3-46 手提式电刨外形

(2) 规格

手提式电刨规格,见表 3-24。

手提式电刨的常用型号及技术指标　　表 3-24

型号	切削宽度 (mm)	最大刨深 (mm)	转数 (r/min)	额定输入功率 (W)	长度 (mm)	净重 (kg)
1100	82	3	16000	750	415	4.9
1901	82	1	16000	580	295	2.5
1900B	82	1	16000	580	290	2.5
1923B	82	1	16000	600	293	2.9
1911B	110	2	16000	840	355	4.2
1804N	136	3	16000	960	445	7.8

(3) 用途

手提式电刨适用于木材表面的刨削,截口、倒棱、刨光、修边等。

4. 曲线锯

(1) 构造图

图 3-47 为曲线锯构造图。

(2) 规格

1) 曲线锯的型号与技术性能,见表 3-25。

2) 曲线锯锯片规格及适用范围,见表 3-26。

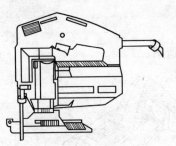

图 3-47 曲线锯

曲线锯的型号与技术性能 表 3-25

型号	最大锯割厚度(mm)		额定电压(V)	输入功率(W)	锯割次数(次/min)	锯条行程(mm)	整机重量(kg)
	钢材	木材					
回 MIQZ-40	3	40	220	250	1600	25	1.7
回 MIQP-50	6	50	220	280	3700	16	1.8
回 MIQP-55	6	55	220	390	3100	26	3.6
回 MIQP-60	6	60	220	350	3400	20	1.9

常用曲线锯锯片规格及适用范围 表 3-26

型 号	零件号码	每25.4mm齿数	总长(mm)	用 途
1号	·792145-5 ··792144-7	24	82	超细齿锯片,适于对厚度 3mm 以下的木材薄片、轻铁合金和有色金属使用
2号	·792136-6 ··792135-8	14	82	能够迅速地锯断木材薄片、绝缘纤维板、塑料和胶木等
3号	·792139-0 ··792138-2	9	82	锯割木材的理想工具,粗齿,适用厚度达50mm

续表

型 号	零件号码	每25.4mm齿数	总长(mm)	用 途
4号	· 792142-1 · · 792141-3	9	82	对厚度3~6mm的木材或金属进行粗锯最为合适
5号	· 792133-2 · · 792132-4	24	58	另一种超细齿锯片,适于对厚度3mm以下的轻铁合金或有色金属板进行净割
6号	· 792152-8 · · 792151-0	9	82	极适于对木材进行曲线锯割
7号	· 792272-8 · · 792268-9	14	82	适于对木材薄片、层积材和碎料板进行曲线锯割
8号	· 792273-6 · · 792269-7	8	82	木材的理想切割工具。适于进行车间的研磨净锯割
9号	· 792327-9 · · 792288-3	8	82	木材的理想锯割工具。适于进行车间的研磨净锯割,特别是净锯断
10号	· 792328-7 · · 792320-3	9	82	极适于木材锯割。锯割面特别细致平滑,不必锉平

5. 电动剪刀

(1) 构造图

图3-48为电动剪刀构造图。

(2) 规格

1) 国产电动剪刀规格,见表3-27。

2) 进口电动剪刀规格,见表3-28。

(3) 用途

电动剪刀用来剪切镀锌铁皮、薄钢板和铝板的剪切工具。

6. 电冲剪刀

(1) 构造图

图 3-49 为电冲剪刀构造图。

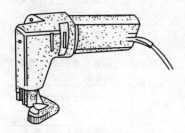 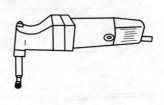

图 3-48　电动剪刀　　　　　图 3-49　电冲剪刀

电动剪刀的规格　　　　　表 3-27

型号	回 J1J-1.5	回 J1J-2	回 J1J-2.5
剪切最大厚度(mm)	1.5	2	2.5
剪切最小半径(mm)	30	30	35
电压(V)	220	220	220
电流(A)	1.1	1.1	1.75
输出功率(W)	230	230	340
刀具每分钟往复次数	3300	1500	1260
剪切速度(m/min)	2	1.4	2
持续率(%)	35	35	35
重量(kg)	2	2.5	2.5

进口电动剪刀规格　　　　　表 3-28

最大剪切厚度(mm)	额定电压(V)	输入功率(W)	刀轴往复次数(次/min)	重量(kg)
1.6	220	240	1900	2.8
2.0	220	240	2200	4.7
2.9	220	335	1200	6.0

(2) 规格

电冲剪规格，见表 3-29。

电冲剪规格 表3-29

最大剪切厚度(mm)	额定电压(V)	输入功率(W)	每分钟剪切次数(次/min)	重量(kg)
回J1H型				
1.3	220	230	1260	2.2
2.0	220	480	900	
2.5	220	430	700	4.0
3.2	220	650	900	5.5
进口产品				
1.2	220	240	1900	2.4
2.3	220	335	950	3.5
3.2	220	670	900	5.8
4.5	220	1000	850	7.3
6.0	220	1200	720	8.3

注：最大剪切厚度是以钢作为材料来确定。

（3）用途

电冲剪是用来冲剪波纹钢板、塑料板、压层板等板材的工具，还可以在板材上开孔。

7. 往复锯

（1）构造图

图3-50为往复锯构造图。

（2）规格

往复锯规格，见表3-30。

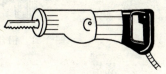

图3-50 往复锯

往复锯规格 表3-30

锯割能力(mm)		额定电压(V)	输入功率(W)	锯割次数(次/min)	重量(kg)
管材外径	最大厚度				
回J1F1型					
φ100	10	220	430	1400	3.6
进口产品					
φ115	12	220	720	700～2200	3.6

注：锯割最大厚度是以钢作为材料来确定的。

(3) 用途

往复锯是一种电动工具,它可用来切割木材、金属板和管材。

8. 铝合金型材切割机

(1) 构造图

图 3-51 为铝合金型材切割机构造图。

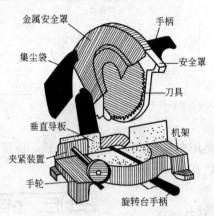

图 3-51 铝合金型材切割机

(2) 规格

铝合金型材切割机规格,见表 3-31。

铝合金型材切割机规格　　　表 3-31

型号	锯片直径(mm)	最大锯割尺寸(高×宽)(mm)		转数(r/min)	功率(W)	净重(kg)
		90°	45°			
LS1400	355	122×152	122×115	3200		32

注:该产品为日本牧田生产。

(3) 用途

铝合金型材切割机,主要用于装饰工程中铝合金龙骨吊顶,铝合金门窗,铝合金板墙面安装等。

9. 石材切割机

(1) 构造图

图 3-52 为石材切割机外形图。

(2) 规格

石材切割机规格,见表 3-32。

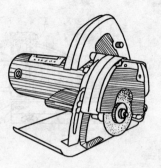

图 3-52 石材切割机

手提式电动石材切割机规格 表 3-32

项目 形式	输入功率(W)	额定电压(V)	额定电流(A)	电源频率(Hz)	刀片转速(r/min)	最大切割深度(mm)	外形尺寸(mm)(长×宽×高)	整机重(kg)
ZIHQ25 型混凝土切割机	1770	交直:220	8.05	50	额定2100	70	878×292×300	13
ZIQJ-125 型瓷片切割机	280	交直:220	1.57	50	空载7300	25	305×130×104	2

(3) 用途

用于切割石材。

10. 瓷片切割机

(1) 构造图

图 3-53 为瓷片切割机构造示意图。

(2) 规格

切割机规格及技术性能,见表 3-33。

3.2.3 雕、挖、磨

1. 木工雕刻机

(1) 构造图

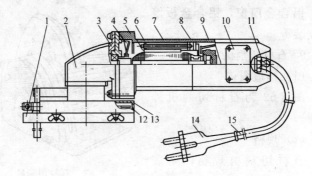

图 3-53 瓷片切割机结构示意图

1—导尺；2—工作头；3—中间盖；4—风叶；5—电枢；6—电机定子；
7—机壳；8—电刷；9—手柄；10—标牌；11—电源开关；
12—刀片；13—护罩；14—插头；15—电缆线

各型切割机主要技术性能　　　　表 3-33

形式	型号	功率(W)	电压(V)	电流(A)	空载转速(r/min)	刀片或砂轮规格(mm)	最大切割深度(mm)	质量(kg)	生产厂
瓷片切割机	ZIQJ 125	330	220	1.57	7300	$\phi 125$	25	2	冷水江电动工具厂
	ZIQJ 150	570	220		8300	$\phi 150$	35	4	
石材切割机	SQ3	1050	220		12000	$\phi 110 \times 1 \times \phi 15$	30	4.3	邵阳电动工具厂
	SQ5	1750	220		3900	$\phi 180 \times 1.5 \times \phi 16$	50	8.5	
混凝土切割机	ZIHQ 250	1425	220		2100		70	13	冷水江电动工具厂
	HQL 12D	5500	380			$\phi 350$	120		渭南建机厂
	HQL 18D	7500	380			$\phi 500$	180		

图 3-54 为木工雕刻机外形图，图 3-55 为木工雕刻机结构图。

(2) 规格

1) 普通木工雕刻机常见型号及主要技术性能指标，见表 3-34。

图 3-54 木工雕刻机外形

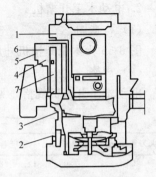

图 3-55 普通木工雕刻机结构

1—止动杆；2—螺钉；3、4—蝶形头螺栓；5—可调节手柄；6—滑动标尺；7—标尺指针

2) 电子木工雕刻机型号及性能，见表 3-35。

木工雕刻机常见型号及主要技术指标　　表 3-34

型号	能力(套爪夹头)(mm)	输入功率(W)	无负载旋转数(r/min)	全高(mm)	重量(kg)	标准附件
M8	8	800	25	240	2.7	直导杆 1,模板导杆 1,扳手 1
M12SA	12	1600	22	280	5.2	直导杆 1,模板导杆 1,扳手 1,夹头套管 1,钻头 1

电子木工雕刻机常见型号及主要技术指标　　表 3-35

型号	能力(套爪夹头)(mm)	输入功率(W)	无负载旋转数(r/min)	全高(mm)	重量(kg)	标准附件
M8V	8	800	10～25	255	2.8	直导杆 1,模板导杆 1,扳手 1
M12V	12	1850	8～20	300	53	直导杆 1,模板导杆 1,扳手 1,夹头套管 1

2. 电动木工开槽机

(1) 构造图

图 3-56 为木工开槽机外形图。

(2) 规格

电动木工开槽机规格，见表 3-36。

电动木工开槽机规格　　　　表 3-36

最大刀宽(mm)	可刨槽深(mm)	额定电压(V)	输入功率(W)	空载转速(r/min)
25	20	220	810	11000
3~36	23~64	220	1140	5500

注：产地　上海、天津、沈阳等地。

(3) 用途

用于木工作业中开槽和刨边，装上成型刀具，也可进行成型刨削。

3. 修边机

(1) 构造图

图 3-57 为木工修边机构造图。

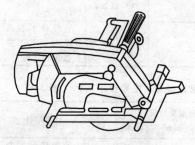
图 3-56　电动木工刻槽机

图 3-57　木工修边机

(2) 规格

木工修边机规格，见表 3-37。

木工修边机规格（进口产品）　　　表 3-37

切刃长(mm)	额定电压(V)	输入功率(W)	空载转速(r/min)	重量(kg)
6	220	440	30000	1.6

（3）用途

用于木构件加工的机具。

4. 带式电动磨光机

（1）构造图

图 3-58 为带式电动磨光机外形图。

图 3-58　带式电动磨光机

（2）规格

带式电动磨光机规格，见表 3-38。

带式电动磨光机规格（进口产品）　　　表 3-38

砂带尺寸(mm)	额定电压(V)	输入功率(W)	空载转速(m/s)	重量(kg)
76×533	220	950	7.5	4.4
110×620	220	950	5.8	7.3
75×457	220	600	3.3	2.5

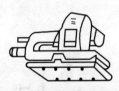

图 3-59　高频振荡磨光机

（3）用途

带式电动磨光机是用来磨光各种材料表面工具，只须依材料的不同更换相应的砂带即可。

5. 高频振荡磨光机

（1）构造图

图 3-59 为高频振荡磨光机外形图。

（2）规格

高频振荡磨光机规格，见表 3-39。

（3）用途

高频振荡磨光机（进口产品）规格　　表 3-39

底盘尺寸(mm)	额定电压(V)	输入功率(W)	振荡频率(Hz)	重量(kg)
92×186	220	130	333.3	1.6
114×230	220	230	333.3	2.3

用于各种材料表面的磨光。

3.3 气动工具

3.3.1 钻

1. 气钻

（1）构造图

图 3-60 为气钻外形图。

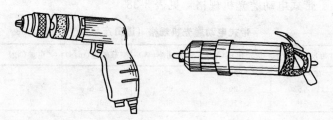

图 3-60　气钻

（2）规格

1）国产气钻规格，见表 3-40。

部分国产气钻规格　　表 3-40

型　号	钻孔直径(mm)	空载转速(r/min)	功率(W)	形式	重量(kg)	生产单位
Z4Z190	4	19000	185	直柄	0.6	天水风动工具厂
Z6-4	6	20000	150	枪柄	0.78	青岛前哨机械厂
Z8-1	8	1700	185	枪柄	1.2	青岛前哨机械厂
Z10Q25	10	2500	300	枪柄	1.7	天水风动工具厂
Z13Q03	13	320	270	下手柄	2.6	天水风动工具厂
ZS32	32	225(负载)	1140	双向	9	天水风动工具厂

2) 进口气钻规格，见表3-41。

进口气钻规格　　　　　　　表3-41

型号 (最大钻孔直径) (mm)	输入功率 (kW)	空载转速 (r/min)	单位功率 耗气量 (L/s·kW)	空载噪声 (声功率级) (dB)	气管内径 (mm)	重量 (不带钻卡) (kg)
6	0.2	900	44	100	9.5	0.9
8	0.2	700	44	100	9.5	1.3
10	0.29	600	36	105	13	1.7
13	0.29	400	36	105	13	2.6
16	0.66	360	35	105	16	6
22	1.07	260	33	120	16	9
32	1.24	180	27	120	16	13
50	2.87	110	26	120	19	23
80	2.87	70	26	120	19	35

（3）用途

气钻用于金属构件、塑料构件等的钻孔，广泛用于装饰工程施工中。

2. 弯角形气钻

（1）构造图

图3-61为弯角形气钻外形图。

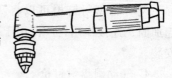

图3-61　弯角形气钻

（2）规格

弯角形气钻规格，见表3-42。

（3）用途

适用于金属结构安装，用来钻普通钻难于钻孔的位置。

3. 气动T型射钉枪

（1）构造图

图3-62为T型射钉枪外形图。

弯角形气钻规格 表 3-42

钻孔直径 (mm)	空转转速 (r/min)	弯头高 (mm)	负荷耗气量 (L/s)	功率 (kW)	工作气压 (MPa)	气管内径 (mm)
8	2500	72	6.67	0.20	0.49	9.5
10	850	72	6.67	0.18	0.49	9.5
10	500	72	6.67	0.18	0.49	9.5
32	380		33.30	1.14	0.49	16.0

（2）规格

T型射钉枪规格，见表 3-43。

T型射钉枪规格 表 3-43

空气压力(MPa)	每秒枚数(枚/min)	盛钉容量(枚)	重量(kg)
0.40~0.70	4	120/104	3.2

注：表列为进口产品参数

（3）用途

气动T型射钉枪可以将T型射钉钉入被紧固物体上，起加固、连接作用，广泛用于装饰工程的木作业和单层铝板安装。

4. 气动圆盘射钉枪

（1）构造图

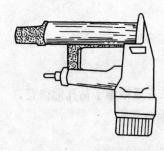
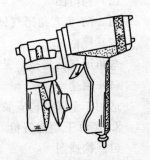

图 3-62　T型射钉枪　　　　图 3-63　气动圆盘射钉枪

图 3-63 为气动圆盘射钉枪外形图。

(2) 规格

气动圆盘射钉规格,见表 3-44。

气动圆盘射钉枪规格 表 3-44

空气压力(MPa)	射钉频率(枚/min)	盛钉容量(枚)	重量(kg)
0.40~0.70	4	385	2.5
0.45~0.75	4	300	3.7
0.40~0.70	4	385/300	3.2
0.40~0.70	3	300/250	3.5

注:表列为进口产品参数。

(3) 用途

气动圆盘射钉枪,将直射钉射在混凝土结构中,砌体结构中以及岩石和钢铁中,以便紧固被连的构件。

5. 码钉射钉枪

(1) 构造图

图 3-64 为码钉射钉枪外形图。

(2) 规格

码钉射钉枪,规格见表 3-45。

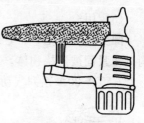

图 3-64 码钉射钉枪

码钉射钉枪规格 表 3-45

空气压力(MPa)	每秒射钉枚数(枚/min)	盛钉容量(枚)	重量(kg)
0.40~0.70	6	110	1.2
0.45~0.85	5	165	2.8

(3) 用途

码钉射钉枪,可以把码钉射入建筑构件内以起紧固、连

图 3-65 圆头钉射钉枪

接作用。目前在装饰工程中，木作业及铝板装饰使用广泛、效果好。

6. 圆头钉射钉枪

(1) 构造图

图 3-65 为圆头钉射钉枪外形图。

(2) 规格

圆头钉射钉枪规格，见表 3-46。

圆头钉射钉枪规格　　　表 3-46

空气压力(MPa)	每秒枚数(枚/min)	盛钉容量(枚)	重量(kg)
0.45～0.75	3	64/70	5.5
0.40～0.70	3	64/70	3.6

(3) 用途

圆头钉射钉枪，将直射钉发射于混凝土结构，砖砌体结构以便紧固被连接物体。

7. TA-20A 系列气动枪

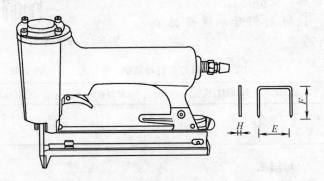

图 3-66　TA-20A 系列气动枪构造图及实用 U 形钉

(1) 构造图

图 3-66 为 TA-20A 系列气动枪构造图。

(2) 规格

1) TA-20A 系列气动钉枪规格，见表 3-47。

TA-20A 系列气动钉枪规格　　　　表 3-47

型　　号	1005F	1010F	413J	1013F	1013J	4225-Quon
重量(g)	910					1070
高×宽×长(mm)	146×45×203			146×45×217		
每次载钉量(枚)	157		100			
气压(MPa)	0.35～0.70(调压器)					
软管内径(mm)	≥6					

2) 实用 U 形钉尺寸

实用 U 形钉尺寸，见表 3-48。

实用 U 形钉尺寸 (mm)　　　　表 3-48

钉枪型号 TA-20A/1005F		钉枪型号 TA-20/1013F		钉枪型号 TA-20A/1013J	
H	0.7	F	0.5	E	10
F	0.5	E	10	U 钉型号	钉长 L
E	10	U 钉型号	钉长 L	1006J	6
U 钉型号	钉长 L	1013F	13	1008J	8
1003F	3	钉枪型号 TA-20A/413J		1010J	10
1004F	4	H	1.2	1013J	13
1005F	5	F	0.6	钉枪型号 TA-20A/422J-Quon	
钉枪型号 TA-20A/1010F		E	4	E	1.0
H	0.7	U 钉型号	钉长 L	F	0.6
F	0.5	406J	6	E	4
E	10	408J	8	U 钉型号	钉长 L
U 钉型号	钉长 L	410J	10	410J	10
1007F	7	413J	13	413J	13
1010F	10	钉枪型号 TA-20A/1013J		416J	16
钉枪型号 TA-20/1013F		H	1.2	419J	19
H	0.7	F	0.6	422J	22

(3) 用途

TA-20A 系列气动枪，操作快捷，冲击力强，永不露钉，用于建筑装饰工程。

8. 气动打钉枪

(1) 构造图

图 3-67 为气动打钉枪外形图。

(2) 规格

工作参数：使用气压 0.5～0.7MPa；风管内径 10mm；打钉范围 25mm×51mm 普通标准圆钉；冲击次数 60 次/min；机重 3.6kg。

(3) 用途

气动打钉枪是专供锤钉扁头钉的气动工具。其特点是使用方便，安全可靠，劳动强度低。生产效率高，广泛用于建筑工程和建筑装修。

3.3.2 扭、铆

1. 气动拉铆枪

(1) 构造图

图 3-68 为气动拉铆枪构造图。

(2) 规格

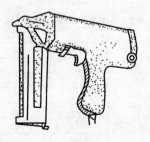 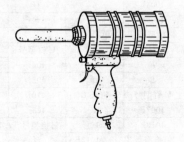

图 3-67 气动打钉枪（FDD25 型）　　图 3-68 气动拉铆枪（FLM-1 型）

基本参数：工作气压力 0.3～0.6MPa；工作拉力 3000～7200N；铆接直径 3～3.5mm 的空芯铝铆钉；风管内径 10mm；枪身重 2.25kg。

（3）用途

适用于铆接抽芯铝铆钉的气动工具。其特点是重量轻、操作简便、没有噪声，广泛用于建筑工程装修。

2. 气动扳手

（1）构造图

图 3-69 为气动扳手外形图。

（2）规格

气动扳手规格，见表 3-49。

国产气动扳手规格 表 3-49

型 号	拆装螺纹最大规格	适用范围	额定电压(V)	额定扭矩(N·m)	冲击次数(次/min)
回 P1B-8	M8	M6～M8	220	15	1200
回 P1B-12	M12	M10～M12	220	60	1500
回 P1B-16	M16	M14～M16	220	150	1600～1800
回 P1B-20	M20	M18～M20	220	220	1600～1800
回 P1B-24	M24	M22～M24	220	400	1500
回 P1B-30	M30	M20～M30	220	800	1600
回 P3B-36	M36	M20～M36	380	1500	
回 P3B-42	M42	M27～M42	380	2000	
回 P3B-48	M48	M36～M48	380	5000	

型 号	方头尺寸(mm)	边心距(mm)	净重(kg)	生产单位
回 P1B-8			1.7	青海电动工具厂
回 P1B-12		36	1.75	上海中国电动工具联合公司
回 P1B-16		43	4.3	上海中国电动工具联合公司
回 P1B-20		49	4.9	上海中国电动工具联合公司
回 P1B-24		47	6.5	上海中国电动工具联合公司
回 P1B-30	19×19	50	6.8	山东中兴机械厂
回 P3B-36	20×20	65	13	山东威海机床厂
回 P3B-42	25.4×25.4	65	18	山东中兴机械厂
回 P3B-48	25×25	69	22	山东威海机床厂

(3) 用途

气动扳手是以压缩空气为动力源推动气动机旋转作功,用于装修工程中装拆螺纹紧固件等施工项目。

3. 气动铆钉枪

(1) 构造图

图 3-70 为气动铆钉枪构造图。

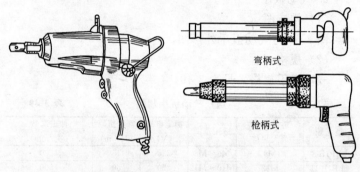

图 3-69 气动扳手　　图 3-70 气动铆钉枪

(2) 规格

1) 气动铆钉枪规格,见表 3-50。

2) 部分国产气动铆钉枪规格,见表 3-51。

(3) 用途

气动铆钉枪用来铆接铝合金结构和钢结构的构件。在装饰工程中广泛应用。

4. 射钉器

(1) 构造图

图 3-71 为射钉器构造图。

(2) 规格

射钉器规格,见表 3-52。

气动铆钉枪规格   表 3-50

产品规格	铆钉直径(mm) 冷铆硬铝 LY10	热铆钢 20	窝头尾柄 (mm)	机重 (kg)	缸径 (mm)	冲击能 (J)	冲击频率 (Hz)	耗气量 (L/s)	气管内径 (mm)	噪声(声功率级) dB(A)
4	4		10×32 或	1.2	14	2.9	35	6.0	10	114
5	5		10×29.5	1.5		4.3	24	7.0		
			12×45	1.8	18	4.3	28	7.0	13	116
			或	2.3		9.0	13	9.0		
6	6		12×28.0	2.5	22	9.0	20	10		
12	8	12	17×50	4.5		16	15	12		
16		16		7.5		22	20	18		
19		19		8.5		26	18	18		
22		20	31×70	9.5	2730	32	15	19	16	118
28		28		10.5		40	14	19		
36		36		13.0		60	10	22		

部分国产气动铆钉枪规格   表 3-51

型号	最大铆钉直径(mm)	冲击频率(次/min)	冲击功(N·m)	冲程(mm)	耗气量(m³/min)	形式	重量(kg)	生产单位
MQ4B	4	≥2500	≥3.0	70	≤0.3	枪柄	1.2	
MQ5A	5	≥1800	≥4.5	105	≤0.35	枪柄	1.5	
M16	16	≥1300	≥20		≤0.9	弯柄	7.5	沈阳风动工具厂
M19	19	≥1200	≥22		≤0.9	弯柄	8.5	
M22	22	≥1100	≥25		≤0.9	弯柄	9.5	
M28	28	≥900	≥2.8		≤0.9	弯柄	10.5	
M31	3	2200	2.8	43	0.25	枪柄	1.0	青岛前哨机械厂

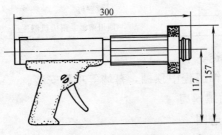

图 3-71 射钉器

射钉器规格　　　　　　　　　表 3-52

序号	型号与名称	长度(mm)	重量(kg)	配用射钉	配用射弹
1	SDQ307型轻型射钉器(塑料壳)	335	1.85	长度≤76mm的YD, HYD, PD, PJ, JD, KD30, M6A, M8, HM8, PK, JP, JPA	S5(5.6×16)四种威力水平
2	SDQ307B型轻型射钉器(铝合金壳)	335	2	长度≤76mm的YD, HYD, PD, PJ, JD, KD30, M6A, M8, HM8, PK, JP, JPA	S5(5.6×16)四种威力水平
3	SDQ603型重型射钉器	375	3.5	长度≤76mm的YD, HYD, DD, HDD, PD, KD及所有螺纹钉	S1(6.8×11) S3(6.8×18)四种威力水平
4	SDQ301型半自动射钉器	340	2.4	同序号1,(长度≤62mm)	S1(6.8×11)每弹夹10发四种威力水平
5	SDQ375型轻型射钉器(铝合金壳)	340	2	同序号1,(长度≤62mm)	S5(5.6×16)四种威力水平
6	SDQ306型锤头击发射钉器	393	2.3	同序号1,(长度≤62mm)	S5(5.6×16)四种威力水平
7	SDQ308型通用射钉器	236	2.2	长度≤62mm的YD, HYD, PD, JD, KD30, PK及所有螺纹射钉	S4(6.3×10)四种威力水平
生产厂			四川南溪县南山机器厂		

（3）用途

用于装饰工程中顶棚，幕墙等项目安装。

5. 气动螺丝刀

（1）构造图

图 3-72 为气动螺丝刀外形图。

图 3-72 气动螺丝刀

(a) 枪柄气动螺丝刀；(b) 直柄气螺丝刀

(2) 规格

气动螺丝刀规格见表 3-53。

气动螺丝刀规格 表 3-53

型 号	拆装螺钉规格 (mm)	空载转速 (r/min)	空载耗气量 (m^3/min)	积累扭矩 (N·m)	重量 (kg)	备 注
LS3Z25	M3	2500	0.18			每种规格均备有强、中、弱三种弹簧。根据螺钉直径大小可调整扭矩 LC4A 螺刀头部有磁性
LS3Z06		600				
L4		1200		19.6	0.65	
L4A	M4	1800	0.2			
LC4A		1800				
LS6Z21(直柄)LS6Q21(枪柄)	M6	2100	0.35			发动机可逆转 LSC 螺刀头部有磁性
LSC6Z21(直柄)LSC6Q21(枪柄)		2100				
LS6Z16(直柄)LS6Q16(枪柄)		1600				
LSC6Z16(直柄)LSC6Q16(枪柄)		1600				
LS6Z07(直柄)LS6Q07(枪柄)		700				
LSC6Z07(直柄)LSC6Q07(枪柄)		700				
L6Z30(直柄)L6Q30(枪柄)	M7	3000	0.35			发动机可逆转 LSC 螺刀头部有磁性
LC6Z30(直柄)LC6Q30(枪柄)		3000				
L6Z23(直柄)L6CQ23(枪柄)		2300				
LC6Z23(直柄)LC6Z23(枪柄)		2300				
L6Z10(直柄)L6Q10(枪柄)		1000				
LC6Z10(直柄)LC6Z10(枪柄)		1000				

（3）用途

用于各种机械、金属结构安装与修理工作中旋紧和拆卸螺钉。目前广泛用于装饰工程金属饰面、金属吊顶、金属屋面等工程项目的安装。

3.3.3 其他气动工具、机具

1. 气动油漆搅拌器

（1）构造图

图 3-73 为气动油漆搅拌器外形图。

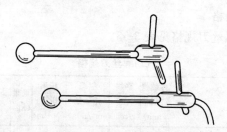

图 3-73 气动油漆搅拌器

（2）规格

气动油漆搅拌器规格，见表 3-54。

气动油漆搅拌器规格　　表 3-54

型号	搅拌浆轮最大直径(mm)	空载转速(r/min)	空载耗气量(m^3/min)	全长(mm)	重量(kg)	工作气压(kPa)
JB100-1	100	1800～2400	0.7	770	1.8	490
JB100-2	100	400～600	0.5	790	2	

注：产地　山东、天津等地。

（3）用途

气动油漆搅拌器，专供调合搅拌各种油漆底浆、涂料和乳剂。

2. 微型空气压缩机

表 3-55 微型（3m³ 以下）活塞式空气压缩机主要技术性能

型号	冷却方式	排气量 (m^3/min)	排气压力 (MPa)	转速 (r/min)	驱动机 型号	驱动机 功率 (kW)	驱动机 转速 (r/min)	外形尺寸 (长×宽×高) (mm)	总重 (kg)
V-0.1/10	风冷	0.1	1.0	600	JO3-90S-4	1.5	1400	1000×408×775	38
2DJ-0.15/7	风冷	0.15	0.7	500	JO2-22-4	1.5	1400	1100×990×550	150
2V-0.3/7	风冷	0.3	0.7	1430	JO2-31-2	3	2880	1050×435×845	43
Z-0.3/7	风冷	0.3	0.7	1450	JO2-31-2	3	2880	1400×450×900	50
2V-0.3/15	风冷	0.3	1.5	1100	JO2-32-2	4	2800	1340×520×950	300
2V-0.4/12	风冷	0.4	1.2	1430	Y112-M-2	4	2890	1450×550×1030	300
3W-0.4/10	风冷	0.4	1.0	1450	JO3-112S-4	4	2890	900×534×675	300
2VY-0.5/8	风冷	0.5	0.8	620	Y112M-4	4	1440	1400×560×110	200
2V-0.6/7	风冷	0.6	0.7	1450	JO2-41-2	5.5	2920	1550×500×950	57
3W-0.8/10	风冷	0.8	1.0	1450	JO2-42-2	7.5	2920	1050×600×780	285
3W-0.9/7	风冷	0.9	0.7	1450	JO2-42-2	7.5	2920	440×530×510	95
2V-1/225	水冷	1.0	25.5	980	Y200L2-6	22	970	1600×1000×1200	950
2V-1/325	水冷	1.0	35.0	980	Y225M-6	30	980	1600×1000×1200	950
V-1/40	风冷	1.0	4	970	JO2-72-6	22	970	1975×1000×1175	950
V-1/60-1	风冷	1.0	6	970	JO2-72-6	22	970	1970×1000×1175	950
2V-1.2/25	水冷	1.2	2.5	980	Y180L-6	15	970	1460×1000×1100	950
2V-1.2/30	水冷	1.2	3.0	980	Y180L-6	15	970	1460×1000×1100	950
4D-1.5/7	风冷	1.5	0.7	1450	Y160MA1-2	11	2930	1200×500×620	
11ZB-1.5/8	水冷	1.5	0.8	500	Y160L1-4-T	13	1440	3417×1454×1663	980
3W-1.6/10	风冷	1.6	1.0	1450	JO2-61-4	13	1450	1275×820×1120	425
3W-2/5	风冷	2.0	0.5	1450	JO2-61-4	13	1450	1250×820×1120	450
V1-2/8-1	风冷	2.0	0.8	720	JO2-72-8	17	720	1500×1140×1210	990

(1) 构造图

图 3-74 为微型空气压缩机外形图。

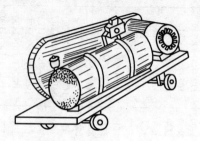

图 3-74　微型空气压缩机

(2) 技术性能

微型（$3m^3$ 以下）活塞式空气压缩机主要技术性能，见表 3-55。

(3) 用途

在装饰工程中，常用微型压缩机作为动力安装装饰面层。目前应用甚广，是装饰工必备的机具。

3.4　装饰机具

3.4.1　水磨石机

水磨石机适用于水磨石、大理石、混凝土地面面层的磨平磨光作业，使地面面层达到平滑光泽，美观和具有耐磨及防水功能。

常用有单盘水磨石机、双盘水磨石机、手提式水磨石机和小侧卧式水磨石机等。

1. 单盘式水磨石机

(1) 构造图

图 3-75 为单盘式水磨石机构造图。

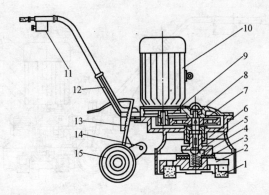

图 3-75 单盘式水磨石机

1—磨石；2—砂轮座；3—夹胶帆布垫；4—弹簧；5—连接盘；6—橡胶密封；7—大齿轮；8—传动主轴；9—电机齿轮；10—电动机；11—开关；12—扶手；13—升降齿条；14—调节架；15—走轮

（2）规格、性能

单盘式水磨石机规格、性能，见表 3-56。

（3）用途

单盘式水磨石机、主要用来磨光水磨石地面，混凝土地面面层。

2. 双盘式水磨石机

（1）构造图

图 3-76 为双盘式水磨石机构造图。

（2）规格、性能

双盘式水磨石机规格、性能，见表 3-57。

3. 手提式水磨石机

（1）构造图

图 3-77 为手提式水磨石机构造图。

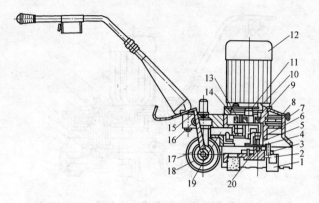

图 3-76 双盘式水磨石机

1—三角砂轮；2—磨石座；3—连接橡皮；4—连接盘；5—组合密封圈；6—油封；7—主轴隔圈；8—大齿轮；9—主轴；10—闷头盖；11—电机齿轮；12—电动机；13—中间齿轮轴；14—中间齿轮；15—升降齿条；16—棘齿轴；17—调节架；18—行走轮；19—轴销；20—弹簧

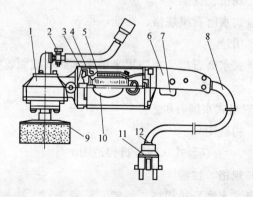

图 3-77 手提式水磨石机

1—工作头；2—进水开关；3—叶轮；4—电枢；
5—定子；6—手柄；7—开关；8—电缆护套；
9—磨石；10—铭牌；11—插头；12—电缆

表 3-56 单盘式水磨石机主要技术性能

型 号	磨盘转速 (r/min)	磨削直径 (mm)	效率 (m²/h)	电动机 型号	功率 (kW)	转速 (r/min)	外形尺寸 长×宽×高 (mm)	质量 (kg)	生 产 厂
SF-D-A	282	350	3.5~4.5	Y100L1-4	2.2	1430	1040×410×950	150	北方建筑机械厂
DMS350	294	350	4.5	JO2-32-4	2.2	1430	1040×410×950	160	兰缓建筑机械厂
SM-5	340	360	6~7.5	JO2-32-4	3	1430	1160×400×980	160	岳西建筑机械厂
MS	330	350	6	JO2-31-4	3	1430	1250×450×950	140	福州建筑机械厂
HMP-4	294	350	3.5~4.5	JO2-31-4	2.2	1420	1140×410×1040	160	中原机械厂
HMP-8		400	6~8	Y100L2-4	3	1420	1062×430×950	180	中原机械厂
HM4	294	350	3.5~4.5	JO2-31-4	2.2	1450	1040×410×950	155	湖北振动器厂
MD-350	295	350	3.5~4.5	JO2-32-4	3	1430	1040×410×950	160	冷水江电动工具厂

表 3-57 双盘式水磨石机主要技术性能

型 号	磨盘直径 (mm)	磨盘转速 (r/min)	磨削宽度 (mm)	效率 (m²/h)	电动机 电压 (V)	功率 (kW)	转速 (r/min)	外形尺寸 长×宽×高 (mm)	质量 (kg)	生 产 厂
2MD350	345	285	600	14~15	380	2.2	940	700×900×1000	115	东沟电动工具厂
650-A		325	650	60	380	3	1430	850×700×900	210	安平建筑机械厂
SF-S		345		10	380	4		1400×690×1000	210	北方建筑机械厂
DMS350		340		14~15	380	3				兰缓建筑机械厂
SM2-2	360	340		14~15	380	4		1160×690×980	200	岳西建筑机械厂
HMP-16	360	340	680	14~16	380	3	1420	1160×660×980	210	中原机械厂
2MD300	360	392	680	10~15	380	3	1430	1200×563×715	180	冷水江电动工具厂

(2) 规格与性能

手提式水磨石机主要技术性能见表3-58。

手提式水磨石机主要技术性能　　　表 3-58

型　号	功率(kW)	电压(V)	电流(A)	砂轮空载转速(r/min)	砂轮规格(mm)	外形尺寸 长×宽×高(mm)	质量(kg)	生产厂
▪ZIMJ100	0.566	220	2.71	250	$\phi100\times40$	415×100×205	4.4	冷水江电动工具厂
▪ZIMJ100A	0.57	220	2.71	2500	$\phi100\times40$	415×100×250	4	
▪ZIMJ80	0.28	220	1.57	2900	$\phi80\times40$	315×110×130	2.4	

4. 小型侧卧式水磨石机

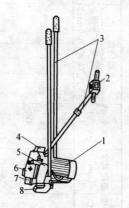

图 3-78 小型侧卧式水磨石机
1—电动机；2—手柄开关；3—操纵杆；4—水平支架；5—减速器；6—护板；7—磨头；8—垂直支架

(1) 构造图

图 3-78 为小型侧卧式水磨石机外形图。

(2) 规格、性能

小型侧卧式水磨石机技术性能，见表3-59。

3.4.2 地面抹光机

(1) 构造图

图 3-79 为地面抹光机构造图。

(2) 规格、性能

地面抹光机主要技术性能，见表3-60。

(3) 用途

地面抹光机适用于水泥砂浆和混凝土路面楼板等表面的抹平和压光。

小型侧卧式水磨石机主要技术性能　　　　表 3-59

型号	单盘回转直径(mm)	磨盘个数	磨盘转速(r/min)	最大磨高(m)	效率(m²/h)	功率(kW)	电压(V)	外形尺寸 长×宽×高(mm)	质量(kg)	生产厂
SWM2-310	180	2	415	1.2	2～3	0.55	380	390×330×1050	36	如皋建筑机械厂
DSM2-2A	180	2	370	1.2	2～3	0.55	380	470×340×1410	60	岳西建筑机械厂

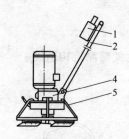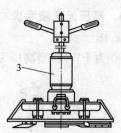

图 3-79　地面抹光机
1—转换开关；2—操纵杆；3—电动机；
4—减速器；5—安全罩

地面抹光机主要技术性能　　　　表 3-60

形式	型号	抹刀数	抹板倾角(°)	转速(r/min)	抹头直径(mm)	功率(kW)
单头	DM60	4	0～10	90	600	0.4
	DM69	4	0～10	90	600	0.4
	DM85	4	0～10	45/90	850	1.1～1.5
双头	ZDM650	6		120	370	0.37
	SDM1	2×3	6～8	120	370	0.37
	SDM68	2×3		100/200	370	0.55
内燃	JK-1	4	5～10	45/60	888	2.9

续表

形式	电压(V)	外形尺寸(mm)长×宽×高	质量(kg)	生产厂
单头	380	620×620×900	40	天津建机厂
	380	750×460×900	40	福州建机厂
	380	1920×880×1050	75	扬州建机厂
双头	380	670×645×900	40	廊坊建机厂
	380	670×645×900	40	宁夏建机厂
	380	990×980×800	40	中机公司
内燃		1480×936×1020	80	

3.4.3 高压无气喷涂机

1. 构造图

图3-80为PWD8型高压无气喷涂机构造图。

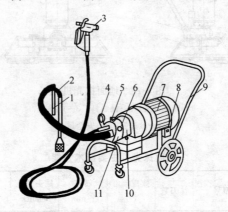

图3-80 PWD8型高压无气喷涂机
1—排料管；2—吸料管；3—喷枪；4—压力表；
5—单向阀；6—卸压阀；7—电动机；8—开关；
9—小车；10—柱塞油泵；11—涂料泵（隔膜泵）

2. 规格、技术性能

高压无气喷涂机的规格和技术性能，见表3-61。

高压无气喷涂机主要技术性能　　　表 3-61

型　　号	PWD-8	PWD-8L	DGP-1	PWD-1.5	PWD-1.5L
最大压力(MPa)	25	25	18.3	25.5	25
最大流量(L/min)	8.3	8.3	1.8	1.5	1.4
最大喷涂黏度(Pa·s)	500	800			
涂料最大粒径(mm)	0.3	0.3			
最大接管长度(m)	90	90			
同时喷涂枪数(把)	2	2	1	1	1
电动机功率(kW)	2.2	2.2	0.4	0.49	0.37
电压(V)	380	380	220	220	220
外形尺寸(mm)	1300×460 ×760	794×420 ×980	400×370 ×240		
整机质量(kg)	75	85	30	25	22

3. 用途

高压无气喷涂机是利用高压泵提供的高压涂料。经过喷枪的特殊喷嘴。把涂料均匀雾化，实现高压无气喷涂的新型设备。是涂饰工程中重要设备。

4 装饰抹灰

装饰抹灰，一般是指采用水泥、石灰砂浆等抹灰的基本材料，除对墙面作一般抹灰之外，利用不同的施工操作方法将其直接做成饰面层，如拉毛灰、拉条灰、洒毛灰、假面砖、仿石、水刷石、干粘石、水磨石，以及喷砂、喷涂、弹涂、滚涂和彩色抹灰等多种抹灰装饰做法。其面层的厚度、色彩和图案形式，应符合设计要求，并应施于已经硬化和粗糙而平整的中层砂浆面上，操作之前应洒水湿润。当装饰抹灰面层有分格要求时，其分格条的宽窄厚薄必须一致，粘贴于中层砂浆面上应横平竖直，交接严密，饰面完工后适时取出。装饰抹灰面层的施工缝，应留在分格缝、墙阴角、水落管背后或独立装饰组成部分的边缘处。

4.1 石粒类装饰抹灰

石粒类饰面主要用于外墙。一般常见的有水刷石、干粘石、斩假石、水磨石等。

4.1.1 水刷石

水刷石装饰外墙面，外观稳重，立体感强，无新旧之分，能使饰面达到天然美观的艺术效果。

1. 材料要求

（1）水泥　宜用不低于 32.5 级矿渣硅酸盐水泥或普通硅酸盐水泥，应用颜色一致的同批产品。超过三个月保存期的水泥不能使用。

（2）砂　砂宜采用中砂，使用前应5mm筛孔，含泥量不大于3%。

（3）石子　石子要求采用颗粒坚硬的石英石（俗称水晶石子），不含针片状和其他有害物质，石子的规格宜采用4～8mm。如采用彩色石子应分类堆放。

（4）石粒浆级配　水泥石粒浆的配合比，依石粒粒径的大小而定，大体上是按体积比水泥为1时，用大八厘石粒（粒径8mm）1，中八厘（粒径6mm）石粒1.25，小八厘（粒径4mm）石粒1.5。稠度为5～7cm。如饰面采用多种彩色石子级配，按统一比例掺量先干拌均匀，所用石子应事先淘洗干净待用。

2. 施工准备

（1）对主体结构进行验收，检查结构的平整度和垂直度，不符合要求，应重新处理。

（2）根据设计要求，应先做一块样板，看色调和级配是否符合要求。

（3）门、窗和各种管线、预埋件都安置好。

（4）施工工具　常用的工具有刷子、鸡腿刷子、小鸭嘴抹子、小溜子、铁抹子、木抹子。

（5）施工机具　施工机械有混凝土搅拌机、砂浆搅拌机及运输工具手推车。

3. 分层做法

水刷石装饰抹灰一般做在砖墙、混凝土墙、加气混凝土墙等基体上。为使基体与底、中层砂浆，底中层与面层砂浆牢固的结合，按基体的不同，有数种分层做法，其常见的如表4-1。

4. 操作要点

水刷石分层做法 表 4-1

基体	分层做法	厚度(mm)	示意图
砖墙	① 1:3 水泥砂浆抹底层 ② 1:3 水泥砂浆抹中层 ③ 刮水灰比为 0.37～0.40 水泥浆一遍 ④ 1:1.25 水泥小八厘石粒浆（或 1:0.5:2 水泥石灰膏石粒浆） 或 1:1.5 水泥小八厘石粒浆（或 1:0.5:2.25 水泥石灰膏石粒浆）	5～7 5～7 10 8	①②③④
混凝土墙	① 刮水灰比为 0.37～0.40 水泥浆或洒水泥砂浆 ② 1:0.5:3 水泥混合砂浆抹底层 ③ 1:3 水泥砂浆抹中层 ④ 刮水灰比为 0.37～0.40 水泥浆一遍 ⑤ 1:1.25 水泥中八厘石粒浆（或 1:0.5:2 水泥石灰膏石粒浆） 或 1:1.5 水泥小八厘石粒浆（或 1:0.5:2.25 水泥石灰膏石粒浆）	 0～7 5～6 10 8	①②③④⑤
加气混凝土墙	① 涂刷一遍 1:3～1:4（聚乙烯醇缩甲醛胶水）溶液 ② 2:1:8 水泥混合砂浆抹底层 ③ 1:3 水泥砂浆抹中层 ④ 刮水灰比为 0.37～0.40 水泥浆一遍 ⑤ 1:1.25 水泥中八厘石粒浆（或 1:0.5:2 水泥石灰膏石粒浆） 或 1:1.5 水泥小八厘石粒浆（或 1:0.5:2.25 水泥石灰膏石粒浆）	 7～9 5～7 10 8	（图同上）

(1) 基层处理

水刷石装饰抹灰其基层处理方法与一般抹灰基层处理方法相同，但因水刷石装饰抹灰底中层及面层总的平均厚度较一般抹灰为厚，且比较沉，若基层处理不好，抹灰层极易产生空鼓或坠裂，因此要认真将基层表面酥松部分去掉再洒水润墙。特别是外露的梁柱混凝土面，如凸凹太多要凿平，并用1：3水泥砂浆分层抹平。

（2）抹底、中层灰

1）抹底层灰。抹底层灰浆前为了增加粘结牢度，先在基层刷一遍掺108胶的水泥浆，108胶的掺量为水泥重量的15%～20%。刷后随抹1：2水泥砂浆。稍收水后将其表面划毛。再找规矩，先做上排灰饼，再吊垂直线和横向拉通线，补做中间和下排的灰饼及冲筋。

2）抹中层灰。按冲筋标准抹中层找平砂浆。常用配合比为1：3～1：2.5。找平层必须括平搓毛，并且用托线板检查平整度，因找平层的平整度直接影响饰面层的质量。

（3）分格及粘贴分格条

水刷的分格是避免施工接槎的一种措施，同时便于面层分块分段进行操作。分格条应刨成双面斜口，小面粘于墙面。分格条厚为8～10mm，宽度为15～25mm。用前浸泡于水桶内，使其吸水膨胀便于起条，如重复使用者，心须将残余的水泥浆清刷干净，否则起条时容易损坏边角。粘贴用水泥素浆，水泥浆不宜超过分格条小面范围，超出的要刮掉。

（4）抹面层

1）抹平面墙面。视找平层砂浆干湿程度酌情洒水，并刷一遍水泥素浆，随即抹水泥石子浆，在每一分舱内从上往下抹，每抹完一个分格舱，应拍实抹平，石子浆不宜高出或低于分格条，拍实要先轻后重，并把石子尖棱拍入浆内，拍后随用直尺检查平整度，如有凹面及时增添石子浆，重新拍实抹平，待水分稍干，表面无水光感觉，再用钢皮铁板溜抹一遍，使小孔洞压实挤密，其涂抹厚度根据不同粒径大小而不同,应控制在表 4-1 所给的厚度内。

同一平面的面层要求一次完成,不宜留施工缝,必须留施工缝时,应留在分格条上。抹完一块用直尺检查其平整度,不平处应及时增补抹好。

2) 抹阳角。在抹阳角时,一般先抹的一侧不宜用八字靠尺,将石粒浆稍抹过转角,然后再抹另一侧。在抹另一侧时需用八字靠尺将角靠直找齐,这样可以避免两侧都用八字靠尺而在阳角处出现明显的接槎印。

(5) 喷刷

喷刷石子浆面,应待水泥石子浆开始凝结,手指轻捺无痕,用软刷子刷石不掉时,方可开始,一人先用刷子蘸水刷掉面层灰浆,一人紧跟用喷雾器将四周相邻部位喷湿,并随喷随用毛刷刷掉表面浆水,喷水压力要均匀,喷刷顺序应从上而下,喷头一般距墙面 10~20cm。门、窗洞口或贴脸等部位,应先喷刷底部后做大面,以保证大面清洁美观;有阴角的部位应先刷侧面后做正面。为了保证表面清净,应再用小水壶盛清水缓缓从上往下冲洗一遍。如上下排同时操作,在下排的操作人员,喷刷时应及时用干毛刷和干抹布将水分吸掉,防止冲坏面层。

如果一旦水刷石面层超过喷刷时间,开始硬结,用清水洗不去水泥浆时,可用 3%~5%盐酸稀释溶液洗刷,然后用清水冲洗,否则,会将面层腐蚀成黄色斑点。

(6) 起分格条

喷刷面层露出石子后,就要起出分格条。起分格条时,用木抹子柄敲去木条,用小鸭嘴抹子扎入木条,上下活动,轻轻启动,用小溜子找平,用鸡腿刷子刷光理直缝角,并用素灰将格缝修补平直颜色一致。

(7) 养护

水刷石抹完第二天起要经常洒水养护,养护时间不少于7d。在夏季酷热天施工时,应考虑搭设临时遮阳棚,防止阳光直接辐射,致水泥早期脱水影响强度,削弱粘结力。

5. 质量通病及防治措施

(1) 空鼓　产生原因:

1) 空鼓的部位发生在底层与基体之间,原因是基体表面清理、浇水湿润不够或底层砂浆强度等级过低。

2) 多数空鼓发生在面层与中层之间,原因是面层涂抹前没刮结合层或没刮严。

防治措施:

1) 基体认真清理并浇水湿润。

2) 中层要视干湿情况浇水湿润,满刮水灰比为0.37~0.40的素水泥浆,要刮严,不漏刮,不允许刷稀水泥浆代替。

(2) 石粒不匀、脱落　产生原因:

1) 罩面干得快,压的不均匀或压得不好。

2) 石粒使用前未过筛洗净。

3) 喷水不当。

防治措施:

1) 结合层刮后立即罩面,不要等结合层干燥再罩面。

2) 按要求抹压、揉平;填补部分重新压实,压平并认真修整。

3) 石粒使用前过筛用水认真洗净。

4) 正确掌握喷水时间和角度。

(3) 阳角黑边无尖棱;阳角不平直　产生原因:

1) 抹阳角反贴八字靠尺时,素水泥浆抹得太高。

2) 阳角罩面压不实,或喷头喷水角度不对。

3) 阳角罩面接槎方法不当。

防治措施:

1) 反贴八字尺时,素水泥浆比贴好的靠尺低一些,一般应为容纳罩面石子浆一半厚度。

2) 喷雾器喷水前,先用刷子沾水轻轻把靠近阳角面层上的灰浆刷掉,并检查压实程度,如不实再压一遍,然后用喷头由上至下顺序喷水,掌握好喷水角度。

3) 接阳角槎时,第二节贴靠尺时,要比前一节略高1~2mm,经抹压冲洗后,应与上节顺直。

(4) 横竖阴角不直、石粒脱落,阴角左右石粒稀,颜色不匀 产生原因:

阴角交接不当,喷水角度不对,喷水时间长。

防治措施:

1) 阴角交接处抹罩时,先做一个平面,然后做另一个平面。在中层抹灰上靠近阴角处,留出罩面水泥石子浆的厚度,弹上下或左或右的直线,作为阴角抹直的依据。然后在已抹完的平面上,靠近阴角处弹另一条直线,作为抹另一面的依据。

2) 注意喷水角度,不要让水顺阴角流量大,喷水时间不要太长,掌握好时间。

(5) 滴水槽附近,石粒不饱满,槽里侧空鼓的产生原因:

操作不认真,水进入面层底下。

防治措施:

1) 操作时应在分格条和靠尺之间,水泥石粒浆要高于靠尺或分格条1~2mm,这样压光后与靠尺和分格条一平。

2）滴水槽里侧不好抹，应认真仔细操作。

3）喷水时间不要过长，喷完后马上用刷子把存留下的水沾干。

4）按规定做滴水槽或滴水线，严禁用钉子划线槽。

(6) 窗台吃口　产生原因：

操作不认真。

防治措施：

窗框下缝隙应用水泥砂浆塞实，抹灰应深入框下 1~2cm，做成小圆角，抹出流水坡度。

(7) 颜色不一致　产生原因：

罩面石粒浆配料不准。

防治措施：

罩面石粒浆统一配料，材料规格应相同，并于一次干拌均匀。

(8) 分格条高低不平　产生原因：

分块不均，分格条没用水平尺找平。

防治措施：

米厘条粘贴要弹线分格，遇明柱时，侧面用水平尺引过去，几个柱子要统一找标高，窗心竖向分层米厘条，几个层段统一。

4.1.2 干粘石

干粘石面层粉刷，也称干撒石或干喷石。它是在水泥纸筋灰或纯水泥浆或水泥白灰砂浆粘结层的表面，用人工或机械喷枪，均匀地撒喷一层石子，用铁板拍平板实。此种面层，适用于建筑的外部装饰。

1. 材料要求

(1) 石子　石子粒径以小一点为好，但也不宜过小或过大，太小则容易脱落翻浆，过大则需增加粘结层厚度。粒径以5～6mm或3～4mm为宜。

使用时，将石子认真淘洗，择渣，晾晒后，选出干净房间或袋装予以分类储存备用。

(2) 水泥　水泥必须使用同一品种，不低于32.5级，过期水泥不准使用。

(3) 砂　砂子最好是中砂或粗砂与中砂混合掺用。中砂平均粒径为0.35～0.5mm，要求颗粒坚硬洁净，含泥量不得超过3%，砂在使用前应过筛。不要用细砂、粉砂，以免影响粘结强度。

(4) 石灰膏　石灰膏应控制含量，一般灰膏的掺量为水泥用量的1/2～1/3。用量过大，会降低面层砂浆的强度。合格的石灰膏中不得有未熟化的颗粒。

(5) 颜料粉　原则上要使用矿物质的颜料粉，如现用的铬黄、铬绿、氧化铁红、氧化铁黄、炭黑、黑铅粉等。不论哪种颜料粉，进场后都要经过试验。颜料粉的品种、货源、数量要一次进够，在装饰工程中，千万要把住这一关，否则无法保证色调一致。

2. 施工准备

(1) 检查验收主体结构，垂直度和平整度不符合要求时应及时进行返工。

(2) 检查门、窗框及其他配件，预埋件是否安装正确。

(3) 兑色灰。美术干粘石的色调能否达到均匀一致，主要在于色灰兑得准不准，细不细。具体做法是：按照样板配比兑色灰。兑色灰的数量每次要保持一定段落，一定数量，或者一种色泽，防止中途多次兑灰色，容易造成色泽不一致。兑色灰时，要使用大灰槽子，将秤量好的水泥及色粉投入后,即进行人工或机械拌合,再过一道箩筛,然后装入水泥袋子,逐包过秤,注明色灰品种,封好进库待用。干粘石各色调配合比参见表4-2。

干粘石各色调配合比参考表　　　表4-2

色彩	水泥		色石子	颜料		备注
	种类	用量	天然色石子	名称	用量	
白	白水泥	100	白石子	—	—	
浅灰	普通水泥	100	白石子	老粉	10	
淡黄	白水泥	100	米黄色石子(淡黄)	—	—	
中黄	普通水泥	100	米色石子+白石子	氧化铁黄	5	
浅桃红	白水泥	100	米红石子	铬黄0.5%+珠红0.4%	0.5、0.4	
品红	白水泥	100	白+玻屑+黑	氧化铁红1%	1	
淡绿	白水泥	100	绿+绿玻璃屑+白石子	氧化铬绿2%	2	占水泥的%
灰绿	普通水泥	100	绿石子+绿玻璃屑+白石子	氧化铬绿5%~10%	5~10	
淡蓝	白水泥	100	淡蓝玻璃屑+白石子	耐晒雀蓝色淀	5	
淡褐	普通水泥	100	红石子+白石+褐玻璃	—		
暗红褐	普通水泥	100	褐色玻璃屑+黑石子	氧化铁红	5	
黑色	普通水泥	100	黑石子	炭黑8%~10%	8~10	

施工工具

托盘。400mm×350mm×60mm木制盘。

木拍。木拍是用来铲石子往粘结层上甩石子用的。

3. 分层做法

干粘石常做在砖墙、混凝土和加气混凝土基层上,其分层做法见表 4-3。

干粘石分层做法　　表 4-3

基体	分层做法	厚度(mm)	示意图
砖墙	① 1:3 水泥砂浆抹底层 ② 1:3 水泥砂浆抹中层 ③ 刷水灰比为 0.40～0.50 水泥浆一遍 ④ 抹水泥:石膏:砂子:108胶＝100:50:200:5～15 聚合物水泥砂浆粘结层 ⑤ 4～6mm(中小八厘)彩色石粒	5～7 5～7 5～6	①②③④⑤
混凝土墙	① 刮水灰比为 0.37～0.40 水泥浆或洒水泥砂浆 ② 1:0.5:3 水泥混合砂浆抹底层 ③ 1:3 水泥砂浆抹中层 ④ 刷水灰比为 0.40～0.50 水泥浆一遍 ⑤ 抹水泥:石灰膏:砂子:108胶＝100:50:200:5～15 聚合物水泥砂浆粘结层 ⑥ 4～6mm(中小八厘)彩色石粒	 0～7 5～6 5～6	①②③④⑤⑥
加气混凝土	① 涂刷一遍 1:3～1:4(108胶:水溶液) ② 2:1:8 水泥混合砂浆抹底层 ③ 2:1:8 水泥混合砂浆抹中层 ④ 刷水灰比为 0.4～0.5 泥浆一遍 ⑤ 抹水泥:水石膏:砂子:108胶＝100:50:200:5～15 聚合物水泥砂浆粘结层 ⑥ 4～6mm(中小八厘)彩色石粒	 7～9 5～7 4～5	(同混凝土墙)

4. 施工要点

(1) 干粘石面层应做在粗糙、平整而干硬的中层砂浆面上。

(2) 干粘石面层的分格条应宽窄厚薄一致,粘贴在中层砂浆面上应横平竖直,接头严密。

(3) 干粘石面层施工时中层砂浆表面应先用水湿润,并刷水灰比为 0.4～0.5 水泥浆一遍,随即抹聚合物水泥砂浆粘结层。

5. 操作要点

(1) 基层处理

在抹灰前基层必须清理干净。现浇和预制的钢筋混凝土基层表面油污、隔离剂的清除和清洗更为重要。

(2) 抹底、中层抹浆

1) 抹底层灰。将基层用水湿润,设"灰饼"做"标筋"。用 1∶3 水泥砂浆打底,刮平后,用木抹子压实、找平、搓粗表面。

2) 打底灰后第二天洒水湿润,开始抹第二道水泥砂浆中层,刮平、压实、搓粗表面,确保粘结层的厚度均匀。若底层平整度能达到要求可免做中层。

(3) 弹线、钉分格条

弹线和钉分格条不仅为了建筑美观的需要,而且也是操作分段和保证施工质量的需要。底、中层抹好后,就进行弹线分格,必须注意横条均匀、竖条对称一致。把用水浸透的分格木条粘钉在分格线上。

(4) 抹粘结层

粘结层很重要,抹前用水湿润中层。粘结层的厚度取决于石子的大小,当石子为小八厘时,粘结层厚 4mm;为中小八厘时,粘结层厚度为 6mm;为大八厘时、粘结层为 8mm。湿润后,还应检查干湿情况,对于干得快的部位用排刷补水到适度时,方能开始抹粘结层。

抹粘结层分两道做成:第一道用同强度等级水泥素浆薄刮一层,因薄刮能保证底、面粘牢。第二道抹聚合物水泥砂浆5～6mm。然后用靠尺测试，严格执行高刮低添，反之，则不易保持表面平整，如在一些工程上的面层出现大小波浪，关键在于此。粘结层不宜上下同一厚度，更不宜高于嵌条，一般在下部约1/3的高度范围内要比上面要薄些，整个分块表面又要比嵌条面薄1mm左右，石子撒上压实后，不但平整度可靠，条整齐，而且能避免下部鼓包皱皮的现象发生。

(5) 甩石子

1) 甩石子应三人同时连续操作，一人抹粘结层；一人紧跟后面一手拿装石子的托盘，一手用木拍铲往粘结层上甩粘石子，要求甩严，甩均匀，并用托盘承接掉下来的石子；一人随即用钢抹刀将石子均匀拍入粘结层，石子嵌入砂浆的深度应不小于粒径的1/2，并拍实拍严。

2) 操作顺序是先甩两边，后甩中间，从上至下地快速行进。甩出动作要快，不致石子溜下，并能保证上下左右搭接紧密，石粒均匀，木拍与墙面平行，使石子垂直嵌入粘结层内，偏上偏下偏左偏右则效果不佳，石子浪费也大，甩出用力大小很重要，因为用力过重则石子陷入太深，形成凹洼，不易处理，用力过小则石子粘结不牢，空白处不便添补，动作太慢则会造成部分不合格，局部修整容易出现"花脸"和接槎痕迹。

3) 在阳角处甩石子时，将薄尺粘在阳角一边，先做邻面的干粘石，然后取下薄尺抹上水泥腻子，一手持短尺靠在已做好的邻面上，一手甩石子并用钢抹刀拍平、拍直，使棱角挺直。

(6) 压石子

压石子是最后一道关，先压边后压中间，从左至右换着压，从上至下莫松懈；轻压重压加重拍，至少都要压三遍。压头遍时间比一般铁板面积大一倍以上的铁制、木制或硬质塑料板制成的压板进行。压二、三遍则用新宽铁板进行，时间不应超过 45min，即水泥开始凝结前进行操作。坚持这样作下去，就能达到质好量高，横竖方向不出现铁板印迹。

（7）起木条

当压石子工序完后，就要起木条，起出后用小溜子找平，用鸡腿刷子刷光理直缝角，并用素灰将格缝修补平直颜色一致。

（8）养护和护面

干粘石的面层施工后应加强养护，在 24h 后，应洒水养护 2~3d。夏季日照强，气温高，要求有适当的遮阳条件，避免阳光直射，使干粘石凝结有一段养护时间，以提高强度。砂浆强度未达到足以抵抗外力时，应注意防止脚架料、工具等撞击、触动，以免石子脱落，还要注意防止油漆或砂浆等污染墙面。

6. 质量事故及防治措施

（1）空鼓、裂缝　产生原因：

1）底层与基层粘结不牢；底层砂浆强度等级与中层砂浆强度等级差别大。

2）施工前、基层清理不净、浇水不透。

防治措施：

1）作好基层清理工作，并浇水湿润。

2）底层砂浆配合比应与中层砂浆配合比相同，以减少收缩时的相互影响。

3）根据不同的基层，选用不同的砂浆。

（2）坠裂　产生原因：

1）底层砂浆强度等级过高，中层砂浆强度等级低。

2）面层过厚以及底、中层粘结不良。

防治措施：

1）控制底、中层砂浆厚度，分层涂抹。

2）严格掌握底、中层砂浆的配比。

(3）接槎不良　产生原因：

1）大面积粘石或分块较大的粘石，施工时因分格不当或因脚手架高度不合适，不能一次连续粘完一格，分次操作，产生明显的接槎。

2）分格较大，不能一次粘完，接槎处灰太干，粘不上石渣或将接槎处石子碰掉，都会造成明显的接槎。

防治措施：

1）合理地安排分格，应一次连续粘完一格。

2）遇有较大块分格时，要事先做好施工作业计划，并考虑脚手架搭设高度，使能一次抹完一块，中间不留接槎。

(4）棱角黑边　产生原因：

1）在墙角、柱角及阳角处粘石有一条明显的无石渣的灰线。

2）阳角粘石施工时，先在大面上卡好尺抹小面，石渣粘好后压实溜平，返过尺卡在小面上再抹大面。这种小面阳角处灰浆已干粘不上石子，形成一条明显可见的无石渣黑灰线。

防治措施：

1）拍好小面石子后立即起尺，并在灰缝处再撒些小石子，用钢抹刀拍平拍直。若灰缝处稍干，可淋少量水，随后粘小粒石子，再拍平拍实，即可消除黑边。

2）粘石起尺时动作要轻、慢，先将靠尺后边离墙提起，使靠尺八字处轻轻向里滑进,保持阳角边棱整齐平直。

(5) 抹痕 产生原因:

由于粘石灰浆太稀,如果粘上石渣以后用抹子溜抹石渣表面,加上操作技术不熟练,掌握不好灰浆干稀程度,边溜边按形成鱼鳞波抹痕。

防治措施:

1) 根据不同墙面,掌握好浇水量和面层灰浆稠度,使其干稀合适。

2) 抹面层灰时一定要抹平,掌握好面层干湿程度及粘石的时间规律,随粘石子随拍平。

3) 技术较差者可采用滚子轻轻滚压至平整。

(6) 棱角不通顺,表面不平整 产生原因:

1) 施工前未统一吊线、找方、做灰饼,而是施工时一层或一步架找直找方。

2) 分格条浸水不透,把两侧水分吸掉,粘不上石子,造成无石子毛边。或起分格条将两侧石子碰掉造成缺棱掉角。

防治措施:

1) 外墙大角或通天柱等应统一吊垂线,檐口阳台处要统一找平线,然后做灰饼、打底,抹面层灰时均以此做基线。

2) 大面积的粘石要统一分格,统一找出平直线,选用平直方正的分格条,使用前用水浸透。

4.1.3 机喷干粘石

1. 材料要求

同干粘石。

2. 施工准备

同干粘石。

3. 分层做法

(1) 1:1水泥砂（按水泥重量掺8%108胶水）喷底打毛，厚2mm。

(2) 粘分格条。

(3) 1:2水泥砂浆（掺8%108胶水）中层。厚度5mm左右。

(4) 白水泥浆（掺25%～30%石灰膏）粘结层。厚度2mm。

(5) 喷石粒（使用中八厘）。

4. 施工要点

(1) 基层在喷毛前应浇水湿润，夏季要浇透。

(2) 当中层砂浆刚要收水时（用手轻压有凹痕并表面看不出水印），即可抹粘结层。

(3) 粘结层抹好后随即进行喷石粒，并将石粒拍实拍平。

(4) 喷石粒时，喷头对准墙面。

(5) 要作好喷石粒的回收工作。

5. 操作要点

(1) 喷基层灰前，应清理基层并浇水湿润。

(2) 抹粘结层应在中层砂浆刚要收水时进行。而且是粘结层抹完后立即进行喷石粒。

(3) 机喷石粒，利用一台空气压缩机进行操作。当空气压缩机运转后，将输风管插在喷枪头上。操作者，手握喷枪柄，喷头对准墙面，保持距墙面30～40mm。喷石渣时的气压，以0.6～0.8N为宜。

(4) 喷粒时，应喷得均匀，不准有漏喷等缺陷，这就要求操作者手掌握得稳，眼睛要清，手眼配合好。

(5) 注意随喷随往料斗里填石渣。后面跟人随拍实拍平，将石子的1/2嵌入粘结层，但不得将灰浆拍出来，免得影响美观。

(6) 回收散落下的石子，一般可用塑料布、帆布做成袋子。将落下的石子承接在袋子内。

4.1.4 斩假石（剁斧石）

斩假石又称人造假石，是一种硬化后的水泥石屑砂浆面层，经斩琢加工而成的人造假石饰面。

1. 材料要求

(1) 骨料　所用骨料（石子、玻璃、粒砂等）颗粒坚硬、色泽一致、不含杂质，使用前须过筛、洗净、晾干，防止污染。

(2) 水泥　32.5级普通水泥、矿渣水泥。所用水泥是同一批号、同一厂、同一颜色。

(3) 色粉　有颜色的墙面，应挑选耐碱、耐光的矿物颜料，并与水泥一次干拌均匀，过筛装袋备用。

2. 施工准备

(1) 检查验收基层平整度和垂直度，不合乎要求的应返工。

(2) 检查门、窗框及各种预埋件安装是否符合要求。

(3) 施工工具。常用工具有墨斗线、木抹刀、钢抹刀、剁斧、花锤、钢丝刷等。

3. 施工要点

(1) 面层抹完后，应进行养护，不能受烈日暴晒或受冻。各层抹灰不得脱壳、裂缝、高低不平等弊病。

(2) 斩剁前应弹顺线，相距约10cm，按线操作，以免剁纹跑斜。

(3) 在水泥石子浆达到一定强度时，可进行试剁，以石子不脱落为准。

(4) 斩剁时必须保持墙面湿润，如墙过于干燥，应蘸水，但剁完部分不得蘸水，以免影响外观。

(5) 剁小面积时，应用单刀剁斧；剁大面积时应用多刀剁斧。斧刃厚度根据剁纹宽窄要求确定。

(6) 为了美观，剁棱角及分格缝周边留 15~20mm 不剁。

4. 操作要点

(1) 抹底层

清理基层后，用 1:3 水泥砂浆打底，抹灰前刮素水泥浆一道，表面应划毛。

(2) 分格、贴分格条

按设计要求在底层上弹出分格线，接着粘贴经水泡过的木分格条。

(3) 抹面层

斩假石面层砂浆一般用白石子，用中、小八厘混合掺入 30% 石屑，应统一配料干拌均匀备用。

用料配合比：水泥：石粒=1:1.25~1.50

面层一般分两次进行，厚度为 15mm。先薄薄地抹一层砂浆，稍收水后再抹一遍砂浆与分格条平。用刮尺赶平，待收水后再用木抹子打磨压实，上下顺势溜直，最后用软质扫帚顺着剁纹方向清扫一遍。

(4) 养护

面层抹完后应进行养护。养护时间根据气候情况确定，常温下一般约一周左右。同时要注意不能受烈日暴晒或遭冰冻。

(5) 面层斩剁

1) 斩剁时间。斩剁石面层抹完后,在常温下经 3d 左右,或水泥石屑强度达到设计强度的 60%～70%时,可以开始斩剁。一般斩剁前应试剁以石子不脱落为准。

2) 弹线。斩剁前,应先弹顺线,相距约 10cm,按线操作,以免剁纹跑斜。

3) 斩剁时必须保持墙面湿润,如墙面过于干燥,应予蘸水,但斩剁完部分不得蘸水,以免影响外观。

4) 斩剁顺序。斩剁时,应由上而下进行,先仔细剁好四周边缘和棱角,再斩中间的墙面。四周边缘和棱角处的斩纹要和棱边方向垂直,以免斩坏边棱。若墙面有分格条,每剁一行应随时将上面和竖向的分格条取出,并及时用水泥浆将分块内的缝隙、小孔修补平整。

5) 斩剁时,先轻剁一遍,再盖着前一遍的斧纹剁深痕。用力必须均匀,移动速度一致,不得有漏剁。

6) 墙角、柱子的边棱,宜横剁出边缘横斩纹或留出窄小边条(从边口进 30～40mm)不剁。剁边缘时,应用锐利的小斧轻剁,防止掉角掉边。

7) 用细斧剁斩一般墙面时,各格块体的中间部分均剁成垂直纹,纹路相应平行,上下各行之间均匀一致。

8) 用细斧剁斩墙面饰时,斧纹应随花走势而变化,不允许留下横平竖直的斧纹。花饰周围的平面上应剁成垂直纹,边缘应剁成横平竖直的圈边。

(6) 斩剁后处理

斩剁后墙面用钢丝刷顺斩纹刷净尘土。在分格缝处按设计要求做凹缝、上色。

5. 质量通病及防治措施

(1) 颜色不匀 产生原因：

1) 水泥石屑浆掺用颜料的细度、批号不同，造成饰面颜色不匀。

2) 颜料掺用量不准，拌和不均匀。

3) 剁完部分又蘸水洗刷。

4) 常温施工时，假石饰面受阳光直接照射不同，温、湿度不同，都会使饰面颜色不一致。

防治措施：

1) 同一饰面应选用同一品种、同一批号、同一细度的原材料，并一次备齐。

2) 拌灰时应将颜料与水泥充分拌匀，然后加入石屑拌和，全部水泥石屑灰用量应一次备好。

3) 每次拌和面层水泥石屑浆的加水量应控制准确。墙面湿润均匀，斩剁时蘸水，但剁完部分的尘屑可用钢丝刷顺剁纹刷净，不得蘸水刷洗。

4) 雨天不得施工。常温施工时，为使颜色均匀，应在水泥石屑浆中掺入分散剂木质素磺酸钙和疏水剂甲基硅醇钠。

(2) 剁纹不匀 产生原因：

1) 斩剁前，饰面未弹顺线，斩剁无顺序。

2) 剁斧不锋利，用力轻、重不均匀。

3) 各种剁斧用法不恰当、不合理。

防治措施：

1) 面层抹好经过养护后，先在墙面相距 10cm 左右弹顺线，然后沿线斩剁，才能避免剁纹跑斜，斩剁顺序应符合操作要求。

2) 剁斧应保持锋利，斩剁动作要迅速，先轻剁一遍，再盖着前一遍的斧纹剁深痕,用力均匀,移动速度一致,剁纹深浅一致,纹路清晰均匀,不得有漏剁。

3)饰面不同部位应采取相应的剁斧和斩法,边缘部分应用小斧轻剁。剁花饰周围应用细斧,而且斧纹应随花纹走势而变化,纹路应相应平行,均匀一致。

(3)空鼓 产生原因:

1)基层表面未清理干净,底灰与基层粘结不牢。

2)底层表面未划毛,造成底层与面层粘结不牢,甚至斩剁时饰面就脱落。

3)施工时浇水过多或不足或不匀,产生干缩不均或脱水快干缩而空鼓。

防治措施:

1)施工前基层表面上的粉尘、泥浆等杂物要认真清理干净。

2)对较光滑的基层表面应采用聚合水泥稀浆(水泥:砂=1:1,外加水泥重量5%~15%的108胶)刷涂一道,厚约1mm,用扫帚划毛,使表面麻糙、晾干后抹底灰,并将表面划毛。

4.2 水泥、石灰类装饰抹灰

4.2.1 拉毛

拉毛抹灰是在水泥砂浆或水泥混合砂浆抹灰中层上,用水泥混合砂浆、纸筋石灰或水泥石灰浆等砂浆,利用拉毛工具将砂浆拉起波纹和斑点的毛头,做成装饰面层。拉毛能改善热工、声学、光学的物理性能,适用于对有音响要求的墙面,如礼堂、影剧院等。

1. 材料要求

用料要求见本章第一节。

2. 施工准备

(1) 检查、验收基体结构平整度和垂直度。若不符合设计要求，应进行返工。

(2) 检查门、窗及预埋件安装位置。

(3) 施工工具。常用的施工工具有木抹刀、棕刷、竹丝刷、钢抹刀、小帚等。

3. 施工要点

(1) 墙面清理干净，用水湿润。做"灰饼"，抹"标筋"。

(2) 用 M7.5 水泥混合砂浆或 1：3 水泥砂浆打底，表面找平搓粗。

(3) 按设计要求在底层上弹分格线、粘分格条。

(4) 根据拉毛粗细不同，抹不同的罩面灰进行拉毛。

4. 拉毛操作要点

(1) 清理基层　清除基层浮灰、砂浆、油污并湿润。

(2) 抹灰　用 1：3 水泥砂浆抹底、中层灰做法同一般抹灰。

(3) 拉毛罩面　拉毛罩面用的水泥石灰浆系 1 份水泥根据拉毛粗细按如下比例分别掺入石灰膏、纸筋和砂子：

1) 拉粗花时掺石灰膏 5% 和石灰膏重量的 3% 的纸筋。

2) 拉中花时掺 10%～20% 石灰膏和石灰膏重量的 3% 的纸筋。

3) 拉细花时掺 25%～30% 石灰膏和适量砂子。

(4) 拉细花　两人同时操作，在湿润的基层上，一人抹罩面砂浆，另一人紧跟在后面用硬毛棕刷往墙上垂直拍拉，拉出毛头如图 4-1 所示。如个别地方不符合样板要求，可补

图 4-1 拉细花

图 4-2 拉粗花

拉一两次,直至符合要求为止。

(5) 拉粗花 一般为两人同时操作,一人在前面抹面层,另一人在后进行面层拉毛。拉毛用白麻缠成的圆形麻刷子(麻刷子的直径依拉毛疙瘩的大小而定)把砂浆向墙面一点一带拉出毛疙瘩来如图 4-2 所示。

(6) 条筋拉毛 当中层砂浆 6～7 成干时,刮水灰比为 0.37～0.40 的水泥浆,然后抹水泥石灰砂浆面层,随即用硬毛鬃刷拉细毛面,刷条筋。刷条筋前,先在墙面弹垂直线,线与线的距离以 40cm 左右为宜,作为刷筋的依据。条筋的宽度为 20mm 间距约 30mm。刷条筋,宽窄不要太一致,应自然带点毛边,条筋之间的拉毛应保持整洁、清晰。

根据条筋的间距和条筋的宽窄,把刷条筋用的刷子鬃毛剪成三条,以便一次刷三条筋如图 4-3 所示。

5. 甩毛操作要点

甩毛灰是使用茅草、高粱穗、竹条等绑成 20cm 左右长,手握一把粗细的茅柴帚蘸罩面砂浆,往中层砂浆面上洒,形成大小不一但又很规律的毛面。

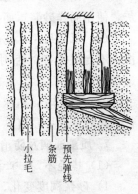
图 4-3 刷条筋用刷

(1) 抹底、中层灰,表面找平搓粗。

(2) 待中层灰抹完达 5~6 成干时,刷一道水泥浆,有的也可按要求加入适量的颜料。

(3) 用茅草、高粱穗、竹丝帚绑成 20cm 长,粗细为手握一把的小帚蘸罩面灰浆,往底子灰上甩,要求甩得均匀一致。

(4) 甩毛罩面的灰浆的稠度要干些,以能粘在帚上并甩在墙面上不流淌为宜。

(5) 甩的云朵必须大小相称,纵横相间,既不能杂乱无章,也不能像排队一样整齐,也允许部分露出带色的底子灰。

(6) 云朵和底层的颜色要协调,互相衬托。甩毛后,用铁抹子轻轻压平。

6. 搓毛操作要点

搓毛即用木抹子,在湿润的罩面上有规律的来回擦抹。操作方法简单,容易掌握,既省工又省力,但装饰效果差。

(1) 用 1:1:6 水泥石灰砂(粗砂)浆,抹底、中层灰,使用同样砂浆罩面搓毛。

(2) 罩面后用木抹子搓毛,墙面如果过干,应边洒水边搓,不允许干搓,否则颜色会出现不一致,搓时由上往下进行。

(3) 搓毛时,木抹子要握紧并与墙面平放,由上向下进行,搓时抹纹要顺直,不要乱搓,应搓得均匀一致。

7. 质量通病及防治措施

(1) 搓毛不匀 产生原因:

1) 砂浆稠度变化、罩面灰浆厚度不同,粘、洒罩面灰浆手劲大小不一致,都会造成花纹、云朵大小不相称。

2)基层吸水不同,局部失水快,拉、甩浆后呈现浆少砂多的现象,颜色也比其他部分深。

3)未按分格缝或工作段成活,造成接槎。

防治措施:

1)拉毛时,砂浆稠度应控制,以粘、洒罩面灰浆不流淌为度。基层应平整,灰浆薄厚应一致,拉毛用力均匀,快慢一致。

2)基层洒水湿润,浇匀浇透,保证饰面花纹、颜色均匀。

3)操作时应按分格缝或工作段成活,不得任意甩槎。

4)拉毛后发现花纹不匀,应及时返修,铲除不均匀部分,再粘、洒一层罩面灰浆重新拉毛。

(2)颜色不匀 产生原因:

1)操作不当,有的拉毛移动速度快慢不一致;有的甩毛云朵杂乱无章,云朵和垫层的颜色不协调;有的干搓毛致使颜色不一致。

2)未按分格缝成活,中断留槎,造成露底色泽不一致。

3)基层干湿程度不同,拉毛后罩面灰浆失水过快,造成饰面颜色不一致。

防治措施:

1)操作技术应熟练,动作做到快慢一致,有规律地进行,花纹分布均匀。

2)应按工作段或分格成活,不得中途停顿,造成不必要的接槎。

3)基层干湿程度应一致,避免拉毛后干的部分吸收的水分或色浆多,湿的部分吸收的水分和色浆少;表面应平整,避免出现凹陷部分附着的色浆多、颜色深,凸出部分附着的色浆少、颜色浅或光滑的部分色浆粘不住,粗糙的部分色浆粘得多。

4.2.2 拉条抹灰

拉条抹灰是专用模具把面层砂浆做竖线条的装饰抹灰做法。这种做法具有较好的装饰效果,适用于公共建筑门厅、会议室、观众厅等。

拉条抹灰一般有细条形、粗条形、半圆波形、梯形、方形等多种形式。

1. 材料要求

(1) 水泥 应使用32.5级以上的普通水泥,过期水泥不能使用。

(2) 砂 中粗砂,过筛。

(3) 细纸筋灰 石灰膏必须熟化一个月,应细腻洁白,不得有未熟化颗粒,已经冻结风化或干硬的石灰膏不得使用,用100kg灰膏配3.8kg细纸筋搅拌均匀后才能使用。

2. 施工准备

(1) 检验验收 检验和验收主体结构平整度和垂直度若不符合要求,应进行返工。

(2) 施工机械的准备 常用的砂浆搅拌机和纸筋灰搅拌机安置就位。

(3) 施工工具

1) 线模。用杉木板制作,长度以50~60cm,厚度为2cm,宽为7cm,外包锌铁皮,其中一端锯有缺口,以便嵌靠在木轨道上定位,保证垂直度如图4-4所示。

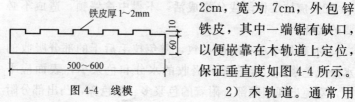

图4-4 线模

2) 木轨道。通常用

8mm×20mm（高×宽）的杉木条，两侧刨成斜面。

3）其他工具。墨线斗、木抹子、木灰托板、毛刷、小线模等。

3. 施工要点

（1）抹灰砂浆配合比　一般用1∶3水泥砂浆抹底、中层灰。

细条形抹灰一般采用细纸筋灰混合砂浆，其配合比为：水泥∶砂子∶细纸筋灰＝1∶2～2.5∶0.5。

粗条形抹灰用1∶0.5水泥细纸筋灰浆罩面。

（2）拉条抹灰　要达到条形灰线平直通顺，光滑、无疤痕、裂缝、起壳等毛病。

4. 操作要点

（1）清理基层　清理基层表面砂浆，浮灰及杂物。

（2）挂线　做灰饼冲筋抹底、中层灰。

（3）弹墨线　根据线模长度，在中层上弹竖直墨线，并用水泥素灰浆粘贴木轨道，浸水后粘贴，用靠尺靠平找直，轨道安装要求平直，间隔一致。

（4）拉条抹灰　当中层砂浆达7、8成干时，才能开始抹拉条底层灰，厚度按设计要求，一般为8～10mm，从上到下多次上灰，将线模两端靠在木轨道上，上下搓压，使之成为粗坯。在同一抹灰区间内应用同一个规格线模，各层架上都站有操作工人，从上至下，换人不换模，连续抹成，做到拉条抹灰凹凸槽上下一致。

（5）甩面层灰浆　用毛刷将面层灰浆甩在粗坯面上，继续上下拉平线模，压实、压光。

（6）木轨道处抹灰　待相邻区间抹完后，取下中间木轨道，抹上灰浆，用小线模搓压，务使接槎不明显。

(7) 上、下线收口　抹灰前若有上口线、下口线时（即不是上顶天棚、下抵地面），抹灰时应超出线外，然后弹线刮除，不可压至线内再补长，否则接槎处不平。

(8) 金属网墙面施工　底层抹灰砂浆不掺水泥，可用1∶2.5细纸筋石灰青砂浆打底，用细纸筋的滤浆灰罩面。灰浆一般用竹丝帚甩灰上墙，用线模上下拉扯成形。

(9) 上面漆　拉条抹灰墙面完全干燥后，可刷乳胶漆或106等涂料上色。

5. 质量通病及防治措施

(1) 裂缝、起壳　产生原因：

1) 基层处理不好，清扫不干净，浇水不透或不匀，底层砂浆与基层粘结不牢。

2) 拉条灰一次抹的太厚或各层抹灰跟得太紧。

3) 夏季施工砂浆失水过快或抹灰后没有适当浇水养护。

防治措施：

1) 基层清理干净，凹凸地方修平，先刷一道108胶的水泥浆，再用1∶3水泥砂浆修补。施工前一天浇水浇透浇匀，然后抹底子灰。

2) 将线模两端靠在木轨道上，上下搓压，不断加进灰浆、压实搓平。

3) 施工砂浆如失水过快，需洒水润湿，以保证线模能拉动为宜。

(2) 拉条灰线不直、不顺、不清晰　产生原因：

1) 墙面施工时，一步架一找吊，从上到下没有统一吊垂线，找平线、找直找方。

2) 上下步架用不同线模分头拉抹出现接槎。

防治措施：

1) 对整个立面统一吊垂线、弹墨线,然后粘贴木轨道,作为拉抹面层时的基准。

2) 拉条抹灰要一次完成,较高的墙面可二人或三人一组,上下传递、中途不停抹成。

4.2.3 假面砖抹灰

假面砖是用掺氧化铁黄、氧化铁红等颜料的水泥砂浆通过手工操作达到模拟面砖装饰效果的做法,可用于房屋建筑外墙抹灰。

1. 材料要求

(1) 水泥 应使用 32.5 级以上的普通水泥。

(2) 砂 中粗,过筛,含泥量不大于 3%。

(3) 彩色砂浆配合比 彩色砂浆配合比见表 4-4。

假面砖各种彩色饰面砂浆配合比 表 4-4

颜色	水泥	白灰	色料(按水泥量%)	细砂
土黄色	(青)5	1	铁黄:铁红(0.3~0.4):0.006	9
咖啡色	(青)5	1	氧化铁红 0.5	9
淡黄色	(白)5		铬黄 0.9%	9
浅桃红	(白)5		铬黄 0.5%+朱红 0.4%	白色细砂 9
淡绿色	(白)5		氧化铬绿 2%	白色细砂 9
灰绿色	(青)5		氧化铬绿 5%~10%	白色细砂 9
白色	(白)5	1		白色细砂 9

2. 施工准备

(1) 检查 检查并验收主体结构,垂直度和平整度是否符合施工质量要求。

(2) 施工工具 铁皮梳子、铁皮刨子、铁辊子,还有其他工具如靠尺板、墨斗线、木抹子、铁抹子等。

3. 施工要点

(1) 做出的假面砖能以假代真,鱼目混珠,关键是假面砖的分格和质感,墙面、柱面分格应与面砖规格相符。并符合环境、层高、墙面的宽窄，使用要求。

（2）假面砖，分格要横平竖直，使人感到是面砖而不是抹灰。

（3）面层彩色砂浆稠度必须根据试验，色调也应该通过作样板确定。

4. 操作要点

（1）清理基层　清除基层表面灰尘、油污、砂浆等杂物。

（2）做"灰饼"、"挂线"　确定抹灰厚度。

（3）抹底灰　在基层上先抹一层1:3水泥砂浆，其厚度一般为6～8mm，如果是混凝土基层，应先刷一道水泥素浆。

（4）抹中层灰　当底层灰7～8成干时，接着抹中层灰，厚度为6～7mm。

（5）抹面层灰　在抹灰前先湿润中层，再弹水平线（可按每步架为一个水平工作段，上、中、下弹三条水平通线，以便控制面层划沟平直度）。接着抹面层砂浆。

（6）做面砖　面层稍收水后，先用铁梳子沿木靠尺由上向下划纹，深度为2～3mm，再根据标准砖的厚度的铁皮刨子沿木靠尺横向划沟，沟深为3～4mm，深度以露出底层为准如图4-5所示。

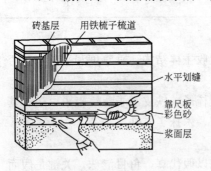

图4-5　假面砖操作示意图

（7）要求　操作时，关键是要按面砖尺寸分格划线后，再划沟。划沟要水平成线，沟的间距、深浅要一致。竖向划纹，也要垂直成线，深浅一致，水平灰缝要平直。

4.2.4 仿假石抹灰

仿假石抹灰。是在基层上涂抹面层砂浆，分成若干大小不等的横平竖直的矩形格块，人工扫出横竖毛纹或斑点，有如石面质感的装饰抹灰如图 4-6 所示。

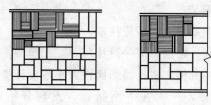

图 4-6 仿假石抹灰

1. 材料要求

材料要求见假面砖。

2. 施工准备

(1) 检查、验收主体结构，平整度和垂直度不符合要求时，应及时返工。

(2) 检查门、窗及预埋件位置安装是否符合设计要求。

(3) 施工工具。常用的有木抹子、铁抹子、墨斗线，还有自制扎成手握一把的竹丝把。

3. 施工要点

(1) 做仿假石必须注意墙面、柱面的分格，大块和小块要搭配好，使其符合环境、层高、墙面的宽窄、使用的要求等，一般分块尺寸有 25cm×30cm，25cm×50cm，50cm×50cm，50cm×80cm 等相互组合而成，上离天棚 6cm，下接踢脚。

(2) 扫出的条纹，纹理均匀，要横平竖直，质感良好，使人感到用扫毛做仿假石而不是普通的抹灰面。

(3) 扫毛一般都做凹线条子,嵌厚6mm,宽15mm的杉木条,以免在同一面上出现交接痕迹。

(4) 扫毛罩面砂浆稠度必须根据试验确定,砂浆太干扫毛条纹细,太湿条纹太粗不整齐。

(5) 扫毛后的饰面应注意保养,防止裂缝或起壳。

4. 操作要点

(1) 清理基层　同一段抹灰。

(2) 抹底、中层　同一段抹灰。

(3) 弹线分格　根据墙面面积大小或设计要求,两人在墙面弹线放样,一人在下面指挥,发现分格不妥,随即调整。

(4) 嵌分格条　扫毛根据墨线位置用素水泥浆嵌粘分格条,木条子(用水浸湿)把抹面分割为一块块的假石面,形成一个假石贴面层。

(5) 罩面扫毛　用1:0.5:1水泥石灰砂浆罩面,抹灰罩度同分格条面平,并用刮尺压实刮平,用木抹子搓平。待面层砂浆稍收水后,用短竹丝扫帚顺着方格的长度将面层扫出条纹如图4-7所示。分格块与块之间条纹方向交叉,一块横,一块竖,相互垂直。

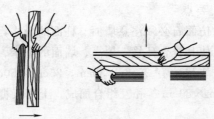

图4-7　横向、竖向扫毛示意图

（6）起分格条　待扫好条纹后即可起出分格条，不能等砂浆硬结后再起，以免破坏分格缝边缘。

（7）刷面漆　面层干燥后，用竹丝帚扫去浮砂、灰尘，用浅色乳胶漆刷涂两遍，分格块与块之间可刷不同颜色，使仿假石效果更好。

5．质量事故及防治措施

（1）空鼓、裂缝　产生原因：

1）基层处理不好，墙面浇水不透或不匀，影响底层砂浆与基层的粘结强度。

2）砂浆失水过快，抹灰后没有适当浇水养护。

防治措施：

1）基层认真清理，脚手眼及孔洞应填充堵严。在抹灰前基层要浇水湿润。

2）应分层抹灰。

（2）各格不平直、缺棱错缝　产生原因：

1）没有统一弹分格线。

2）分格条浸水不透，粘贴后变形。

防治措施：

1）统一拉通线。

2）分格条使用前要在水中泡透。水平分格条一般应粘在水平线下边。竖分格条在垂线左侧。以便于检查其准确度，防止发生错缝，不平等现象。分格条两侧抹八字形水泥浆固定时，当扫毛稍收水后就可以起出分格条。

4.2.5　拉假石

拉假石也是一种人造假石，在一种硬化后的水泥石屑砂浆面层上，用抓把按同一方向抓成的一种人造石。

1．材料要求

材料要求同斩假石。

2. 施工准备

同斩假石，但施工工具还需用八字靠尺和抓耙。

3. 施工要点

（1）面层抹完后要立即进行养护，各层灰不得空鼓、裂缝和高低不平。

（2）面层抹完要求木抹搓平，最后铁皮抹子压实起光。

（3）待水泥终凝后，用抓耙依靠尺按同一方向抓。

（4）注意养护。

4. 操作要点

（1）抹底层、面层同斩假石。

（2）当面层收水后用木杠检查平整度，然后用木抹子搓平，最后用钢皮抹子压实起光。

（3）抓耙的齿是锯齿形的，用铁皮制作的，铁皮厚度为5～6mm，齿距的大小和深浅可按要求确定。

（4）左手扶靠尺，扶稳不能动，右手持抓耙并依着靠尺按同一方向抓如图4-8所示，或按不同方向抓。

（5）持抓耙的手要拿稳，不要扭歪，免得抓得不直，宽窄不同，深浅不一，影响装饰效果。

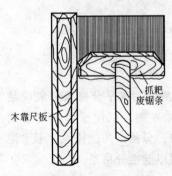

图 4-8 用抓耙做拉假石

（6）养护。施工完后，应采取防晒措施，浇水养护4～5d，这可根据气温定，若气温低养护可多几天。

此种方法操作简单，工序不烦，容易掌握，成活后的表面呈条纹状纹理清楚。这种方法已被人们广泛采用。

4.3 质量与安全

4.3.1 各类抹灰的质量标准

1. 一般抹灰工程

(1) 主控项目

1) 抹灰前基层表面的尘土、污垢、油渍等应清除干净，并应洒水润湿。

2) 一般抹灰所用材料的品种和性能应符合设计要求。水泥的凝结时间和安定性复验应合格。砂浆的配合比应符合设计要求。

3) 抹灰工程应分层进行。当抹灰总厚度大于或等于35mm时，应采取加强措施。不同材料基体交接处表面的抹灰，应采取防止开裂的加强措施，当采用加强网时，加强网与各基体的搭接宽度不应小于100mm。

4) 抹灰层与基层之间及各抹灰层之间必须粘结牢固，抹灰层应无脱层、空鼓，面层应无爆灰和裂缝。

(2) 一般项目

1) 一般抹灰工程的表面质量应符合下列规定：

① 普通抹灰表面应光滑、洁净、接槎平整，分格缝应清晰。

② 高级抹灰表面应光滑、洁净、颜色均匀、无抹纹，分格缝和灰线应清晰美观。

2) 护角、孔洞、槽、盒周围的抹灰表面应整齐、光滑；管道后面的抹灰表面应平整。

3) 抹灰层的总厚度应符合设计要求；水泥砂浆不得抹在石灰砂浆层上；罩面石膏灰不得抹在水泥砂浆层上。

4）抹灰分格缝的设置应符合设计要求，宽度和深度应均匀，表面应光滑，棱角应整齐。

5）有排水要求的部位应做滴水线（槽）。滴水线（槽）应整齐顺直，滴水线应内高外低，滴水槽的宽度和深度均不应小于10mm。

6）一般抹灰工程质量的允许偏差和检验方法应符合表4-5的规定。

一般抹灰的允许偏差和检验方法　　　表 4-5

项次	项目	允许偏差(mm) 普通抹灰	允许偏差(mm) 高级抹灰	检验方法
1	立面垂直度	4	3	用2m垂直检测尺检查
2	表面平整度	4	3	用2m靠尺和塞尺检查
3	阴阳角方正	4	3	用直角检测尺检查
4	分格条（缝）直线度	4	3	拉5m线,不足5m拉通线,用钢直尺检查
5	墙裙、勒脚上口直线度	4	3	拉5m线,不足5m拉通线,用钢直尺检查

注：1. 普通抹灰，本表第3项阴角方正可不检查；

2. 顶棚抹灰，本表第2项表面平整度可不检查，但应平顺。

2. 装饰抹灰工程

（1）主控项目

1）抹灰前基层表面的尘土、污垢、油渍等应清除干净，并应洒水润湿。

2）装饰抹灰工程所用材料的品种和性能应符合设计要求。水泥的凝结时间和安定性复验应合格。砂浆的配合比应符合设计要求。

3）抹灰工程应分层进行。当抹灰总厚度大于或等于35mm时，应采取加强措施。不同材料基体交接处表面的抹灰，应采取防止开裂的加强措施，当采用加强网时，加强网与各基体的搭接宽度不应小于100mm。

4) 各抹灰层之间及抹灰层与基体之间必须粘接牢固，抹灰层应无脱层、空鼓和裂缝。

(2) 一般项目

1) 装饰抹灰工程的表面质量应符合下列规定：

① 水刷石表面应石粒清晰、分布均匀、紧密平整、色泽一致，应无掉粒和接槎痕迹。

② 斩假石表面剁纹应均匀顺直、深浅一致，应无漏剁处；阳角处应横剁并留出宽窄一致的不剁边条，棱角应无损坏。

③ 干粘石表面应色泽一致、不露浆、不漏粘，石粒应粘结牢固、分布均匀，阳角处应无明显黑边。

④ 假面砖表面应平整、沟纹清晰、留缝整齐、色泽一致，应无掉角、脱皮、起砂等缺陷。

2) 装饰抹灰分格条（缝）的设置应符合设计要求，宽度和深度应均匀，表面应平整光滑，棱角应整齐。

3) 有排水要求的部位应做滴水线（槽）。滴水线（槽）应整齐顺直，滴水线应内高外低，滴水槽的宽度和深度均不应小于10mm。

4) 装饰抹灰工程质量的允许偏差和检验方法应符合表4-6的规定。

4.3.2 检查工具的使用及检查方法

1. 检查工具的使用

抹灰工程质量检查各种专用工具应按国家《建筑装饰装修工程质量验收规范》GB 50210—2001规定的检查工具进行准备，有以下几种：

(1) 2m直尺和楔形塞尺 2m直尺和楔形塞尺如图4-9

装饰抹灰的允许偏差和检验方法　　　　表 4-6

项次	项目	允许偏差(mm)				检验方法
		水刷石	斩假石	干粘石	假面砖	
1	立面垂直度	5	4	5	5	用 2m 垂直检测尺检查
2	表面平整度	3	3	5	4	用 2m 靠尺和塞尺检查
3	阳角方正	3	3	4	4	用直角检测尺检查
4	分格条(缝)直线度	3	3	3	3	拉 5m 线,不足 5m 拉通线,用钢直尺检查
5	墙裙、勒脚上口直线度	3	3	—	—	拉 5m 线,不足 5m 拉通线,用钢直尺检查

图 4-9　2m 直尺与楔形塞尺

图 4-10　用 2m 直尺和楔形尺检查墙面抹灰表面平整

所示。直尺一般为木制或金属制成,楔形塞尺为金属制成,上有毫米刻度。是用来检查抹灰表面平整度使用的。

检查时,将 2m 直尺一侧靠在抹灰表面上,将塞尺插入最凹处并得出读数,即为该点抹灰表面的平整度偏差值如图 4-10 所示。

(2) 2m 托线板及线坠　其形状如图 4-11 所示。一般多为木制,并配有金属制线坠,是为检查阴、阳角垂直、立面垂直时使用的。

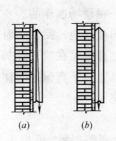
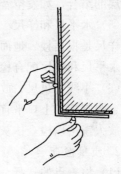

图 4-11 2m 托线板用法示意图　　图 4-12 用方尺检查阴、
(a) 表示歪斜；(b) 表示垂直　　　　　　　阳角方正示意图

检查时，应将托线板的一侧垂直靠紧墙面。托线板上挂线坠的线不宜过长（也不要过粗），应使线坠的位置正好对准托线板下端开口处，同时，还要注意不要使线坠线紧靠在托线板上，要让线坠自由摆动，这时检查摆动的线坠最后停摆的位置是否与托线板上刻度中心线重合，重合即表示墙面垂直；如线坠向外离开墙面偏离刻度中心线，则说明墙向外倾斜，线坠向里靠近墙面偏离刻度中心线，则说明墙向里倾斜，如图 4-12 所示。

（3）方尺　方尺一般为金属或木制。主要用来检查阴、阳角方正。

检查时，手执方尺卡在阳（阴）角，呈水平状态，用楔形塞尺量测偏差值如图 4-12 所示。

（4）小锤　小锤用 8 号铁丝制作，如图 4-13 所示。用来检查抹灰层粘结是否牢固。

图 4-13　小锤

检查时，用小锤敲击抹灰层与

下一层的结合,如发空音,即证明此处结合不良。

(5) 水平尺和样尺 水平尺可用木制或铁制。

样尺是根据楼、地面坡度实际,在现场制作的。

水平尺和样尺配合检查有坡度的楼(地)面误差时用。

(6) 小线、量尺、放大镜 小线和量尺在检查抹灰工程墙裙、踢脚板等上口平直,分格条(缝)平直偏差时使用。

放大镜用以检查抹灰面层裂缝使用。

2. 质量检查

(1) 检查点的选择 顶棚及墙面抹灰抽查不少于10%有代表性的自然间(过道可分为2~3间,礼堂、厂房等按两轴线为一自然间),每一自然间为一检查单元,每个检查单元的检查数量见表4-7。

每个检查单元的检查数量 表 4-7

检查项目	顶棚		墙面						
	灰线平直	梁的阴阳角平直	墙面平整	墙面垂直	阴阳角垂直	阴阳角平整	阴阳角方正	墙裙上口平直	分格条平直
检查点数	2	2	8	2	2	2	2	2	2

室外墙面抹灰的检查部位和数量见表4-8。

室外墙面抹灰的检查部位和数量 表 4-8

检 查 项 目	检查部位及数量
表面平整、墙面垂直、劈缝、镶条平整	在二个至四个窗间墙范围内各抽查一点
阴阳角平整、阴阳角垂直、阴阳角方正、墙裙上口平直	在四至八个窗间墙范围内各抽查一点

(2) 检查质量的方法 抹灰工程质量的检查方法,一是观察检查,二是实测实量,两种方法同时相辅进行。

1) 观察检查。检查空鼓用小锤敲击墙面或地面,听声音确定，面层表面起泡的性质以及水泥护墙的抱角的检查，可采用挖开的办法；地面、屋面的泛水，用泼水的方法检查；抹灰分格的宽度和深度均匀一致，表面光滑无砂眼，不得有错缝、缺棱掉角，用手摸和观察检查。

2) 实测实量。检查表面平整、灰线平直、梁的阴、阳角平直，用2m靠尺和塞形尺。检查阴、阳角方正用20cm方尺和塞尺。检查垂直偏差，用2m靠尺吊线量测。墙裙上口、踢脚上口、分格条、劈缝镶条和饰面用2m靠尺和木折尺检查。检查的结果应记录在表格内。按分层、分段、分项工程的实测实量结果计算合格率。

4.3.3 抹灰工程的安全技术

为确保安全施工，对安全技术、劳动保护、防火、防电、防尘、防毒及高空坠落等方面，均应按国家现行的安全法规和各有关部门制定的安全规定，结合工程实际情况编制有针对性的具体措施，在作业前向班组及有关人员交待，监督贯彻执行。

(1) 施工前，必须先认真检查作业环境、条件是否符合安全生产要求。发现不安全因素，应及时报告，妥善处理好后方可进行操作。操作中必须正确使用防护用品和防护措施，严格遵守各项安全规定，进入高空作业和有物体坠落危险的施工现场的人员必须戴好安全帽。在高空的人员必须系好安全带。上下交叉作业，要有隔离设施，出入口要搭防护棚。距地面4m以上作业要有防护栏杆、挡板或安全网。高层建筑工程的安全网，要随墙逐层上升，每四层必须有一道固定的安全网。

(2) 施工现场坑、井、沟和各种孔洞，易燃易爆场所，变压器四周应指派专人设置围栏或盖板或安全标志，夜间要设置红灯示警。各种防护设施、警告标志，未经施工负责人批准，不得移动和拆除。

（3）脚手架未经验收不准使用，验收后不得随意拆除及自搭飞跳。使用期间要指定专人维护保养，发现有变形、倾斜、摇晃等情况，应及时加固处理。

（4）脚手架严禁超负荷使用。操作人员和材料不能太集中；吊运砂浆等材料物件必须放置稳当。

（5）做水刷石、弹涂等时，挪动水管、电缆线应注意不要将跳板、水桶、灰盆等物拖动，避免造成瞎跳或物体坠落伤人。

（6）层高 3.6m 以下的抹灰架子，由抹灰工自己搭设。如采用脚手凳时其间距应小于 2m，不准搭探头板，也不准支搭在暖气片或管道上，必须按照有关规定搭设。使用前应检查，确实牢固可靠，方可上架操作。

（7）在搅拌灰浆和操作中（尤其是抹顶棚灰时）要注意防止溅灰浆入眼内造成伤害。

（8）机电设备（如磨石机、弹涂机、喷浆机等）应有固定专人并经培训后方能操作。操作人员应穿高统绝缘鞋，戴绝缘手套，电缆线应架空绑牢或由专人牵线，电动机具设备应接零，经试运转证明，其正常运转后方可操作使用。传动部分应设防护罩，电线插头要牢固，无漏电现象，配电盘应有漏电跳闸装置。

（9）采用竹片固定八字尺（引条）或钢筋卡子八字尺时，要特别注意防止弹出或滑脱伤人。

（10）冬季施工采用热作业时应防止煤气中毒和火灾，在外架上要经常扫雪，采取防滑措施，春暖开冻时要注意防止外架子沉陷。

(11) 凡不经常进行高空作业的人员,在进行高空作业前要经过体格检查,经医生证明合格者方可进行作业。高血压、心脏病、癫痫病等均不能从事高空作业。

(12) 在进行耐酸胶泥、耐酸砂浆配料拌合,防水剂配制,弹涂、喷涂等罩面,玻璃马赛克酸洗等作业时,由于会产生或使用有毒有腐蚀性的气、液体,所以施工人员操作时要穿工作服,戴口罩、护目镜和防酸护具,如防酸手套、防酸靴、裙等。

(13) 操作时精神要集中,不准嬉笑打闹,严禁从门窗口、阳台边等向外抛掷东西或倒灰渣。不准乘吊车上下。

(14) 高空作业中如遇恶劣天气或风力5级以上影响安全时,应停止施工。大风大雨以后要进行检查,检查架子有无问题,发现问题应及时处理,处理后才能继续使用。

(15) 夜间或黑暗处施工时,应用低压照明设备,并满足照度要求。

(16) 沥青砂浆配制、熬油是高温作业,同时沥青中含有一定的毒素,必须采取必要的措施防止发生火灾、中毒、灼伤等工伤事故。患有皮肤病、结核病、眼病以及对沥青刺激过敏的人员,不得参加沥青操作。

(17) 如有人被沥青灼伤,应立即将粘在皮肤上的沥青用酒精、松节油或煤油等擦洗干净,再用高锰酸钾溶液或硼酸水洗刷伤处,必要时求医治疗。事故严重的应立即求医进行急救。

5 墙面装饰工程

5.1 饰面砖镶贴

5.1.1 外墙面砖镶贴

用面砖作外墙饰面,装饰效果好,不仅可以提高建筑物的使用质量,并能美化建筑物,保护墙体,延长建筑物的使用年限。面砖有毛面和光面两种,光面砖又分为有釉和无釉两种,还有彩色面砖。

1. 材料要求

(1)贴面砖 外墙贴面砖规格和性能及外墙贴面砖的编号、规格、花色应符合设计要求。

(2)水泥 水泥不得用低于32.5级普通硅酸盐水泥或矿渣硅酸盐水泥。

(3)砂、石灰膏 砂宜用中砂,含泥量不大于2%;石灰膏应为熟化后的,且不得有未熟化透的残渣。

2. 施工准备

(1)门窗框安装好并已校正,外墙立面排管已安装,并已临时安排一节向外倾斜的排水管,以防雨水冲坏镶贴面砖。

(2)试贴面砖小样板,确定面砖缝隙宽度,经设计与建设单位签认。

(3)选料 根据设计要求,挑选规格一致、形状平整方正、无凸凹扭曲、颜色均匀的砖块。同时注意挑选出不掉角、不缺棱、不缺边、不开裂、不脱釉的釉面砖或面砖。

对于各种零件、配件砖也应挑选规格一致，无凸凹扭曲的，并分类堆放。

选砖可采取自制套板，即根据釉面砖或外墙面砖的长宽尺寸，做两个⊔形木框，将面砖塞入开口处，长、宽检查符合规格尺寸后，放置备用。

(4) 施工工具。瓷砖切割机、手提割刀、水平尺、墨斗、靠尺板、小木锤、尼龙线等。

(5) 镶贴室外突出的檐口、腰线、窗台等面砖，在找平层抹灰时，就应将流水坡度及流水线抹好。

(6) 面砖浸泡。面砖在镶贴前清扫干净，然后放入清水中浸泡 2h 以上，浸透水后取出晾干，表面无水迹后方可使用。没有用水浸泡的饰面砖吸水性较大，在镶贴后会迅速吸收砂浆中的水分，影响粘结质量，而浸透吸足水没晾干（即表面还积聚较多水分）时，由于水膜的作用，镶贴面砖会产生瓷砖浮滑现象，对操作不便，且因水分散发会引起瓷砖与基层的分离。

3. 施工要点

(1) 铺贴面砖规格、图案、颜色一定要符合设计要求。

(2) 底子灰抹后，一般要养护 1~2d 方可镶贴面砖。

(3) 根据设计要求，统一弹线、分格、排砖，一般要求横缝与碰脸或窗台一平。如整块分格，可采取调整砖缝大小解决，确定缝子大小可做米厘条（嵌缝条）。

(4) 用面砖做灰饼，找出墙面、柱面、门窗套横竖标准，阳角处要用双面挂直。

(5) 镶贴时，在面砖背后铺满粘结浆，镶贴后，要用靠尺随时找平找方。

(6) 在与抹灰交接的门窗套、窗心墙、柱子等处先抹好底子灰，然后镶贴面砖，罩面灰可在面砖镶贴后进行。

(7) 缝子的米厘条（嵌缝条）应在镶贴面砖的次日（也可在当天）取出，并用水清洗继续使用。在面砖镶贴完成一定流水段落后，立即用1：1水泥砂浆（砂子需要过窗纱筛）勾缝。

4. 操作要点

(1) 基层处理　清理墙、柱面，应将浮灰和残余砂浆冲刷干净，再充分浇水湿润。

(2) 分层抹底、中层灰　基层清理完后，用1：3水泥砂浆抹7mm厚底子灰并划毛，稍收水后，再用1：3水泥砂浆或混合砂浆抹中层灰（厚12mm）找平。

(3) 划出皮数杆　根据设计要求，按墙面积大小，面砖加缝隙的实际尺寸，先放足大样，从上到下进行划出面砖的皮数杆来，一般要求砖的水平缝要与券脸或窗台在同一直线上。

(4) 弹线、分格　按设计要求，统一弹线分格、排砖，一般要求横缝与券脸或窗台一平，阳角窗口都是整砖，如按块分格，应采取调整砖缝大小的方法分格、排砖。常见的几种排砖法如图 5-1 所示。阳角处的砖应将拼缝留在侧边，如图 5-2 所示。

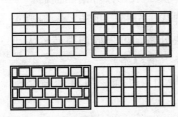
图 5-1　外墙面砖排缝示意图

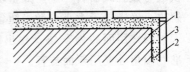
图 5-2　面砖转角做法示意图
1—基体；2—砂浆；3—面砖

面砖镶贴一般都有分格线,分格线应按整块砖的尺寸分匀,确定分格线的尺寸后,再做分格用的分格条。分格条的宽度一般宜控制在 8～10mm。分格条在使用前应用水浸泡。

根据皮数杆的皮数,在墙面上从上到下弹若干条水平线,控制水平的皮数,按整块面砖尺寸分竖直方向的长度,并按尺寸弹出竖直方向的控制线。此时,应注意水平方向与垂直方向的砖缝一致。

(5) 做标志块 在镶贴面砖时,应先贴若干块废面砖作为标志块,上下用托线板吊直,作为粘结厚度依据,横向每隔 1.5m 左右做一个标志块,用拉线或靠尺校正平整度。靠阳角的侧面也要挂直,称为双面挂直,如图5-3所示。

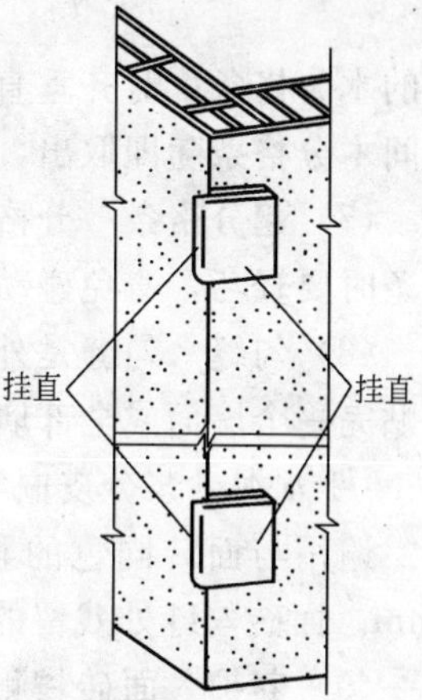

(6) 面砖铺贴 面砖贴前,先用钢皮在背面刷刮灰浆一遍,

图5-3 阳角处双面挂直

接着在砌背面刮满刀灰铺贴,贴面砖的灰浆用 1∶0.2∶2 的水泥石灰膏砂浆,灰浆厚度 10～15mm 为宜。

面砖铺贴顺序为自下而上,自墙、柱角开始,如多层高层建筑应以每层为界,完成一个层次再做下一个层次。粘贴第一皮面砖时,需用直尺在面砖底部托平,如图5-4所示,保持头角齐直,条缝平直。贴完第一皮后,用直尺检查一遍平整度,如个别面砖突出者,可用小木锤或木柄把向其内敲几下。贴第二皮面砖时,应将第一皮上口灰浆刮平,放上缝

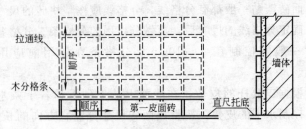

图 5-4 镶贴面砖顺序

宽的木分格条，对齐垂直缝即可铺贴。贴完上一皮面砖后，缝间木分格条随即取出，用水清洗继续使用。

(7) 起分格条 分格条在镶贴前应用水充分浸泡。起分格条时要轻巧，避免碰动面砖。

(8) 勾缝 勾缝是外墙面砖饰面镶贴的最后一道工序，在贴完一个墙面或全部墙面完工并检查合格后进行。勾缝应用1:1水泥砂浆分皮嵌实，一般分两遍，头遍用水泥砂浆，第二遍用与面砖同色的彩色水泥砂浆勾凹缝，凹进深度为3mm。面砖勾缝处残留的砂浆，必须清除干净。

(9) 养护 面砖镶贴后应注意养护，防止砂浆早期受冻，或烈日暴晒，以免砂浆酥松。

(10) 最后清洁面层 如镶贴面砖完工后，仍发现有不洁净处，可用10%的稀盐酸溶液软毛刷刷洗，洗后用清水洗净，以免产生变色和侵蚀勾缝砂浆。

5. 质量标准和允许偏差

质量标准和允许偏差见5.8.2节。

6. 质量通病及防治措施

(1) 空鼓、脱落

产生原因：

1) 由于饰面层自重大，粘结层与底子灰之间、底子灰与基层之间产生较大的剪应力,因而空鼓、脱落。

2) 砂浆配合比不准,温度应力、砂浆不饱满也会产生空鼓、脱落。

3) 面砖浸泡和晾干不够。

防治措施:

1) 基层表面清理干净,平整度和垂直度应符合要求。

2) 面层按要求浸水晾干,一般放在清水里浸泡不少于2h。

3) 砂浆配合比应适当,砂浆铺贴饱满一次成活,认真勾缝。

(2) 分格缝不匀,墙面不平

产生原因:

1) 未先进行排砖分格、弹线。

2) 块面做标志块太少,控制点少。

3) 面砖质量不好,施工中未进行选砖,操作不当。

防治措施:

1) 预先排砖分格、弹线。

2) 做标志块,拉线使表面平整。

3) 使用前应进行挑选面砖。

(3) 墙面污染

产生原因:

1) 对砖面保管和墙面完活后成品保护不好。

2) 施工操作中没有及时清除砂浆。

3) 未做流水坡和滴水线等。

防治措施:

1) 运输和保管中应防止雨淋和受潮,严格做到活完顺手清。

2）面砖勾缝应自上而下进行，应注意及时拆除脚手架，并不损坏墙面。

3）按规定做流水坡、滴水线。

5.1.2 耐酸饰面砖镶贴

特殊要求的饰面安装是指在有特殊需要的车间、操作室中的墙裙、地面、池槽等处安装耐酸砖（板）。一般采用耐酸胶泥、耐酸砂浆或沥青作粘结层进行镶贴。

1. 材料要求

（1）胶粘剂

1）耐酸胶泥。耐酸胶泥是由耐酸粉、氟硅酸钠、水玻璃组成。其配合比为：

耐酸粉∶氟硅酸钠∶水玻璃＝100∶5.5～6∶37～40

2）耐酸砂浆。耐酸砂浆是由氟硅酸钠、耐酸粉、耐酸砂、水玻璃组成。其配合比为：

耐酸粉∶耐酸砂∶氟硅酸钠∶水玻璃＝100∶250∶11∶74

3）沥青胶泥。沥青胶泥是由沥青、石英粉、石棉组成。其配合比为：

沥青∶石英粉∶石棉＝1∶1～1.5∶0.05

（2）耐酸砖

耐酸砖常用的有耐酸陶瓷制品或天然岩石制品，因规格多样质量标准不同。

2. 施工准备

（1）机具

除一般抹布、工具外，应备有密封搅拌箱、胶泥搅拌器、砖板切割机、加热炉灶、陶瓷缸、铁板、勺子、台秤、温度计、比重计及防护用具。

(2) 胶粘剂配制

1) 机器搅拌。按配合比称出粉料、细骨料与氟硅酸钠加入搅拌机内,干拌均匀,然后徐徐加入水玻璃湿拌 2min 即可。

2) 人工搅拌。应先将粉料与氟硅酸钠加入密封搅拌箱内筛分混合,再加细骨料在铁板上干拌均匀,然后加入水玻璃湿拌,直至均匀为止(耐酸胶泥不加细骨料)。

3) 拌合量一次不宜太多,一次拌合的砂浆应在 30h 内用完。

3. 施工要点

(1) 用耐酸胶泥(或砂浆)铺贴砌块施工要点:

1) 氟硅酸钠有毒,过筛时人应站在上风口,采取密闭筛筒。

2) 砂浆稠度　水玻璃胶泥稠度>15mm。水玻璃砂浆圆锥体沉入度,用于铺砌块材时稠度 3~4cm,用于涂抹时稠度 4~6cm。

施工过程中应注意控制稠度,不得因过稀或过稠而任意加水玻璃或粉料。

3) 块材在铺贴前应先试排。铺砌顺序应由低往高,先地沟,后地面,再踢脚、墙裙。

4) 块材铺砌时应拉线控制标高、坡度、平整度,并随时控制相邻块材的表面高差及灰缝偏差。

5) 饰面养护。水玻璃耐酸饰面的养护,严禁洒水,需在干燥通风的环境中养护。养护时的温度与时间关系见表 5-1。冬季施工应采取保温措施。

6) 酸化处理:

① 水玻璃类耐酸饰面完工后,还需要进行酸化处理,以提高其抗酸、抗渗、抗水性能。

养护温度与时间关系　　　　表 5-1

养护温度	养护时间	养护温度	养护时间
10～20℃时	不少于 12d	31～40℃时	不少于 3d
21～30℃时	不少于 6d		

② 酸洗所用的酸，可依本工程而相应地使用硫酸（浓度为 30%～60%）、盐酸（浓度为 20%）或硝酸（浓度为 40%）。

③ 用耐酸刷子把调好浓度的酸液均匀涂刷干砂浆表面或砖缝，一般擦四遍。

④ 进行酸洗时，须注意安全操作：要戴风镜、口罩、耐酸手套、穿长统雨靴。稀释酸液时将酸液徐徐倒入水中，边倒边拌，切不可将水倒入酸中。

(2) 用沥青胶泥（或砂浆）铺贴砌块施工要点：

1) 用沥青胶泥或沥青砂浆铺砌块时，块材宜进行预热。当环境温度低于 5℃时，块材预热至 40℃左右。基层先涂冷底子油两遍。施工顺序由低向高，由底往上。

2) 沥青胶泥或沥青砂浆铺砌温度不应低于数值规定。

3) 平面块材铺砌可采用挤缝法和灌缝法。

4) 立面块材的铺贴可采用刮浆铺贴法和分段浇灌法。

4. 操作要点

(1) 用耐酸胶泥、耐酸砂浆铺贴耐酸瓷砖：

1) 基层清理。清除基层上的灰尘、油污并清洗干净。

2) 找方、挂线、分格、试排与贴面砖相同。

3) 用 1:3 的水泥砂浆打底找平并划毛，待其干燥到≤6%时，方能进行面层镶贴。

4) 粘贴时，先在干燥的底子灰上涂刷一层均匀的耐酸胶泥，厚度 1mm 左右。干燥 12h 以后，开始分三次抹耐酸砂浆，各层厚度约2~5mm，每层压实不压光，涂抹朝一个方向进行，每层间隙12h以上。待第二层砂浆干燥后，在墙面上弹出与地面交接处的水平线，在线下稳平垫尺，然后抹第三层耐酸砂浆，厚度为2mm。同时在干燥的耐酸砖块背面涂刷一层耐酸胶泥，厚约1mm，随抹随铺于墙上，并用木锤拍击，直尺找平。

第一行砖铺贴好后，将竖缝与上口的胶泥清理干净，并用干布擦净。上口不直的，可在水平缝内垫楔子，取下后再勾缝。然后在第一行的基础上由下向上继续粘贴。每粘贴完一行，即马上把缝边挤出来的砂浆清理干净，再逐行进行。

5）粘贴时，不宜留十字通缝，可留水平缝或竖直缝。

阳角处，平面砖压立面砖；阴角处，立面砖压平面砖，阴阳角的立面和平面砖应相互交错，不宜出现重叠缝。如图5-5、图5-6所示。

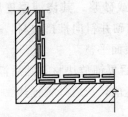 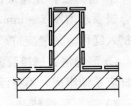

图5-5 铺贴一层以上砖的做法　　图5-6 阴阳角处砖的铺贴

（2）用沥青铺贴耐酸砖（块）：

1）先在基层上抹好底子灰，待其干燥后刷冷底子油两遍，并弹上线。

冷底子油配制：将沥青打成碎块加热熔化，冷却至100℃左右时，将汽油徐徐注入，并搅拌均匀，其配合比（重量比）为：第一遍冷底子油是，沥青∶汽油＝30∶70；

第二遍冷底子油是,沥青:汽油=50:50。

2) 将熬好的沥青胶泥倒在小桶内放在火炉上备用,其铺砌温度应不低于下列数值:

建筑石油沥青胶泥 180℃

建筑和普通石油沥青胶泥 200℃

普通石油沥青胶泥 220℃

当环境温度低于5℃时,应适当提高。

沥青胶泥配制:将沥青碎块加热熬至160~180℃搅拌脱水、去渣,使不再起泡沫;当沥青升至规定温度时(建筑石油沥青为200~300℃,普通石油沥青为250~270℃),按规定比例(沥青:石英粉:石棉=1:1~1.5:0.75)将预热至120~140℃的干粉料逐渐加入,不断搅拌到全部被沥青裹盖为止。

3) 平面砖块铺砌:

① 挤缝法:先铺放沥青胶泥或砂浆,其浇铺厚度应按结合层要求增厚2~3mm,随后铺砌并斜向推挤块材,把胶泥挤入缝内。灰缝应挤严灌满,表面平整。

② 灌缝法:铺摊胶泥或砂浆后再铺放块材,然后灌缝。块材应粘结牢固,不得浮铺。灌缝前,灰缝处宜预热。

4) 立面砖铺贴:

① 刮浆铺贴法:将胶泥或砂浆刮到块材上,随即铺贴到基层上并挤牢压平,挤出的胶泥或砂浆待冷却后铲除。

② 分段浇注法:在适当长度内的两端用刮浆法铺贴两块,然后在中间铺贴5~6块,完成一层分段浇灌沥青胶泥。灌缝时浮贴块材应用靠尺压紧,防止外鼓如图5-7所示。

③ 块材结合层厚度和灰缝宽度见表5-2。

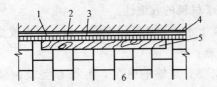

图 5-7 分段浇注法示意图

1—先用刮浆铺砌法粘贴块材 1～2 块;2—浮贴块材约 5～6 块;3—留出结合层 5～7mm 然后浇注沥青胶泥;4—立面基层;5—靠尺;6—地面

块材结合层厚度和灰缝宽度 表 5-2

块材种类	结合层厚度(mm)			灰缝宽度(mm)	
	挤缝法灌缝法	刮浆铺贴法	分段浇注法(立缝)	挤缝法刮浆铺贴法分段浇注法	灌缝法
标型耐酸瓷砖、缸砖、铸石板	3～5	5～7	6～8	3～5	6～8
板型耐酸瓷砖、耐酸陶板	3～5	5～7	6～8	2～3	5～7
沥青浸渍砖	4～6	6～8	8～10	4～6	8～10
条石					8～15

注:条石的结合层宜采用沥青砂浆(沥青用量可达 25%),垫浆厚度为 10～15mm。

5.质量通病及防治措施

(1) 块材空鼓、裂缝

产生原因:

1) 块材本身不洁净或潮湿,铺砌前又没有清理擦净,认真晾干和烘干。

2) 基层强度低、表面不干净;隔离层上灰尘、污垢未清理;表面过于光滑,没有采取措施处理。

3) 块材本身的温度低于 10℃,铺砌前未进行预热,铺砌后容易产生胀缩裂缝、空鼓。

4) 水玻璃材料配合比不合适,稠度过大或水玻璃用量过多,加大了材料的收缩性。

5) 基层上水玻璃稀胶泥涂刷不匀、漏涂或涂刷过早。

防治措施:

1) 基层要有足够的强度,不得有空鼓、起砂、脱皮、裂缝等现象。

2) 块材使用前应清洗干净,经晾干后或烘干后妥善保存。

3) 块材施工时,如果环境温度低于10℃,应在使用前采取预热措施。

4) 正确选定水玻璃材料的配合比。

5) 对有空鼓、裂缝的块材应先取掉,剔除胶泥或砂浆,将表面清洗干净,刷一道稀胶泥,然后把块材补砌好。

(2) 胶泥或砂浆硬化太快或太慢

产生原因:

1) 胶泥砂浆硬化太快的原因是固化剂氟硅酸钠加入量过多。

2) 胶泥砂浆硬化太慢的原因是氟硅酸钠纯度低、加入量不足或贮存不当受潮变质;粉料和细骨料中水分或杂质过多;施工温度或养护温度低于10℃;养护时环境相对湿度过大或接触了水或水蒸汽。

防治措施:

1) 按技术要求严格选用原材料,并进行原材料的检验。

2) 正确选定和认真掌握施工配合比,现场不得任意变动。

3) 原材料使用时若温度低于10℃,应采取预热措施。但不得使用明火或直接通蒸汽加热,也不得直接接触加热器。

4）养护时环境的相对湿度应不大于80%，并不得与蒸汽和水直接接触。保证足够的养护时间。必要时要返工重做。

(3) 块材表面不平，灰缝宽窄不一

产生原因：

1）块材本身翘曲、拱背不平整，使用前未经过选择。规格尺寸不合要求。

2）胶泥或砂浆固化过慢或养护时间不够，过早踩踏，块材受扰动。

3）立面块材砌筑速度太快，下层粘结胶泥或砂浆未固化即受到挤压。

4）施工前所弹水平线、坡度线、平面缝子线、立面皮数杆线有误差，或铺砌操作产生误差。

防治措施：

1）块材使用前应认真挑选，合格的块材在刷洗、烘干、运输过程中要注意保护。

2）根据施工现场条件选择水玻璃材料配合比，并进行试配，使其固化速度满足施工要求。合理安排工序，保证必要的养护时间，避免过早踩踏。

3）立面块材面层的砌筑高度要与胶泥或砂浆的固化速度相适应，以块材不滑动为准。

4）施工前正确弹线、立皮数杆。拉线不要过长，铺砌时中间不要压线、抗线。纵横之间的缝子线及标高关系要照顾好。

5）需要返工的面层要去掉块材，剔除胶泥或砂浆，将表面清理干净，刷一道稀胶泥，然后把块材重新补砌好。

5.1.3 粉状面砖胶粘剂施工

目前，国内外对使用方便的粉状胶粘剂的研制和应用工作发展很快。粉状胶粘剂是以水泥为基材，配以特定的有机高分子粉料作为助剂，从而使它在粘贴面砖时具备了良好的粘结性、不流坠性和优良的耐湿热、耐水、耐老化性。它使用方便，有水便可操作，施工现场不必配备砂子、水泥等材料，因而质量易于保证，且可文明施工。

本工艺标准适用于在内、外墙的水泥砂浆或混凝土基层上进行粘贴施工。

1. 施工准备

（1）材料

1) 水泥：32.5级普通水泥、矿渣水泥及白水泥。

2) 砂：中砂。

3) 粉状胶粘剂（灰色粉状物）。

4) 面砖。表面平整、颜色一致、边角整齐，使用前要进行选砖。

5) 米厘条。

6) 界面处理剂。

（2）机具

铁抹子、齿抹子、托灰板、靠尺板、方尺、粉线包、小铲、铁锹、大铲、半截大桶、小灰桶、擦布、毛刷、钢板开刀、小型锯板机、小型台式砂轮（轮径为200mm，功率为0.5~0.6kW）。

（3）操作条件

1) 结构层和底子灰要处理好，表面平整，偏差不超过2mm，立面垂直偏差不超过3mm，阴阳方正偏差不超过2mm。

2）要对面砖进行挑选，对尺寸规格和颜色相差太大的面砖应挑选出来，分别堆放，并把挑好的面砖清扫干净，放入净水中浸泡4h取出阴干待用。吸水率小于8%的面砖可不泡水。

3）安装好钢窗，搭外架子或设置吊篮。

2. 施工工艺

（1）清理基层　基层底子灰要求无灰尘，在贴面砖以前用清水润湿墙面，以保证粘结的可靠性。

（2）弹性　在贴面砖前，根据所需高度弹出若干水平线。在弹水平线时，应计算面砖块数，使两线之间保持整砖数；如需要按总高度均匀分格，则根据设计要求与面砖尺寸规格定出缝子宽度，再加工米厘条。

（3）拌合胶粘剂　1份体积水加入2.5～3体积的粉状胶，搅拌均匀，调至所需要稠度2～3cm。放置10～15min，再充分搅拌均匀即可使用。每次拌合数量不宜过多，一般以使用2～3h为宜，已硬结的胶粘剂不得使用。

（4）贴面砖　将胶粘剂分别抹在底子灰上和面砖背面进行粘贴。

（5）勾缝　贴完一个流水段后即可进行勾缝。

3. 操作要点

（1）粘贴面砖，均自下而上铺贴，从最下一层砖下皮的位置线先稳好靠尺，在面砖外皮上口拉水平通线，作为铺砖的标准。

（2）面砖粘贴方法

1）方法1　将搅拌均匀的胶粘剂，均匀的抹在底子灰上（一次抹胶面积不宜太大，以1m^{2}为宜，以免胶面干燥），厚度约1.5～2mm。将米厘条粘贴在水平线上，同时在面砖背面刮抹一道胶粘剂,厚度约1.5～2mm,将面砖靠着米厘条粘贴在底子灰的胶面上,轻轻挤揉使之附线同时找平和垂直。然后再在这皮贴好的面砖上再粘米厘条,再贴下皮砖,依次顺序进行。此方法多用于底子灰平整度好,而且面砖背脚较浅的情况(面砖背脚指面砖背面凹槽)。

2)方法2 将搅拌均匀的胶粘剂,用边缘开槽的齿抹子抹在已处理好的底子灰上,使胶面成为齿状,将米厘条粘贴到水平线上,然后将面砖靠着米厘条粘贴到胶面上依次排列,轻轻柔压,调整粘牢。根据所需胶层厚度可采用不同型号的齿形抹子,其参考用胶量见表5-3。

用胶量 表5-3

抹子号	胶层厚度(mm)	用量(kg/m^2)
1	1.5～2.0	2.5～3.0
2	2.0～2.5	3.0～3.5
3	3.0～3.5	4.0～4.5
4	4.0～4.5	5.0～5.5

3)方法3 在面砖背面抹上已搅拌均匀的胶粘剂3～4mm厚,将面砖靠已粘贴好的米厘条,直接贴到墙面底子灰上,依次排列,轻轻揉压调正、调平,粘结牢固。此方法多用于面砖背脚较深的情况。

(3)胶粘剂厚度应控制在3～4mm,不能过厚或过薄。

(4)面砖之间的水平缝宽度,用米厘条控制,米厘条粘贴在已弹好的水平线上,将面砖靠着米厘条贴于墙上,用手揉压,使其贴实。在这皮贴好的砖上再粘米厘条,再贴下一皮砖,依顺序进行。

(5)面砖粘贴完毕5～10min后,可以用钢片开刀任意矫正,调整缝隙,不影响粘结强度。在贴窗角、垛角时用方尺找方正。米厘条宜当天取出，用水洗净继续使用。

(6) 勾缝　贴完一个流水段后即可根据设计要求的缝宽进行勾缝。勾缝用 1∶1 的水泥砂浆，砂子应过窗纱筛。先勾水平缝，再勾竖缝，勾好后要求凹进面砖 2～3mm，面砖缝子勾完后用布或棉丝擦干净。若竖缝为干挤缝或小于 3mm 者，应用的水泥配颜料进行擦缝处理。

4. 质量要求

质量要求见 5.8.2 节。

5. 成品保护

(1) 拆架子时，注意不要碰撞墙面。

(2) 粘贴好的面砖墙面要注意防止污染。

6. 安全注意事项

(1) 使用高车架上料时，各层信号必须准确，平台口放小车必须用木楔卡牢，防止翻车。

(2) 开始工作前应检查外架子是否牢靠，护身栏、挡脚板是否齐全，水平运输道路是否平整。

(3) 采用外用吊篮进行外饰面施工时，吊篮内材料、工具应放置平稳，不许超载。升降吊篮时应注意安全。

(4) 室内施工光线不足时，应采用 36V 低压电灯照明。

(5) 操作场地应经常清理干净，做到活完料净脚下清。

(6) 在外饰面作业的人员必须戴安全帽。

7. 其他注意事项

(1) 粉状胶粘剂是以水泥为基料，用水拌合而成的胶粘剂，因此，不得在 5℃ 以下施工。在 10℃ 以下低温施工时，粘结强度增长较慢，但不影响最终粘结强度和粘结质量。

(2) 粉状胶粘剂粘贴面砖的工艺与传统的水泥砂浆操作方法完全不同，因此，要求必须按新工艺标准方法施工。基层底子灰平整度要求达到面层抹灰的标准，若底子灰抹的不平整，会增加粘结厚度，这样不仅因加大胶粘剂用量造成造价的提高，还要影响粘结强度和饰面质量。

（3）阴阳角在抹底子灰时要找好规矩。

（4）拌合好的胶粘剂，应在 4h 内用完，若在此期间内因粘结剂过稠而不好操作时，可加少量水搅拌均匀使用，倘若胶粘剂已凝固硬化则不能使用。

（5）使用粉状胶粘剂时，只需加适量水搅拌均匀即可使用，切不可自行添加水泥、砂子等材料，以免影响粘结强度。

（6）面砖粘贴完毕，应及时清擦面砖表面，以免凝结后不好清擦。

（7）粉状胶粘剂为袋装产品，应放在干燥处，避免受潮，严防雨淋。

（8）在使用粉状胶粘剂时，不得任意掺其他混合料。

5.2 瓷砖镶贴

在室内装饰中瓷砖常作为地面和墙面装饰饰面材料。在洗手间、卫生间、厨房间常用彩色和白色瓷砖装饰墙面。

瓷砖装饰墙面及物体，使房间显得清洁卫生，不易积垢，做清洁卫生工作方便。一般适用于卫生间、厨房、试验室等。目前瓷砖饰面施工有两种方法：一是传统做法，主要是采用水泥砂浆粘贴。此法易产生空鼓、脱落现象；二是用胶粘剂粘贴。

5.2.1 传统方法粘贴瓷砖

1. 材料要求

（1）水泥　32.5 级普通水泥或矿渣水泥。

（2）白水泥　32.5 级或 42.5 级白水泥（用于调制素水

泥浆擦缝用)。

(3) 砂　中砂,应用窗纱过筛,含泥量不大于3%。

(4) 瓷砖　按1mm差距分类选出1～3个规格,挑选的方法是各选一块作样板,逐块对照比较,分类存放,选好按计划用料;选砖时要求砖角方正、平整、颜色均匀、无凸凹面扭曲和裂纹夹心等现象。

(5) 其他材料　白灰膏必须充分熟化。

2. 施工准备

(1) 墙面抹灰、顶棚抹灰及地面防水层和混凝土垫层已做好,主体结构已经检查合格。

(2) 水电管线已安装完毕,管洞堵好。

(3) 门窗框、扶手、阳台栏板已安装好,位置正确,连接处的缝隙应用水泥砂浆或水泥混合砂浆分层嵌塞密实。

(4) 脸盆架,镜钩等的预埋木砖已准确安置。

(5) 墙面弹好水平线。

(6) 施工工具。金刚钻割刀、水平尺、墨斗、灰匙子、靠尺板、木锤、尼龙线、薄钢片、手提割锯、细砂轮片、抹布、胡桃钳等。

(7) 瓷砖的湿润。瓷砖放入清水中浸泡2h以上,晾干后方可镶贴。

(8) 预排。瓷砖在镶贴前应预排,以便使接缝均匀。预排时,要注意同一墙面的横竖排列,不得有一行以上的非整砖。非整砖行应排在次要部位的阴角处,方法是预排时要注意用接缝处宽度调整砖行。室内镶贴如无设计规定时,接缝宽度可在1～1.5mm之间,外墙可根据设计要求的接缝宽度,适当调整。在预排时,在突出的管线、灯具、卫生设备的支承部位,应用整砖套割吻合,不能用非整砖拼凑镶贴,以保证饰面的美观。常见的排砖方法如图 5-8 所示。

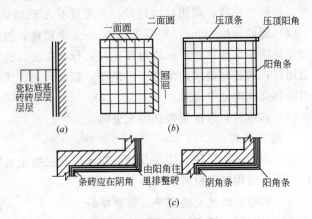

图 5-8　瓷砖墙面的排砖
(a) 纵剖面；(b) 平面；(c) 横剖面

在有脸盆镜箱墙面，应从脸盆下水管中心向两边排砖，肥皂盒可按预定尺寸和砖数排砖，如图 5-9 所示。

3. 施工要点

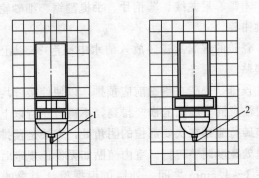

图 5-9　洗脸盆、镜箱和皂盒部位瓷砖排列
1—肥皂盒所占位置为单数釉面砖时，应以下水口中心为釉面砖中心；
2—肥皂盒所占位置为双数釉面砖时，应以下水口中心为釉面砖缝中心

(1) 按设计要求挑选规格、颜色一致的瓷砖，底子灰抹后一般养护 1~2d 方可进行镶贴。

(2) 镶贴前要找好规矩。算好纵横皮数和镶贴块数，划出皮数杆，定出水平标准，进行预排。

(3) 先用废瓷砖按粘贴层厚度用砂浆贴灰饼。然后上下挂直，横向拉平。

(4) 铺贴时，根据已弹好的水平线，在最下面一皮砖的下口放好直尺，然后用水平尺检验，作为贴第一皮砖的依据。

(5) 镶贴每块瓷砖，使其与基层粘结密实牢固，凡遇粘结不牢固、缺灰情况，应取下瓷砖重新粘结，不得在砖口处塞灰，防止空鼓。

(6) 镶贴时，一般从阳角开始，使不成块的留在阴角。先贴大面、后贴阴阳角、凹槽。

(7) 如墙面有孔洞，应先用瓷砖上下左右对准孔洞划好位置，然后将瓷砖用胡桃钳子（如图 5-10 所示），钳去局部，再镶贴。

4. 操作要点

(1) 基层处理　墙面清理，应将浮灰和残余砂浆冲刷干净，凹凸过大要凿平或用 1∶3 水泥砂浆补平。混凝土光滑墙面要凿毛，再充分浇水湿润。检查墙面的垂直度和水平度。不符合要求的应重新处理。

图 5-10　胡桃钳子

(2) 抹底、中层灰　用 1∶3 的水泥砂浆打底，待收水后再抹中层灰，用木抹子搓平，搓出粗糙面，并检查其平整度和垂直度。

(3) 立皮数杆、弹线　量出镶瓷砖的面积，算好纵横的皮数，划出皮数杆。根据皮数杆的皮数，在墙面上从上到下弹出若干条水平线，控制水平皮数。按整块面砖尺寸分竖直方向的长度，并按尺寸弹出竖直方向的控制线。此时应注意水平方向和垂直方向的砖缝一致。

(4) 做标志块　用废瓷砖按粘结厚度用混合砂浆粘贴标志块。用托线板上下挂直，横向拉通，补贴 1.5m 间距标准点，靠门洞和阳角处都应做标志点。

(5) 镶贴瓷砖　按地面水平线嵌上一根八字尺或直靠尺，用水平尺校正，作为第一行瓷砖水平方向的依据。镶贴时，瓷砖的下口坐在八字尺或直靠尺上，这样可防止釉面砖因自重而向下滑移，以确保其横平竖直。

镶贴釉面砖宜从阳角开始，并由下往上进行。镶贴一般用 1:2（体积比）的水泥砂浆，为了便于操作，可掺入不大于水泥用量的 15% 的石膏灰，用装有木柄的铲刀，在瓷砖的背面刮满刀灰，厚度 6~8mm，按所弹尺寸线，将瓷砖坐在八字尺或直靠尺上，贴于墙面用力按压，使其略高于标志块，用铲刀木柄轻轻敲击，使瓷砖紧密粘于墙面，再用靠尺按标志块将其校正平直。镶贴完整行的瓷砖后，再用长靠尺横向校正一次。对于高出标志块的应轻轻敲击，使其平齐，若低于标志块（即亏灰）时应取下瓷砖，重新抹满刀灰再镶贴，不得在砖口处塞灰，否则会产生空鼓。然后依次按上法往上镶贴，镶贴时应尽量注意与相邻瓷砖的平整及竖直方向的垂直和水平方向的平整，如因瓷砖的规格尺寸或几何形状不等时，应在镶贴每一块瓷砖时随时调整，使缝隙宽窄一致。当贴到最上一行时，要求上口成一直线。上口如没有压条（镶边）应用一面圆的釉面砖，阳角的大面一侧用圆的釉面砖，这一排的最上面一块应用两面圆的釉面砖，如图

5-11 中所示。

(6) 清洁面层 瓷砖贴完后,用清水将瓷砖表面洗干净,接缝处用白水泥擦嵌密实,并将瓷砖表面擦净。全部完工后,要根据不同污染情况,用棉丝、砂纸清理,用稀盐酸刷洗,并紧跟着用清水冲洗干净。

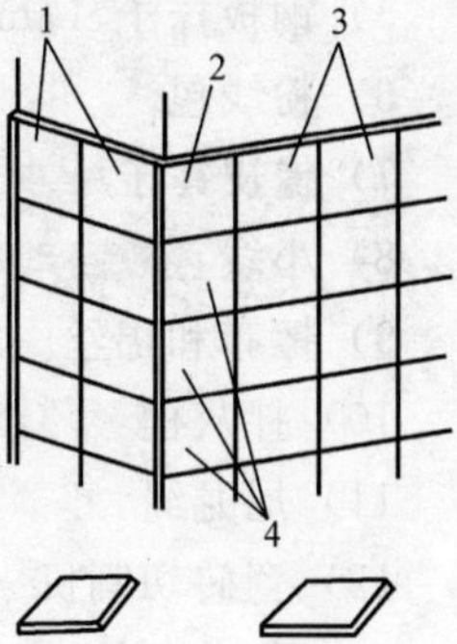

5. 质量标准和允许偏差

质量标准和允许偏差见 5.8.2 节。

镶贴瓷砖的允许偏差见表 5-6。

图 5-11 边角
1、3、4——面圆釉面砖；
2——两面圆釉面砖

5.2.2 采用 SG 8407 胶粘剂镶贴

现介绍用中建一局科研所生产的 SG 8407 瓷砖胶粘剂粘贴瓷砖的施工工艺。

1. 施工准备

(1) 材料

1) 32.5 级以上的普通硅酸盐水泥

2) 325 号以上的白水泥

3) 干净中砂

4) SG 8407 瓷砖胶粘剂（或其他同类胶粘剂）

5) 瓷砖

(2) 工具

1) 水平尺

2) 靠尺板

3) 底尺

4) 方尺

5) 钢板抹子（1mm 厚）
6) 粉线包
7) 橡皮锤子
8) 小线
9) 擦布和棉丝
10) 拌灰桶
11) 尼龙绳
12) 瓷砖切割机（或小型台式砂轮）

(3) 作业条件

1) 做好顶棚、墙面的抹灰及地面混凝土垫层。

2) 做好水、电管线，堵好管洞。

3) 脸盆架、镜勾等应埋好木砖，位置要准确。

4) 立好门窗框。注意门窗口一定要垂直、平整、方正，以装好窗扇及玻璃为宜。

5) 大面积瓷砖工程，应先做好样板或样板间，经检查后，合格者才可正式铺贴。

2. 操作要点

(1) 先清理墙面 将灰渣打扫干净，再浇水湿润，然后用1:2的水泥砂浆抹面，要求与墙面粘贴牢固，用2m靠尺检查，平整度在3mm以内。如为混凝土墙面，在抹水泥浆前，应先用 SG 8407 或 SG 791 胶液拌和水泥净浆，用旧扫帚或硬刷子在混凝土墙面上满刷厚度为1mm左右的结合层，在结合层未全部干燥前应立即抹1:2的水泥浆至要求平整度，以保证砂浆与混凝土墙面粘结牢固。

(2) 选砖

1) 根据工程项目所需瓷砖总量，按 1mm 之差分别堆放，一般根据工程质量要求高低分为1~3种或1~5种。选好后，根据房间大小计划用料。

2）选砖时要求砖角方正，砖面平整，颜色均匀。如砖面凹凸扭翘，不方正，或拌有夹层的砖不得使用。

（3）墙面弹水平和垂直线

1）一般瓷砖墙面在 2m 以下的弹一道水平线即可，如高度在 2m 以上的，必须在 1m 高处有一道水平线。

2）墙面过长时，可在 1m 左右间距处，用垂直线控制。

3）顶部也贴瓷砖时，水平线及垂直线一定要准确，同时阴阳角必须垂直。

（4）弹线

根据计算好的最下层砖的下口的标高，垫放好底尺板作为第一皮砖下口的标准。底尺上皮一般比地面高 1cm 左右，这样在作地面时找泛水点能压上瓷砖。在垫底尺时必须水平，摆放稳定牢固，间距不要过长，一般约 40cm 左右，垫好底尺再用靠尺板水平验证一下，如果施工现场光线充足，也可不用底尺，直接弹上底线，铺贴时使第一皮砖的下口紧贴底线。

（5）美观

为了装饰美观、用砖合理，要求按瓷砖的规格大小和墙的长短、高矮尺寸进行排砖，一般以门、窗口的边作为排砖的依据，也可以窗口取中，遇到镜箱，也可根据镜箱中线排砖，总之，应以整个房间的总体美观为排砖的准则。

（6）铺贴瓷砖

1）瓷砖在铺贴前必须先浸水，待瓷砖吸饱水晾干后才能使用。如果采用单组分膏状粘结剂进行粘贴，则瓷砖只须少量润水。

2）调制粘结浆料。采用 32.5 级以上普通硅酸盐水泥加入 SG 8407 胶液拌和至适宜施工的稠度即可，不要加水。当粘结层厚度大于 3mm 时，应加砂子，水泥和砂子的比例为 1∶1～1∶2，砂子采用通过 $\phi 2.5$mm 筛子的干净中砂。

3) 用单面有齿铁板的平口一面（或用钢板抹子），将粘结浆料（剂）横刮在墙面基层上，然后再用铁板有齿的一面在已抹上的粘结浆料（剂）上，直刮出一条条的直楞。

4) 铺贴第一皮瓷砖，随即用橡皮锤逐块轻轻敲实。

5) 重复"3)"的操作。

6) 将适当直径的尼龙绳（以不超过瓷砖的厚度为宜）放在已铺贴的面砖上方的灰缝位置（也可用嵌条子或十字架铺贴法）。

7) 紧靠在尼龙绳上，铺贴第二皮瓷砖。

8) 用直尺靠在面砖顶上，检查面砖上口水平，再将直尺放在面砖平面上，检查平面凹凸情况，如发现有不平整处，随即纠正。

9) 如此循环操作，尼龙绳逐皮向上盘，面砖自下而上逐皮铺贴，隔 1～2h，即可将尼龙绳拉出。

10) 每铺贴 2～3 皮瓷砖，用直尺或线坠检查垂直偏差，并随时纠正。

11) 铺贴完瓷砖墙面后，必须从整体观察一下，面是否平整，线是否垂直。有个别缝子不直，宽窄不匀，应进行调缝，并把调缝的瓷砖再进行敲实，避免空鼓。

12) 瓷砖作台度墙面时，当大面铺贴瓷砖到上口，必须平直成一线，上口用一面圆的瓷砖粘贴。

13) 贴完瓷砖后 3～4d，可进行灌浆擦缝。把白水泥加水调成粥状，用长毛刷蘸白水泥浆在墙面缝子上刷，待水泥逐渐变稠时用布将水泥擦去。将缝子擦均匀，防止出现漏擦等现象。

3. 质量标准和允许偏差

质量标准和允许偏差见 5.8.2 节。

5.2.3 质量通病及防治措施

1. 空鼓、脱落

产生原因：

基体处理不当，砂浆配合比不准，材料不好，瓷砖浸泡不够，砂浆厚薄不均匀，嵌缝不密实，瓷砖有隐伤。

防治措施：

（1）认真清理基体表面浮灰、油渍等杂物。

（2）严格控制水灰比，原材料按规定使用。

（3）瓷砖浸透后晾干。

（4）控制砂浆粘结厚度，适量掺108胶在砂浆中。

2. 接缝不平直、墙面不平整

产生原因：

施工前对挑砖把关不严，没有分格、弹线、试排，也没有作标准块，操作不当。

防治措施：

（1）在施工前应认真挑选瓷砖，分类堆放。

（2）镶贴前分格、弹线、找好规矩。

（3）镶贴时按预排程序进行粘贴并及时拨正缝子。

3. 裂缝、变色或表面粘污

产生原因：

瓷砖材料质量不合格，含水率超出国家规定，有隐伤，施工前浸泡不透等。

防治措施：

（1）选用材料密实，含水率小的瓷砖。

(2) 操作前瓷砖应浸泡 2h 后晾干。

(3) 不要用力敲击面砖,防止产生隐伤。

5.3 陶瓷锦砖镶贴

陶瓷锦砖是传统的墙面装饰材料。它质地坚实、经久耐用,花色繁多,耐酸、耐碱、耐火、耐磨,不渗水,易清洗,广泛用于建筑物室内外装修及工业与民用建筑的洁净车间。

目前陶瓷锦砖粘贴有两种类型:一类是传统做法,即采用传统素浆粘贴;另一类则采用胶粘剂粘贴。其方法有三种:一为掺胶水泥浆粘贴;二是采用胶粘剂直接粘贴;三则是在被粘物的表面刷一层胶,然后用水泥素浆粘贴,以提高水泥浆的粘结力。

5.3.1 采用传统做法镶贴陶瓷锦砖

1. 材料要求

(1) 陶瓷锦砖 表面应整洁,颜色一致,无裂纹、缺楞、掉角和掉粒。

(2) 水泥 32.5级普通水泥或白色硅酸盐水泥。

(3) 砂 中砂、干净。

(4) 其他材料 石灰膏。

2. 施工准备

(1) 工具 除常用的抹灰工具外,还应有水平尺、靠尺、底尺(300~500cm×4cm×1~1.5cm)、小木方、翻板(60.96mm×60.96mm 或 60.96mm×91.38mm)、

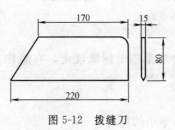

图 5-12 拨缝刀

硬木拍板、棉纺擦布、刷子、灰匙、胡桃钳、拨缝刀（如图5-12所示）。

（2）绘制节点铺贴构造详图　首先明确墙角、墙垛、出檐、线条、窗台、窗帮节点的细部处理，并绘制铺贴构造详图，以保证各部位墙面完整。

（3）镶贴面尺寸预排　按设计图纸要求，对镶贴陶瓷锦砖的墙面进行丈量，并考虑打底灰后尺寸，使其竖向和横向的总尺寸镶贴时不出现半块锦砖为妥，否则应予以调整。若横向尺寸不能满足时，应在外墙角或窗樘口处适当加厚或减薄底灰厚度，竖向尺寸不能满足时，应在每层分格缝处或沿口处加厚或减薄底灰厚度，如图5-13所示。

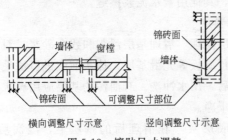

图 5-13　镶贴尺寸调整

（4）做贴面小样板　在正式镶贴前应另选一片墙面进行试贴，确定分格线宽度，嵌缝色彩等，分别做好小样板，便于有关单位选定，并作为操作交底之用。

3. 施工要点

（1）施工前应按照设计图案要求及图纸尺寸，核实墙面实际尺寸，根据排砖模数和分格要求，绘制施工大样图，并加工好分格条。

（2）底层抹灰绝对平整，阴阳角要垂直方正，抹完后划毛并浇水养护。

(3) 外墙镶贴前，应对各窗心墙、砖垛等处要事先测好中心线、水平线和阴阳角中心线，对偏差大的应进行修补。

(4) 抹底子灰后，在底子灰上弹水平线，在阴阳角、窗口处弹垂直线，以作为粘贴陶瓷锦砖时控制的标准线。

(5) 镶贴时，应从下往上贴，缝子对齐，分格缝应横平、竖直。

(6) 镶贴完后，要用拍板靠放已贴好的瓷砖上，用小锤敲击拍板，满敲一遍使其粘结牢固。

(7) 粘贴后48h，起出分格米厘条，大缝用1∶1水泥砂浆勾严外，其他用素水泥浆擦缝。

4. 操作要点

(1) 基层清理　清理基层浮灰和残余砂浆，对大模板混凝土墙面和预制板等光滑基层，抹灰前应进行凿毛处理，用钢丝刷刷净后，用水冲洗。有油污的基层应用碱水刷洗，再用清水冲洗干净。

(2) 抹底层灰　在清理后的基层上，湿润后用1∶3（体积比）的水泥砂浆或混合砂浆分层抹平。用靠尺找平，阴阳角方正、划毛养护。

(3) 弹分版水平和垂直线　主要是根据镶贴部位的具体尺寸及形状，纸版规格，综合考虑。一般情况，竖向线宜从中间往两边分，横线则应从墙面的高度及线角的情况考虑，最好应使两分格线之间保持整版的尺寸。如果墙面的线角较多，应先弹好大面积的分格线，然后再考虑线角部位的镶贴。某墙面弹线示意图如5-14所示。

目前，在一些建筑的外墙面常用各色陶瓷锦砖拼制成图

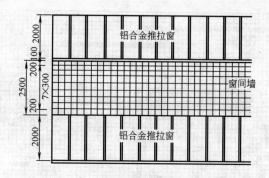

图 5-14 陶瓷锦砖墙面弹线示意图

(镶贴时,先贴 7×300 这段,然后再贴窗台线,最后贴窗台水平部位)

案作为装饰,效果很好,其方法是:

第一步翻制原设计图案。由于陶瓷锦砖的正面被胶粘在牛皮纸上,在地面试铺时看到的图案恰与镶贴后的图案的方向相反,因此,必须先用描图纸复制陶瓷锦砖反面的图案,完后将描图纸反个面,这样就是所需的拼图依据了(如图案没有方向性,可不进行翻制)。

第二步拼色。先将底色陶瓷锦砖(图案中数量多的一种陶瓷锦砖)铺摊在地上,拼成所需的面积大小,如遇大面积的陶瓷锦砖图案,可分成几部分进行,然后根据翻制后的图案,将不同颜色的图案在底色陶瓷锦砖上所占的位置逐一挖去,并将相应的陶瓷锦砖补上,补时应注意保持原有陶瓷锦砖块粒的间距。胶粘剂可采用普通浆糊,便于施工时揭去纸面。陶瓷锦砖块粒众多,稍一疏忽,便会拼错,所以拼色后,应根据原设计图检查,使得陶瓷锦砖的图案、颜色、块粒间距等均符合要求。图案陶瓷锦砖放样见图 5-15 和图 5-16。

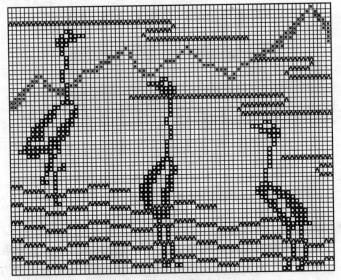

图 5-15 图案陶瓷锦砖放样

底色采用白色小方联,长五联、宽四联拼色:
"○"采用红色;"△"采用绿色;"×"采用蓝色

(4) 铺贴 按已弹好的水平线安放直靠尺,并用水平尺校正垫平。铺贴顺序,由下往上铺如图 5-17 所示。

铺贴时,一般以二人协同操作。一人在洒水湿润的湿墙面抹水泥素浆,再抹结合层,并用靠尺刮平。同时,另一人将陶瓷锦砖铺放在木垫板上,如图 5-18 所示。在放置陶瓷锦砖时,纸面向下,锦砖背面朝上,用水刷一遍,再刮白水泥浆,如果设计上对缝格的颜色有特殊的要求,也可用普通水泥或其他彩色水泥。刮浆前应先检查纸版,如有脱落的小块,用水泥浆修补好。水泥浆的水灰比不宜太大,控制在 0.36 左右。刮浆时,一边刮浆一边用铁抹子往下挤压,使

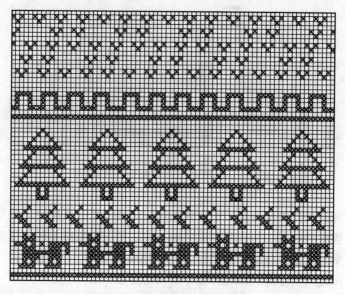

图 5-16　图案陶瓷锦砖放样

底色采用白色小方联、长五联、宽四联拼色,"×"采用其他颜色小方联

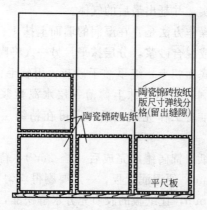

图 5-17　陶瓷锦砖镶贴示意图

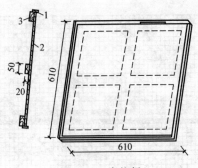

图 5-18 木垫板
1—四边包 0.5mm 厚铁皮；2—三合板两层；3—木垫板底盘架

缝格内挤满水泥浆。清理四边余灰，将刮浆的纸版交给镶贴操作者，双手执在陶瓷锦砖的上方，使下口与所垫的直尺齐平，其顺序是从下往上贴，缝子要对齐，并且要注意每一大张之间的距离，以保持整个墙面的缝格一致。

在陶瓷锦砖贴于墙面后，一手拿垫板，放在已贴好的砖面上，另一手用小木锤敲击垫板，将所有的砖面敲击一遍，使其粘贴密实，并赶出最后的气体。

另一种操作方法是：在湿润的墙面上抹 1:3（体积比）的水泥砂浆或混合砂浆，分层抹平；另一人将陶瓷锦砖铺在木垫板上，底面朝上，缝里灌干砂灰，用软毛刷刷净底面，再用刷子稍刷一点水，抹上薄薄一层水泥素浆，如图 5-19 所示。上述准备工作完成之后，即可在粘结层上镶贴陶瓷锦砖。

(5) 揭纸 锦砖镶贴完成后（2～3m^2），待砂浆初凝前（约 20～30min）便湿润纸板，一定要刷得均匀，不要漏刷。约等 15～20min，让纸板的胶质充分水解松涨，先试揭感到轻便无粘结时，再一起去揭。揭纸时宜从上往下撕，所用力

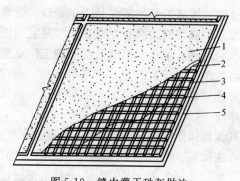

图 5-19 缝中灌干砂灰做法

1—砂浆；2—细砂；3—陶瓷锦砖底面；4—陶瓷锦砖护面纸；5—木垫板

的方向应尽量同墙面平行，如图 5-20 所示。如果力的作用方向与墙面垂直，容易将小块拉掉，如图 5-21 所示。揭纸一定要在水泥初凝前进行完毕。

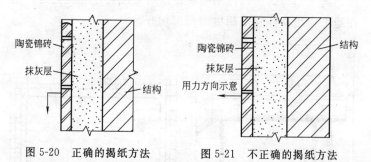

图 5-20 正确的揭纸方法　　图 5-21 不正确的揭纸方法

（6）调整　揭纸后检查缝的大小，不合要求的缝必须拨正，调整砖缝的工作要在粘结层砂浆初凝前进行。拨正方法是：一手拿拨刀，一手拿抹子，逐条按要求将缝拨匀，拨正。拨缝时将开刀放于缝间，用抹子轻敲开刀，使陶瓷锦砖的边口以开刀为准排齐。拨缝后用小锤敲击垫板将其拍实一遍，以增强与墙面的粘结。

(7) 擦缝 擦缝的目的不仅是为了美观,更重要的是粘结牢固。擦缝一般用棉纱蘸水泥浆,水泥浆宜用同纸背面刮浆相同的水泥品种、颜色。擦缝后的清理工作更重要。用干净的棉纱将多余的水泥浆清理,可是单靠擦一遍棉纱是擦不干净的,需再用清水冲洗表面,最后再用干净的棉纱将表面水分擦干净。

(8) 其他部位的镶贴 在室内铺贴灶台等处的锦砖时,可用同类办法铺贴。如在灶台立面上贴锦砖,如图 5-22 所示,用一适当尺寸的方木,托往灶台处的底部边沿,将方木的一半伸出,然后用两根立木顶住方木,这时即可在立面上抹灰浆,由下而上铺锦砖。

在瓷盆等容器周围铺贴锦砖时,边沿处的锦砖应稍作倾斜,围边要圆滑,四角应作成弧形,如图 5-23 所示。弧形所需的三角形锦砖,可用胡桃钳沿对角线夹住一粒锦砖,压在地上,用铁锤轻击胡桃钳便可切开。

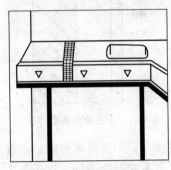

图 5-22 灶台镶贴瓷砖

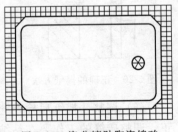

图 5-23 瓷盆镶贴陶瓷锦砖

5. 质量标准和允许偏差

质量标准和允许偏差见 5.8.2 节。

6. 质量通病及防治措施

(1) 墙面不平整，分格不均匀，砖缝不平直。

产生原因：

1) 粘结砂浆厚度不均匀，底子灰不平整，阴阳角稍偏差，粘贴面层时就不易调整找平，产生表面不平整现象。

2) 施工前，没有分格、弹线、试排和绘制大样图，抹底子灰时，各部位拉线规矩不够，造成尺寸不准，引起分格缝不均匀。

3) 撕纸后，没有及时对砖缝进行检查，拨缝不及时。

防治措施：

1) 施工前，应对照设计图纸尺寸，核对结构实际偏差情况，根据排砖模数和分格要求，绘制出施工大样图，并加工好分格条，选好砖，裁好规格，编上号，便于粘贴时对号入座。

2) 认真抹底层灰，符合质量要求。在底子灰上弹出水平、垂直分格线，以作为粘贴陶瓷锦砖时控制的标准线。

3) 粘贴好后用板放在面层上，用小锤均匀拍板，及时拨缝。

(2) 空鼓、脱落

产生原因：

1) 基层处理不好，灰尘和油污未处理干净。

2) 砂浆配合比不当，材料不合要求。

3) 撕纸时间晚，拨缝不及时，勾缝不严。

防治措施：

1) 认真处理基体。

2) 严格控制砂浆水灰比。

3) 揭纸拨缝时间，应控制在 1h 内完成，否则砂浆收水后，再去纠偏拨缝，易造成空鼓、掉块。

(2) 墙面污染

产生原因：

1) 墙面成品保护不好，操作中没有清除砂浆，造成污染。

2) 未按要求做流水坡和滴水线（槽）。

防治措施：

1) 陶瓷锦砖在运输和堆放期间应注意保管，不能淋雨受潮。

2) 注意成品保护，不得在室内向外倒污水、垃圾等物。拆除脚手架时，要防止碰坏墙面，要采取措施保护墙面。

3) 按要求认真做流水坡和滴水线（槽）。

5.3.2 采用 AH-05 建筑胶粘剂镶贴陶瓷锦砖

1. 施工准备

(1) 材料

1) AH-05 建筑装修胶粘剂。

2) 白水泥（或普通水泥）强度等级为 32.5 级。

3) 矿物颜料。视陶瓷锦砖颜色而定。

4) 陶瓷锦砖。按设计要求，表面平整颜色一致，每张尺寸准确，边角整齐。

(2) 工具

1) 腻子刀或刮板、抹子。

2) 垫尺、垫板、拍板、锤子（或木抹子）。

3) 米厘条。

4) 刷子、小水桶、擦布。

5) 托板。

6) 2m 靠尺、方尺、楔形塞尺。

7) 水平尺。

8) 线绳及线坠。

(3) 作业条件

1) 选用颜色一致的陶瓷锦砖,分别堆放。

2) 基层必须平整,如用水泥胶浆粘贴,平整度用 2m 靠尺检查宜不大于 2mm。

3) 安装好脚手架。

2. 操作要点

(1) 弹线

1) 如建筑物外墙面全部贴陶瓷锦砖,应在楼房四角吊出通长垂直线。

2) 根据垂直度的标准,然后拉横向通线(水平线),根据高度弹出若干水平线。在弹水平线时,应计划陶瓷锦砖块数,分格时要按总高度均分。

3) 在有门窗处,再拉横通线,找出垂直、方正度。

4) 根据设计要求与陶瓷锦砖品种规定出缝子宽度。用米厘条控制宽度。

5) 弹线时,墙面与窗口四边必须通缝,并要求窗两边的宽度必须一致。

(2) 贴陶瓷锦砖

1) 用干净毛刷刷去基层浮灰、砂粒等。

2) 以胶水:水泥=1:2~3 的比例配料搅拌均匀,在墙面上抹一层厚 1mm 左右的粘结层。

3) 弹好水平分格线与垂直线。

4) 在弹好的水平线下口上,支一根垫尺。

5) 将陶瓷锦砖铺在木垫板上,麻面朝上,用搅拌均匀的胶粘剂刮满于缝内,并在面上薄薄留一层胶。

6)将刮好胶的陶瓷锦砖递给另一个人,使其将陶瓷锦砖贴在墙面上,一手拿拍板放在贴好的陶瓷锦砖上,另一手拿锤子在拍板上满敲一遍,使敲实、敲平(或用木抹子轻拍)。

7)一般由阳角和阴角开始粘贴,从上向下贴,缝子要对齐,要按弹好的横线贴。

8)如分格贴完一组,将米厘条放在下口线继续贴第二组。

9)窗口的上侧必须有滴水线,采取挖掉一条陶瓷锦砖的做法,里边线必须比外边线高2~3mm。

10)窗台口必须有流水线,如设计上没有说明,则里边线比外边线高3~5mm。

11)在接触窗口时,如有贴脸和门窗套,可离3~5mm,如没有贴脸和门窗套时,一律离口2~3mm。

12)凡门口、窗口边陶瓷锦砖一律是大边压小边。

(3)揭纸和调缝

1)贴完陶瓷锦砖0.5~1h后,在陶瓷锦砖的纸上刷水,待纸湿透约20~30min,开始揭纸。

2)揭纸后检查缝子大小,如有大小、歪斜不正的,顺一侧用腻子刀拨正。先横后竖,要通直拨,拨直为止。如因拨动而缺胶的小块,要补胶,粘贴后用拍板敲平。

(4)擦缝

1)根据设计要求或陶瓷锦砖的颜色,用白水泥与颜料配成腻子边嵌入缝内,边用擦布擦平。

2)表面擦干净。

3. 质量标准及允许偏差

质量标准及允许偏差见5.8.2节。

5.4 玻璃锦砖镶贴

玻璃锦砖又称为玻璃马赛克。目前新建筑中大量被采用。同传统的陶瓷锦砖相比，明显的优点有：

（1）质地坚硬，性能稳定，不易污染，雨后清晰，用在外墙能够较长久地保持原有的色彩与光泽。

（2）表面光滑，光泽度高。同时色调相当丰富，还可用不同色彩的单块，按一定的比例进行混合，更有利于设计的选择。

（3）原材料来源丰富，价格低于同类型材料，有的低得较多。

（4）施工方便。减少了湿作业和材料堆放，减轻工人劳动强度，进度快，节约水泥，有利于施工。

5.4.1 材料要求

（1）玻璃锦砖 应根据试贴确定的标准，严格进行选型选色，要规格色彩一致，纸板完整，颗粒齐全。

（2）水泥 采用32.5级普通硅酸盐水泥和白水泥。

（3）砂 使用的砂应是粗、中砂，应干净无杂物；含泥量不大于3%。

（4）水 饮用水。

5.4.2 施工准备

同陶瓷锦砖。

5.4.3 施工要点

同陶瓷锦砖。

5.4.4 操作要点

1. 基层处理

（1）砖墙基层。将表面的灰尘、污垢、砂浆清除干净。

检查墙面的垂直度和平整度。

（2）大模板混凝土墙体。因大模板混凝土墙体表面光滑，为使之达到粗糙的程度有下面几种处理办法：

1) 对于光滑的表面，进行凿毛处理。此法采用扁铲或錾子，在混凝土表面凿成密密麻麻的坑，使其达到粗糙的目的。

2) 甩浆法。此法用水泥浆做材料，用大刷子或扫帚沾水泥浆，往墙上无规律的甩，造成表面一个又一个的疙瘩，使其破坏表面光滑平整的外观，增加表面粗糙的程度。

3) 刷界面处理剂。目前生产的界面处理剂有 YJ-320 型，使用时直接用毛刷将处理剂刷于基层上，均匀一道，趁其未干，抹水泥砂浆即可。

（3）检查结构尺寸，轴线位移、墙体表面平整度和垂直度。

2. 抹找平层

找平层一般分两次抹完，每一遍不宜太厚，应控制在 7mm 厚左右。总的要求是：平、直、毛。平——做到表面平整，用 2m 靠尺板检查，平整度的偏差不大于 2mm；直——主要控制墙面的垂直度及线角的顺直；毛——表面要粗糙，用木抹子搓平。

3. 弹线、分格

玻璃锦砖设计一般留有横向和竖向分格缝。若设计遗漏，施工时也应增设分格缝。因为一般规格锦砖每联尺寸为 308mm×308mm，联与联之间缝隙为 2mm。排板模数为 310mm。每小块锦砖背面近似 18mm×18mm，粒与粒之间的缝隙为 2mm，每粒铺贴模数可取 20mm，窗间墙尺寸排完整联后不能被 20 整除，则意味着最后一粒锦砖排不下去。

若没有分格缝，只能调整所有粒与粒之间的缝隙，加大或缩小决定最后一粒锦砖的取舍。若有分格缝，则可用加大或缩小分格缝调整。

以女儿墙顶部确定的水平线为准，从上到下按要求和每联锦砖的模数弹分格线，分格缝的宽度为20～30mm，水平线每方一道，垂直线每2～3方锦砖一道。大角处应整贴，不足整张的应贴在墙面同一位置，竖向成一直线，阴阳角处不得有半块锦砖的尺寸。

4. 铺贴

铺贴方法与陶瓷锦砖相同。

5. 养护

整个墙面铺贴完毕并粘结层水泥砂浆终凝后，用清水从上向下均匀淋湿玻璃锦砖墙面，随即用毛刷蘸10%～20%浓度的稀盐酸从上往下依次擦洗，墙面进行酸洗后，必须用清水自上而下依次冲净整个墙面。全面清洗后，次日以喷水养护。

5.4.5 施工中应注意事项

(1) 抹粘结层水泥浆的水灰比不宜太大，因考虑到玻璃锦砖吸水性能差，尽量减少水分，否则多余的水分不能被基体吸收，则容易造成空鼓。水灰比应控制在0.32左右。

(2) 所用的水泥一定是合格水泥，特别是粘结层的白水泥，因其刮得薄，如果强度降低，粘结性能会受到影响。如果使用白水泥做粘结材料，不要在白水泥中掺入滑石粉，更不能用石灰代替白水泥。

(3) 玻璃锦砖在运输时应避免日晒、雨淋、受潮和剧烈振动，搬运时要轻搬轻放。

堆放也应注意防雨、防潮，室内要保持干燥，堆箱要离地堆码,不要堆码过高,不同规格及等级的产品,要按级别分别堆放。

(4) 窗台外侧玻璃锦砖表面,应略低于窗框下沿,最好将锦砖塞进窗框一点,缝隙再用水泥浆勾密实。另外,窗台的排水坡度要找好,不能反坡。

(5) 阳角部位的锦砖容易磕碰,易掉角,所以在人们易于碰到的部位,应采取相应的保护措施。

(6) 玻璃锦砖施工中,清洗是最重要的一道工序。因玻璃锦砖粗糙多孔,而水泥浆无孔不入,如果不清洗干净,湿时看不清晰,干后水泥显出颜色,使玻璃锦砖非常肮脏。干了以后再来清洗,是不可能洗干净的,就是用钢刷子也刷不掉。

5.4.6 质量通病及防治措施

1. 反射的光泽零乱,线条不平直,楞角不整齐

产生原因:

(1) 基层表面各层砂浆、粘结层处理不当,平整度和垂直度不符合要求。

(2) 未拉通线和吊线,未认真做标志,修补马虎。

防治措施:

(1) 基层必须做到表面平整、棱角方正。

(2) 认真拉通线,找规矩,做标志,抹粘结层要用硬靠尺刮平,并认真弹线分格。

(3) 擦缝应仔细在缝子处刮浆,不能在表面满涂满刮,否则会使玻璃锦砖失去光泽,擦缝要用干净的棉纱。

2. 掉粒脱落

产生原因:

(1) 所使用的水泥浆胶粘剂强度不够。水泥浆水灰比太

大，水泥比较稀，从而影响粘结。

（2）粘结后勾缝不饱满，养护不好，水泥水化不够。

（3）由于墙体变形而影响饰面，促成锦砖松动而脱落。

防治措施：

（1）粘贴层所用的水泥质量应符合要求，配合比应正确。

（2）贴好后，要认真勾缝，要注意适时加强养护，使砂浆充分水化。

3. 墙面花脸

产生原因：

（1）浅色玻璃锦砖的粘结层颜色不一，酸洗不当。

（2）玻璃锦砖呈半透明状，而且表面粗糙多孔，水泥浆无孔不入，弄脏后没及时擦洗干净。

防治措施：

（1）玻璃锦砖开始铺贴后，不得在脚手架上和室内向外倒脏水、垃圾，并立即做好落地灰清理工作。

（2）用有色纸包装时，运输途中和保管期间要防止雨淋受潮。

（3）玻璃锦砖镶贴完后，如受砂浆、水泥浆等玷污，可用10%稀盐酸溶液洗刷，使盐酸和水泥浆中的氢氧化钙发生反应，生成极易溶于水、强度低的氯化钙，然后再用清水冲清，这样就可把被玷污的墙面清洗干净。必须注意，洗刷时，应由上而下进行，然后用清水洗净，否则，就是用钢丝刷也刷洗不掉的。

5.5 饰面板安装

5.5.1 大理石饰面板安装

大理石饰面板是一种高级装饰材料，用于高级建筑物的装饰面。大理石的色彩花纹丰富多彩，绚丽美观，用大理石装饰的工程，更显得富丽堂皇。

大理石适用范围较广，可作为高级建筑中的墙面、柱面、窗台板、楼地面、卫生间梳妆台、楼梯踏步等贴面。但大理石一般都含有杂质，在大气中易受硫化物和水汽的腐蚀使表面失去光泽，仅有汉白玉、艾叶青、镜面花岗岩等少数几种质纯的可用于室外，其他宜用于室内。

1. 材料要求

（1）大理石板材

1）大理石板材有大块与小块之分，当边长大于40cm的板材为大块料；而边长小于40cm的板材为小块料。其规格和技术要求应符合质量标准。

2）大理石板块，规格尺寸方正，表面平整光滑，不能有缺棱掉角、表面裂纹和污染变色等缺陷。

3）大理石饰面板不宜采用易褪色材料包捆，以防运输和存放中污染石板。大理石板材是脆性材料，棱角极易碰坏，在包装和运输时要保护棱角和磨光面。放置时要光面相对，衬以软纸，直立码放。

（2）水泥　水泥用不低于32.5级普通水泥或矿渣硅酸盐水泥，并应备少量擦缝用白色水泥。

（3）砂　砂宜用粗砂，使用时应过5mm筛子，含泥量不得大于3%。

（4）其他材料　还需备有4mm粗铜丝或细铜丝（锚固扎结用）或不锈钢挂件、熟石膏、细碎石、矿物性颜料、胶粘剂等。

2. 施工准备

（1）做好选料备料工作：根据设计图纸和镶贴排列的要

求，提出大理石加工尺寸和数量，如遇异形或特殊形状的面板，应绘制加工详图，并按使用部位编好号码，加工量要适当增加，主要考虑运输和施工时的损耗。委托加工时应留好样品，以便验货时对照。

（2）施工工具：除一般常用工具的配备外，还应备好手提式冲击电钻和电动锯石机、细砂轮、水平尺、橡皮锤、靠尺板、钢丝钳、尼龙线等。

（3）检查、验收门窗、水暖、电气管道及预埋件安装位置是否符合设计要求。

（4）检查、验收主体结构的平整度和垂直度及强度是否符合设计要求，不符合的应立即返工。

（5）事先将有缺边掉角、裂纹和局部污染变色的大理石板材挑选出来，完好的进行套方检查，规格尺寸如有偏差，应磨边、修正。

（6）用于室外装饰的板材，应挑选具有耐晒、耐风化、耐腐蚀性能的块材。

（7）安装大理石前，应准备好不锈钢连接件、锚固件及铜线。而决不能用钢连接件及22号铁丝。因其易污染大理石面层。

3. 施工要点

（1）根据大理石块料尺寸大小的不同，可采取不同的镶贴方法：

1）小规格块料（边长小于40cm）采取粘贴法。

2）大规格块料，采用安装方法。

（2）复核几何尺寸，抽查板材方正长宽尺寸，核实墙面尺寸，绘出施工大样图。

（3）镶贴前应检查基层（如墙面、柱面）平整情况，如凹凸过大应事先处理。

（4）在镶贴前应事先找好水平线和垂直线及分格线。

（5）在镶贴时，应注意板面的垂直度、平整度及纵横缝平直。

（6）块材与基层的缝隙，一般为 15～50mm，在拉线找方、挂直找规矩时，要注意与其他工种的关系，门窗、贴脸、抹灰等厚度都应考虑饰面块材与基层间的缝隙。

（7）饰面块材安装后，应注意临时固定，较大的块材应加支撑。安装门券脸应按 1‰ 起拱。

（8）安装完后，应注意灌浆的高度不应超过板高的 1/3。

（9）最后注意清理、嵌缝和抛光。

4．小规格块料粘贴操作要点

（1）基层处理　首先将基层表面的灰尘、污垢和油渍除干净，并浇水湿润。对于混凝土等表面光滑平整的基体应进行凿毛处理。墙面的垂直度和平整度要吊通线检查，如果垂直度偏差太大，镶贴面会超过平整度标准。特别是钢筋混凝土结构，由于施工不注意，胀模或跑模、轴线位移等因素，都对基层表面带来影响，如果不加以处理，会给镶贴带来困难。

（2）抹底层灰　用 1∶2.5（体积比）的水泥砂浆打底，找规矩，厚度约为 10mm，打底分两次完成，用刮尺刮平、划毛，按普通抹灰标准进行检查验收平整度和垂直度，即表面平整度和立面垂直度均小于 4mm。

（3）弹线、分块　首先在墙面、柱面和门窗上用线坠从上至下吊线坠确定板的表面距基层的距离。一般大理石板外皮距结构层的距离多在 3~4cm。具体要看板材的厚度及抹灰层的厚度。根据垂线位置，在地面上顺墙面或柱面弹出大理石板外轮廓线。此线为第一层大理石的基础线（石板外皮线）。

接着弹出第一排的标高线，将第一层板的下沿线弹到墙上。如果有踢脚板，先将踢脚板的标高线弹好。然后再考虑板面的实际尺寸和缝隙，在墙面上弹出大理石板面的分块线。饰面板分格与阳角衔接如图 5-24 所示。

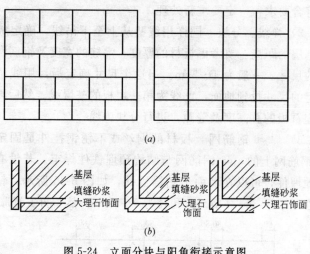

图 5-24 立面分块与阳角衔接示意图
(a) 立面分格；(b) 阳角剖面

（4）镶贴 将清洗干净并湿润后阴干的饰面板的背面均匀地抹上 2~3mm 的 108 胶水浆（108 胶水的掺量为水泥重量的 10%~15%）或环氧树脂水泥浆，也可用 AH-03 胶粘剂，依据已弹好的水平线先镶贴墙面底层两端的两块饰面板，然后在两端饰面板上口拉一通线，按编号依次镶贴，第一层铺贴完毕,进行第二层大理石的镶贴,依此类推,直至贴完,并随时用靠尺找平拉直。

5. 大规格块料安装操作要点

大规格块料大理石安装方法有传统挂贴安装法和楔固安装法两种。

(1) 传统挂贴安装法操作要点

1) 基层处理 清除基层表面浮灰和油污,检查结构预埋件位置,检查基层表面的垂直度、平整度和轴线位置,若不符合要求,一定要重新处理。

2) 弹线、分块 同样用线坠从上至下吊线,确定板面距基层的距离。要考虑板材的厚度、灌缝的宽度及钢筋网所占的尺寸。一般为4~5cm。当这个尺寸确定后,用线坠按确定的尺寸投到地面,此线为第一层板的基层线。然后再按大理石板的总高度及缝隙,进行分块弹线。

3) 焊 $\phi 6$ 钢筋网 板材的铜丝或不锈钢挂件是固定在 $\phi 6$ 钢筋网上的,$\phi 6$ 钢筋网与结构预埋铁件焊牢。若没有设置预埋件,可以在墙面上钻锚固孔,如图5-25所示。钻孔深度不小于35~40mm,孔径为5~6mm,然后再安置胀管

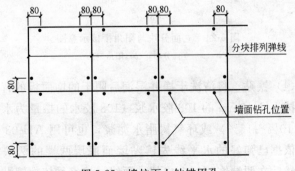

图5-25 墙柱面上钻锚固孔

螺栓。把钢筋焊在胀管螺栓上。钢筋网必须焊牢,不得有松动和弯曲现象。钢筋网竖向钢筋间距不大于50cm。横向钢筋为绑扎铜丝或挂钩所需要,其上下排之间的尺寸由板的高度所决定,当板高超过1.2m时,中间宜增加横向钢筋。

4) 大理石饰面板修边打眼 饰面板安装前,应对饰面板修边打眼。目前有两种方法。

① 钻孔打眼法。当板宽在500mm以内时,每块板的上、下边的打眼数量均不得少于2个,如超过500mm应不少于3个。打眼的位置应与基层上的钢筋网的横向钢筋的位置相适应。一般在板材的断面上由背面算起2/3处,用笔画好钻孔位置,然后用手电钻钻孔,使竖孔、横孔相连通,钻孔直径以能满足穿线即可,严禁过大,一般为5mm,如图5-26所示。

钻好孔后,必须将铜丝伸入孔内,然后加以固结,才能起到连结的作用。可以用环氧树脂固结,也可以用铅皮挤紧铜丝。

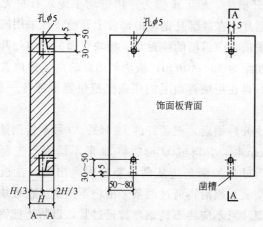

图5-26 饰面板钻孔及凿槽示意图

若用不锈钢的挂钩同 $\phi6$ 钢筋挂牢时,应在大理石板上下侧面,用 $\phi5mm$ 的合金钢头钻孔,如图 5-27。

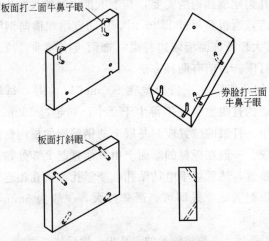

图 5-27 饰面板打眼示意图

② 开槽法。施工步骤为:用电动手提式石材无齿切割机的圆锯片,在需绑扎钢丝的部位上开槽。现采用的是四道或三道槽法。四道槽的位置是:板块背面的边角处开两条竖槽,其间距为 30~40mm;板块侧边处的两竖槽位置上开一条横槽,再在板块背面上的两条竖槽位置下部开一条横槽,如图 5-28。

板块开好槽后,把备好的 18 号或 20 号不锈钢丝或铜丝剪成 30cm 长,并弯成 U 形。将 U 形不锈钢丝先套入板背横槽内,U 形的两条边从两条竖槽内通出后,在板块侧边横槽处交叉。然后再通过两条竖槽将不锈钢丝在板块背面扎牢。但要注意不应将不锈钢丝拧得过紧,以防止把钢丝拧断或将大理石的槽口弄断裂。

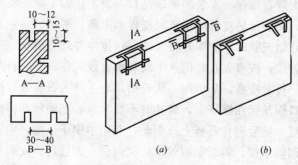

图 5-28 板材开槽方式

(a) 四道槽；(b) 三道槽

5）大理石饰面板安装 大理石饰面板的安装，应采用板材与基层绑扎或悬挂，然后灌浆固定的办法，如图 5-29 所示。

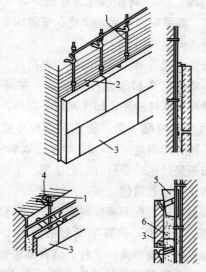

图 5-29 大理石安装固定示意图

1—ϕ6 钢筋；2—铜丝；3—大理石；4—基体；5—木楔；6—砂浆

大理石饰面板安装的顺序是自下而上,为了保证安装的质量,安装第一皮时应用直尺托板和木楔找平。

开始安装时,按编号将大理石板擦净并理直铜丝,手提石板就位,按事先找好的水平线和垂直线,在最下一行两头找平,拉上横线,从中间一块开始,右手伸入石板背后把石板下口铜丝绑在横筋上,绑扎时不要太紧,把铜丝和横筋拴牢即可,然后绑扎石板上口铜丝,并用木楔子垫稳。用靠尺检查调整木楔,再系紧铜丝。依次向另一方进行。安装每一块石板时,如发现石板的规格不准或石板间隙不均匀,应用铅皮加垫,使石板间隙均匀一致,以保持第一层石板上口平直,为第二层石板安装打下基础。

如果用挂钩,将挂钩一端放入孔内,另一端钩在钢筋上。

6) 临时固定 为了防止水泥浆灌缝时,安装完毕的石板走动与错位,要采取临时固定措施。临时固定的办法,可视部位的不同,灵活采用。

内墙面安装大理石饰面板临时固定办法较多的是用外贴石膏的办法。将熟石膏加水泥拌成粥状,在调整完毕的板面,将石膏贴在板的拼缝外,即像贴饼子那样,沿拼缝外贴2~3块,也可沿拼缝贴一条,使该层石板连成整体。水泥的加量一般是熟石膏用量的20%。加水泥以加强防止裂缝,节约石膏。如果是浅色的板材宜加白水泥。上口的木楔,也要贴上石膏防止松动和错位。

外墙面安装大理石饰面板临时固定办法,较多的是利用外脚手架的横、立杆件,使脚手架板的表面加设一条水平带,另一头靠住脚手架的横、立杆。这种办法省工省料。

临时固定后,用靠尺板检查安装面板是否垂直、平整,发现问题,及时校正,待石膏坚固后即可灌浆。

7) 灌浆 临时固定后,用1:3(体积比)水泥砂浆,稠度在10~15cm,进行灌浆。灌浆时用小桶徐徐倒入缝内。注意不要碰动石板,也不要只从一处灌筑,同时要检查石板是否因灌浆而外移。浇灌高度为15cm,不得超过石板高度的1/3。然后用铁棒轻轻捣固,不要猛捣和猛灌。发现错位,应立即拆除,重新安装。

第一次灌入15cm稍停1~2h,待砂浆初凝无水溢出后,再检查板是否有移动。然后进行第二层灌浆,高度为10cm左右,即石板的1/2高处。

第三层灌浆灌至低于石板上口5cm处为止。

8) 清理 一层石板灌浆完毕,砂浆初凝后方可清理上口余浆,并用棉纱擦干净。隔天再清理石板上口木楔及妨碍安装的石膏及杂物。清理干净后,可用上述程序安装另一层石板,周而复始,依次镶贴安装完毕。

9) 嵌缝 全部安装完毕,清除所有的石膏及余浆残迹,然后用同大理石板颜色相同的色浆嵌缝,边嵌边擦干净,使缝隙密实,颜色一致。

10) 抛光 磨光的大理石板,表面在工厂已经进行抛光打蜡,但由于施工过程中的污染,表面已失去部分光泽。所以,安装完后要进行擦拭与抛光,使其表面更富光泽。

(2) 楔固安装法 传统挂贴法是把固定板块的铜丝绑扎在预埋钢筋上,而楔固法是将固定板块的钢丝直接楔紧在墙体或柱体上。其工序如下:

1) 石板块钻孔 将大理石饰面板直立固定于木架上,用手电钻在距两端1/4处居板厚中心钻孔,孔径6mm,深35~40mm。板宽小于500mm打直孔二个,板宽在500~800mm之间打直孔三个,板宽大于800mm打直孔四个。然后将板旋转 90°固定于木架上，在板两边分别各打直孔一个，孔位距板下端 100mm 处，孔径 6mm，孔深 35～40mm，上下直孔都用合金錾子在板背面方向剔槽，槽深 7mm，以便安装 U 形钢条，图 5-30。

2) 基体钻斜孔　板材钻孔后，按基体放线分块位置临时就位，并在对应于板材上下直孔的基体位置上，用冲击钻钻出与板材孔数相等的斜孔，斜孔成 45°角，孔径 6mm，孔深 40～50mm，如图 5-31。

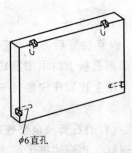
图 5-30　楔固法中石板钻孔要求

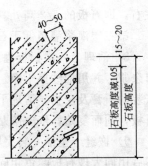
图 5-31　基体钻斜孔

3) 板材安装与固定　基体钻孔后，将大理石板安装就位，根据板材与基体相距的孔距，用克丝钳子现制直径 5mm 的不锈钢 U 形钉，如图 5-32。其钉一端钩进大理石板直孔内，并随即用硬木小楔楔紧。另一端勾进基体斜孔内，并拉小线或用靠尺板及水平尺校正板上下口，以及板面垂直和平整度，并视其与相邻板材结合是否严密，随后将基体斜孔内不锈钢 U 形钉用硬木楔或水泥钉楔紧，接着用大头

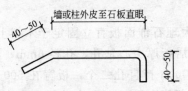
图 5-32　直径 5mm 的不锈钢 U 形钉

木楔紧胀于板材与基体之间，以紧固 U 形钉，做法见图 5-33。

石面板位置校正准确并临时固定后，即可进行灌浆施工，其方法与前述相同。

（3）大理石饰面的细部处理

1）墙面与踢脚板。饰面板墙与踢脚板的交接，一般有两种方法，一种是墙面凸出踢脚板，另一种是踢脚板凸出墙面 10mm 左右。比较好的做法是踢脚板凹进墙，如图 5-34 所示。

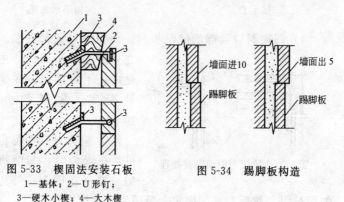

图 5-33 楔固法安装石板
1—基体；2—U 形钉；
3—硬木小楔；4—大木楔

图 5-34 踢脚板构造

2）墙面与地面交接部位构造。在墙面与地面的交接部位，宜采用踢脚板或饰面板材落在地面的饰面层上。这样，接缝比较隐蔽，略有间隙可用相同色彩的水泥浆封闭。其构造如图 5-35 所示。踢脚板下边直接落在垫层上如图 5-36 所示的构造用得少。

3）墙面与顶棚交接部位构造。在板材墙面与顶棚之间，留出一段距离，改用抹灰或贴面砖等办法，使上部有段空隙，这样就较好地解决了最后一块板灌浆与绑扎固定问题。这段空隙尺寸不宜太大，在做法上可做成多线角的曲线抹灰，如图 5-37。

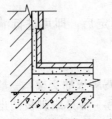
图 5-35 踢脚板与地面交接示意图

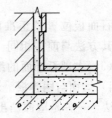
图 5-36 踢脚板落在垫层上的构造示意图

4) 门窗洞口顶部的镶贴板材。门窗洞口顶部安装，较之立面更难于操作，主要是绑扎不好固定，灌浆不易密实。常用的办法如下：

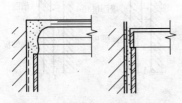
图 5-37 顶棚与墙面衔接处理

① 应充分利用窗框构件，在安装时，如能将板的一端搭在框上，外边在侧面打眼，然后与基层固定，最后用砂浆堵密实。

② 在板材表面钻四组穿透的孔眼，每组 2 个，正面两孔眼凿成凹槽，再用双股 16 号铜丝穿过，固定在钢筋网上，灌满水泥浆。待砂浆凝结后，对表面凹槽进行修补，将铜丝盖住。修补宜用同石板相同色彩的水泥浆。

门窗套阴角衔接做法如图 5-38。

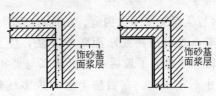
图 5-38 门窗套阴角衔接做法

(4) 大理石饰面板窗台板施工

1) 先校正窗台的水平，确定窗台板的找平厚度。在窗口两边按图纸要求尺寸在墙上剔槽。多窗口的房间剔槽时要拉通线，并将各窗台找平。

2) 清理窗台上的灰砂、杂物。并洒水湿润保持干净。

3) 抹找平层。用 1∶3（体积比）的干硬性水泥砂浆或豆石混凝土，铺抹在窗台上，用刮尺刮平，均匀地撒上干水泥面。

4) 镶铺。等水泥充分吸水呈水泥浆时，然后将湿润的板材平稳地安上，用橡皮锤轻击，使其平整并与找平层有良好的粘结。

在窗口两侧端墙上剔槽处要先浇水湿润，板材伸入墙内的两端尺寸要相等。然后用水泥砂浆或豆石混凝土将伸入墙内两端部分塞实堵严，并将窗台板上的水泥砂浆擦干净。

6. 质量标准及允许偏差

质量标准及允许偏差见 5.8.1 节。

7. 质量通病及防治措施

(1) 接缝不平、板面纹理不顺、色泽不匀

产生原因：

基层处理不好，施工操作没按要点进行，材质没有严格挑选，分次灌浆过高。

防治措施：

1) 施工前对原材料要进行严格挑选，并进行套方检查，规格尺寸若有偏差，应进行磨边修正。

2) 施工前一定要检查基层是否符合要求，偏差大的一定要事先剔凿和修补。

3) 根据墙面弹线找规矩进行大理石试拼，如对颜色，调整花纹，使板与板之间上下左右纹理通顺，颜色协调。试

拼后逐块编号,然后对号安装。

4)施工时应按大理石饰面操作要点进行。

(2) 开裂

产生原因:

1)大理石镶贴墙面、柱面时,上下空隙较小,结构受压变形,大理石饰面受到垂直方向的压力。

2)大理石安装不严密,侵蚀气体和湿空气透入板缝,使钢筋网和挂钩等连接件遭到锈蚀,产生膨胀给大理石板一种向外推力。

防治措施:

1)墙、柱面等承重结构上镶贴大理石饰面时,应待结构沉降稳定后进行,在顶部和底部,安装大理石板块时,应留有一定缝隙,以防止结构压缩,大理石饰面直接承受重力被压开裂。

2)安装大理石接缝处,嵌缝要严密,灌浆应饱满,块材不得有裂缝、缺棱掉角等缺陷,以防止侵蚀气体和湿空气侵入,锈蚀钢筋网片,引起板面开裂。

3)墙面修补,可用108胶向水泥浆掺色修补,色浆的颜色应尽量做到与修补的大理石表面相一致。

(3) 墙面腐蚀、空鼓脱落

产生原因:

大理石主要成分是碳酸钙和氧化钙,如遇空气中的二氧化硫和水生成的亚硫酸,与大理石中的碳酸钙发生化学反应,在大理石表面生成石膏。石膏易溶于水,且硬度低,使磨光的大理石表面逐渐失去光泽。产生麻点、开裂和剥落现象。

防治措施:

1)大理石不宜用作室外墙面饰面,特别是不宜在工业区附近的建筑物上采用。

2）室外大理石墙面压顶部位，要认真处理，保证基层不渗水。操作时横竖接缝必须严密，灌浆饱满，每块大理石板与基层钢筋网拉接应不少于四点。

3）将空鼓脱落的大理石拆下，重新铺贴。

(4) 墙面碰损、污染

产生原因：

主要是块材在搬运、保管中不妥当，操作中不及时清洗被砂浆等脏物造成污染，安装好后没有认真做好成品保护。

防治措施：

1）在搬运过程中，要避免正面边角先着地或一角先着地，以防止正面棱角受伤。

2）大理石受到污染后不易擦洗掉。在运输保管中，不宜用草绳、草帘等捆扎。大理石灌浆时，防止接缝处漏浆造成污染。还应防止酸碱类化学药品、有色液体等直接接触大理石表面造成污染。

3）大理石缺棱掉角可以修补。

缺棱处宜用环氧树脂胶修补。环氧树脂胶的配合比为：E44号环氧树脂：苯二甲酸二丁酯：乙二胺：白水泥：颜料＝100：20：10：100：适量，调的色彩应和大理石相近，修补后待环氧树脂胶凝固硬化后，用细油石磨光磨平。

掉角撕裂的大理石板，先将粘结面清洗干净，干燥后，在两个粘结面上均匀涂上 0.5mm 厚环氧树脂胶粘贴后，养护 3d。胶粘剂配好后宜在 1h 内用完。或采用 502 胶粘剂，在粘结面上滴上 502 胶后，稍加压力粘合，在 15℃温度下，养护 24h 即可。

5.5.2 采用 AH-03 大理石胶粘剂镶贴大理石新工艺

大理石作为室内外装饰越来越普遍，而这类贴面材料的粘贴大都采用传统做法，需要打孔、穿洞、扎钢筋骨架、灌水泥砂浆，用石膏临时固定等繁杂工序，每平方米需用一个工日。就是采用掺 108 胶或聚醋酸乙烯酯乳液的水泥砂浆粘贴虽然提高了水泥的保水性和粘结强度，却因这类胶粘剂耐水性、耐久性差，容易出现大片脱落和空鼓等现象。目前，越来越多的是采用胶粘剂来粘贴的工程，这里介绍中建一局科研所研制的采用 AH-03 大理石胶粘剂粘贴大理石的施工工艺。

1. 施工准备

（1）材料

1）AH-03 大理石胶粘剂。

2）白水泥（采用 32.5 级或 42.5 级），用于浅色大理石板之间嵌缝用。

3）矿物性颜料（根据大理石的颜色而定）。与白水泥配成色浆嵌缝用。

4）大理石（厚度小于 25mm），根据设计要求检验：

① 表面平整（背面也需平整）。

② 颜色均匀一致。

③ 规格尺寸准确。

④ 边角方正，不得有缺棱、缺角、裂缝等现象。

5）大理石板进入现场一定要堆放整齐，要保护好棱角。放在干燥的室内，防止污染变色。特别对浅色大理石，切忌包装材料受潮掉色浸染大理石。

（2）机具

1）2m 靠尺。

2）0.25kg 重的线锤。

3) 木折尺或小钢尺。

4) 水平尺。

5) 腻子刀（或锯齿形刮板）。

6) 电动锯石机。

7) 木楔子。

8) 底板。

9) 手提式搅拌机（功率1kW以上）。

(3) 作业条件

1) 办好本楼层结构验收，水、电源备齐。

2) 墙面必须平整，如用净胶粘贴平整度用2m靠尺检查，允许偏差2mm，坚实、无浮灰（1:2~2.5水泥砂浆底层）。

3) 墙面弹好50cm水平线。

4) 大理石按不同规格、颜色、数量，清点进场，分类堆放。

5) 有门窗套的必须把门框、窗框立好（位置准确、垂直、牢固。考虑安装大理石时尺寸有足够的余量）。预埋管线安装完毕。

6) 根据设计要求房间墙面的实际尺寸和板料的规格放出大样（特别在地面上也铺同样大理石板时，墙面与地面必须一致）。

7) 如果要利用大理石板料的自然花纹拼花时，必须在施工前和有关人员一起铺开在平面上拼花，然后编号就位。

2. 操作要点

(1) 大理石板材厚薄不匀时，施工前按厚薄分类，粘贴时先贴厚板，再贴薄板。

(2) 将墙面、柱面和门套用线锤从上至下找好垂直度，应考虑大理石板材厚度。

(3) 在地面上顺墙弹出板材外轮廓尺寸线（柱面等同），并弹出最低水平基准线，为第一层板材就位用。

(4) 编好号的大理石板，在弹好的基准线上，划出就位线。每块留 1mm 缝隙。

(5) 沿水平基准线放一块长板（作为托底板）防止石板粘贴后下滑。

(6) 粘贴大理石，按顺序拿石板，用锯齿形刮板或腻子刀把胶粘剂涂刮在大理石板上（或涂刮在墙面上）。轻轻地将石板的下沿与水平基准线对齐粘合。

(7) 大理石由下向上逐层粘贴。用手轻轻推拉定位，用橡皮锤轻敲平整。每层用水平尺靠平。每贴三层垂直方向用靠尺靠平。

(8) 全部石板安装完毕后，清除板面上的余胶，用清洁的布擦洗干净。

(9) 按石板的颜色调制色浆嵌缝，边嵌边擦干净，使缝隙密实、均匀、干净、颜色一致。

(10) 柱子或墙面的阳角部位，大理石可根据阳角的不同角度磨出倒角，使两侧面的石板咬合。

3. 质量标准

质量标准见 5.8.1 节。

4. 注意事项

(1) 接缝高低差过大，需用高标号金刚石磨平。

(2) 胶粘剂稠度不宜过稠，太稠时，胶涂刮不开。太稀时，胶粘剂容易产生流淌而缺胶。

(3) 胶层为 1mm 左右最佳。超过 3mm 时，胶内掺适量的干净且干燥的细砂，防止收缩。

(4) 胶粘剂贮存必须密封、防冻、防晒。使用前，先搅拌均匀。使用温度必须在5℃以上。

(5) 储存期为三个月。

5.5.3 花岗石饰面板安装

花岗石主要用于室外装饰，用花岗石作外装饰面效果好，耐久，但造价高，因而主要用于公共建筑和装饰等级要求高的工程中。

1. 材料要求

(1) 花岗石板 花岗石板材按加工方法分为：

1) 剁斧板材 表面粗糙，具有规则的条状斧纹；

2) 机刨板材 表面平整，具有相互平行的刨纹；

3) 粗磨板材 表面平滑无光；

4) 磨光板材 表面光亮，色泽明显，晶体裸露。

(2) 水泥 水泥用不低于32.5级普通水泥或矿渣硅酸盐水泥，并应备少量擦缝用白水泥。

(3) 砂 砂宜用中砂或粗砂，含泥量不得大于3%。

(4) 铜丝 粗铜丝或细铜丝、不锈钢挂件。

2. 施工准备

同大理石面层。

3. 施工要点

(1) 根据设计要求，核对选用块材的品种、规格和颜色，并统一编号。

(2) 按照设计要求在基层表面绑扎钢筋网，并与结构预埋件绑扎牢固。

(3) 柱面安装前，应先按平面图的位置放好平面位置线，确定柱墩的位置。

(4) 拱、券脸安装前，须根据设计图纸，用三合板画出样板，并根据拱、券脸样板定出拱、券中心线及边线，画出拱的圆弧线，然后自下而上地进行安装。

（5）室外块材的安装应比室外地坪低50mm，以免露底，并注意检查基础软硬程度。

（6）块材要用镀锌钢筋或不锈钢挂件与钢筋网连接。块材与块材之间可采用扒钉或梢钉连接。

（7）花岗石板材安装后，如果在上层还需进行其他抹灰时，则应对板材表面采取保护措施。

（8）花岗石受污染，可酸洗后用清水冲净。

4．操作要点

（1）分格

板材安装首先进行分格，常见的分格方法与几种缝的处理，如图5-39所示。

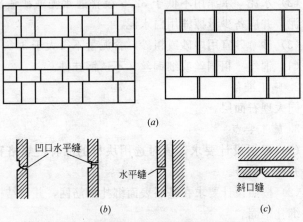

图5-39 花岗石板分格与几种缝的处理示意图

（2）基层挂网

在基层挂网前，应预先将基层剁毛，以增加基层粘结力。按分格的位置，用冲击电钻在基层打 $\phi 6.5 \sim 8.5 mm$、深度$\geqslant 60mm$ 的孔，打入 $\phi 6 \sim 8mm$ 短钢筋，应外露 50mm 以上并弯钩，在同标高的插筋上放置水平钢筋，并焊接固定，如图 5-40 所示。

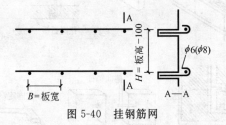

图 5-40　挂钢筋网

（3）板材打眼

板材打眼同大理石板打眼。

（4）板材安装

1）安装墙面时，先将好头（抱头）稳好，按墙面拉线顺直，用钢尺测定长度，确定分块和调整缝隙，然后进行安装。花岗石板安装连接示意图如 5-41 所示。花岗石板多用于室外墙面、柱面、台阶、勒脚等部位，其安装方法与大理石板块相同，但板与板之间可用扒钉或梢钉连接。

2）雨篷飘板悬挂花岗石板安装方案，如图 5-42 所示。安装前，应先立好支撑，底板安放后找平，飘板钻眼应与花岗石板钻孔相对。灌浆前，用角钢卡具、木楔把花岗石板固定好。

（5）灌浆

花岗石饰面块材安装好后，先用水洗缝隙并堵塞缝子，最好用铅块堵塞，然后用 1∶2.5 水泥砂浆分层灌注，每次灌入 20cm 左右，等初凝后再继续灌浆。离块材上口 5～8cm

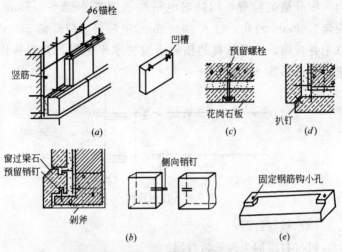

图 5-41 花岗石板安装连接示意图
(a) 花岗石板与墙体连接；(b) 销钉连接；(c) 螺栓连接；
(d) 扒钉连接；(e) 窗台板预留孔眼做法

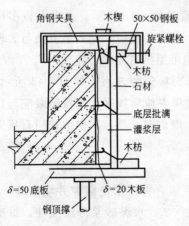

图 5-42 雨篷飘板安装示意图

处，要待安装好上面一块饰面板后，再继续灌浆。

5. 镜面花岗石饰面板安装方法

镜面花岗石饰面板的安装可采用挂贴式、树脂胶粘结式、楔固式、钢网式等方法进行。其工艺和施工工序与前述大理石镜面饰面板的方法相同。近来镜面花岗石面板的安装常采用干挂法工艺，干挂法工艺又分两种方法。

(1) 直接挂板式

直接挂板式安装板块，是用不锈钢角将板块支托在墙面上。不锈钢角用膨胀螺栓固定在墙面上。上下两层不锈钢角的间距等于板块的高度。该安装方式的关键工艺是不锈钢角安装尺寸的准确和板块上凹槽位置的准确，板块上的四个凹槽位置应在板厚中心线上，并在距板侧边 40mm 处。不锈钢角的分布方式见图 5-43。它与板块的安装方法见图 5-44。

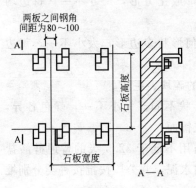
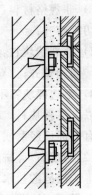

图 5-43　不锈钢角的分布形式　　图 5-44　直接挂板式安装板块

安装时从底层开始，先在地面墙边处的板块下，摊铺一条宽于板块与墙面间距离的水泥浆，然后再向不锈钢角上安装板块。在安装第二层板块前，先在第一层板顶端抹 5mm 厚的素水泥，并要求有一定的稠度，以不流淌为准。这种安装花岗石板块的方法，一般用于墙面高度小于 5m 的花岗石墙面。

(2) 花岗石预制板干挂

此法是把钢筋细石混凝土与磨光花岗石薄板预制成复合板，并在浇筑成型前加入预埋件，使之连接成一体。然后再用不锈钢角进行干挂，或者用专用连接器具与墙面干挂。

5.5.4 碎拼大理石面层施工

碎拼大理石墙面是一种别具风格、造价较低的高级饰面。由于块料较小，不需用连接件，从而简化施工程序和降低成本。

1. 材料要求

（1）碎拼大理石的块料：按大理石的形状可分为三种：

1）非规格材料：长方形或正方形，尺寸不一，每边均匀，切割整齐；

2）冰裂状块料：成几何形状多边形，大小不一，每边均匀，切割整齐；

3）毛边碎块：不定型的碎块、毛边。

以上三种块料，都是形状不同，大小不一，颜色各异，但都有一面已经磨成光面或镜面。

（2）水泥：碎拼大理石用不低于 32.5 级的普通硅酸盐水泥、矿渣硅酸盐水泥或白水泥，并分厂按批按种类分别堆放，以保证石渣浆掺颜料配色后色泽一致。

（3）砂：用粗砂或中砂。含泥量不应超过 3%。

（4）石碴：要求颗粒坚韧、有棱角、洁净，不得含有风化的石粒、杂草、泥块、砂粒等杂质。粒径可以根据碎拼大理石接缝宽度选用，使用前用水冲洗干净。

（5）颜料：选用耐碱、耐光的矿物颜料，掺入量不得大于水泥重量的 15%。

2. 施工准备

（1）碎拼大理石面层，铺设前应挑选颜色协调、厚薄一致的大理石。

（2）碎拼大理石面层应在1∶3水泥砂浆找平层上铺贴，大理石块料间隙应用普通水泥石碴色浆粘接。

（3）施工工具。常用的施工工具有水平尺、靠尺、橡皮锤、灰匙、钢抹子、磨石机等。

3. 施工要点

（1）碎拼大理石的颜色，按设计要求选定，板材边长不宜超过30cm，厚度应基本一致。

（2）镶贴前，应拉线找方挂直，做灰饼。在门口、窗口转角处，应注意留出镶贴块材的厚度。

（3）设计有图案时，应先镶贴图案部位，然后再镶贴其他部位。

（4）镶贴厚度不宜超过20mm，每天镶贴高度不宜超过1.2m，镶贴时，应随时用靠尺找平。镶贴后，要按设计要求采用不同颜色的水泥砂浆（或水泥石粒浆）勾缝。

（5）镶贴时，应注意面层的光洁，随时进行清理。如缝宽要求一致时，应在镶贴前用切割机进行块材加工。

4. 操作要点

（1）基层清理。清除基层表面浮灰、砂浆。油污必须用碱水洗净，再用清水冲洗。剔凿或补平凹凸不平之处，再洒水湿润。

（2）抹底层灰。用1∶3水泥砂浆抹底层灰，厚10～12mm，分遍打底找平。

（3）将碎片大理石背面的杂物、灰尘清扫干净，浸水2h晾干备用。

（4）拼贴前，拉线、找方、挂直、做灰饼。在门窗口转角处应注意留出镶贴块材的厚度。

(5) 镶贴。按大理石的接缝宽度，用1：2水泥砂浆镶贴平稳，用木锤或橡皮锤轻轻敲击大理石板，用直尺找平。镶贴时，应先贴大块，再根据间隙形状，选用合适的小块补入，应做到缝隙大小基本一致。

5. 墙面镶贴应注意的问题

(1) 镶贴的厚度不宜超过20mm，每天镶贴的高度不宜超过1.2m。

(2) 饰面拼缝，采用非规格块料时，可用干缝，缝宽为1~1.5mm，镶贴完后用同色水泥浆嵌缝，并将块料正面擦刷干净，待镶贴砂浆具有一定强度后，再打蜡出亮；镶贴冰裂状块料时，既可做成凹凸缝，也可做成平缝，凹凸缝的间隙可以稍小，镶贴毛边碎块时，因其不能密切吻合，故接缝应比非规格块料和冰裂状块料大，拼贴时应注意大小搭配，做到风格多变，自然优美。

(3) 同一墙面的碎拼大理石装饰面，大小块应搭配使用，也可配成图案。颜色要注意搭配协调，对颜色特殊的碎块，要分布均匀，增加艺术美。

(4) 嵌缝应用白水泥和耐碱性颜料。颜色应以调成水泥浆后与多数大理石碎块颜色相近为宜。

(5) 镶贴时，应注意表面层的光洁，随时进行清理。如面层光泽受到影响，清洁晾干后，可重新打蜡出光。

5.5.5 陶瓷壁画施工

陶瓷壁画是以锦砖、面砖、陶板等为原料制作成的具有较高艺术价值的现代建筑装饰材料。其特点是画面光亮莹润，浑厚古朴，耐盐、耐碱、耐摩擦，抗污染，百年犹新。它既可镶在高层建筑上，也可陈设在公共场所，如候机室、大型会客室、园林旅游区及家庭居室等，带给人们美的享受。它与建筑物共存之，被誉为纪念碑式的艺术。

大型陶瓷壁画施工是将大图幅的彩釉陶板壁画分块镶贴在墙上的一种操作方法，壁画面积可达 2000m²。由于彩釉陶板的生产工艺复杂，须经过放大、制板、刻画、配釉、施釉、烧成等一系列工序及复杂多变的窑变技术而制成，周期长而不易复制，因此施工时应绝对保证陶板的完好。

1. 施工准备

(1) 材料

水泥：32.5 级及 32.5 级以上的通用水泥；

砂：细砂，需过筛；

108 胶或纸筋石灰；

彩釉陶板：240mm×240mm，运输、堆放时要小心轻放，严禁掉棱缺角，施工前浸透晾干。

(2) 工具：合金钢划针、胡桃钳（或钢丝钳）、锉刀、细砂轮、直尺、线锤、靠尺、粉线袋、铁抹子、木抹子。

2. 工艺流程

抹找平层→拼图与套割→预排面层→弹线→镶贴→嵌缝→养护。

3. 花色瓷砖的拼图与套割

花色瓷砖有两类，一类在烧制前已绘有图案，仅需在施工时按图拼接即可；另一类为单色瓷砖，需经切割加工成某一图案再进行镶贴。

(1) 图案花瓷砖

图案花瓷砖为砖面上绘有各种图案的釉面砖或地砖（见图 5-45）。在施工前应按设计方案画出瓷砖排列图，使图案、花纹或色泽符合设计要求，经编号和复核各项尺寸后方可按图进行施工。

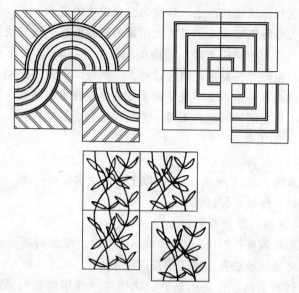

图 5-45　花色釉面砖

(2) 瓷砖的拼图与套割

1) 瓷砖图案放样：首先根据设计图案及要求在纸板上放出足尺大样，然后按照釉面砖的实际尺寸和规格进行分格（见图 5-46）。放样时应充分领会原图的设计构思，使大样的各种线条（直线、曲线或圆）及图案符合原图。同时根据原图对颜色的要求，在大样图上对每一分格块编上色码（颜色的代号），一块分格上有两种以上颜色时，应分别标出。

2) 彩色瓷砖拼图的套割：此工序是在放出的足尺大样上，根据每一分格块的色码，选用相应颜色的釉面砖进行裁割，并使各色釉面砖拼成设计所需要的图案。

套割应严格根据大样图进行，首先将大样图上不须裁割的整块砖按所需颜色放上；其次，将需套割的每一方格中的

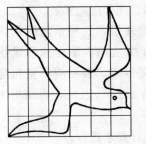 

图 5-46 瓷砖拼图
燕身为蓝色瓷砖,眼睛为红色瓷砖,底色为白色瓷砖

相邻釉面砖按大样图进行裁割、套接。裁割前,先在釉面砖面上用铅笔根据大样图画出需裁的分界线,然后根据不同线型和位置进行裁割。直线条可用合金钢划针在砖面上按铅笔线(稍留出 1mm 左右以做磨平时的损耗)划痕,划痕后将釉面砖的划痕对准硬物的直边角轻击一下即可折断,划痕愈深愈易折断,折断后,将所需一部分的边角在细砂轮上磨平磨直。曲线条可用合金钢划针裁去多余的可裁部分,然后用胡桃钳钳去多余的曲线部分,直至分界线的边缘外(留出 1mm),再用圆锉锉至分界线,使曲线圆润、光滑。釉面砖挖内圆先用手摇钻将麻花钻头在需割去的范围内钻孔,当钻孔在内圆范围内形成一个个圆圈后,用小锤头凿去,然后用圆锉锉至内圆分界线。当钻孔离分界线距离较大时,也可用凿子凿去多余部分,凿时先轻轻从斜向凿去背面,再凿去正面,然后用锉刀修至分界线。裁割完后,将各色釉面砖在大样图上拼好,如有图案或线条衔接不直不光滑,应将错位的部分重新裁割,直至符合要求。

4. 操作要点

施工时,其他工程均应基本结束,以免壁画完工后受损坏，如需钉边框，则边框的预留配件应先安装。

（1）抹找平层：包括清理基层，找规矩，做灰饼，做冲筋，抹底层、找平层。施工方法与内墙面抹砂浆找平层（中层）相同，采用1:3水泥砂浆。表面应平整粗糙，垂直度、平整度偏差值应控制在±2mm以内，表面用木抹子抹毛。

（2）拼图与套割：根据设计要求进行。

（3）预排面层：根据设计图在地面上进行预排，画出排列大样图，并分别在陶板背面及大样图上编号，以便施工时对号入座。

（4）弹线：根据陶板的块数和板间1mm的缝隙算出尺寸，在找平层（中层）上弹出壁画的外围控制线及等距离纵横控制线，纵横控制线宜每3～5块陶板弹一根线。在壁画下口应根据标高线弹出控制线，以利下皮陶板的铺设，并临时固定下口垫尺。

根据陶板的厚度及砂浆厚，在下口垫尺上弹出陶板面的控制线，同时在上方做出灰饼，灰饼面和垫尺上的陶板面控制线应在同一垂直面上，用以控制陶板面的平整度和垂直度。

（5）镶贴：镶贴前陶板应浸透并晾干，可用纯水泥浆加5%～10%的108胶，或用水泥:细砂:纸筋灰＝1:1.5:0.2的水泥砂浆粘贴。

在充分湿润的找平层上抹一层极薄的水泥浆或砂浆，然后根据大样图及陶板的编号选出陶板，在陶板的背面上抹一层水泥浆或砂浆（总厚度不宜超过5mm），接着将面砖镶贴在预定的位置上。陶板应从下往上镶贴，同一皮宜从左向右镶贴，贴一块校正一块，使每块的平整、垂直、水平均符合要求，同时还应注意壁画图案中的主要线条应衔接正确，直至镶贴完工。

（6）嵌缝：镶贴完工后应对陶板缝隙进行嵌缝，嵌缝应采用白水泥浆加颜料，嵌缝的色浆应与被嵌部位的图案基色相同或接近。嵌缝宜用竹片并压紧抽直，还应随时将余浆及板面擦干净。

（7）养护：施工后应用纤维板或夹板覆盖保护，直至工程交付使用，以防损坏。

5. 质量检查

（1）壁画所用材料的品种、规格、颜色、图案以及镶贴方法应符合设计要求。主要线条、图案衔接正确。

（2）壁画表面不得有变色、起碱、污点、砂浆流痕和显著的光泽受损处。

（3）找平层（中层）与底层之间及与基层之间应粘结牢固，不得有脱层、空鼓等缺陷。

（4）实测表面平整等可参见 5.1 饰面工程的相关内容。

5.6 裱糊饰面工艺

5.6.1 基层施工

1. 材料要求

（1）腻子　用作修补、填平基层表面麻点、钉孔等。腻子配合比为：

1）乳液配方

聚醋酸乙烯乳液	0.8～1
滑石粉	10
羧甲基纤维素（1%溶液）	2～3

2）胶油配方

用菜胶、福粉、清漆等调制。

(2) 底层涂料 为了避免基层吸水过快，将胶水迅速吸掉，使其失去粘结能力，或因干得太快而来不及裱贴操作，裱贴前应在基层面上先刷一遍底层涂料，作为封闭处理，待其干后再开始，吸水性特别大的基层，如纸面石膏板等，需涂刷两遍。

配合比为：

1) 清油配比 酚醛清漆：松节油＝1：3

2) 聚乙烯醇缩甲醛胶涂料（108胶） 108胶：水：羧甲基纤维素＝1：1：0.2

3) 乳胶漆 用水稀释，其配合比为：

乳胶漆：水＝1：5

2. 施工准备

(1) 操作条件

1) 在基层施工前应对结构进行检验，符合设计要求后，才可以进行基层施工。

2) 水暖、电气管线已安装完毕。

3) 各种预埋件已安装就位。

3. 施工工具

(1) 钢板抹子 形似瓦工用的压光抹子，质薄柔韧、弹性强、接触面大，用于墙满刮底灰用。

(2) 油刷滚筒 羊毛或兔毛油漆辊子。

(3) 砂纸机 砂纸机（如图 3-43 所示）装上金刚砂布打磨墙面。

(4) 其他工具 钢卷尺、弹线粉袋、水平尺、托线板等。

4. 基层处理要求

(1) 混凝土和抹灰面基层

1) 基层必须具有一定的强度 基层不松散、起粉、脱落。不得有飞刺、麻点及砂粒等缺陷。

2) 基层表面要干净 基层表面不得有油污、灰尘。有油污必须用碱水冲洗干净后,再用清水冲洗干净。

3) 干燥 墙面基本干燥,不潮湿发霉,含水率不大于8%。如果裱贴壁纸的墙体背面是潮气比较大的房间,水分有可能侵入墙体而影响壁纸面,应采取必要的防潮措施。如用具有防水性能的墙纸和粘结剂。

4) 墙面必须平整光滑 墙面的质量允许偏差应在质量标准的规定范围内,即:

表面平整度:阴阳角垂直和方正,允许偏差均为2mm。

立面垂直度:立面垂直度为3mm。

5) 基层表面应清扫干净 对表面脱灰、孔洞较大的缺陷用砂浆修补平整;对麻点、凹坑、接缝、裂缝等较小缺陷,用腻子涂刷1~2遍。修补平整,干固后用砂纸磨平。

6) 刮腻子 基层清理完后,还应满刮腻子,刮的遍数,应视基层的平整度而定。刮腻子不仅是为了找平,更主要的是增加壁纸面与基层之间的粘结性。

(2) 木板基层

1) 表面不露钉头(钉头最好先涂上防锈油漆),钉眼处用腻子满刮补平,干后用砂纸打磨平整光滑。

2) 板材基层应干燥、不潮湿,含水率不应超过规范规定:木构件、圆木或方木结构不应大于25%,板材结构不应大于18%,以免除基层中的碱性和水分使壁纸发生色变、鼓泡、开胶等质量问题。

3) 接缝要密实,板缝处除了认真刮腻子修补外,还应裱糊玻璃布。

(3) 石膏板基层

石膏板轻质墙板隔墙,特别要注意拼缝处理,因为只有拼缝平整,才能获得理想的装饰效果。纸面石膏板有楔形边和直角形边,在拼装时,拼缝处要用专用的石膏腻子进行修补,这种石膏腻子同石膏板配套供应。

(4) 基层表面处理方法

基层或基体表面的处理方法见表5-4。

基层或基体表面的处理方法 表5-4

序号	基层或基体的表面类型	处理方法					
		确定含水率	刷洗或漂洗	干刮	干磨	钉头补防锈油	填充接缝、钉孔裂缝	刷胶
1	混凝土	+	+	+	+		+	+
2	泡沫聚苯乙烯	+					+	
3	石膏面层	+		+	+		+	+
4	石灰面层	+		+	+		+	+
5	石膏板	+				+	+	+
6	加气混凝土板	+					+	+
7	硬质纤维板	+					+	+
8	木质板	+				+	+	+

注:刷胶是为了避免基层吸水过快,将涂于基层表面的胶液迅速吸干,使壁纸来不及裱糊在基层面上,因此,在涂胶前,先在基层表面上刷一遍1:0.5~1的聚乙烯醇缩甲醛胶水作为封闭处理,待其干后再开始涂胶和裱糊。如吸水性特别大可刷两遍。

表中"+"号表示应进行的工序。

(5) 刷底层涂料

经检查合格后的基层,应刷一道底层涂料,除了可以克服墙身吸水太快,引起粘结剂脱水外,还可以克服由于吸水速度不一致,而造成的表面干湿不均匀的现象。要求薄而均匀,不得有漏刷、流淌等缺陷。

5. 操作要点

(1) 基层清理　要将墙面泥头、粗粒凹灰及浮松漆皮和灰浆铲除干净。表面有油污的要用碱水（1∶10）擦洗，并用清水冲洗干净。当表面有较大的缺陷、表面脱灰、孔洞时必须有聚合物水泥砂浆修补。

(2) 满刮腻子　对麻点、凹坑、接缝、裂缝等较小的缺陷，用腻子修补填平，干后用砂布磨平。对于木板底层需用腻子补平满刮，干后用砂布磨平磨光滑。

(3) 刷底层涂料　经检查合格的基层，应刷一道底层涂料，除了可以克服墙身吸水太快引起粘结剂脱水外，还可以克服由于吸水速度不一致而造成的表面干湿不均匀现象。

要求底层全部涂一遍涂料，且应薄而均匀，不得有漏刷、流淌等缺陷。

6. 质量要求

质量要求见 5.6.7 节。

7. 质量通病及防治措施

(1) 腻子翻皮

产生原因：

1) 腻子胶性小或稠度大。

2) 基层表面有灰尘、隔离剂、油污等。

3) 基层表面太光滑，表面温度较高的情况下刮腻子。

4) 基层干燥，腻子刮得太厚。

防治措施：

1) 调制腻子时可以加入适量的胶液，稠度合适，以使用方便为准。

2) 基层表面的灰尘、隔离剂、油污等必须清除干净。

3) 在光滑的基层表面或清除污物后，要涂刷一层粘结剂（如乳胶），再刮腻子。

4）每遍刮腻子不宜过厚。不可在有冰霜、潮湿和高湿的基层表面上刮腻子。

5）翻皮的腻子应铲除干净，找出产生翻皮的原因，经采取措施后再重新刮腻子。

(2) 腻子裂纹

产生原因：

1）腻子胶性小，稠度大，失水快，使面层出现裂纹。

2）凹陷坑洼处的裂纹，是因杂物未清理干净，干缩后脱落。

3）凹陷洞孔较大时，刮抹的腻子有半眼、蒙头等缺陷，造成腻子不生根或一次刮抹腻子太厚，形成干缩裂纹。

防治措施：

1）在调制腻子时，稠度要适中，胶液应略多些。

2）基层表面特别是基层凹陷处，应将灰尘、浮土等清除干净，并涂刷一遍胶粘液，增加腻子的附着力。当孔洞较大时，腻子的胶性要略大些，并分层进行，反复刮抹平整、坚实、牢固。

3）对裂纹较大且已脱离基层的腻子，要铲除干净，待基层处理后，再重新刮一遍腻子。孔洞处的半眼、蒙头腻子必须挖出，处理后，再分层刮腻子直至平整。

(3) 表面粗糙、有疙瘩

产生原因：

1）基层表面污物未清除干净；凸起部分未处理平整；砂纸打磨不够或漏磨。

2）使用的工具未清理干净，有杂物混入材料中。

3）操作现场周围有灰尘飞扬或污物落在刚粉饰的表

面上。

防治措施：

1) 基层表面污物应清除干净，特别是混凝土流出的灰浆或接槎棱印，需用铁铲或电动砂轮磨光。腻子疤等凸起部分要用砂纸震荡机打磨平整。

2) 使用的材料要保持洁净，所用的工具和操作现场也应洁净，防止污物混入腻子或浆液中。

3) 对表面粗糙的粉饰，可以用细砂纸轻轻打磨光滑，或用小铲刀将小疙瘩铲除平整，并上底油。

(4) 透底、咬色

产生原因：

1) 基层表面太光滑或有油污等，浆膜难以覆盖严实而露出底色或个别处颜色改变。

2) 基层表面或上道粉饰较深，表面刷浅色浆时，覆盖不住，使底色现露。

3) 底层预埋件等物未经处理或未刷防锈漆及未由厚漆覆盖。

防治措施：

1) 基层表面油污要清除干净；表面太光滑的可先喷一遍清胶液；表面颜色太深时可先涂刷一遍浆液。

2) 如原粉饰颜色较深，应用细砂纸打磨或刷水起底色，再做刮腻子刷底层涂料。

3) 底层如有裸露的铁件，凡能挖除的一定要挖除，如不能挖掉，一定要刷防锈漆覆盖。

5.6.2 壁纸裱贴

壁纸是一种较理想的内墙装饰材料，它色彩丰富，图案美观，装饰效果好，可根据不同建筑物的条件和具体情况来选择使用。采用壁纸作装饰面，可减少现场湿作业，减少工作量和材料运输，从而缩短了装饰施工周期，使建筑物及时交付使用。

1. 材料要求

(1) 壁纸

1) 壁纸的种类与规格　我国目前生产的壁纸品种有：纸基涂塑壁纸、纸基织物壁纸、聚氯乙烯塑料壁纸。

常用的规格：

大卷：门幅宽 920～1200mm，长 50m，每卷 40～90m^2。

中卷：门幅宽 760～900mm，长 25～50m，每卷 20～45m^2。

小卷：门幅宽 530～600mm，长 10～12m，每卷 5～6m^2。

2) 性能、外观质量要求

① 外观质量要求。外观是影响装饰效果的主要项目。具体项目要求应符合质量标准。

② 性能。聚氯乙烯塑料壁纸的物理性能应符合设计要求。

a. 褪色性试验。将试样在老化试验机内经碳弧光照 20h 后，不应有褪色、变色现象。

b. 耐摩擦性试验。用干白布在球磨机上干磨 25 次，用湿的白布湿磨 2 次，都不明显掉色。

c. 湿强度。将试样在水中浸泡 5min，取出用滤纸吸干后，抗拉强度应大于 $2N/1.5cm$。

d. 施工性试验。用聚醋酸乙烯乳液与淀粉混合（7:3）的粘结剂，在特制的硬木板上作粘贴性试验，如图 5-47 所示，经 2h、4h、24h 观察不应有剥落现象。

3) 壁纸材料选购　壁纸选购要根据设计单位或使用单位所确定的样板进行选购，进料时应一次购齐，购买的数量

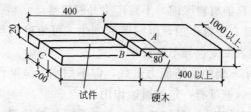

图 5-47 施工性试验图

应比实际裱糊多 3%~4%。购买的壁纸规格，主要视裱贴的部位及产品情况、操作者的技术水平进行综合考虑。

大卷：较适合专业队伍裱贴面积较大的房间。因其幅宽，一次裱贴面积大，故工效快。

中卷：适合于一般中等面积的房间。

小卷：因其卷小重量轻，搬运方便，操作灵活。一卷 2~3kg，很适合单人操作。尤其适合家庭美化居室使用。

2）胶粘剂 胶粘剂的种类很多，必须选用贴壁纸用的胶粘剂。

胶粘剂的选用应注意以下几点：

1）宜用水溶性好的，用溶剂性的则易燃烧，有刺激味和毒性，不利于施工；

2）操作方便，经济合理，价格低廉；

3）质量方面，应具有良好的粘结力和耐水性。因施工时墙面基层不是完全干燥的，施工完后，基层所含水分会通过壁纸拼缝处逐渐向外蒸发。另外，在使用过程中，为维护墙面清洁需要擦洗，因而在拼缝处难免会进入水分。粘结剂在这种情况下，仍能保持相当的粘结力，而不致使壁纸产生剥落；

4）具有一定的耐胀缩性，适应阳光、温度、湿度等变化因素引起的材料胀缩，不致产生开胶脱落；

5）具有防霉作用，因霉菌的产生，可使壁纸与基层隔离和纸的表面变色等不良后果；

6）水玻璃的粘结能力虽好，但不耐水，呈碱性，裱糊会咬色，对壁纸有一定的腐蚀作用。

7）压敏胶是一种以橡胶为主要原料的胶粘剂，壁纸裱糊后会产生大量的气泡。

2. 施工工具

(1) 活动裁纸刀：活动裁纸刀，刀片可以伸缩，多节使用；刀具分大、中、小几类，大刀切较厚的墙纸，小刀切较薄的墙纸，如图 5-48(a) 所示。这种裁纸刀片用钝后，可以沿折断线折断，继续使用后一节刀片。

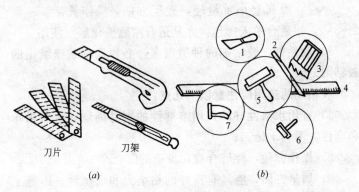

图 5-48 裱糊施工工具
(a) 活动剪纸刀；(b) 其他施工工具
1—油漆披刀；2—切割纸刀；3—排笔；4—不锈钢长尺；
5—橡皮筒；6—金属滚筒；7—压边小工具

(2) 刮板：用于刮、抹、压平墙纸。可用薄钢片造，硬中带软，富有弹力，厚度 1~1.5mm 为宜，如图 5-49 所示。

也可用有机玻璃或硬质塑料板，切成梯形。

(3) 钢板抹子：形似瓦工用的压光抹子，质薄柔韧，弹性强，接触面大，用于墙满面刮腻子。

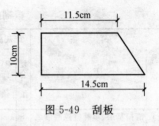

图 5-49 刮板

(4) 油漆披刀：作清除墙面浮灰，突出部分及墙面凹陷、孔洞批嵌填平用，如图 5-48 (b)-1 所示。

(5) 切割纸刀：裁纸及拼花切割纸用，如图 5-48 (b)-2 所示。

(6) 排笔：壁纸湿水及涂刷胶水用，如图 5-48 (b)-3 所示。

(7) 直尺：可用红白松木制成，比较好的是铝合金直尺。尺的长度可长可短，一般为 60cm 左右。

(8) 不锈钢长尺：用于量尺寸及作为切割壁纸、墙布的划尺。如图 5-48 (b)-4 所示。

(9) 金属滚筒：金属滚筒用钢或不锈钢制作，用于壁纸、墙布拼缝处压平用，如图 5-48 (b)-6 所示。

3. 裱贴主要工序

墙面裱贴主要工序见表 5-5。

4. 施工要点

(1) 存放要求：墙纸应平整清洁，图案清晰，运输和堆放时应平放，防止卷边折褶。聚醋酸乙烯乳液和 108 胶应用非金属容器盛装，壁纸的裁剪宜用直尺压边，快刀裁割以保证平直。

(2) 基层处理：处理好的底层应该平整光滑，阴阳角线通畅、顺直、无裂痕、崩角，无砂眼、麻点，无缝隙，无尘埃物。

裱糊的主要工序　　　　　　　　　　　　　　　　　　表 5-5

项次	工序名称	抹灰面混凝土				石膏板面				木料面			
		复合壁纸	PVC壁纸	墙布	带背胶壁纸	复合壁纸	PVC壁纸	墙布	带背胶壁纸	复合壁纸	PVC壁纸	墙布	带背胶壁纸
1	清扫基层、填补缝隙磨砂纸	+	+	+	+	+	+	+	+	+	+	+	+
2	接缝处糊条					+	+	+	+	+	+	+	+
3	找补腻子、磨砂纸	+	+	+	+								
4	满刮腻子、磨平	+	+	+	+								
5	涂刷涂料一遍									+	+	+	+
6	涂刷底胶一遍	+	+	+	+	+	+	+	+	+	+	+	+
7	墙面划准线	+	+	+	+	+	+	+	+	+	+	+	+
8	壁纸浸水润湿			+	+			+	+			+	+
9	壁纸涂刷胶粘剂	+				+				+			
10	基层涂刷胶粘剂	+	+	+		+	+	+		+	+	+	
11	纸上墙、裱糊	+	+	+	+	+	+	+	+	+	+	+	+
12	拼缝、对接、对花	+	+	+	+	+	+	+	+	+	+	+	+
13	赶压胶粘剂、气泡	+	+	+	+	+	+	+	+	+	+	+	+
14	裁边		+				+				+		
15	擦净挤出的胶液	+	+	+	+	+	+	+	+	+	+	+	+
16	清理修整	+	+	+	+	+	+	+	+	+	+	+	+

注：1. 表中"+"号表示应进行的工序。

2. 不同材料的基层相接处应糊条。

3. 混凝土表面和抹灰表面必要时可增加满刮腻子遍数。

4. "裁边"工序，在使用宽为 920mm，1000mm，1100mm 等需重叠对花的 PVC 压延壁纸时进行。

（3）底层涂刷涂料：被贴墙面涂刷一遍涂料，要求薄而均匀，不得有漏刷、流淌等缺陷。

（4）墙面弹线：其目的是使墙纸粘贴后的花纹、图案、线条纵横连贯，故底层涂料刷完后弹水平、垂直线，作为操作的依据标准。

（5）裁纸与浸泡：壁纸上墙前应浸泡或刷清水一遍，使墙纸充分吸湿伸张。

(6) 壁纸及墙面涂刷胶粘剂：壁纸和墙面均匀刷胶粘剂一遍，厚薄均匀。胶粘剂不能刷得过多、过厚、起堆，以防溢出，弄脏壁纸。但也不能刷得过少，甚至刷不到位，以防起泡、离壳、壁纸粘结不牢。

(7) 壁纸的粘结：首先要垂直，后对花纹拼缝，再用刮板用力抹平整。原则是先垂直面后水平面，先细部后大面。贴垂直面时先上而下，贴水平面时先高后低。

拼贴时，应注意阳角千万不要留缝，由拼缝开始，向外向下，顺序压平、压实。搭缝应密实，拼严，花纹图案应对齐。阴阳角处应增涂胶粘剂 1~2 遍，以保证牢固。多余的胶粘剂，应顺操作方向，刮挤出纸边，并及时用湿润干净的布抹掉。有的壁纸是忌水或忌浆的，要保持纸面干净、清洁。采用搭口拼缝时，要让胶粘剂干到一定程度后，才用刀具裁割壁纸，小心撕去割去部分，再刮压密实。用刀时，一次直落，力量要适当、均匀，不能停顿，以免出现刀痕搭口。同时也不要重复切割，以免搭口起丝影响美观。

5. 操作要点

目前裱贴方法有两种：一为拼接法，二为搭接法。

(1) 采用拼接法裱贴操作要点

1) 弹线

为了保证墙纸裱贴，便于裱贴操作，须在墙面基层上弹出标志。

① 弹水平线及垂直线。其目的是使墙纸粘贴后的花纹、图案、线条纵横连贯，故有必要在基层涂料干燥后弹划水平、垂直线，作为操作标准。遇到门窗等大洞口时，一般以立边分划为宜，便于摺角贴立边，如图 5-50 所示。

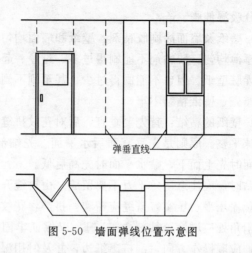

图 5-50 墙面弹线位置示意图

墙纸水平式裱贴时,弹水平线,即离平顶少于墙纸底线的导线。

② 挂线锤。在墙顶处敲进一枚铁钉,将锤线系上,铅锤下吊到踢脚板上缘处,如图 5-51 所示。锤线静止不动后,

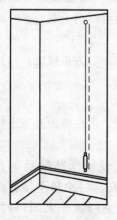

图 5-51 挂锤线

沿着锤线在线上涂擦颜色粉笔,然后固定锤线的两端,并在锤线的中间用手把线往外拉,放松使其回弹,于是墙面上就留下粉笔灰的记号。

如果由墙角开始工作,锤线应该定在距墙角比壁纸宽度窄 50cm 处。在壁炉烟囱胸墙或类似的地方,将锤线定在中央。

2) 裁纸与浸泡

① 裁纸。根据墙纸规格及墙面尺寸统筹规划裁纸,量出墙项到墙脚的

高度，两端各留出50mm以备剪修，然后剪下第一段墙纸。特别是主题图形较大的，应将主题置于墙的上部。

当墙纸有花纹、图案时，要预先考虑完工后的花纹、图案、光泽效果，且应对接无误，不要随便裁割。同时还应根据壁纸花纹来拼接缝。

为了拼接的需要，壁纸需要裁边并在适当的位置挖预留孔，并按顺序编号，如图5-52。

图5-52 裁纸编号

为确保粘贴好顶棚角、踢脚板角的壁纸，应在每幅壁纸的两端作记号后，进行剪裁，如图5-53所示。

② 浸湿。塑料壁纸遇水（或胶水）时，开始自由膨胀，约3~5min后胀足，干后则自行收缩。自由胀缩的墙纸，其幅度方向的膨胀率为0.5%~1.2%，收缩率为0.2%~0.8%。利用这个特性，是保证裱糊质量的关键。如在干纸上刷胶后立即上墙裱贴，由于纸虽被胶固定，但继续吸湿膨胀，因此墙面上的纸必然出现大量的气泡、皱折，不能成活。因此，

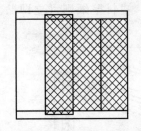

图5-53 顶端与底端的剪切

应将壁纸提前浸湿。浸湿的办法，可用排笔蘸清水湿润纸的背面；也可将裁好的壁纸卷成一卷放入盛水的槽中，浸泡3~5min，然后拿出来将其表面的水分抖掉，再静置20min左右。接着再裱糊，这时纸已充分胀开，被胶固定在墙上后，还要随着水分的蒸发而收缩、绷紧，所以即使裱贴时有

图 5-54 湿水

少量气泡，干后也会自行平服，如图 5-54 所示。如果将胶粘剂刷在纸背面，实际上等于刷一道水，刷过后再胶面对折存放一会，会使壁纸遇水得以充分伸缩，浸湿这道工序也可不用。

3) 壁纸及墙面涂刷胶粘剂

① 壁纸涂刷胶粘剂。没有底胶的壁纸，应先剪就适当长度，将有图案的一面向下铺放在工作台上，顶端和台子的一端靠齐，末端可坠下在台子的另一端。先在顶端的一半上涂抹胶粘剂后，折过来；再把下坠的一半拉到台面上，如法涂抹后也折过来，如图 5-55 所示。普通壁纸要经过一段时间才会浸透，纸会变得较为柔顺，塑料壁纸则可立即贴上墙壁。

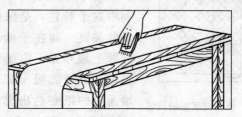

图 5-55 壁纸涂抹胶粘剂

有背胶的纸质或塑料墙纸，购买时会附有一个水槽，槽中盛水，将长度剪好的壁纸浸泡其中，由底部开始，图案面向外，卷成一卷，过 2min 后，就可以裱糊在墙壁上。

② 墙面涂刷胶粘剂。按照壁纸门幅位置自上而下地在

墙面均匀涂刷胶粘剂，如果遇到特别干燥的墙面，胶粘剂不易涂刷均匀时，可在墙面先涂一度水，再涂胶粘剂，如图 5-56 所示。墙面涂刷胶粘剂的宽度应比壁纸宽 2～3cm。胶粘剂不能刷得过多、过厚、起堆，以防溢出弄脏墙面，但也不能刷得过少，甚至刷不到位，以防起泡、起壳，墙纸粘结不牢。

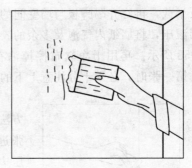

图 5-56 墙面涂刷胶粘剂

4）壁纸裱贴

① 墙面裱贴。先贴长墙面，后贴短墙面。裱贴时，剪刀和长刷可放在围裙袋中或手边。先将涂刷过胶粘剂的壁纸上半截向后折一半，握住顶端的两角，在四脚梯或凳上站稳后，展开上半截，凑近墙壁，使边缘靠着锤线成一直线轻轻压平。由中间向外用刷子将上半截敷平，在壁纸顶端作出记号，然后平剪刀修齐，如图 5-57 所示。再按上法同样处理

图 5-57 修边

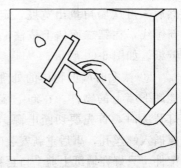

图 5-58 赶泡

下半截，再修齐踢脚板与墙壁间的角落。然后用橡皮滚筒来回滚压，将墙纸内气泡及多余的胶由中央向四周赶出，如图5-58所示。再用干净软布擦掉沾在油漆部位上的涂胶。在贴第一张时，必须十分注意上下的垂直度。

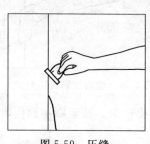

图5-59 压缝

在贴第二张时，按同样方法将第二张壁纸紧挨第一张进行拼接。在接缝处可用压边小工具及金属滚筒进行往复滚压，使接缝处平整光滑，不翘边，如图5-59所示。

裱贴有背胶的壁纸时，可将水槽置于踢脚下，握住壁纸的上角，将墙纸自槽中拉出，往墙顶敷贴。然后再按上述方法裱牢。

② 墙角裱贴。裱贴壁纸时，绕过墙角的材料不可超过12.5mm，否则便会形成一个不雅观的摺痕。快要接近墙角时，剪下一幅比墙角到最后一段墙纸间略宽的材料，依照常法将之裱满。然后，再从墙角量出宽度，定出一条新锤线，在第二面墙上依法贴下一段壁纸。如图5-60所示。

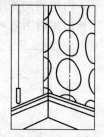

图5-60 墙角裱贴

③ 裱贴时墙上物体的处理。尽可能卸下墙上的物件。在卸下墙上的电灯开关时，首先要切断电源。用火柴棒插入螺丝孔，事后重新安装时会方便许多。不能拆下来的配件，只好在墙纸上剪个口再裱上去。将墙纸轻轻糊于电灯开关上面，找到中心点，从中心点往外剪，使壁纸可以平裱

于墙面为止,如图 5-61 所示。然后用笔轻轻标出开关轮廓的位置,慢慢拉起多余的壁纸,剪去不需要的部分。圆形障碍物裱贴时,壁纸应进行星形裁切,如图 5-62 所示。

图 5-61 开关位置裱贴

图 5-62 星形裁切

④ 顶棚裱贴。在顶棚上裱贴壁纸,第一段通常要贴近主窗,与墙壁平行。长度过短时,可跟窗户成直角铺贴。涂刷胶粘剂后向天花板铺贴,宜采用折叠的方法,如图 5-63 所示。

在裱贴第一段时,须先画出一条直线。可在顶棚两端离天花板与

图 5-63 蛇形折叠方法

墙或壁角之间较壁角宽度大约 5mm 处,用铅笔做下记号。在其中的一个记录处敲一枚壁钉,按照前述画出一道粉笔灰线。

不管是普通壁纸或是有背胶的壁纸,不妨都在裱贴的台子先涂刷胶粘剂,有背胶的只需涂刷稀释的胶粘剂即可。上好胶粘剂反复摺叠,然后用一卷壁纸或一枚扫帚柄撑起摺叠好的一段壁纸,展开顶摺部分,边缘靠齐粉笔灰线,敷平第一段展开下一摺,沿着粉笔灰线敷平,直到完整粘贴好为

止。剪去两端多余的部分,如有必要,应沿着墙角修剪整齐。如图5-64所示。

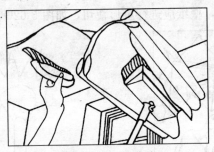

图 5-64 顶棚裱贴

⑤ 水平式裱贴,如图5-65所示。仍需用里脚手架。在离顶棚或壁角少于壁纸厚度5mm处,横处墙壁面画一条粉壁灰线,作为第一段壁纸的导线。涂抹胶粘剂,摺叠,张贴壁纸的方法和裱贴天花板方法相同。

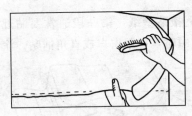

图 5-65 水平式裱贴

⑥ 斜式裱贴。斜式裱贴壁纸的技巧和水平式铺贴相同,只是需要一条斜线作为导线。先在一面墙两夹墙的中心墙顶处标明一点,由这点往下在墙面上弹上一条垂直的粉笔灰线。从这条线的底部,沿着墙底,测出与墙高相等的距离。由这一点再和墙顶中心点间弹出一条粉笔灰线。这条线就是一条确实的斜线,如图5-66所示。斜式裱贴壁

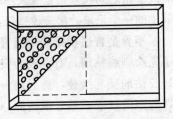

图 5-66 斜式裱贴

280

纸比较浪费材料。在估计数量时,应注意,若只需四卷的墙面,斜贴就要多用一卷壁纸。

(2) 采用搭接法裱贴操作要点

搭接法是指在裱贴过程中,相邻两幅在拼缝处,后贴的一幅压前一幅3cm左右,然后用直尺与壁纸裁割刀在搭接范围内的中间,将双层壁纸切透,然后,再将切掉的二小条壁纸撕掉,最后用刮板从下往上,均匀地赶胶,多余的胶粘剂最终从缝处刮出,如图5-67所示。

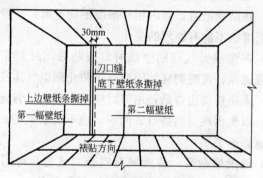

图5-67 搭接法裱贴示意图

1) 分段弹出水平、垂直控制线,防止裱贴第一张时,接缝处歪斜。

2) 刮胶用刮板,用力要均匀,不要漏刮,还要用金属滚筒来回滚压,尤其要赶出壁纸与基层间的气泡,刮出的胶粘剂用湿毛巾擦拭干净,一般要擦两遍。

3) 这种裱贴省去了拼缝程序,节省了时间。由于拼缝处一刀切割下来,拼缝处较密实,克服了由于拼缝处拼的不严,而致的拼缝质量问题。

4) 壁纸裁割刀使用时,应注意用拇指与食指夹住刀,使刀刃同墙面保持垂直,不能像写字握钢笔那样。因为只有刀刃与墙呈垂直,切割的刀口才最小。切割时不要使刀左右摇摆,这样会加大刀口,干结后,易显现拼缝。

5) 使用直尺时应注意,若直尺太长,不宜控制,稍受到一点水平力时,都有可能发生偏移,且直尺越长偏移的角度也越大,所以直尺一般为60cm左右。切割时,上下移动直尺,尽量注意不要发生偏移。

6. 裱贴施工中应注意的事项

(1) 裱贴壁纸时,室内相对湿度不能过高,一般应低于85%。温度也不能有剧烈的变化。

(2) 在潮湿天气裱贴壁纸时,裱贴后,白天应打开门窗,加强通风;夜晚则应关闭门窗,防止潮湿气体侵袭。

(3) 采用搭接法拼贴,用刀时应一次直落,力量均匀不能停顿,以免出现刀痕搭口,同时,也不要重复切割,避免搭口起丝影响美观。

(4) 壁纸粘贴后,若发现有空鼓、气泡,可用斜刺放气,再用注射针挤进胶粘剂,用刮板刮平压实。

(5) 阳角处不允许留拼接缝,应包角压实;阴角拼缝宜在暗面处。

(6) 基层的抹灰层应具有一定的吸水性。混合砂浆和纸筋灰罩面的基层,较为适宜于裱贴壁纸。若用石膏罩面效果更佳。水泥砂浆抹光基层的裱贴效果最差。

(7) 为避免损坏、污染,裱贴壁纸尽量放在施工作业的最后一道工序,特别是应该放在塑料踢脚板铺贴之后。

(8) 注意成品保护。在交叉流水作业中,人为的损坏、污染,施工期间与完工后的空气湿度变化等因素,都会严重影响壁纸饰面的质量。故完工后,应做好成品的保护工作,封闭通行或设保护覆盖物。

（9）施工用的胶粘剂，应贮存在塑料桶内。

7. 裱糊工程的质量要求

8. 质量通病及防治

（1）裱贴不垂直

产生原因：

1）裱贴墙纸前未吊锤线，第一张贴得不垂直，依次继续裱贴多张后，偏离更厉害，有花饰的壁纸问题更严重。

2）墙纸本身的花饰与纸边不平行，未经处理就进行裱贴。

3）基层表面阴阳角抹灰垂直偏差较大，影响墙纸裱贴的接缝和花饰的垂直。

4）搭缝裱贴的花饰墙纸，对花不准确，重叠对割后，花饰与纸边不平行。

裱糊工程质量要求见5.6.7节。

防治措施：

1）墙纸裱贴前，应先在贴纸的墙面上吊一条垂直线，并弹上粉线，裱贴的一张墙纸纸边必须紧靠此线边缘，检查垂直无偏差后，方可裱贴第二张墙纸。

2）采用接缝法裱贴花饰墙纸时，应先检查墙纸的花饰与纸边是否平行，如不平行，应将斜移的多余纸边裁割平整，然后才可裱贴。

3）采用搭缝法裱贴第二张墙纸时，对一般无花饰的墙纸，拼缝处口须重叠2～3cm；对有花饰的墙纸，应先将两张墙纸的纸边相同花饰重叠，对花准确后，在拼缝处用钢直尺将重叠处压实，由上而下一刀裁割到底，将切断的余纸撕掉，然后将拼缝敷平压实。

4）裱贴墙纸的基层在裱贴前应先作检查，阴阳角必须垂直、平整、无凹凸。对不符合要求的，必须经修整后才可施工。

5）裱贴墙纸的每一墙面，都必须弹出垂直线，越细越好，防止贴斜。最好裱贴 2～3 张墙纸后，就用线锤在接缝处检查垂直度，及时纠正偏差。

6）对于裱贴不垂直的墙纸应撕掉，把基层处理平整后，再重新裱贴墙纸。

（2）离缝或亏纸

产生原因：

1）未按量好的尺寸裁割墙纸，裁割尺寸偏小，造成裱贴后不是上亏就是下亏。

2）搭缝裱贴墙纸裁割时，接缝处不是一刀裁割到底，而是多次变换刀刃方向或钢直尺偏移，使墙纸忽胀忽亏，裱贴后亏损部分就造成离缝。

3）裱贴第二张墙纸与第一张拼缝时未连接准确就压实，或因赶压底层胶液推力过大而使墙纸伸张，在干燥过程中产生回缩，造成离缝或亏纸。

防治措施：

1）裁墙纸下刀前应复核裱贴墙面的实际尺寸，尺子压紧纸边后刀刃紧贴尺边，一气呵成，手劲均匀，不得中间停顿或变换持刀角度。尤其裁割已裱贴在墙上的墙纸，更不能用力太猛或刀刃变换手势，影响裁割质量。

2）墙纸裁割一般以上口为准，上、下口可比实际尺寸略长 2～3cm；花饰墙纸应将上口的花饰全部统一成一种形状，墙纸裱贴后，在上口线和踢脚线上口压尺，分别裁割掉多余的墙纸。

3) 裱贴的每一张墙纸都必须与前一张靠紧争取无缝隙，在赶压胶液时，由拼缝处横向赶压胶液和气泡，不准斜向来回赶压或由两侧向中间推挤，应使墙纸对好缝后不再移动，如果出现移位，要及时赶回原来的位置。

4) 对于离缝或亏纸轻微的墙纸饰面，可用同墙纸颜色相同的乳胶漆点描在缝隙内，漆膜干燥后可以掩盖。对于较严重的部位，可用相同的墙纸补贴或撕掉重贴。

(3) 花饰不对称

产生原因：

1) 裱贴墙纸前没有区分无花饰和有花饰墙纸的特点，盲目裁割墙纸。

2) 在同一张墙纸上印有正花与反花、阴花与阳花花饰，裱贴时未仔细区别，造成相邻墙纸花饰相同。

3) 对于要裱贴墙纸的房间未进行周密的观察研究，门窗口的两边、室内对称的柱子、两面对称的墙，裱贴的墙纸花饰不对称。

防治措施：

1) 墙纸裁割前，对于有花饰的墙纸经认真区别后，将上口的花饰全部统一成一种形状，还需按照实际尺寸留有余量统一裁纸。

2) 在同一张墙纸上，印有正花与反花、阴花与阳花花饰时，要仔细分辨，最好采用搭缝法进行裱贴，以免由于花饰略有差别而误贴。如采用接缝法施工，已裱贴的墙纸边花花饰如为正花，必须将第二张墙纸纸边的正花花饰裁割掉。

3) 对准备裱贴墙纸的房间，应观察有无对称部位，须认真设计排列墙纸花饰，还应先裱贴对称部位。如房间只有中间一个窗户，裱贴前在窗口取中心线，弹好粉线，向两边分贴墙纸,这样才能保证墙纸花饰的对称。如窗户不在中间,为使窗间墙阳角花饰对称,也可以先弹中心线向两侧裱贴。

4)对明显花饰不对称的墙纸饰面,应将裱贴的墙纸全部铲除干净,修补好基层后重新裱贴。

(4)搭缝

产生原因:未将两张墙纸连接缝推压分开,造成重叠。

防治措施:

1)裁割墙纸时,应保证墙纸边直而光洁,不出现凸出和毛边。对塑料层较厚的墙纸,更应注意,若裁割时只将塑料层割掉而留有纸基,会给搭缝弊病带来隐患。

2)裱贴无收缩性的墙纸不准搭接。对于收缩性较大的墙纸,粘贴时,可适当多搭接些,以便收缩后正好合缝。因此,墙纸裱贴前应先试贴,以便掌握墙纸的性能,取得良好的效果。

3)有搭缝弊病的墙纸工程,一般可以用钢尺压紧在搭缝处,用刀沿尺边裁割搭接的墙纸,处理平整后,再将面层墙纸粘贴好。

(5)翘边(张嘴)

产生原因:

1)基层有灰尘、油污等,基层表面粗糙、干燥或潮湿,使胶液与基层粘结不牢,造成的墙纸卷翘。

2)胶粘剂粘性小,造成纸边翘起,特别是阴角处,第二张墙纸粘贴在第一张墙纸的塑料面上,更易出现翘起。

3)阳角处裹过阳角的墙纸少于2cm,未能克服墙纸的表面张力,也易起翘。

防治措施:

1)基层表面的灰尘、油污等必须清除干净,含水率不得超过20%。若表面凸凹不平，必须用腻子刮抹平整。

2) 应根据不同的墙纸选择不同的粘结胶液。

3) 阴角墙纸搭缝时，应先裱贴压在里面的墙纸，再用粘性较大的胶液粘贴面层墙纸。搭接宽度一般不大于3mm，纸边搭在阳角处，并且保持垂直无毛边。

4) 严禁在阳角处甩缝，墙纸裹过阳角应不小于2cm，包角墙纸必须使用粘结性较强的胶液，要压实，不能有空鼓和气泡，上下必须垂直，不得倾斜。有花饰的墙纸，更应注意花纹与阳角直线的关系。

5) 将翘边墙纸翻起来，检查产生原因，属于基层有污物的，待清理后，补刷胶液粘牢；属于胶粘剂粘性小的，应换用粘性大的胶粘剂粘贴；如果墙纸翘边已坚硬，除了应使用较强的胶粘剂粘贴外，还应加压，待粘牢平整后，才能去掉压力。

(6) 空鼓（气泡）

产生原因：

1) 裱贴墙纸时，赶压不得当，往返挤压胶液次数过多，使胶液干结失去粘结作用；或赶压力量太小，多余的胶液未能挤出，存留在墙纸内部，长期不能干结，形成胶囊状；或未将墙纸内部空气赶出而形成气泡。

2) 基层或墙纸底面，涂刷胶液厚薄不匀或漏刷。

3) 基层潮湿，含水率超过8%以上，或表面的灰尘、油污未清除干净。

4) 石膏板基层的表面纸基起泡或脱落。

5) 白灰或其他基层较松软，强度低，裂纹、空鼓或孔洞、凹陷处未用腻子刮平，填补坚实。

防治措施：

1) 严格按墙纸裱贴工艺操作,必须用刮板由里向外刮抹,将气泡和多余的胶液赶出。

2) 裱贴墙纸的基层必须干燥,含水率不得超过8%。凡有孔洞或凹陷处,必须用石膏腻子或大白、滑石粉、乳胶腻子刮抹平整。油污、尘土必须清除干净。

3) 石膏板表面纸基起泡、脱落,必须铲除干净,重新修补好纸基。

4) 涂刷胶液必须厚薄均匀一致,绝对避免漏刷。为了防止胶液不匀,涂刷后,可用刮板刮一遍,多余的胶液可回收再用。

5) 由于基层含有潮气或空气造成空鼓,应用刀子割开墙纸,将潮气或空气放出,待基层完全干燥,把鼓包内的空气排出后,用医用注射针将胶液打入鼓包内压实,使粘贴牢固。当墙纸内部含有的胶液过多时,可使用医用注射针穿透墙纸层,将胶液吸收后,再压实即可。

(7) 死折

产生原因:

1) 墙纸材质不良或墙纸较薄。

2) 操作技术不佳。

防治措施:

1) 选用材质优良的墙纸,不使用残次品。即使是优质墙纸也需进行检查,厚薄不匀的要剪掉。

2) 裱贴墙纸时,应用手将墙纸舒平后,才能用刮板赶压,用力要匀。若墙纸未舒展平整,不得使用钢皮刮板推压,特别是墙纸已出现皱折,必须将墙纸轻轻揭起,用手慢慢推平,待无皱折时再赶压平整。

3) 发现有死折,如墙纸尚未完全干燥,可把墙纸揭起来重新裱贴。如果已经干结，只能将墙纸撕下，把基层清理干净后，再进行裱贴。

(8) 起光（质感不强）

产生原因：

1) 墙纸表面有胶迹未擦拭干净，胶膜反光。

2) 带花饰或较厚的墙纸，裱贴时用刮板赶压力量过大，将花饰或厚塑料层压扁，致使墙纸表面光滑反光。

防治措施：

1) 用毛巾或棉丝细心擦拭墙纸表面多余的胶迹和污物，再用干毛巾和清水擦洁净。

2) 裱贴墙纸时，挤压墙纸内部的胶液和空气，压力不应超过墙纸弹性极限。

3) 胶迹起光的墙纸表面，可用温水布在胶迹处稍加覆盖，待胶膜柔软时，轻轻将胶膜揭起或摩擦掉。属于刮胶用力过大造成的反光面积较大的墙纸饰面，应将原墙纸撕去，重新裱贴新的墙纸。

(9) 颜色不一致

产生原因：

1) 墙纸的材料不良，易褪色。

2) 基层潮湿或日光暴晒使墙纸表面颜色发白变色。

3) 因墙纸较薄，基层颜色映透到墙纸面层。

防治措施：

1) 选用不易褪色且较厚的优质墙纸。

2) 基层表面颜色较深时，应选用较厚或颜色较深、花饰较大的墙纸。

3) 基层含水率应低于8％时才可贴墙纸。

4) 将褪色的墙纸裁掉，保持墙纸颜色相一致，并避免处在日光直接照射或在有害环境中施工。

5) 有严重颜色不一致的墙纸饰面，必须撕掉重新裱贴。

5.6.3 玻璃纤维印花贴墙布

玻璃纤维印花贴墙布是以中碱玻璃纤维布为基材，表面涂以耐磨树脂，印上彩色图案而成。

1. 特点

色彩鲜艳、花色繁多，室内使用不褪色、不老化，防火、耐潮性强，可用皂水洗刷，施工简单方便。

2. 适用范围

适用于招待所、旅馆、饭店、宾馆、餐厅、居民住房等内墙饰面。

3. 性能要求与规格

性能质量及其规格应符合规范标准。

4. 施工准备

(1) 施工工具　常用的施工工具：直尺、修整刀（手术刀）、排笔、小水桶、揩布、重锤线、铅笔、梯子或高凳等。

(2) 腻子　参照壁纸用腻子。

(3) 胶粘剂　胶粘剂选用应符合设计要求。

5. 操作要点

基本上与纸基塑料壁纸的裱糊操作要点相同，不同之处如下：

(1) 玻璃纤维贴墙布的基料全部是玻璃纤维，不伸缩，故裱糊前不需预先用水湿润，仅将墙布背面清扫干净即可与基层粘结牢固。若预先润湿，反而会使表面树脂涂层受湿而使墙布起皱，即使贴上墙后，也难以平服；

(2) 玻璃纤维贴墙布裱贴时，仅在基层表面涂刷胶粘剂，墙布背面不可涂胶。这是因为玻璃纤维墙布本身吸湿性

小,又有细小孔隙,如墙布背面涂胶,胶液会渗透墙布,使表面出现胶迹,影响面层美观;

(3) 玻璃纤维墙布,材性与纸基塑料壁纸不同,胶粘剂宜采用聚醋酸乙烯酯乳胶,以保证粘结强度;

(4) 玻璃纤维贴墙布裁切成段后,宜存放于箱内,以防止玷污和碰毛布边;

(5) 玻璃纤维不伸缩,对花时,切忌横拉斜扯,如硬拉即将使整幅墙布歪斜变形,甚至脱落;

(6) 玻璃纤维贴墙布盖底力差,如基层表面颜色较深时,可在胶粘剂中渗入适量的白色涂料(如乳胶漆类),以使完成后的裱糊面层色泽无明显差异。

6. 操作方法

(1) 基层处理　墙面要适当整平,打扫清洁,除去明显的凹凸不平处,要求原墙面色泽基本一致。

(2) 裁布　按墙面需要的长度适当放长 100cm 左右,并应根据图案的整数倍裁取,用刀片裁成段,裁成段的花布应卷成卷,横放,防止损伤,碰毛布边影响对花。

(3) 涂胶粘剂　基层表面涂刷胶粘剂,墙布背后可不涂刷胶粘剂。涂刷胶粘剂要均匀,比墙布稍宽些。

(4) 粘贴　选择适当的位置吊锤线,保证第一块布贴垂直。将成卷墙布自上而下按严格的对花要求渐渐放下,上面多留 3~5cm 左右进行粘贴,以免因墙面或挂镜线歪斜造成上下不齐或短缺,随后用湿白毛巾将布面抹平,上下多余部分用刀片割去。如墙角歪斜偏差较大,可以在墙角处开裁拼接,最后叠接阴角处可以不必要求严格对花,切忌横向硬拉,造成布边歪斜或纤维脱落而影响对花。

7. 注意事项

（1）贮存、运输时产品横向放置，搬运或贮存时应特别注意平放，不应垂直放置，切勿损伤两侧布边。

（2）严防硬物经常在墙面上发生摩擦，以免损坏墙布。

（3）在发现污染、油迹后可用肥皂水清洗，切勿用碱水清洗。

（4）煤炉、油炉切勿靠近墙面，以免布面发生变色或烟污。

（5）玻璃纤维墙布裱贴，不能用108胶做胶粘剂。因为淡色的108胶，通过表面的小孔浸到表面，干后会产生一片一片的黄色。

5.6.4 装饰墙布

装饰墙布是以纯棉平布经过处理、印花、涂层制作而成。

1. 特点

墙布强度大、静电小、蠕变性小，无光、吸声、无毒、无味，对施工和用户无害，且花型色泽美观大方。

2. 用途

适用于宾馆、饭店、公共建筑和较高级民用建筑中装饰。适于基层为砂浆墙面、混凝土墙面、白灰浆墙面、石膏板、胶合板和纤维板等墙面的基层粘贴和浮挂。

3. 主要性能要求

（1）主要物理性能应符合设计要求。

（2）外观质量　装饰布外观质量应符合质量标准。

4. 施工准备

（1）材料　滑石粉、羧甲基纤维素、聚醋酸乙烯乳液、聚乙烯醇缩甲醛、108胶、壁布等。

（2）机具　高凳、大塑料桶、纱笼、腻子、刮板、腻子槽、开刀、排笔、刷子、米尺、刀片或多用刀、木棍、大板鬃刷、线锤、白毛巾、玻璃条（4～5mm厚、200～30mm宽）、裁布桌子、塑料桶等。

5. 操作要点

（1）清理基层　把基层上的灰疙瘩、灰渣清理干净。油污、脱膜剂等用碱水洗干净，并用清水冲洗干净。

（2）刮腻子　用水、石膏或胶腻子把磕碰坏的地方、麻面抹平，再用刮腻子板把墙面满刮胶腻子（滑石粉：羧甲基纤维素：聚醋酸乙烯乳胶：水＝1：0.3：0.1：适量）待腻子干燥后，用砂纸（布）磨平，并打扫干净，再刮一道底胶（108胶：水＝3：7）。

（3）刷胶　在布背面和墙上均匀刷胶，胶的配合比为108胶：纤维素：乳胶：水＝1：0.3（羧甲基纤维素水溶液浓度为4%）：0.1：适量。墙上刷胶时根据布的宽窄，不可刷得过宽，刷一段，糊一张。

（4）裱糊　先选好裱糊位置和垂直线后即可开始裱糊。从第二张起，裱糊先上后下进行对缝对花，对缝必须严密不搭搓，对花端正不走样，对好后用板式鬃刷舒展压实。挤出的胶液用湿毛巾擦干净，多出的上下边用刀割整齐。

在裱糊时，在电门、插销处裁破布面露出设施。裱糊布时阳角不允许对缝，更不允许搭搓。客厅、明柱正面不允许对缝。门、窗口面上不允许压条。

6. 质量标准

质量标准见5.6.7节。

7. 安全注意事项

（1）高凳必须固定牢靠，跳板不应损坏，跳板不要放在高凳的最上端。

(2) 在超高的墙面裱糊墙布时，逐层架子要牢固，要设护身栏等。

(3) 使用刃性工具要注意安全。

5.6.5 无纺贴墙布

无纺贴墙布是采用棉、麻等天然纤维或涤腈等合成纤维，经过无纺成型，上树脂、印制彩色花纹而成的一种新型贴墙材料。

1. 特点

挺括、富有弹性、不易折断，纤维不老化、不散失，对皮肤无刺激作用。无纺贴墙布色彩鲜艳、图案雅致、粘贴方便，具有一定的透气性和防潮性，能擦洗不褪色。

2. 品种

有棉、麻、涤纶、腈纶等品种，并有多种花色图案。

3. 用途

适用于各种建筑物的室内墙面装饰，尤其是涤纶棉无纺贴墙布，除具有麻质无纺贴墙布的所有性能外，还具有质地光洁、光滑的特点，特别适用于高级宾馆、高级住宅等建筑物。

4. 产品规格性能

无纺贴墙布的产品规格、技术指标应符合设计要求。

5. 产品堆放和运输

产品在搬运及贮放时应横向平放，注意切勿损伤两侧布边，以免影响施工时对花。

6. 操作要点

(1) 基层清理 清除墙面砂浆、灰尘。油污等应用碱水洗净并用清水冲洗干净；如曾粉过灰浆或涂过涂料，应用刮刀将其适当刮除。刮腻子处当表面凹凸不平，有麻点、蜂窝及孔洞时，应用腻子（滑石粉：羧甲基纤维素：聚醋酸乙烯乳液：水＝1：0.3：0.1：适量）填平。然后用刮刀刮平，最后用砂布（纸）磨平。

（2）裁剪墙布　根据墙面高度，加放出 100～150mm 的余量，再根据贴墙布花型图案整裁剪，裁剪后的贴墙布应成卷堆放，以免布边损伤。

（3）刷胶粘剂　粘贴墙布时，先用排笔将配好的胶粘剂刷在墙上，涂时必须涂刷均匀，稀稠适度。比墙布稍宽 2～3cm。

（4）挂线　在墙顶处敲进一枚竹钉，将锤系上，用吊线锤的办法来保证第一张墙布与地面垂直。决不能以墙角为准，因为墙角不一定与地面垂直。

（5）粘贴　将卷好的墙布自上而下粘贴，粘贴时，除上边应留出 50mm 左右的空隙外，布上花纹图案应严格对好，不得错位，并需用干净软布将墙布抹平填实，用刀片裁去多余部分。

5.6.6 绸缎墙面粘贴工艺

绸缎作墙面装饰，大多用于高级的客房、接待室、办公室、卧室、病房、餐厅和舞厅等娱乐场所。

1. 施工准备

（1）基本材料：绸缎、油基清漆或熟桐油、200 号溶剂汽油、聚乙烯醇缩甲醛胶（108 胶）、聚醋酸乙烯溶液、甲醛、明矾、石膏粉、大白粉（老粉）、精白面粉或标准面粉、木砂纸等。

（2）工具：铲刀（油灰刀）、钢皮刮刀、牛角翘、腻子托板、2m 钢卷尺、1m 钢直尺、线锤、水平尺、粉线袋、绝缘刮板、美工刀、剪刀、彩色笔、排笔、3～4 英寸扁漆刷、滚筒、粗绒毯、熨斗、被单或普通绒毯、毛巾、工作台（2～3m×1m），高凳（5～7档）、配料桶、清水桶、小空桶（或小塑料桶）、筛子等。

(3) 材料配制

1) 胶油腻子调配：胶油腻子是由油基清漆、108胶、石膏粉和大白粉调配而成。可用于抹灰砂浆墙面、水泥砂浆墙面、木质墙面和石膏板等表面作为粘贴绸缎墙面的腻子涂层。

2) 清油调配：清油是由油基清漆和200号溶剂汽油配成。其配合比依次为1:1～1.2。如用熟桐油调配，熟桐油与200号溶剂汽油为1:2.5。不论油基清漆调配或熟桐油调配，两者应混合均匀才可使用。

3) 胶粘剂调配：胶粘剂是粘贴绸缎的粘结材料。108胶是粘贴各种墙纸、布的主要材料。为了进一步提高108胶的粘结强度，在108胶中掺加10%～20%聚醋酸乙烯溶液，胶粘剂黏度大时可掺加5%～10%的清水稀释。

4) 浆糊制作：浆糊是用于绸缎背面作拍浆之用，也可作粘贴绸缎的胶粘剂，但面粉浆糊使用多日可能产生霉菌。浆糊由面粉、清水、明矾加温制成，其配合比为面粉1:水4:明矾0.1。作法是将面粉放入烧锅内，加适量水和明矾调成糊状（不得有面疙瘩），再将规定重量的水倒入调和，然后放在煤炉或煤气灶上加温，边烧边搅拌，不使其沉淀烧焦，当加温至锅内起泡时，说明面粉已胀开烧熟，即成为稀稠适中的浆糊，待冷却过筛后使用。

(4) 绸缎加工

1) 缩水上浆：绸缎也有一定的缩胀率，其幅宽方向收缩率在0.5%～1%左右，幅长收缩率在1%左右，故必须通过缩水。将绸缎浸于清水中,取出后晾干,待尚未干透时,取下随即上浆,以调制好的浆糊用刮板涂刮于背面。刮浆要刮透刮匀,不可遗漏。

2) 熨烫:刮浆后,用一块绞干的湿布覆盖其上,然后用500W电熨斗进行烫干、烫平。熨烫是加工的关键,影响着粘贴的操作和质量。绸缎熨烫平贴整齐,粘贴时能顺利贴好,如熨烫时绸缎有起拱或边口不整齐,非但不易贴好,而且操作困难。因绸缎柔软易歪斜,熨烫时必须将绸缎从横牵直牵正。熨烫后,要达到纵横边口平直,整个绸缎面硬扎、平伏、挺刮。

3) 开幅:首先要计算绸缎每幅的长度尺寸,如绸缎的花纹图案零乱不规则时,粘贴时可不对花,开幅时能节约用料,每幅放出2%～3%;如需对花的绸缎,花纹图案又大时,开幅裁剪,必须放长一朵花型或一个图案,然后计算出被贴墙面的用幅数量。对门窗等多角处也应计算准确同时开幅(如计算复杂,以后可随贴随开)。

4) 裁边:绸缎的两侧边,都有一条5mm左右的无花纹图案边条,为了对齐花纹图案,在烫熨之后,以钢直尺压住边条,用美工刀沿着钢直尺边口将边条划去,或者用剪刀细心剪去,然后按幅放妥待用。

2. 施工要点

(1) 墙面基层处理

1) 基层清理:抹灰面必须干燥。用铲刀将基层表面仔细铲刮一遍。铲除杂质、灰积、石灰块胀起的凸疱等,露出灰面的砂石颗粒等应挖净,抹灰面如有润滑油、柏油等油污,要用200号溶剂汽油等洗擦干净;洞缝内的灰土要掸净扫清,洞缝大而多的最好用压缩空气吹净。

2)操清油：用稀薄的清油满刷一遍。涂刷要均匀，洞缝要刷足，不流挂。

3)粗批嵌腻子：清油干后，拌成较硬的胶油腻子（用原配制好腻子加入适量的石膏粉）将洞缝先行填补。大洞用钢皮刮板，小洞裂缝用铲刀。对不垂直的阴阳角或大面积的瘪潭，应用木括尺找直找平，修整至要求。

4)批刮头道腻子：待粗刮腻子干后，用胶油腻子满刮一遍，如有局部低洼处要随手映平（即将腻子堆起刮平）。大面积批刮时，不显批刮痕印，不留残余腻子。头道腻子批刮，应使墙面基本达到平整。

5)批刮二道腻子：头道腻子干后，用 $1\frac{1}{2}$ 号木砂纸粗打一遍，批刮二道腻子，二道腻子一般不再映腻子，除个别低凹处稍映外，大面积应将刮板扣紧，做到收净刮清。

6)找嵌：如有少数低凹和缺楞掉角等处，应用牛角翘找补嵌齐。

7)刷底油：腻子嵌批完好，用砂纸通磨光滑，除尘后，应再刷清油一道，如墙面色泽不一、深一块、浅一块、黑一块、白一块，可改用色油，色油颜色与绸缎颜色相近或接近。清油或色油宜稀，涂刷后应不起光泽为佳。

（2）挂垂线

绸缎粘贴时，首先要找出贴第一幅的位置，一般从房间的内角一侧开始，在第一幅的边沿处，用线锤挂好垂直线，将木直尺用彩笔（与绸缎同类颜色）划出垂直笔痕，以作为垂直标志。

（3）弹横线

垂直线标出后，接着在被贴墙面上，中间用粉线袋弹出一条水平横线（如被贴墙面高低是 3m，就在 1.3m 处弹出），弹横线应用水平尺校正，应四周（整个墙面）弹通，水平高低一致，垂线与横线应成 90°，这样粘贴时每幅绸缎花型与线对齐，整个墙面的花型图案得到横平竖直的效果。

（4）墙面刷胶粘剂

胶粘剂可采用滚筒滚涂或用 20 管排笔或 3~4 英寸漆刷刷涂。滚涂或刷涂都应均匀。刷胶粘剂不宜过多过少，过多会流挂，浪费胶料；过少则粘结不牢。刷胶粘剂面积不能太大，应刷一幅宽度，以免胶粘剂干燥重刷。

（5）背水

所谓背水，即在绸缎的背面用排笔刷一层薄薄的水胶（水与 108 胶，其配比为 8∶2）。涂刷时应注意刷匀、刷到、不漏刷，涂刷松紧一致，宜少不宜多。背水后的绸缎，应静置 5~10min 后上墙，使其受潮后胀开松软，粘贴干燥后，自行绷紧平服。

（6）绸缎上墙

第一幅上墙从不明显的阴角开始，从左到右，上墙一般以两人上下配合操作，一人站立于高凳，用两手将绸缎上端两角抓至墙面上端；另一人立于地面，用两手抓住绸缎中间，按垂线上下对齐，粘贴浆平。贴第二幅时，由下面一人以绸缎的中间花型对齐，左手向第一幅花型对齐，右手向横线与花型对齐，然后将绸缎向上下拼缝拼花，粘贴浆平大面。上下多余部分，随即用美工刀整齐划去。以后的每幅粘贴都与前两幅同样操作，贴最后一幅时，也在阴角处，这时，凡花型图案无法对齐时，可采取两幅叠起裁划的方法（即将此幅从阳角转弯 5cm 粘贴于第一幅边口揭起），将多余部分拉掉，再在墙上和加背面刷上粘胶，把两边拼合贴密即可。

（7）整理

绸缎粘贴完，应进行全面检查，如有翘边用白胶补好，有鼓胶（即气泡）应赶出，有空鼓（脱胶）用针筒灌注，并压实严密；有皱纹要刮平；有离缝应重作处理；有胶迹用洁净湿毛巾擦净，如普通有胶迹时，应满擦一遍。总之要作详细检查，有不到之处，都要整理或修好，才能确保质量。

3. 操作注意事项

（1）阴角处粘贴要严加密实、浆平，如由于其他原因而无法粘贴时，应拼缝改为搭缝，搭缝时，绸缎由受侧光的墙面向阴角的另一面转去。

（2）阳角不拼缝，并要包紧压实不起皱。

（3）粘贴门窗边角处，首先绸缎裁剪要正确无误，粘贴要整齐牢固，做到方楞出角。

（4）要注意倒花、并花。

（5）弹垂线和横线的线条颜色不应太浓，只要隐约可见即可，贴好绸缎后以看不出为准。

4. 绸缎墙面粘贴质量要求见 5.6.7 节。

5.6.7 裱糊工程质量要求及检验标准

1. 主控项目

（1）壁纸、墙布的种类、规格、图案、颜色和燃烧性能等级必须符合设计要求及国家现行标准的有关规定。

（2）裱糊工程基层处理质量应符合下列要求：

1）新建筑物的混凝土或抹灰基层墙面在刮腻子前应涂刷抗碱封闭底漆。

2）旧墙面在裱糊前应清除疏松的旧装修层，并涂刷界面剂。

3）混凝土或抹灰基层含水率不得大于8%；木材基层的含水率不得大于12%。

4）基层腻子应平整、坚实、牢固，无粉化、起皮和裂缝；腻子的粘结强度应符合《建筑室内用腻子》(JG/T 3049) N型的规定。

5）基层表面平整度、立面垂直度及阴阳角方正应达到表4-5高级抹灰的要求。

6）基层表面颜色应一致。

7）裱糊前应用封闭底胶涂刷基层。

（3）裱糊后各幅拼接应横平竖直，拼接处花纹、图案应吻合，不离缝，不搭接，不显拼缝。

（4）壁纸、墙布应粘贴牢固，不得有漏贴、补贴、脱层、空鼓和翘边。

2. 一般项目

（1）裱糊后的壁纸、墙布表面应平整，色泽应一致，不得有波纹起伏、气泡、裂缝、皱折及斑污，斜视时应无胶痕。

（2）复合压花壁纸的压痕及发泡壁纸的发泡层应无损坏。

（3）壁纸、墙布与各种装饰线、设备线盒应交接严密。

（4）壁纸、墙布边缘应平直整齐，不得有纸毛、飞刺。

（5）壁纸、墙布阴角处搭接应顺光，阳角处应无接缝。

5.7 金属内墙

金属面板（单层铝板、不锈钢板、铝板等）和金属型材，用于室内内墙、隔墙和隔断装饰也越来越广泛。由于它安装方便、耐久性好、装饰性好、无污染等优点，并可避免装饰工程湿作业，所以近年来发展较快，在各类建筑中用得比较多。尤其在公共及民用建筑中，已有取代抹灰和贴面类的装饰趋势。

金属内墙置面板安装方法有三种：一是粘贴式；二是插接式；三是嵌条式。

5.7.1 施工准备

1. 施工安装前准备

（1）检验墙体

在安装前，应对墙体进行检验，检验墙体的垂直、平整度，认真做好记录。不符合规范要求的要认真进行处理。

（2）检验设备预留孔位置

在安装前，应检验墙体是否有设备安装的预留孔位置，电气、水暖管道位置。

（3）确定墙体龙骨固定方法

墙体龙骨固定方法有两种：一是预埋木砖；二是用膨胀螺栓固定。在安装前，应根据墙体结构情况，选定一种。

（4）墙体清理干净。

2. 材料准备

（1）金属面板

常用的金属面板：单层铝板、不锈钢板、彩色钢板、压型钢板和压型铝合金板等。

（2）墙体龙骨

常用的墙体龙骨：墙体轻钢龙骨、轻钢型材骨架、铝合金型材骨架及木龙骨等。

（3）紧固件

常用的紧固件：水泥钉、膨胀螺栓、扁头钉、射钉、拉铆钉、自攻螺钉、不锈钢螺栓、螺钉、螺柱等。

(4)密封材料

常用的密封材料：耐候硅酮密封胶和结构硅酮密封胶，还有密封胶带及密封棒。

(5)胶粘剂

胶粘剂可选用中性胶粘剂。

3. 工具

(1)手工工具：线锤、角尺、卷尺、水平尺。

(2)电动工具：电锤、电动螺丝刀、型材切割机、铝型材切割机、电动扳手、手电钻等。

5.7.2 粘贴式单层金属板墙面安装

粘贴法安装单层金属内墙罩面板，通常是将金属面板粘贴在木基层（木龙骨和胶合板组成）上，从而达到内墙的装修。

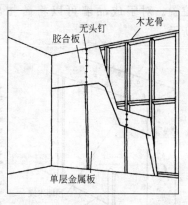

1. 单层金属板内墙构造

单层金属面板内墙，它是由墙体、木龙骨胶合板底层及单层金属板面层组成，如图5-68所示。

图5-68 单层金属板内墙构造

2. 施工工艺

粘贴式安装单层金属板内墙施工工艺，如图5-69所示。

3. 操作要点

弹线 → 预埋木砖（经过防腐处理）→ 安装木龙骨 → 安装胶合板 → 粘贴单层铝板 → 缝隙处理

图5-69 粘贴式安装单层金属板施工工艺

(1) 弹线

根据设计要求,在墙面上弹出墙体木龙骨的位置中心线,其中间距应考虑胶合板宽度以及缝隙宽度。同时还应标出预埋木砖位置线。

(2) 预埋木砖(经防腐处理)

因墙体材料不同,预埋木砖分三种情况:

1) 在混凝土墙体内预埋木砖。在混凝土墙体内预埋木砖;一是在混凝浇筑时预埋;二是直接在混凝土墙体内凿眼,安装木砖,如图 5-70 所示。

2) 在砖砌体墙内预埋木砖。在砖砌体内预埋木砖,就是将木砖尺寸与砖尺寸相同。在砌筑时,将木砖安放在预留位置。对于成品墙可以将砖扣出,安放木砖,如图 5-71 所示。

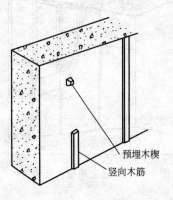 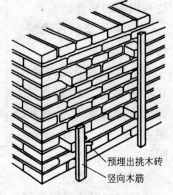

图 5-70 混凝土墙体的预埋木砖　　图 5-71 砖砌体内预埋木砖

3) 在空心砖砌体里预埋木砖。在空心砖砌体内预埋木砖和砖砌体一样,将木砖制作尺寸与砖相同,把木砖放在砖砌层处,而不能放在空心砖位置,如图 5-72 所示。

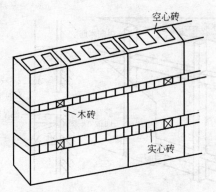

图 5-72 空心砖砌体内预埋木砖

(3) 墙面做防潮层

墙面抹完底灰后,面层可抹防水砂浆或刷热沥青,也可采用铺油毡进行防潮处理。

(4) 安装墙体龙骨

安装墙体龙骨是将木龙骨固定在预埋木砖上,木龙骨应双向装钉,中距 400~600mm(视面板和缝隙而定)。木龙骨断面 (30~50)mm×(40~50)mm。木龙骨中线应对准墙体上木龙骨的定位线。当要求罩面板离墙体较远时,可由木砖排出,如图 5-73 所示。

(5) 安装胶合板

安装完木龙骨后,可以用扁头钉,将胶合板钉在木龙骨上。装钉胶合板时,应注意对缝宽一致,在一条垂直线上。安装构造,如图 5-73 所示。

(6) 粘贴单层铝板

1) 清理粘结面。在涂胶前,应对胶合板墙面进行清理,除掉表面上污物及锯末等。同时对单层铝板粘结面也应清理灰尘等污物。

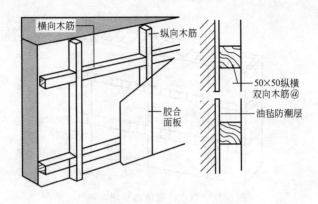

图 5-73 安装木龙骨和胶合板

2) 粘贴前,根据缝隙处理不同,而应对单层铝板在缝边进行处理。

3) 涂胶。粘贴前应在墙面胶合板上和单层铝板粘结面上分别涂胶。

4) 晾置和存放。涂完胶后,在空气中暴露静置一段时间(陈放时间应根据胶粘剂而定),一般用手触摸,不沾手即可粘贴。

5) 粘贴。粘贴对应同时施加压力,方法之一是用钉钉在单层金属板上,让单层金属板与胶合板紧密结合。

(7) 板缝处理

单层金属板墙面板缝处理有三种方式:

1) 嵌镶耐候胶板缝

在安装胶合板时,要控制好板缝宽度(6~10mm),粘贴单层金属板时,板边应扣住胶合板,板缝嵌镶耐候胶,如图 5-74 所示。

2) 嵌镶金属槽条板缝

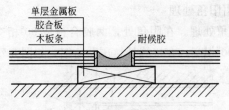

图 5-74 板缝嵌镶耐候胶

在安装胶合板时,应注意板缝宽度和高度与金属槽条宽度及高度一致。单层金属板安装后,再将金属槽条固定在板缝中。注意安装槽条时,应在槽条内安放木条,便于固定。如图 5-75 所示。

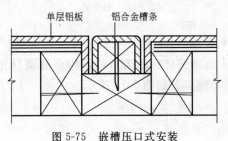

图 5-75 嵌槽压口式安装

3) 直接卡口式板缝

在安装单层金属面板之前,先在板缝位置上安装金属卡口槽,然后将单层金属板直接插进卡口槽内。如图 5-76 所示。

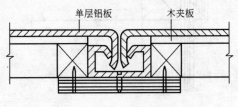

图 5-76 直接卡口式安装

(8) 阴阳角处理

1) 阴角处理。在阴角处,两胶合板成90°相交,单层金属板也成90°相交,在接缝处,压贴角铝,如图5-77所示。

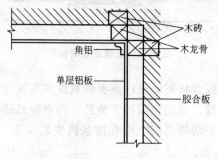

图 5-77 阴角处理

2) 阳角处理:

① 扣压金属型材。在阳角处,用金属型材扣压在阳角的金属饰面角缝上。如图5-78所示。

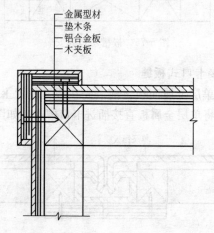

图 5-78 阳角处理

② 嵌镶型材。在阳角处直接嵌镶金属型材，如图5-79所示，在安装胶合板时，就应将缝隙处理好，使角型材牢固的粘结在阳角处，防止脱落，防止变形。

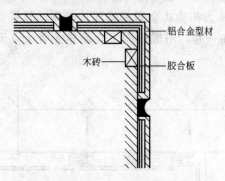

图 5-79 阳角处安装铝合金型材

图 5-80 为粘贴式单层金属板墙面安装。

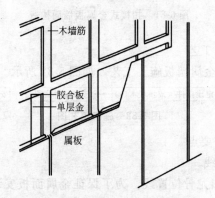

图 5-80 粘贴式单层金属板墙面安装

5.7.3 扣接式金属板墙面安装

扣接式金属板墙面安装，就是将金属条板相互在墙面上，扣接在一起，用螺栓将条板固定在墙体的龙骨上。也可以将条板直接固定在墙体上，形成金属墙面。

1. 扣接式金属板墙面构造

图 5-81 为扣接式金属板墙面构造图。其特点是金属板相互扣接在一起，用螺栓固定在墙体龙骨上（钢龙骨或木龙骨）。

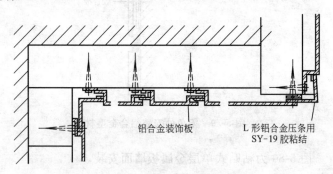

图 5-81 扣接式金属板墙面构造

2. 施工工艺

扣接式金属墙板施工工艺，如图 5-82 所示。

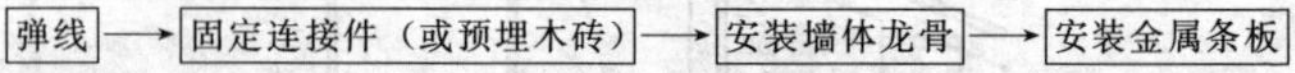

弹线 → 固定连接件（或预埋木砖）→ 安装墙体龙骨 → 安装金属条板

图 5-82 施工工艺图

3. 操作要点

(1) 弹线

1) 弹出龙骨位置线。为了保证金属面板安装质量，在弹横、竖龙骨位置线时，应考虑板面的宽度和高度，以及板缝的宽度，从而确定横、竖龙骨的间距。

2) 弹出连接件位置线。弹出龙骨位置线，也应弹出连接件位置线（或预埋木砖）。

3) 弹出标高线。

(2) 固定连接件

连接件是将龙骨与墙体连接在一起的构件。连接件与墙体固定方法有两种：一是预埋锚固件；二是用膨胀螺栓固定。

1) 预埋锚固件。预埋锚固件，即混凝土墙体浇筑过程中，安放预埋件。安装时，可以用焊接方法，将连接件焊接在预埋件上。

2) 膨胀螺栓固定。膨胀螺栓固定连接件，就是将连接件直接用膨胀螺栓固定在墙体上。安装膨胀螺栓时应注意用电锤钻孔时，钻孔位置要定准，一次钻成，避免位移、重复钻孔，造成"孔崩"。钻孔直径与深纹，应符合膨胀螺栓的使用要求，一般在强度低的墙体上打孔，其钻孔直径要比膨胀螺栓直径小 0.5~1mm。钻孔时，钻头应与操作平面垂直，不得晃动和来回进退，以免孔眼扩大，影响锚固力。当钻孔遇到钢筋时，避开钢筋，重新钻孔。使用塑料膨胀螺栓，当往胀管内拧入木螺钉时，应顺胀管导向槽拧入，不得倾斜拧入，以免损坏胀管。

金属内墙饰面安装金属罩面板、固定连接件，一般都用膨胀螺栓来固定。

(3) 安装墙体龙骨

安装墙体龙骨前，应对连接件及龙骨进行防腐处理。再把龙骨与连接件固定在一起。龙骨与连接件安装一定要牢固，防止位移产生。龙骨架的平面度一定要符合施工规范的要求。

(4) 金属罩面板安装

1) 金属罩面板的排列。扣接式金属条板的安装，在安装时，金属条板应沿着龙骨一个方向排列，先安装底层，后安装上层，排列的顺序，如图 5-83 所示。

2）金属面板的固定。金属面板安装时按着一个方向排列，但排列一条面板就立即固定。固定件可是普通螺钉。也可是自攻螺钉。如图 5-84 所示。

（5）插接式构造转角处理

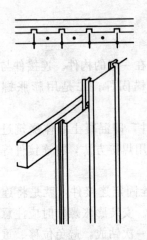

图 5-83　扣接式墙板安装顺序

插接式构造转角有阳角和阴角之分，故处理方式也有所不同。

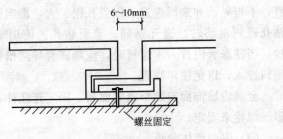

图 5-84　条板固定示意图

1）阳角处理。在阳角处用相同金属材料做一个包角，包角的两边分别与两面扣板连接，如图 5-85 所示。

2）阴角处理。直接利用扣板管尾垂直相接并用螺钉固定。如图 5-86 所示。

（6）上、下端部处理

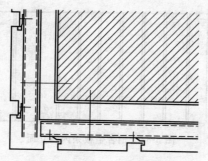

图 5-85 插接式构造阳角处理

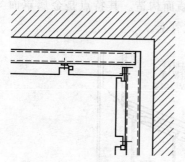

图 5-86 插接式构造阴角处理

在室内顶面与地面与金属面板交接处,可以用封边的金属角进行处理,如图 5-87 所示。

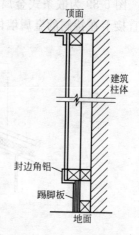

图 5-87 上顶边下地边的安装

图 5-88 为铝合金板板条立面图。

5.7.4 嵌条式金属板墙面安装

嵌条式安装金属面板,就是用特制的墙体龙骨,将金属面板(条板)卡在特制的墙体龙骨上,形成金属墙面。其特点是特制的卡条板的墙体龙骨,仅能卡较薄的板条。

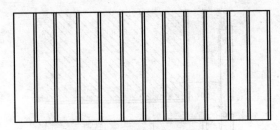

图 5-88 铝合金板条内墙立面

1. 嵌条式金属板墙面构造

图 5-89 为嵌条式金属板墙面构造。其特点是金属罩面板直接卡在特制的金属墙体龙骨上。

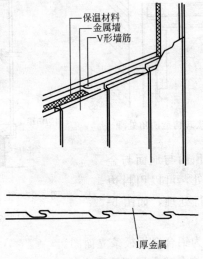

图 5-89 嵌条式金属板墙面构造

2. 施工工艺

嵌条式金属墙面施工工艺,如图 5-90 所示。

```
弹线 → 固定连接件 → 安装特制的墙体龙骨 → 安装金属条板
```

图 5-90 嵌条式金属板墙面施工工艺

3. 操作要点

(1) 弹线

嵌条式安装的金属板墙面,它是将金属面板卡在特制的龙骨上。因此特制的龙骨在墙体上的位置准确程度,是安装金属罩面板的关键。所以要根据设计图纸要求以及板面尺寸确定龙骨位置,同时把位置线弹到墙体上,并把连接件位置标出来。

(2) 固定连接件

连接件是将龙骨与墙体连接在一起的构件。连接件与墙体固定方法有两种:一是预埋锚固件;二是用膨胀螺栓固定。

1) 预埋锚固件

在安装龙骨前,应在墙体内连接件位置线上预埋锚固件。当锚件的强度达到设计要求时,可将连接件焊接在预埋件上。

2) 膨胀螺栓固定

用电锤在连接件位置线上钻孔,钻孔的直径与深度,应符合膨胀螺栓的使用要求。一般在强度低的基体上打孔,其钻孔直径要比膨胀螺栓直径缩小 0.5~1mm。

(3) 安装墙体龙骨

墙体龙骨用螺栓与连接件固定起来,也可将墙体龙骨直接射钉固定在墙体上,龙骨安装要保其平面度符合施工规范要求。

(4) 金属条板安装

1) 安装顺序

安装金属条板应沿龙骨的一端开始。高度方向应从底层

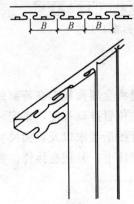

图 5-91 嵌条式开放型
金属条板墙面安装

开始。

2) 安装形式

用嵌条式安装金属条板,它有两种安装形式:一是开放型;一是封闭型。

① 嵌条式开放型安装

图 5-91 为嵌条式的开放型金属条板墙面构造图。其特点是指相邻板间,未使用插缝条或其他处理,留有板缝,因此隐约可见其后的龙骨等东西。

② 嵌条式封闭型安装

所谓封闭型则是用插缝条或其他方法对板缝做了处理,板缝处不再是通透的。因为插缝条可以是方形也可以是半圆形,所以封闭型嵌条式有两种构造。

a. 方形插缝条构造图

图 5-92 为封闭型方形插缝条构造图。

b. 半圆弧形插缝条构造图

图 5-93 为封闭型半圆弧形插缝条构造图。

(5) 嵌条式构造转角处理

1) 阳角处理

在阳角处,对金属条板进行适当变形处理,使每个板边和每根特制的龙骨都是 45°角,安装后形成 90°阳角。如图 5-94 所示。

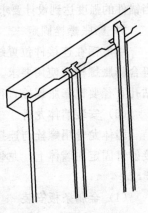

图 5-92 嵌条式封闭型
方形插缝条安装

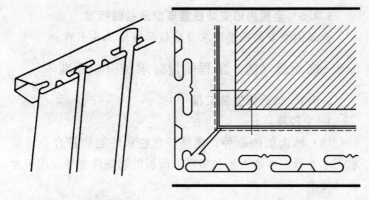

图 5-93　嵌条式封闭型　　　图 5-94　嵌条式构造阳角处理
半圆弧形插缝条安装

2) 阴角处理

在阴角处，安装的特别龙骨垂直相交，然后再将条板作适当的变形处理即可。如图 5-95 所示。

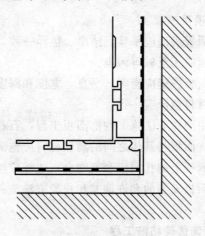

图 5-95　嵌条式构造阴角处理

5.7.5 金属内墙安装质量要求及检验标准

金属内墙安装质量要求及检验标准见 5.8.1 节。

5.8 饰面板（砖）工程质量要求及检验标准

5.8.1 饰面板安装工程

1. 主控项目

（1）饰面板的品种、规格、颜色和性能应符合设计要求，木龙骨、木饰面板和塑料饰面板的燃烧性能等级应符合设计要求。

（2）饰面板孔、槽的数量、位置和尺寸应符合设计要求。

（3）饰面板安装工程的预埋件（或后置埋件）、连接件的数量、规格、位置、连接方法和防腐处理必须符合设计要求。后置埋件的现场拉拔强度必须符合设计要求。饰面板安装必须牢固。

2. 一般项目

（1）饰面板表面应平整、洁净、色泽一致，无裂痕和缺损。石材表面应无泛碱等污染。

（2）饰面板嵌缝应密实、平直，宽度和深度应符合设计要求，嵌填材料色泽应一致。

（3）采用湿作业法施工的饰面板工程，石材应进行防碱背涂处理。饰面板与基体之间的灌注材料应饱满、密实。

（4）饰面板上的孔洞应套割吻合，边缘应整齐。

（5）饰面板安装的允许偏差和检验方法应符合表 5-6 的规定。

5.8.2 饰面砖粘贴工程

1. 主控项目

饰面板安装的允许偏差和检验方法　　表 5-6

项次	项目	允许偏差(mm)							检验方法
		石材			瓷板	木材	塑料	金属	
		光面	剁斧石	蘑菇石					
1	立面垂直度	2	3	4	2	1.5	2	2	用2m垂直检测尺检查
2	表面平整度	2	3	—	1.5	1	3	3	用2m靠尺和塞尺检查
3	阴阳角方正	2	4	4	2	1.5	3	3	用直角检测尺检查
4	接缝直线度	2	4	4	2	1	1	1	拉5m线,不足5m拉通线,用钢直尺检查
5	墙裙、勒脚上口直线度	2	3	3	2	2	2	2	拉5m线,不足5m拉通线,用钢直尺检查
6	接缝高低差	0.5	3	—	0.5	0.5	1	1	用钢直尺和塞尺检查
7	接缝宽度	1	2	2	1	1	1	1	用钢直尺检查

(1) 饰面砖的品种、规格、图案、颜色和性能应符合设计要求。

(2) 饰面砖粘贴工程的找平、防水、粘结和勾缝材料及施工方法应符合设计要求及国家现行产品标准和工程技术标准的规定。

(3) 饰面砖粘贴必须牢固。

(4) 满粘法施工的饰面砖工程应无空鼓、裂缝。

检验方法：观察；用小锤轻击检查。

2. 一般项目

(1) 饰面砖表面应平整、洁净、色泽一致,无裂痕和缺损。

(2) 阴阳角处搭接方式、非整砖使用部位应符合设计要求。

(3) 墙面突出物周围的饰面砖应整砖套割吻合,边缘应整齐。墙裙、贴脸突出墙面的厚度应一致。

(4) 饰面砖接缝应平直、光滑,填嵌应连续、密实;宽度和深度应符合设计要求。

(5) 有排水要求的部位应做滴水线(槽)。滴水线(槽)应顺直,流水坡向应正确,坡度应符合设计要求。

(6) 饰面砖粘贴的允许偏差和检验方法应符合表 5-7 的规定。

饰面砖粘贴的允许偏差和检验方法　　　表 5-7

项次	项目	允许偏差(mm)		检验方法
		外墙面砖	内墙面砖	
1	立面垂直度	3	2	用 2m 垂直检测尺检查
2	表面平整度	4	3	用 2m 靠尺和塞尺检查
3	阴阳角方正	3	3	用直角检测尺检查
4	接缝直线度	3	2	拉 5m 线,不足 5m 拉通线,用钢直尺检查
5	接缝高低差	1	0.5	用钢直尺和塞尺检查
6	接缝宽度	1	1	用钢直尺检查

6 柱体装饰施工

柱体装饰在装饰工程中虽然工程量不大,但能体现装饰工艺的技术水平。由于柱体一般都处于室内的显著位置,距人们的视线近,而与人们频繁接触。因此,要求柱体装饰造型准确,工艺处理要求精细。常见的柱体装饰方式为:将建筑柱体装饰为圆柱、造型柱、椭圆柱、功能柱等。其结构有钢筋混凝土结构、砖结构、木结构、钢木混合结构以及钢架铺钢丝网水泥结构。

柱体常见的饰面有:石材饰面、玻璃镜饰面、铝合金板饰面、涂料饰面、木材油漆饰面。

柱体装饰要注意不能破坏原建筑柱体的形状,不能损伤柱体的承载能力。

6.1 柱体施工

6.1.1 砖柱

室内装饰需要设置砖柱,砖柱结构有方柱和圆柱及多角柱等。砖柱外表抹灰,面层可以用涂料或壁纸进行装饰,也同样可以达到较好的装饰效果。

1. 方柱

(1) 施工准备

1) 材料要求

水泥:水泥用普通硅酸盐水泥32.5级。

砂子:中砂,含泥量小于3%。

砖：用不低于 MU10 的黏土砖。

2）施工工具

瓦工常用工具：大铲、瓦刀、刨锛、靠尺板、线锤等。

（2）施工工艺

砌砖柱的施工工艺，见图 6-1 所示。

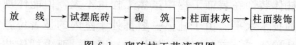

图 6-1 砌砖柱工艺流程图

（3）操作要点

1）砌筑时要求灰浆密实、砂浆饱满、错缝搭接不能采用包心砌法。

2）矩形柱、方形柱的组砌方法，见图 6-2 所示。

3）每天砌筑高度不宜超过 1.8m，否则砌体砂浆产生压

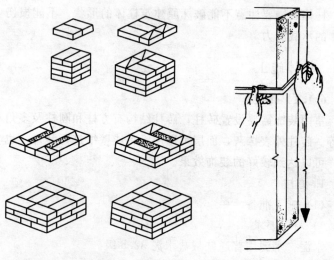

图 6-2 方形砖柱排砖示意　　图 6-3 独立方柱找规矩

缩变形后，容易使柱倾斜。

4）柱的垂直度每层不大于 5mm；混水砖柱的表面平整度不大于 8mm。

5）抹灰：

① 在抹灰前，应对基体处理，表面清理干净，防止油污和杂质存留在基体表面处。

② 找规矩　应按设计图纸所标志的柱轴线，测量柱子的几何尺寸和位置，在楼（地）面上弹上垂直两个方向中心线，并放上抹灰后的柱子边线（注意阳角都要规方），然后在柱顶卡固上短靠尺，拴上线锤往下垂吊，并调整线锤对准地面上的四角边线，检查柱子各面的垂直和平整度，如不超差，在柱四角距地坪和顶棚各 15cm 左右处做标志块，如图 6-3 所示。

③ 抹灰　柱子四面标志块做好后，应先往侧面卡固八字靠尺，抹正反面，再把八字靠尺板卡固正、反面，抹两侧面。

6）面层装饰　面层干硬后可裱糊壁纸，也可用涂料进行装饰。

2. 圆柱及多角柱

砖砌体圆柱及多角柱操作要点：

(1) 砌筑圆柱或多角柱的砖柱按线进行试摆，以确定砖的排砌方法。为了使砖柱内外错缝合理，少砍砖、又不出现包心砌法，并达到外形美观，进行多次试排，选择一种合理的排砖方案，如图 6-4 所示。多角形砖柱砌法如图 6-5 所示。

(2) 制作木样板　为了加工弧形砖（砌圆形柱用）或切角砖（砌多角形柱用），必须用木板按照圆弧或角度做出木样板。在砖柱正式砌筑前，按样板加工所需要的各种弧面或

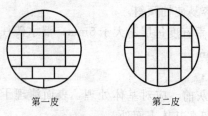

图 6-4 圆形砖柱砌法

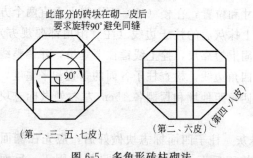

图 6-5 多角形砖柱砌法

切角异形砖。

当砌圆形柱时,还要做出圆周的 1/4 或 1/2 弧形样板。用来检查圆柱的砌筑的表面弧度是否正确。

(3) 当圆柱每砌筑一皮砖后,用样板沿柱圆周进行弧面检查一次,每砌 3~5 皮砖,用托线板定点进行垂直度检查,至少有 4 个检查点。

(4) 多角形柱每砌筑 2~3 皮砖,用线锤检查每个角的垂直度,用托线板将多角形每边都检查一次,发现问题及时纠正。

(5) 圆柱抹灰:

1) 找规矩:独立圆柱找规矩,一般也应先找出纵横两个方向设计要求的中心线,并往柱上弹纵横两个方向四根中心线，按四面中心点在地面分别弹四个点的切线，就形成了圆柱的外切四边形。这个四边形各边长就是圆柱的实际直径。然后用缺口木板的方法，由上四面中心线往下吊线锤，检查柱的垂直度，如不超差，先在地面上再弹上圆柱抹灰后外切四边形（每边长就是抹灰后圆柱直径），就按这个制作圆柱抹灰样板。

2) 制作样板：圆柱直径较小的圆柱，可做半圆样板；如圆柱直径大，应做四分之一样板。样板里口可包上铁皮，如图6-6所示。

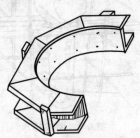

图6-6 圆柱抹灰样板

3) 圆柱做标志块，可以根据地面上放好的线，在柱四面中心线处，先在下面做四个标志块。在上下标志块挂线，中间每隔1.2m左右再做几个标志块，根据标志块抹标筋。

4) 抹灰：抹灰时用长木杠随抹随找圆，随时用抹灰圆形样板核对，当抹到面层时，应用圆形样板沿柱上下滑动，将抹灰层扯抹成圆形，最后再由上至下滑磨抽平，如图6-7所示。

(6) 多角柱抹灰 多角柱抹灰也同样找规矩，按角度制作样板，抹灰时按角度的大小检查抹灰厚度。

6.1.2 抹水刷石抽筋圆柱面施工

抽筋圆柱即为柱面嵌有凹槽的圆柱（图6-8）。室外部位一般采用水刷石或斩假石面层。这里介绍水刷石抽筋圆柱的施工方法。

1. 施工准备

(1) 材料

水泥 普通硅酸盐水泥、白色水泥。

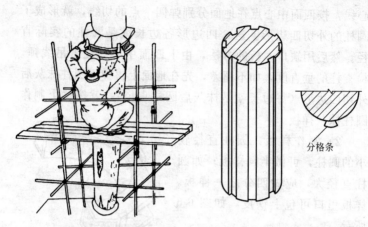

图 6-7 圆柱抹灰　　　　图 6-8 抽筋圆柱及分格条

石子　中八厘、大八厘坚硬的石英石。

砂子　中砂,含泥量<3%。

分格条　分格条应采用收缩变形小的木材制成,做成截面为梯形,外面为圆弧形,并与套板的圆弧相符,尺寸应根据设计要求选定。如图6-8所示。

(2) 工具

常用的工具有刷子、鸡腿刷子、小鸭嘴抹子、小溜子、铁抹子、木抹子等。

2. 施工工艺

找规矩→做灰饼→基层修整→做冲筋→抹底层灰→弹线→粘分格条(垫层)→抹垫层→起分格条→抹筋内水刷石→粘分格条(面层)→抹面层石子浆→起分格条→喷刷→养护。

3. 操作要点

(1) 找规矩~(5) 抹底层灰,与前面所述中抹水泥砂浆圆柱相同，质量要求与圆柱中层相同。

(6) 弹线根据设计要求的间距，在柱面底层上弹出分格条位置，垂直线应用线锤挂直。

(7) 粘分格条（垫层）：将用水浸透并沥干的分格条用素水泥浆粘贴在分格线上，要求分格条粘贴平直，按缝严密。

(8) 抹垫层：在分格条间抹 1∶2.5 水泥砂浆，并用垫层套板刮平分格条面，并将表面打毛糙。

(9) 起分格条：垫层抹完后即可起出分格条，起条时应先用铁皮嵌入分格条面轻轻摇动，将条子摇离抹灰层，然后起出，如有损坏，应立即修补。也可在抹灰层初凝后取出，但应避免损坏抹灰面。此时，抽筋圆柱已初步形成。

(10) 抹筋内水刷石：抹垫层隔天后，可抹水泥石子浆。抹前视垫层干湿程度酌情洒水，再薄刷一层素水泥浆，然后将 1∶1.25 水泥石子浆（半干硬性）用铁皮抹在去了分格条的柱筋内，抹平两边柱面并立即拍平拍实。如水泥石子浆太湿的话，可用干水泥吸去水分并将其刮去，再行拍平拍实。最后对筋内石子进行刷洗，待显露出石子厚度 1/3 的石子后即可。

(11) 粘分格条（面层）：在刚冲刷好的筋内水刷石面层上立即用水泥浆粘贴面层分格条，并用线锤挂直，粘贴分格条的水泥浆应适量，分格条两边的余浆应刮去，以免去掉分格条后筋内两侧无石子显露或显露不均匀。

(12) 抹面层石子浆：在分格条间的柱面先薄抹一层素水泥浆，随即抹上 1∶1.25 水泥石子浆，如柱子较高，应安排数人上下配合进行。抹时应将水泥石子浆抹平分格条面，并抹出圆弧面，随时用套板面层检查，边检查边随时补平并拍实直至柱面的圆弧与套板相符为止。待水分稍干，表面无水光感时，用抹子溜抹一遍，压出浆水并将面层压实压密，同时将分格条理清。

(13) 起分格条：待面层压实压密后，即可起分格条。用铁皮嵌入分格条内轻轻摇动，使分格条摇离两边石子面层，此时，如条子边上的石子面层产生裂痕，应立即用抹子将其与周围面层一起拍实，以免起条后缺棱掉角。此后即可将条子轻轻取出。

(14) 喷刷：待面层石子浆开始凝结，手脂轻捺软而无指痕时，可开始刷石子。先用小刷子（鸡腿刷）刷柱筋底面，将嵌分格条余下的水泥浆蘸水刷掉，使原已刷好的石子裸露后，再刷筋内两个侧面，使石子显露，并用清水冲洗干净。为使柱筋两侧阳角避免重复冲刷，可将筋内两侧和面层近阳角处一起冲刷。

刷柱面时，先用刷子蘸水刷掉面层水泥浆，待露出石子后，紧跟着用喷壶或喷雾器随喷随用毛刷刷去石子表面浆水。喷刷从上而下，未喷刷到的下部柱面应用水泥袋或塑料布贴盖，待上部喷刷完后再喷刷下部。喷刷时间应尽可能缩短，减少表面水流淌，同时喷刷要均匀，避免掉粒坍塌，直至1/3的石子显露。最后，从上到下，柱面筋内统统用清水冲洗干净。

(15) 养护从第二天起，柱面应浇水养护不少于7d。

4. 质量要求

(1) 水刷石各层之间及基层之间应粘结牢固，不得有脱层、空鼓等缺陷，面层不得有裂缝。

(2) 柱面分格缝的宽度和深度应均匀一致，不得有错缝、缺棱掉角。

(3) 柱面的圆度、柱筋（分格缝）的宽度应符合设计要求。柱面的垂直度及垂直方向的平整度应符合标准。

(4) 石粒清晰，分布均匀，紧密平整，色泽一致，不得有掉粒和接槎痕迹。

6.1.3 变截面抽筋圆柱面斩假石施工

所谓变截面抽筋圆柱，是指西方古典柱式中陶立克柱，爱奥尼柱等柱的柱身（见图6-9）。其形状特征是，从柱身高度三分之一开始，它的截面逐渐缩小，也叫收分，柱子收分后形成略微向内弯曲的轮廓线，加强了它的稳定性（见图6-10）。其柱身的截面，陶立克柱为20个连续凹槽，槽深小于半径；爱奥尼等柱均有24个带平齿的半圆形凹槽，如图6-11所示。

变截面抽筋圆柱的柱身大都由花岗石等石材分段雕凿，再行安装而成，也有采用预制斩假石块安装或采用现制斩假石施工而成的。

变截面圆柱的下部三分之一处是截面不变的圆柱体，上部三分之二是曲面体，因此在操作时应注意上部柱的曲面柔和，上下柱连接处的光滑自然，以及圆截面不偏离中心。由于这些柱的柱身均较高，上柱曲面上部轮廓线接近直线，因此操作时可将圆柱面代替上部双曲面，以使变截面圆柱的施工难度大为简化。

1. 施工准备

(1) 材料

1) 骨料：所用骨料（石子、玻璃、粒砂等）颗粒坚硬、色泽一致，不含杂质，使用前须过筛、洗净、晾干，防止污染。

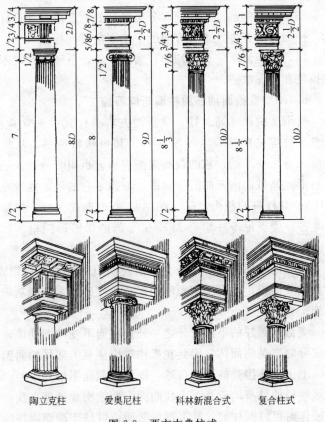

图 6-9 西方古典柱式

2) 水泥：32.5 级普通水泥、矿渣水泥。所用水泥是同一批号、同一厂、同一颜色。

3) 色粉：有颜色的墙面，应挑选耐碱、耐光的矿物颜料，并与水泥一次干拌均匀，过筛装袋备用。

（2）工具

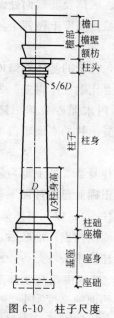
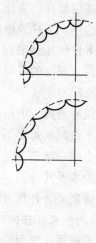

图 6-10 柱子尺度　　　图 6-11 柱身截面

常用工具有线锤、墨斗线、木抹子、钢抹子、剁斧、花锤、钢丝刷及放样制作挂线做灰饼用的缺口板、控制预定高度变截面形状的套板，抹凹槽的样板嵌条。

2. 工艺流程

找规矩→做灰饼→基层修整→做冲筋及抹中层→弹线→抹面层凹槽→斩琢

3. 操作要点

（1）找规矩：根据列柱的平面布置情况及轴线尺寸，实测实量柱子的位置和尺寸，找出统一中心和每根柱子的中心，在柱基础面、柱帽底及柱面弹出四个方向的中心线，作为操作时的基本控制线，以使柱子进出一致。

(2) 做灰饼：先在柱身顶部、底部及变截面处做中层控制灰饼，以此拉基准线。每一变截面高度上做四个灰饼，可统一做柱四个方向的中心线上。

(3) 基层处理：为施工方便，柱子的基体均做成上下同一直径，这样，下柱的中层砂浆要比上柱厚得多。为避免起壳，可在下柱绑扎钢筋网片，再用水泥砂浆填出适当的厚度。基体高于灰饼的应凿去，混凝土柱的表面斩凿毛，抹灰前隔夜喷水刷净。

(4) 做冲筋及抹中层：由于柱身2/3的上部为斜面，为避免冲筋表面倾斜角度不一或不正确而影响柱面平整，应将冲筋及抹中层一起施工（俗称软柱头），以利整体修整。

冲筋为水平式冲筋，在灰饼周围抹出冲筋胚后，用相应的中层套板刮平，并核对套板及柱面中心线是否一致。然后用1:3水泥砂浆在柱面抹中层，可抹得稍高于冲筋，抹完两冲筋间的柱面，用刮尺按两冲筋面的高度刮平，待柱面全部刮好后，再次用相应截面高度的中层套板检查每段通筋的圆度，用直尺检查柱面的平整，修整至符合要求为止。最后，在柱面用木抹子打毛并用钉头划毛，以增加与面层的粘结力。

(5) 弹线：在柱面中层上重新弹出四条中心线，以控制面层套板的水平位置。

(6) 抹面层凹槽：凹槽共20条，考虑全部嵌上嵌条无法抹砂浆，因此，采用隔一条凹槽嵌一根嵌条，并将嵌条用套板固定的方法施工，两条嵌条间的凹槽则用手工刮制。具体方法是：先将嵌条按照其与中心线的关系，间隔钉在面层套板的内径上，并使嵌条在上下套板内的相对位置一致。然后将钉有凹槽嵌条的套板固定在预定的截面高度，使套板与柱面中心位置一致，嵌条的中心位置顺直。套板与嵌条固定后，在嵌条的两侧抹水泥石屑浆面层，同时在两条嵌条中间用铁皮抹出与两侧嵌条形状、深度一致的面层凹槽，用刮尺的反面（圆的一面）刮制，并随时将一根检查用的嵌条放入凹槽，检查槽的深度和弧度是否符合要求，随时修正。

待面层抹刮完毕，砂浆略收水分后，轻敲嵌条并向下抽拉，取出嵌条及套板，此时，柱面凹槽已成型。再一手执毛柴帚，一手用圆型木抹子打磨凹槽，将圆弧磨圆滑，上下抽直。

(7) 斩琢：约经 3d 养护（气温＋15℃左右），就可以试斩，如石屑颗粒不发生脱落，即可进行斩琢加工。

6.1.4 方柱装饰成圆柱施工

1. 施工准备

(1) 原柱体的检查　在施工前应对原柱体进行强度、结构尺寸、垂直度、平整度进行检查。

(2) 材料准备　根据设计要求，准备好施工用材，其中包括固结材料如膨胀螺栓等。

(3) 施工工具　常用的工具有电锯、冲击钻、测量放线工具、射钉枪等。

2. 放样、制作样板

(1) 确立基准方柱底边：因为建筑上的结构尺寸有误差，方柱不一定是正方形或矩形，所以必须确立方柱底边的基准边线，才能进行下一步的画线工作。确立基准底边的方法为：

1) 测量方柱的尺寸，找出最长的一条边。

2) 以该边为边长，用直角尺在方柱底弹出一个正方形，该正方形就是基准方边线（图 6-12）。并需将该方边线的每

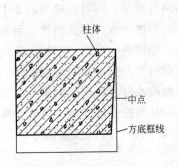

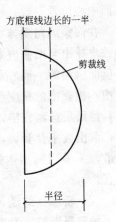

图 6-12 柱体基准方边线　　图 6-13 弦切弧样板画法

条边中点标出。

(2) 制作样板：在一张纸板上或三夹板上，以装饰圆柱的半径画一个半圆，并剪裁下来，在这个半圆形上，以标准方边线边长的一半尺寸为宽度，做一条与该半圆形直径相平行的直线。然后从平行线处剪裁这个半圆。所得到的这块圆弧板，就是该柱的弦切弧样板，如图 6-13 所示。

3. 画线

以该样板的直边，靠住基准底边线的四个边，将样板的中点线对准基准底边线的中心。然后沿样板的圆弧边画线。这样就得了装饰圆柱的底圆，如图 6-14 所示。

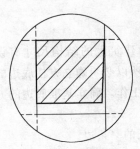

图 6-14 装饰圆柱的底圆画法

顶面的画线方法与底圆画法基本相同。但基准顶面圆的画出，必须通过与底边框吊锤线的方法来获得,以保证地面与顶面的一致性和垂直度。

4. 骨架制作工艺

装饰柱体的骨架有木骨架和铁骨架两种。木骨架用木方连接成框体,铁骨架用角钢或薄壁型钢采取焊接或螺栓连接制作。木骨架主要用于木材油漆饰面及粘贴饰面板、不锈钢饰面板等。铁骨架主要用于铝合金饰面板和石材饰面的安装。

骨架制作工艺如图 6-15 所示。

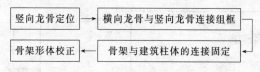

图 6-15 骨架制作工艺图

5. 木骨架制作安装操作要点

(1) 放线、下料

根据画线位置,确定竖向龙骨及横向龙骨尺寸。然后按照实际尺寸进行下料。木料尺寸应按设计要求进行。

(2) 弧形龙骨制作

装饰圆柱体时,需进行弧形龙骨制作,横向龙骨一方面是龙骨架的支撑件,另一方面起着造型的作用。所以在圆形或有弧形的装饰柱体中,横向龙骨需制作弧形。如图 6-16 所示。

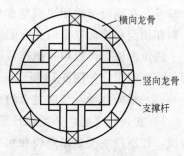

图 6-16 装饰圆柱龙骨的骨架

弧线形横向龙骨的制作方法如下:

1) 在圆柱等有弧面形的木骨架中,制作弧面横向龙骨,通常方法是用 15mm 木夹板来加工。首先在 15mm 厚夹板上按所需的圆半径,画出一条圆弧,在该圆半径上减去横向龙骨的宽度后,再画出一条同心圆弧。

2) 按同样方法在一张板上画出各条横向龙骨,但在木夹板上的画线排列,应以节省材料为原则。在一张木夹板上画线排列后,可用电动直线锯按线切割出横向龙骨,如图 6-17 所示。

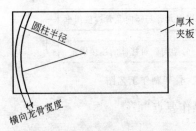

图 6-17 圆弧形横向龙骨制作　　图 6-18 竖向龙骨的固定

(3) 竖向龙骨安装

先从画出的装饰柱顶面线向底面吊垂直线,并以垂直线为基准,在顶面与地面之间竖起竖向龙骨,校正好位置后,分别在顶面和地面把竖向龙骨固定起来。

固定方法,可以用角钢连接件通过膨胀螺栓或射钉与顶面、地面固定,如图 6-18 所示。

(4) 横向龙骨与竖向龙骨的连接

1) 在连接之前,必须在柱顶与地面间设置形体位置控制线,控制线主要是吊垂线和水平线。

2) 连接方法可用槽接法和加胶钉接法。通常圆柱连接用槽接法。

槽接法是在槽向、竖向龙骨上分别开出半槽，两龙骨在槽口处对接。槽接法也需要槽口处加胶加钉固定。这种连接固定方法稳固性好，可用于安装饰面时，敲击振动较大的饰面安装。加胶钉接法是在横向龙骨的两端头面加胶，将其置于两竖向龙骨之间，再用铁钉斜向与龙骨固定。横向龙骨之间的间隔距离，通常为300mm或400mm。如图6-19所示。

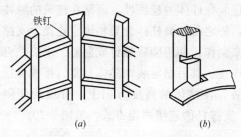

图6-19 装饰圆柱木龙骨的连接
(a) 加胶钉接法；(b) 槽接法

6. 钢骨架制作与安装操作要点

装饰柱体钢骨架是用角钢（槽钢）焊接或薄壁型钢用螺栓连接制作成的。

(1) 龙骨制作

1) 竖向龙骨制作应先从画出的装饰柱顶面线向底面线吊垂直线，测量出顶面与地面的距离，按测量的实际尺寸进行下料，接着在竖向龙骨上，划出连接点位置线进行钻眼。

2) 在钢骨架中，横向龙骨可用扁钢来代替。扁钢的弯曲，必须用靠模来进行，否则曲面的准确性将没有保证。

(2) 龙骨安装

1) 竖向龙骨安装也同样用膨胀螺栓或射钉与地面、顶面固定。钢骨架竖向龙骨连接可以直接与基层连接,而不需要再用角钢连接件。

2) 横向龙骨与竖向龙骨连接时,可以采用焊接法,但其焊点与焊缝不得在柱体框架的外表面。否则将影响柱体表面安装的平整性。

7. 柱体骨架与建筑柱体的连接

为保证装饰柱体的稳固性,通常在建筑的原柱体上安装支撑杆件,使之与装饰柱体骨架相固定连接。支撑杆可用木方或角铁来制作,并用膨胀螺钉或射钉、木楔铁钉的方法与建筑柱体连接。其另端与装饰柱体骨架钉接或焊接。支撑杆应分层设置,在柱体的高度方向上,分层的间隔为800~1000mm,支撑杆的连接固定方式,见图6-20。

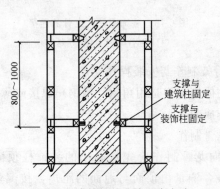

图6-20 支撑杆的连接固定方式

8. 柱体框架安装质量要求与质量检查

(1) 质量要求

柱体龙骨架安装时,必须满足质量要求,保证形体的准确性。

1) 柱体垂直度，当柱高在 3m 以下时，误差在 3mm 以内。

2) 柱体不圆度，柱体表面不圆度误差不得超过±3mm。

3) 不方柱度，柱体不方柱度误差值不得大于 3mm。

(2) 质量检验方法

1) 柱体垂直度检查，在连接好的柱体龙骨架顶端边框线上，设置吊垂线，如果吊垂线下端与柱体的边框平行，说明柱没有歪斜度。如果垂线与骨架不平行，就说明柱体有歪斜度，吊线检查应在柱体周围进行，一般不少于 4 点位置。如果超过误差允许值，就必须进行调整。

2) 柱体不圆度检验方法：柱体骨架的不圆度，经常表现为凸肚和内凹，这将对饰面板的安装带来不便，进而严重影响装饰效果。检查不圆度的方法也采用垂线法。将圆柱上下边用垂线相接，如中间骨架顶弯细垂线说明柱体凸肚，如细线与中间骨架有间隔，说明柱体内凹。如果超出误差值，应采取措施局部进行调整。

3) 柱体不方柱度的检查方法：不方柱度检查用直角铁尺在柱的四个边角上分别测量即可。如果超出误差值，应采取措施进行调整。

9. 平整修边

柱体龙骨架连接、校正、检查、固定之后要对其连接部位和龙骨本身的不平整处进行修平处理。对曲面柱体中竖向龙骨要进行修边，使之成曲面的一部分。

6.1.5 钢木混合结构柱体施工

钢木混合结构的柱体常用于独立的门柱、门框架、装饰柱等装饰体，目的是为保证这些装饰体既有足够的强度刚度，又便于进行饰面处理。

1. 施工准备

(1) 材料要求　钢木结构常用角钢规格在∟30×30～∟50×50，槽钢5号。

混合结构采用木料为木夹板，厚度通常在15mm左右。木方为30mm×30mm～50mm×50mm。

(2) 施工工具　施工工具有划线工具、下料工具、电锯、锯割角钢的刀锯。固定用的冲击钻、射钉枪、手电钻等。

2. 施工工艺

钢混结构柱体制作与安装，其工艺流程如图6-21所示。

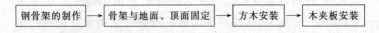

图6-21　工艺流程图

3. 钢骨架制作要点

(1) 划线下料：在角钢（或槽钢）上，按设计尺寸截取骨架长料，按骨架横挡尺寸截取短料。注意确定骨架尺寸时，应考虑面板的厚度，以保证在架安装面板后，其实际尺寸与立柱的设计尺寸相吻合。

(2) 角钢框架焊接形有两种：一种是先焊接横挡方框，然后将竖向角钢与横挡方框焊接。另一种是将竖向角钢与横挡角钢同时焊接，如图6-22所示。

(3) 先焊横挡方框后焊竖向角钢与横挡方框。

1) 在焊接框架之前，应用方尺检查，校核每个横挡方框的尺寸和方整性。

2) 焊接横挡方框时，应先点焊其对接处，待校正每个横挡方框的直角后再焊牢。

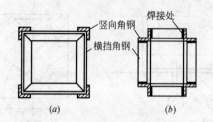

图 6-22 角钢框架焊接形式
(a) 先横挡方框后竖向角钢焊接；(b) 同时焊接

3) 横挡方框与竖向角钢焊接。将制作好的横挡方框与竖向角钢在四角位焊接。焊接顺序应对称焊接，焊接时用方尺检验保证竖向角钢与横挡框的垂直性，进而保证四角立向角钢的相互平行。横挡方框的间隔为 600~1000mm 之间。

(4) 竖向角钢与横挡角钢同时焊接。

1) 在焊接前，用方尺和卷尺检查横挡框角度及角钢的尺寸，其长度误差应在 1.5mm 以内。

2) 用方尺来保证横挡角钢与竖向角钢在焊接时其相互的垂直性。

3) 焊接组框的方法是：先分别将两条竖向角钢焊接起来组成两片，然后再在这两片之间用横挡角钢焊接起来组成框架。

(5) 框架焊接完成后，应对框架涂刷防锈漆两遍。

4．角钢架与地面、顶面固定

(1) 预埋件固定 在施工地面时，按钢架固定位置放置预埋连接件（环头螺栓）。等地面强度达设计强度时，将角铁框架与地面预埋件连接起来固定。如图 6-23 所示。

(2) 膨胀螺栓固定 当地面施工没有设置预埋件时，也可以用 M10~M14 的膨胀螺栓来固定，其数量为 6~8 只。

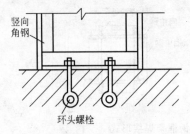 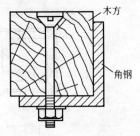

图 6-23　铁钢框架与顶、地面固定　　图 6-24　方木与角钢固定

但长度应在 60mm 左右,不能过短,否则将影响固定的稳定性。

5. 方木安装要点

(1) 方木安装应检查其尺寸及方正度。

(2) 将方木就位,用手电钻钻出 $\phi6.5$ 的孔,钻孔时应一并将方木、角钢同时钻通,用 M6 的平头长螺栓,把方木固定在角钢上。

(3) 在螺栓紧固前,应用方尺校正木方安装的正确性,如有歪斜可在角钢与方木间垫木楔来校正,木楔必须加胶后打入其间。

(4) 最后上紧长螺栓,长螺栓的头部应埋入方木内,如图 6-24 所示。

6. 木夹板安装要点

混合结构的柱体常用厚木夹板做基面,其安装方式有两种,一种是直接钉接在混合骨架的木方上,另一种是安装在角钢骨架上,如图 6-25 所示。

(1) 钉接在混合骨架上

1) 先锯割四根方木固定在角钢骨四角处,然后用手电钻将对好的方木与角钢一并钻通,再用等于螺栓头直径的钻

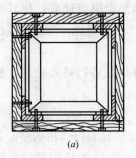 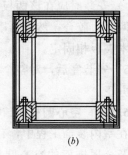

图 6-25 木夹板安装
(a) 安装在角钢骨架上；(b) 钉接在木方上

头在方木钻孔处划凹窝。接着在孔内穿入螺栓，用螺母将方木固定在角钢上。

2) 锯割四块木夹板，宽度等于柱宽、接缝倒 45°角，分别钉在方木上。

3) 接缝处涂抹上万能胶，使其两侧边胶合，最后进行对角处修边，使角位方正。

(2) 安装在角钢骨架上

1) 先锯割两块宽度等于柱边长的厚木夹板，将其放在框架上并对好安装位置，锯割厚夹板的宽度尺寸应略放大 3mm 左右，便于安装后的修边。

2) 用手电钻将对好位置的厚夹板与角铁一并钻通，再用等于螺栓头直径的钻头在厚木板上画凹窝。然后在孔内穿入螺栓，用螺母将厚木板固定在角钢上。固定时螺钉头必须沉入木板平面以下 2～3mm。常用的螺栓为 M4～M6。在方柱面固定好一侧厚夹板之后，再固定相对面的一侧。

3) 再锯割两块厚夹板，其宽度比柱边少 2 个板厚尺寸，使该板在安装时，可卡在已装好的两板之间。

4) 安装时应在该两板的边侧部涂刷万能胶，使其与角钢和两侧边胶合，然后再用铁钉钉在两侧边，与已用螺栓固定的木夹板相固定。

5) 安装完后，对整个方柱对角处进行修边处理，使角位处方正。

6.1.6 空心圆柱体结构施工

在室内装饰工程中，有时就需要起装饰作用的空心石板圆柱及金属饰面的空心圆柱。空心圆柱的结构是由角钢骨架，外焊敷钢丝网，再在钢丝网上批嵌基层水泥砂浆。

1. 施工准备

(1) 材料准备

1) 金属材料 角钢3~5号，钢板网（16×118）、电焊条、膨胀螺栓。

2) 非金属材料 普通水泥32.5级、砂子（中砂）。

(2) 工具准备

常用的工具有电钻、冲击钻、射钉枪、线锤、木抹子、铁抹子、直尺等。

2. 施工工艺

空心圆柱结构体施工工艺如图6-26所示。

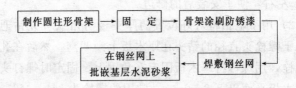

图6-26 空心圆柱结构体施工工艺

3. 操作要点

(1) 骨架制作

1) 竖向龙骨制作　根据柱顶面到底面垂线的距离，确定竖向龙骨下料长度，同时还应加进竖向龙骨与顶面、地面连接的长度。

2) 横向龙骨下料　横向龙骨下料应考虑横向龙骨的间隔尺寸应与饰面板材的高度相同，以便设置铜丝或不锈钢丝对饰面板进行绑扎固定。

3) 焊接　焊接时应时刻检查竖向龙骨与横向龙骨保持垂直，同时要对称焊接防止骨架变形。

(2) 焊敷钢丝网

1) 钢丝网不可与角钢骨架直接焊接，而是要先在角钢骨架表面焊上8号左右的铁丝，然后再将钢丝网焊接在8号铁丝上。整个钢丝网要与龙骨架焊敷平整贴切。

2) 焊敷完毕后，在各层横向龙骨上绑扎铜丝，铜丝伸出钢丝网外。铜丝的数目要根据饰面块的数量决定。

(3) 批抹水泥砂浆

1) 水泥砂浆拌制　用32.5级普通硅酸盐水泥与中砂搅拌成水泥砂浆，砂浆中掺入3%的纤维丝，以增加水泥砂浆的挂网性能。砂浆的稠度控制在合适的范围。

2) 抹水泥砂浆　柱面抹水泥砂浆应从柱顶开始，依次向下进行。分二遍抹，第一遍抹1cm左右，要求砂浆嵌入钢丝网的网眼内。第二遍抹的厚度均匀，大面平整，但不要光滑，总厚度为2.5cm。批抹时还应该把绑扎在横向龙骨上的铜丝留出。

6.1.7　钢筋混凝土圆柱体施工

钢筋混凝土柱体施工工艺是：支模、绑钢筋、安装预埋件、浇筑混凝土、养护、拆模。

1. 圆柱模板制作

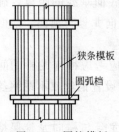

图 6-27 圆柱模板

圆柱模板如图 6-27 所示由直条模板（20～25mm 厚度，宽 30～50mm）拼定而成，直条模板要钉在木带上，木带定由 30～50mm 厚的木板锯成圆弧形，木带的间距为 700～800mm。

木带的制作采取放样的方法。当木带分为二块时，木带的拱高为圆柱半径加模板厚为半径画圆，再画圆内接四边形，即可量出拱高加弦长。木带的长度取弦长加 200～300mm，以便木带之间钉接。宽度为拱高加 50mm。根据圆弧线锯去圆弧部分即木带，如图 6-28 所示。

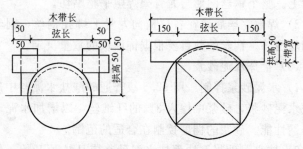

图 6-28 木带样板

木带制作完毕后，即可与木板条钉成整块模板，如图 6-29 所示。圆柱模板钉制时应留出清渣口和浇筑混凝土的浇灌口。木带上应弹出中线，以便柱模安装时吊中线校正，为防止混凝土浇灌时，侧压力影响模板爆裂，模外每隔 50～100cm 加 2 股以上 8～12 号铁丝箍紧。

2. 绑扎钢筋

(1) 清理基础或楼层留出插筋上的锈皮、水泥浆等污垢

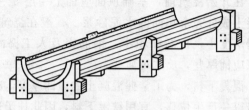

图 6-29 圆模装钉

清扫干净,并整理调直插筋。

(2)按事先计算好的箍筋数量套在基础或楼层预留插筋上;再将立柱钢筋与插筋绑牢,并绑好钢筋。每根钢筋与插筋绑扎不得少于三个扣,绑扎扣要向里,便于箍筋向上移动。

(3)在立好的柱钢筋上用粉笔画箍筋间距,将箍筋往上移动。由上往下宜采用缠扣绑扎,箍筋与主筋垂直交叉点均匀绑扎。

(4)柱中的竖向钢筋搭接时,钢筋弯钩应与模板切线垂直。

(5)按柱保护层厚度,将预制带铁丝的砂浆块(塑料卡)、绑在柱钢筋上,以保证混凝土保护层厚度的准确性。

3. 安装预埋件或预埋防腐木砖

为了保证柱面饰面板的安装,根据设计要求和板面尺寸,进行安装预埋件或预埋防腐木砖,便于装饰板的固定。

4. 安装模板

钢筋绑扎好后,检验合格,按立柱外圆尺寸轮廓线位置,安装两块柱模,校正中心线位置、垂直度,最后用 12 号铁丝箍紧,用斜撑固定。

5. 浇筑混凝土

(1) 在开始浇筑前，基础顶面应铺上一层 5~10cm 厚的与混凝土成分完全相同的水泥砂浆。一般在浇筑高度大，混凝土坍落度小，柱断面积小，钢筋密及人工捣固等情况下，砂浆应铺厚些，反之可薄些。

(2) 混凝下料，为了掌握混凝土的虚铺厚度，减少对钢箍的冲击以免产生位移，宜用铁锹下料，因此柱子边可放置一块拌盘，将料斗或车上的混凝土卸在拌盘上。当浇筑高度大，柱子断面较小时，使铁锹背朝上，往钢箍中间扣锹，这样石子多在下面，也可砂浆充满四壁模板和混凝土面上。当下料高度小，柱断面较大时，使铁锹背靠模板下料沿着柱模一面一锹。当浇筑高度在 1.5m 以内时，为了加快下料速度，即可将混凝土料斗或车子直接对准柱子向坑内下料，但必须注意掌握好分层厚度。

(3) 当柱子浇满分层厚度后，用插入式振捣器从柱顶插入振捣。在振捣过程中软管容易左右摇摆碰撞钢筋，为此，振动棒先就位，后通电。当混凝土不再塌陷全部见浆，从上往下看有亮光后，即将振动棒取出，并应断电。停止振动，然后慢慢地取出柱外。

(4) 在没有振动器时，也可以用人工捣固，其方法是用竹竿从柱顶插入柱中上下捣固，竹竿的长度应比柱子长度高出 1m，同时另一人用长竹片专门在钢筋与柱模四壁之间插捣提浆，或用木锤在柱模外，轻轻敲打。

(5) 由于粗骨料容易下沉，砂浆上浮，至一定高度尤其是最后高度时，应将上浮砂浆掏出。

6. 混凝土养护、拆模

混凝土浇筑完 3 小时后应浇水进行自然养护。浇水次数，一般气候条件下（气温 15℃ 以下）前 3 天每昼夜 3 次，在以后每昼夜4次。在干燥的情况下浇水次数适当增加。当混凝土强度达到设计强度60％时,可以拆模。

6.2 柱体面层饰面装饰

6.2.1 大理石饰面板的安装

1. 施工准备

(1) 检查柱体结构尺寸,确定板材规格　饰面板安装前,应根据设计图纸,认真核实结构面实际偏差情况,检查柱面的平整度及柱子的垂直度,若偏差较大,要及时进行处理。

(2) 材料要求　大理石板材进场拆包后,应将破碎、变色、局部污染和缺边掉角的板块挑出另行堆放。对合乎外观要求的大理石板材,再进行边角垂直测量、平整度检验、尺寸误差检验,以便控制安装后实际尺寸和对缝的垂直平整度。

(3) 施工工具　常用的工具有卷尺、线锤、冲击电钻、靠尺、水平尺等。

2. 基层处理

清除基层表面尘土和油渍。基层表面应平整粗糙,光滑的基体表面应进行凿毛处理,凿毛深度应为5～15mm,其间距不大于3cm。

3. 分块、弹线

柱面应先测量出柱的实际高度和柱子中心线,以及柱与柱之间上、中、下部水平通线,确定柱饰面板看面边线,才能决定饰面板分块规格尺寸。然后把地面标高位置弹在柱立面上。再根据这条柱面标高线为基准,来安排板块的排列分格,并把分格线弹在柱面上。如果需按安装顺序对石板块编号,该编号号码可直接写柱面的分格线内,并与分块大样图对应。

4. 大理石饰面板安装要点

(1) 绑扎钢筋网:室内柱面一般都没有预埋钢筋,绑扎钢筋网之前需要在柱面用 M10~M16 的膨胀螺栓来固定铁件。膨胀螺栓的间距为板面宽,用冲击电钻在基层上打眼,再向眼内打入短钢筋,外露 50mm 以上并弯钩。

(2) 预拼排号:为了使安装颜色一致,纹理通顺,必须按大样图预排编号,编号顺序由上而上,凡阳角对接处应磨边卡角。

(3) 板块先开槽(图 5-26),然后绑扎不锈钢丝。

(4) 大理石板安装:柱面大理石安装顺序由下往上,按顺时针安装,一般先从正面开始。先将柱面最下层的板块,按地面标高线就位,要用靠尺板找垂直,用方尺找好阴阳角。如发现板材规格不准确或板材间隙不均匀,应用铅皮加垫,使板材间隙均匀一致,以保持每一层板材上口平直,为上一层板材安装打下基础。

(5) 柱面安装临时固定:方柱和长方形柱面板材的安装可用绳扎紧、夹具卡紧、石膏浆固定及聚酯砂浆固定法。

1) 用卡具、绳扎固定:常用的卡具如图 6-30 所示。柱子安装大理石饰面板,用卡具和绳扎紧结合固定如图 6-31

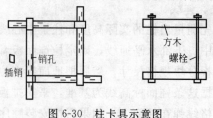

图 6-30 柱卡具示意图

所示。

2）用熟石膏固定：板材安装可用熟石膏（调制石膏时，可掺加20％水泥，以增加强度，防止石膏裂缝。但白色大理石容易污染，不要掺水泥），将两侧缝隙堵严，上下口临时固定（图6-32）。

3）用聚酯砂浆固定：聚酯砂浆固定有凝结块，粘结牢和不易在灌浆时松动等特点。其施工方法为：在灌浆前先用聚酯砂浆固定板材四角和填满板缝隙，待聚酯砂浆固化并能起到固定拉紧作用以后，再进行下一道工序的施工，如图6-33所示。在用聚酯砂浆固定时，需用木卡框来定位。

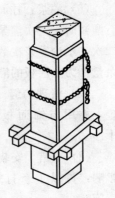

图6-31 用卡具、绳扎固定示意图

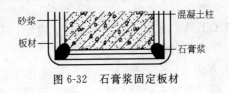

图6-32 石膏浆固定板材

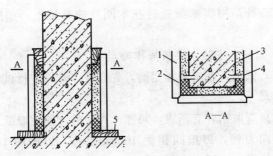

图6-33 聚酯砂浆固定法

（6）灌浆：柱面大理石安装一皮，必须横平竖直。在进行灌浆时，一次灌浆量应不高于 15cm，待初凝后，再灌第二次，不论灌浆次数与高度如何，每次皮的上口应留 5cm，余量作为上层板的灌浆结合层。

（7）清理勾缝　灌浆后应及时擦拭玷污板材表面的污迹，并用与饰面板相同的颜色水泥浆勾缝，最后清洗干净。

（8）上蜡　安装固定后的大理石板材，如面层光泽受到影响，可以重新打蜡出光。同时要采取临时保护棱角的措施。

6.2.2　木圆柱饰面面层安装

1. 施工准备

（1）材料：木圆柱面层常用弯曲性较好的薄三夹板。还有用实木条板做面层，常用实木板条宽 50～80mm，木条板厚度为 10～20mm。

（2）施工工具：常用工具有手电钻、电锯、刀锯、墙纸刀、手锤、斧子、射钉枪等。

2. 施工方法

木圆柱面层安装有两种方法：一种是用薄三夹板围住柱体；另一种是用实木条板钉在木圆柱的骨架上。如图 6-34 所示。

3. 圆柱上安装木夹板操作要点

（1）试铺：在安装固定前，先在柱体骨架进行试铺。确定下料尺寸。

（2）弯曲贴合有困难，可在木夹板的背面用墙纸刀切割一些竖向刀槽，刀槽间相距 10mm 左右，刀槽深 1mm 左右。要注意，应用木夹板的长边来围柱体。

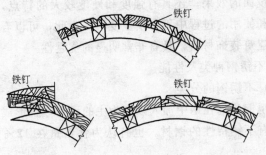

图 6-34 木条板安装

(3) 在木骨架的外面刷胶液，将木夹板粘贴在木骨架上，然后用铁钉从一侧开始钉木夹板，逐步向另一侧固定。

(4) 在对缝处用钉量要适当加密。钉头要埋入木夹板内。

(5) 在钉接圆柱木夹板时，最好采用钉枪钉。

4. 圆柱上安装实木条板操作要点

(1) 根据圆柱的周长和实木条板的宽度，试排实木条板并确定其数量。

(2) 划线：根据试排的结果，在圆柱骨架周围，划出实木条板安装位置线。

(3) 在实木条板的位置上，涂刷胶粘剂。

(4) 将实木条板粘贴在骨架上，并用铁钉固定住。钉头要埋入实木条板内。

(5) 木条板下料、加工应按木工操作工艺要求进行，尺寸要规格化。

6.2.3 不锈钢板饰面安装

不锈钢装饰，是近年来在国内外流行的一种建筑装饰方法。因为它具有金属光泽和质感；具有不锈蚀的特点；和具有如同镜面的效果;还具有强度和硬度较大的特点,因此,在施工和使用的过程中不易发生变形。由此,可以看出不锈钢作为建筑装饰材料,具有非常明显的优越性。

1. 不锈钢种类及性能

(1) 不锈钢的分类

不锈钢是指在钢中加入以铬为主的元素,且形成钝化状态,具有不锈特性的钢材。也有认为含铬量在12%以上的钢材。

不锈钢的分类一般根据不锈钢在经900~1100℃高温淬火处理的反应和微观组织,将其分为三类:即淬火后硬化的马氏体系和淬火后不硬化的铁素体素,及高铬镍型不锈钢所具有的奥氏体系组织。这三类不锈钢在性能和成分上的区别,如表6-1。

不锈钢的分类　　　　　　　表6-1

分类	大致成分(%)			淬硬性	耐腐蚀性	加工性	可焊性	磁性
	Cr	Ni	C					
马氏体系	11~15	—	1.20以下	有	可	可	不可	有
铁素体系	16~27	—	0.35以下	无	佳	尚佳	尚可	有
奥氏体系	16以上	7以上	0.25以下	无	优	优	优	无

(2) 不锈钢的性能

1) 物理性能:在物理性能方面,马氏体系不锈钢和铁素体系不锈钢的线膨胀系数接近低碳钢的数值,而奥氏体系不锈钢与上述三类钢相比,则大了约50%左右。再如,铁素体系不锈钢和马氏体系不锈钢的导热系数为普通低碳钢的1/2左右,而奥氏体系不锈钢的导热系数则仅达普通低碳钢的1/3左右。但是,不锈钢与普通低碳钢在弹性模量、密度及比热等方面,则基本上是同等程度的。正因如此,所以马氏体系不锈钢和铁素体系不锈钢所存在的问题，是焊接时的冷却速度要比普通钢慢得多。而奥氏体系不锈钢焊接时，其变形的增大要比普通低碳钢快得多。

2) 耐腐蚀性能：一般说来，不锈钢是依靠其表面的钝化膜来发挥其耐蚀性能的。因此，不锈钢的耐蚀性能的好坏与其表面的钝化情况有关。从这种观点出发，对于强氧化性的酸来说，即便是像硝酸那样的强酸，不锈钢也能具有耐蚀性能。但是，对于像稀硫酸、醋酸之类非氧化性或还原性的酸来说，由于此时不能发挥上述钝化膜作用，所以表现不锈钢不能耐腐蚀。

3) 不锈钢的可焊性：可焊性是用以表示获取性能良好的焊接接头是比较困难还是比较容易的一个概念。一般说来，材料可焊性的好坏是一个综合性的概念。从大的方面，可以分为工作可焊性和使用可焊性两个方面。

所谓的工作可焊性，表示的材料焊接接合性的好坏。所谓的使用可焊性是表述焊接接头本身使用性能好坏的一个概念。

马氏体系不锈钢在焊接方面所存的问题，主要有两个方面：一是焊缝热影响区的硬化；二是由于扩散性氢的作用所引起的滞后裂缝。滞后裂缝，一般是指在焊接施工完成之后，经过数天才出现的一种裂缝。这种裂缝的位置，一般与焊缝金属成直角。

铁素体系的不锈钢，因为没有淬硬性，所以焊缝的热影响区几乎不发生硬化现象。但另一方面，由于铁素体系不锈钢在被加热到熔点附近时会出现热影响区晶粒粗化现象，其结果是使钢材在常温下的塑性、韧性均发生下降。

奥氏体系不锈钢焊接所存在的问题，主要是焊缝金属的热裂缝,焊接热影响区晶界上铬的碳化物的析出以及焊接残余应力等。

2. 不锈钢的焊接

(1) 焊接方法的选择:不锈钢焊接方法有手工电弧焊、埋弧焊、接触焊、惰性气体保护焊和钎焊等。这些焊接方法在操作工艺、加热温度以及经济费用等方面也各不相同的。因此,在进行不锈钢的焊接时,为了得到接合良好可靠的焊接结构,就必须在对各种不锈钢材料的物理性能和焊接性能有所了解的前提下,按照各种焊接方法的特点来选择最适宜的焊接方法。当焊接方法选择错了时,不是焊接施工非常困难,就是会产生各种各样的焊接缺陷(包括焊接裂缝),有时,甚至会使整个结构的使用可焊性受到破坏。各种不锈钢焊接方法选择,见表6-2。

不锈钢焊接方法的选择 表 6-2

分类	焊接方法	马氏体系 Cr 钢	铁素体素 高 Cr 钢	奥氏体系 Cr-Ni 钢	大概适用板厚 (mm)
熔化焊	手工电弧焊	B—C	B	A—B	$t>0.8$
	埋弧焊	B		B	$t>0.6$
	气焊	C	C	B	$t<1$
	钨极惰性气体保护焊	B	B	A	$0.5\sim3$
	金属极惰性气体保护焊	B		A	$t>3$
	钎焊	C	C	B	—
接触焊	点焊	B	A	A	$0.15\sim3$
	缝焊	C	B	A	$0.15\sim3$

注:A:最合适;B:较合适;C:难以焊接,很少用。

(2) 焊接材料:所谓焊接材料,主要是指焊条,也包括一些焊丝、焊剂、焊粉和焊料等。在不锈钢的焊接中,应使用不锈钢焊条。

对焊接材料进行恰当的选择，是保证焊接成品质量的重要环节。不同的钢种适用的焊条种类是不一样的。而对同一钢种来说，因焊接工件的结构形状，焊接施工的工作条件和环境条件的差异，也往往要求选用不同品种的焊条。因此，要做好焊接工作，就必须在对施焊工作的材质、焊接设备的性能以及焊接材料的性能都有所了解的前提下，对焊接材料做出正确的选择并使之与其他条件相配合。

选择焊条的一般方法，包括两个方面：其一，是按所用钢材的强度选择相应强度等级的电焊条；其二是焊着金属的化学成分在原则上应尽可能地接近于母材。

常用不锈钢焊条，见表 6-3。

常用铬不锈钢焊条的型号、牌号、特点和用途　表 6-3

焊条型号	药皮类型	焊条牌号	焊接电源	主要特点和用途
E410-16	钛钙型	G202	交直流	焊接 0Cr13、1Cr13 钢和耐磨耐蚀表面的堆焊
E410-15	低氢型	G207	直流	
E430-16	钛钙型	G302	交直流	焊接 Cr17 类不锈钢
E430-15	低氢型	G307	直流	
相当于 E1-13-1-15		G217		焊接 0Cr13、1Cr13、2Cr13 和耐磨耐蚀表面的堆焊
E308L-16	钛钙型	A002	交直流	焊接超低碳 00Cr19Ni10 不锈钢结构
E308L-17	氧化钛型	A002A		同类不锈钢
	钛钙型	A012Si		焊接抗浓硝酸超低碳不锈钢结构
E316L-16		A022		焊接尿素及合成纤维设备
E316L-16		A02251		
E317MoCu-16		A032		焊接合成纤维等设备，在稀、中浓度硫酸介质中工作的同类型超低碳不锈钢结构

续表

焊条型号	药皮类型	焊条牌号	焊接电源	主要特点和用途
—	钛钙型	A042Si	交直流	焊接同类型超低碳不锈钢结构及堆焊尿素合成塔中的衬板
—		A052		焊接盛硫酸、醋酸、磷酸的反应器、分离器等
E309L-16		A062		焊接合成纤维、石油化工设备用同类型的不锈钢和异种钢结构
—		A072		用于 0Cr25Ni20 钢的焊接
E308-17		A102A		焊接工作温度低于 300℃耐腐蚀的 0Cr19Ni9N,0Cr18Ni10Ti 不锈钢结构
E308-16		A102		
		A102T		焊接工作温度低于 300℃耐腐蚀的 0Cr19Ni9N,0Cr18Ni10Ti 不锈钢结构及堆焊
E308-15	低氢型	A107	直流	焊接工作温度低于 300℃耐腐蚀的 0Cr19Ni9N 型不锈钢结构
	钛钙型	A112	交直流	焊接一般的 0Cr19Ni9N 型不锈钢结构
	低氢型	A117	直流	
—	钛钙型	A122	交直流	焊接低于 300℃工作温度,要求抗裂耐腐蚀性高的 0Cr19Ni9 型不锈钢结构
E347-16		A132		焊接重要的含钛稳定的不锈钢结构,如 0Cr18Ni10Ti,0Cr19Ni11Ti
E347-17		A132A		
E347-15	低氢型	A137	直流	
E307-16	钛钙型	A172	交直流	焊接 ASTM307 钢及异种钢,也可焊接耐冲击腐蚀钢和过滤层的堆焊,如高锰钢、淬硬钢
E316-17		A202A		焊接在有机和无机酸(非氧化性酸)介质中的 0Cr17Ni12Mo2 不锈钢结构
E316-16		A202		
E316-15	低氢型	A207	直流	
E318-16		A212		
E317MoCu-16	钛钙型	A222	交直流	焊接相同类型含铜不锈钢结构
E318V-16		A232		焊接一般的耐热耐蚀不锈钢结构,如 0Cr19Ni9N 及 0Cr17Ni12Mo2
E318V-15	低氢型	A237	直流	

续表

焊条型号	药皮类型	焊条牌号	焊接电源	主要特点和用途
E317-16	钛钙型	A242	交直流	焊接同类型的不锈钢结构
E309-16	钛钙型	A302	交直流	焊接同类型的不锈钢结构,也可以焊接异种钢
E309-15	低氢型	A307	直流	
E309Mo-16	钛钙型	A312	交直流	焊接耐硫酸介质腐蚀的同类型不锈钢结构
E309Mo-15	低氢型	A317	直流	
E310-16	钛钙型	A402	交直流	焊接高温条件下工作的同类型耐热不锈钢;Cr5Mo、Cr13类等,也可以焊接异种钢
E310-15	低氢型	A407	直流	
E310Mo-16	钛钙型	A412	交直流	焊接高温条件下工作的耐热不锈钢,也可以用于异种钢焊接
—	钛钙型	A422	交直流	用于补焊炉卷轧机上的1Cr25Ni20Si2钢卷筒及相应异种钢的焊接
	低氢型	A427	直流	
E310H-16	钛钙型	A432	交直流	用于耐热钢焊接
—	低氢型	A447	直流	
—	钛钙型	A502	交直流	焊接呈淬火状态下的低合金和中合金钢,如35SiMn等
—	低氢型	A507	直流	
E16-8-2-16	钛钙型	A512	交直流	用于在较大拘束条件下,要求有较高抗裂能力的高温高压不锈钢管路的焊接
E330MoMnWNb-15	低氢型	A607	直流	用于850~900℃下工作的同类型耐热不锈钢的焊接及制氢转化炉中集合管膨胀管的焊接
	低氢型	A707	直流	焊接铬锰氮不锈钢及含铝耐蚀钢
	低氢型	A717	直流	焊接低磁不锈钢构件或相应的异种钢
	钛钙型	A802	交直流	焊接硫酸浓度(体积分数)50%和有一定工作温度及压力的制造合成橡胶的管道等
E320-16		A902		焊接用于硫酸、硝酸、磷酸和氧化性酸腐蚀介质中工作的不锈钢结构

(3) 焊接工艺

1) 焊缝的形式 不锈钢板的焊接,通常采用对接,而很少采用搭接的方式。但同样是对接,因钢板的厚度不同,也有许多差异。一般情况下,对于板的厚度<1~2mm 不锈钢板的焊接,可以采用平口焊缝。而对于板厚≥1.2mm 的不锈钢薄板,宜采用 V 型坡口焊缝。当板厚大于 6mm 时,往往还需要采用 X 型焊缝。

在对焊缝的考虑中,除焊缝的形状之外,另一个必须注意的问题,就是焊缝间隙大小。一般,当焊缝间隙过小时,容易引起未焊透等问题。而当焊缝间隙过大时,又容易引起裂缝、夹渣等焊缝缺陷。图 6-35 所示的是不锈钢薄板对接焊缝的形式、坡口尺寸和角度、焊缝间隙大小。

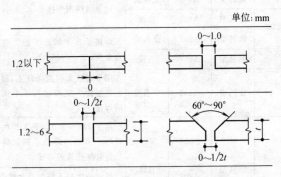

图 6-35 不锈钢薄板的对接焊法

在不锈钢装饰部件的制作和安装之中,还有将不锈钢板作角向焊接的情况。图 6-36 所示的是角接焊缝的形式、坡口角度及焊缝间隙的尺寸。

2) 焊接次序 不锈钢的热胀系数比较大,尤其是奥氏体系的不锈钢的热胀系数较之普通低碳钢,增大了大约

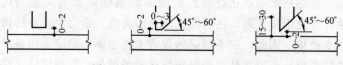

图 6-36 不锈钢薄板的角接焊缝

50%左右。因此,不锈钢,尤其是奥氏体系不锈钢在焊接过程中,就有可能产生较大的变形。为了防止这种焊接变形的产生,除了采用各种刚性夹具来反变形外,根据焊接工件的形状和尺寸、焊接方法、焊接温度等因素,对焊接的次序加以合理安排。目前常用的方法有跳焊法、分段逆焊法等。图 6-37 所示的是焊接次序安排的几个例子。

3)垫板和压板的使用 因为不锈钢在施焊时产生大量

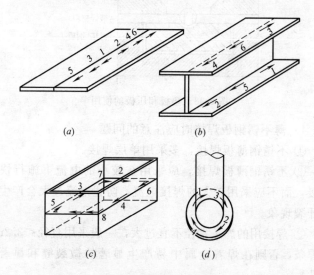

图 6-37 焊接次序实例

(a)平板的焊接;(b)梁的焊接;

(c)管件的焊接;(d)管件与法兰的焊接

热，导热系数小，在焊接热影响区的范围内聚集大量的热量，导致焊接变形，还可能出现焊缝腐蚀，定会使焊接结构产生破坏。因此，在不锈钢的焊接工艺方面，除应采用各种措施予以反变形之外，如何加快热量的散失，以使焊缝区快速冷却，是一个关键问题。

为解决这一问题，目前多采用加设垫板的方法。在不锈钢薄板的焊接中，垫板一般采用宽 20～25mm 的与母材材料相同的钢带，沿焊缝顺长布置。当焊接温度较高，可采用铜垫板。图 6-38 所示的是垫板和压板的使用情况。

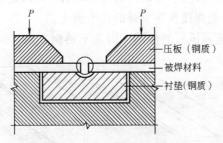

图 6-38　垫板和压板的使用

4）薄不锈钢板焊接时应注意的问题

① 不锈钢薄板焊接，多采用单层焊接。

② 不锈钢薄板焊接，应采用在较小的电流下施行快速焊接，而不应采用较大的焊接电流，防止电流过大会产生焊接开裂现象。

③ 焊接用的焊条直径不宜过大，一般采用直径<3.2mm 的焊条，否则在焊着金属中易产生显著的微裂缝和显著的气孔。

表 6-4 所示的是奥氏体系不锈钢薄板的焊接工艺参数。也可作为其他不锈钢焊接时参考。

奥氏体系不锈钢薄板焊接工艺参数 表 6-4

板厚(mm)	焊接层数	焊条直径(mm)	焊条消耗量(kg/m)	焊接电流(A) 平焊和横焊	焊接电流(A) 垂直焊和仰焊	电弧电压(V)
0.40	1	1.2	—	—	—	—
0.55	1	1.2	0.07	8~15	8~15	17~19
0.80	1	1.2	0.09	15~35	15~25	18~21
1.60	1	1.6	0.15	30~60	25~40	20~23
2.00	1	2.5	0.27	50~100	45~65	22~25

3. 不锈钢圆柱包面施工

（1）施工准备

1）材料要求

① 薄不锈钢板的选用符合设计要求。

② 不锈钢电焊条的质量应符合质量标准。

2）工具、机具

① 常用工具　卷尺、木榔头、钢管、电钻，射钉枪、木榔头等。

② 机具　交直流电焊机、卷板机等。

（2）施工工艺　不锈钢圆柱包面施工，其施工工艺见图 6-39 所示。

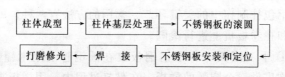

图 6-39　不锈钢圆柱包面施工工艺

（3）操作要点

1）柱体成型

用钢筋混凝土成型柱体时：

① 在混凝土浇注的同时，预埋固定钢质或铜质冷却垫板。当所采用的不锈钢板的厚度≤0.75mm时，可在混凝土柱的一侧埋设垫板。而当不锈钢板的厚度＞0.75mm时，宜在混凝土柱体的两侧埋设垫板，垫板可采用如图6-38所示的中部有浅沟槽的专用垫板。

② 当没有条件预埋垫板时，应通过抹灰层将垫板固定在柱子上。

③ 在施工过程中，应结合周围的环境特点，将垫板位置尽量放在次要视线上，以使不锈钢包柱的接缝不很显眼。

2) 柱面修整

在未安装不锈钢板之前，应对柱面进行修整，因为柱面有缺陷都会引起板面变形。而不锈钢板又是反光性极强的材料，则使柱子的缺陷变得非常明显。同时也会引起焊缝的间隙大小不一，而这显然会使焊接变得比较困难。

柱面修整时，要保证柱体的垂直度、平整度、不圆度。具体办法可参照圆柱抹灰进行。

3) 不锈钢板的滚圆

将不锈钢板加工成所需要的圆柱，即所谓"滚圆"，是不锈钢包柱制作中的关键环节。常用的方法有两种，即手工滚圆和在卷板机上进行滚圆。

① 手工滚圆　将不锈钢板放在圆钢管上用木锤敲打，用薄铁皮做一个圆弧的样板，在敲打过程中，用样板来检验不锈钢的弧度，为了满足整形的要求，也常常采用一些米字形、星形、鼠笼形的支撑架，来保证滚圆的质量。

② 卷板机滚圆通常用三轴式卷板机，可将各种厚度的钢板按所需的直径滚成非常规则的圆柱体。

卷板时，可以按所需的圆弧及板的厚度调整三轴式卷板机，同样也用薄铁皮做圆弧样板，在边滚圆时，边检查圆弧是否符合圆柱体的要求，若偏差大，再可以调整三轴式卷板机。

当板厚>0.75mm时，通常宜采用三轴式卷板机对钢板进行滚圆加工，而且一般不宜滚成一完整的圆柱体，而是将钢板滚制成两个标准的半圆，以后通过焊接拼接成一个完整的柱体。

4）不锈钢板的安装和定位

① 不锈钢板在安装时，应注意接缝的位置应与柱子基体上预埋的冷却垫板的位置相对应。

② 安装时注意调整焊缝的间隙，间隙的大小应符合焊接规范要求（0~1.0mm），并应保持均匀一致。

③ 在焊缝两侧的不锈钢板不应有高低差。

④ 可以用点固焊接的方式或其他方法先将板的位置固定下来。

5）焊接

① 焊缝坡口　对于厚度在2mm以下的不锈钢板的焊接，当焊缝要求不是十分严格时，一般均不开坡口，而采用平剖口对接的方式。当要求焊缝开坡口时，应在不锈钢板的安装之前进行。

② 焊缝区的清除　为了保证焊缝金属能够很好地附着，并使焊缝金属的耐腐蚀性不受损失。应避免对碳的吸收或混入杂质。因此，无论是平剖口还是坡口焊缝，都必须进行彻底的脱脂和清洁。脱脂一般采用三氯代乙烯、汽油、苯、中性洗涤剂或其他化学药品来完成。焊缝区的清洁通常是用不锈钢丝制成的细毛刷对焊接工作表面进行刷

洗，必要时，还应采用砂轮机进行打磨，以使金属表面暴露出来。

③ 固定铜质压板　在焊接前，为了防止不锈钢薄板的变形，就在焊缝的两侧固定铜质（或钢质）压板。

④ 焊接　在不锈钢包柱的制作中，焊接方法会直接影响到不锈钢板面的质量及焊接的可靠性。目前以选择手工电弧焊和气焊为宜，而气焊适用于厚度1mm以下的焊接；手工电弧焊用于不锈钢薄板的焊接，但应采用较细的焊条及较小的焊接电流进行焊接。

6）打磨修光

由于焊接后，焊缝的表面不很平整，而且粘附有一定量的熔渣，因此，必须采用适当的方法将残留的熔渣及飞溅清除干净，并将焊缝表面加工得较为光滑平整。一般，当焊缝表面没有太大的凹痕及凸出于表面的粗大焊珠时，可直接进行抛光。当表面有凸出的焊珠时，可先用砂轮机磨光，然后再换用抛光轮进行抛光处理，以便将焊缝区加工成光滑洁净的表面，使焊接缝的痕迹不很显眼。

4. 不锈钢圆柱镶面施工

用骨架做成的圆柱体，圆柱面不锈钢板安装可以采用直接卡口式和嵌槽压口式进行镶贴。

（1）施工准备

1）材料要求：根据设计要求选用不锈钢板，同时准备好不锈钢槽条和不锈钢卡口槽及不锈钢槽。

2）施工工具：常用的工具有卷尺、电钻、直尺、冲击钻、线锤、大榔头、钢管等。

（2）施工工艺

不锈钢圆柱镶面施工工艺，如图6-40所示。

图 6-40 不锈钢圆柱镶面施工工艺

(3) 操作要点

1) 检查柱体：柱体的施工质量直接影响不锈钢板面的安装质量。安装前要对柱体的垂直度、不圆度、平整度进行检查，若误差大，必须进行返工。

2) 修整柱体基层：检查完柱体，要对柱体进行修整，不允许有凸凹不平，清除柱体表面的杂物、油渍等。

3) 不锈钢板加工：一个圆柱面一般都由二片或三片不锈钢曲面板组合成。曲面板加工方法有两种：一是手工加工；另外一种是在卷板机上加工。

手工加工：将不锈钢板放在钢管上，用木榔头锤打，同时用薄铁皮做成与圆柱弧度相同的样板时刻检查被加工的不锈钢板是否符合要求。

卷板机加工：也可将不锈钢板放在卷板机上进行加工。加工时，也应用圆弧样板检查曲面板的弧度是否符合要求。

4) 不锈钢板安装：不锈钢板安装的关键在于片与片间的对口处的处理。安装对口的方式主要有直接卡口式和嵌槽压口式两种。

① 直接卡口式安装　直接卡口式是在两片不锈钢板对口处，安装一个不锈钢卡口槽，该卡口槽用螺钉固定于柱体骨架的凹部。安装柱面不锈钢板时，只要将不锈钢板一端的弯曲部，勾入卡口槽内，再用力推按不锈钢板的另一端，利用不锈钢板本身的特性，使其卡入另一个卡口槽内

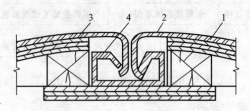

图 6-41　直接卡口式安装

1—垫木；2—不锈钢板；3—木夹板；4—不锈钢槽条

（图6-41）。

② 嵌槽压口式安装方法

a. 先把不锈钢板在对口处的凹部用螺钉（铁钉）固定，再把一条宽度小于凹槽的木条固定在凹槽中间，两边空出的间隙相等，其间隙宽为1mm左右。

b. 在木条上涂刷万能胶，等胶面不粘手时，向木条上嵌入不锈钢槽条。

c. 在不锈钢槽条嵌入粘结前，应用酒精或汽油清擦槽条内的油迹污物，并涂刷一层薄薄的胶液。安装方式如图6-42所示。

③ 不锈钢板安装注意事项

a. 安装卡口槽及不锈钢槽条时，尺寸准确不能产生歪

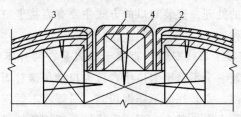

图 6-42　嵌槽压口式安装

1—垫木；2—不锈钢板；3—木夹板；4—不锈钢槽条

斜现象。

b. 固定凹槽的木条尺寸，形状要准确。尺寸准确既可保证木条与不锈钢槽的配合松紧适度，安装时不需用锤大力敲击，避免损伤不锈钢槽面，可保证不锈钢槽面与柱体面一致，没有高低不平现象。形状准确可使不锈钢槽嵌入木条后胶结面均匀，粘结牢固，防止槽面的侧歪现象。

c. 在木条安装，应先与不锈钢试配，木条的高度一般大于不锈钢槽内的深度0.5mm。

5. 不锈钢方柱饰面安装

方柱体上安装不锈钢板，通常需要将不锈钢板粘贴在木夹板层上，然后再用型角压边。

（1）施工准备

1）材料准备：不锈薄钢板、木夹板（三夹板或五夹板）、不锈钢或铝型角及万能胶等。

2）施工工具：钢卷尺、线锤、方尺、电钻、冲击钻、射钉枪等。

（2）施工工艺

不锈钢方柱饰面安装工艺，见图6-43。

图6-43 不锈钢方柱饰面安装工艺

（3）操作要点

1）检查柱体骨架：粘贴木夹板前，应对柱体骨架进行垂直度和平整度的检查，若有误差应及时修整。

2）粘贴木夹板：骨架检查合格后，在骨架上刷涂万能胶,然后把木夹板粘贴在骨架上并用螺钉固钉,钉头低于板面。

3) 镶贴不锈钢板:在木夹板的面层上涂刷万能胶并把不锈钢面板粘贴在夹板面层上。

4) 压边:在柱子转角处,用不锈钢型角压边,如图6-44所示。

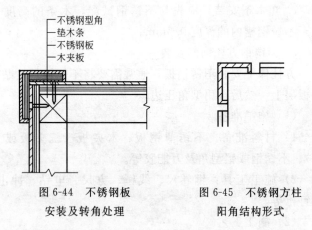

图 6-44 不锈钢板安装及转角处理　　图 6-45 不锈钢方柱阳角结构形式

5) 在压边处封口:在压边不锈钢型角处可用少量玻璃胶封口。

(4) 不锈钢方柱角位的结构处理

不锈钢方柱角位结构有三种形式即阳角结构、阴角形和斜角形。

1) 阳角结构:阳角结构最常见,其角位结构也较简单,两个面在角位处直角相交,再用压角线进行封角。压角线用不锈角或不锈钢角型材用自攻螺钉或铆接法固定,如图6-45所示。

2) 斜角结构:不锈钢方柱斜角用不锈钢处理,如图6-46所示。

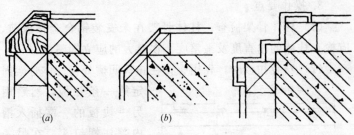

图 6-46 不锈钢方柱斜角结构形式　　图 6-47 阴角结构形式
(a) 斜角；(b) 大斜角

3）阴角结构：所谓阴角也就是在柱体的角位上，做一个向内凹角。

不锈钢方柱阴角结构是用不锈钢成型材来包角，如图 6-47 所示。

6.2.4　铝合金方柱饰面板安装

安装铝合金型材板的柱体骨架，可以是铁龙骨架，也可以是木龙骨架。

1. 施工准备

（1）材料要求：铝合金方柱饰面板用经过加工的铝合金扣板，再用角铝作压边，用螺钉固定。在选用材料时，应按方柱面尺寸确定扣板的宽度和角铝的长度。

（2）施工工具：线锤、方尺、卷尺、木榔头、电钻、螺丝刀等。

2. 施工工艺

铝合金方柱饰面板安装工艺如图 6-48 所示。

图 6-48　铝合金方柱饰面板安装工艺

3. 操作要点

（1）柱体骨架检查：柱体骨架在未安装铝合金扣板前，应检查柱体的垂直度及平整度。误差大的应立即整修。

（2）安装扣板时，先用螺钉在扣板凹槽处与柱体骨架固定第一条扣板，然后用另一块板的一端插入槽内盖住螺钉头，在另一端再用螺钉固定，以此逐步在柱身安装扣板，安装最后一块扣板时，可用螺钉钉在凹槽内壁上，其安装方式如图6-49所示。

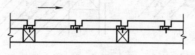

图6-49 铝合金扣板安装方式

（3）压边：扣板安装完毕，其上下顶地边通常是用同包角铝压边，其上顶边是用角铝向外压，下地边是用角铝向内压，如图6-50所示。

6.2.5 空心石板圆柱饰面板安装

1. 施工准备

（1）材料要求：对石板进行分选，按不同规格、不同等级进行堆放。

（2）用厚木夹板制作一个内径等于柱体外径的靠模。利用靠模来确定石板的切角大小。

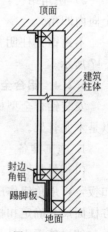

图6-50 上顶边下地边的安装

（3）施工工具：线锤、卷尺、电动手提式无齿圆锯。

2. 施工工艺（见图6-51）

3. 操作要点

（1）检查基层、确定板材规格：基层应检查其不圆度及垂直度。因为圆柱镶贴石面板，必须将石板两侧切出一定角

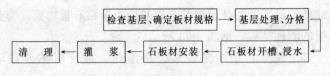

图 6-51 空心石板圆柱施工工艺

度，石板才能对缝。必须利用靠模确定石板切角的大小。其方法为：先在靠模边按贴面方向摆放几块石板，测量石板对缝所需切的角度，然后按此角度在切割机上切角。将切好角的石板再放置在靠模边，观察两石板对缝情况，若可对缝，便按此角进行切角加工。靠模的方式如图6-52所示。

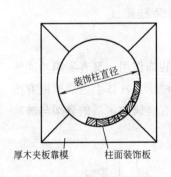
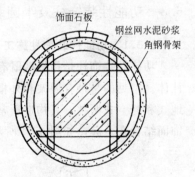

图 6-52 靠模方式　　图 6-53 镶贴石板的圆柱结构

（2）基层处理、分格：检查基层后，要对基层进行处理，清除其尘土、油污和凸凹不平地方。面层要粗糙。接着按已确定石块的规格尺寸，在柱面上进行分格、弹线。

（3）石板开槽、浸水：可用手提式无齿锯，在石板上开槽，开槽的位置应考虑与预埋的铜丝位置相对应，以便绑扎。开完槽应把石板放在水里浸泡。

（4）石板安装：石板在安装时要利用靠模来作为柱面镶贴的基准圆。首先将靠模对正位置后固定在柱体下面，然后从柱体的最下一层开始镶贴，逐步向上镶贴石板饰面，镶贴石板的圆柱结构，见图 6-53 所示。

（5）灌浆：用水泥砂浆分层灌注。灌注时不要碰动石板，并应从几处分别向缝隙中灌注，同时要检查板材是否因灌浆而外移。每次灌浆高度一般不超过 150mm；最多不得超过 200mm。一块石材通常分三次灌浆来完成粘贴。

（6）清理：灌浆完毕，待砂浆初凝后，即可清理板材上口余浆，并用棉丝擦干净。

6.3 功能性装饰柱及半圆装饰柱施工

6.3.1 功能性装饰柱施工

功能性装饰柱是指那些既有装饰作用，又有实用功能的柱体。常见的是带有展架和外框柱体。柱体上的展架框有落地式和悬空式两种，其构造通常有金属和木制的骨架与玻璃饰面结合在一起，如图 6-54 所示。

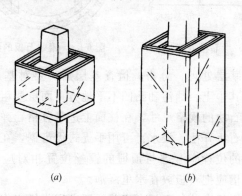

图 6-54 功能性装饰柱
(a) 悬空式；(b) 落地式

1. 装饰柱体木骨架安装

(1) 弹线

在柱面上弹出框架的顶高线、展柜搁板的位置线、悬空式展柜的底边线，对落地式展柜，则是于地面弹出框架的位置轮廓线。

(2) 固定基面板

被围在玻璃柜内的柱体表面，一般都需做饰面处理，在饰面之前先安装基面板，通常是铺钉 9～12mm 厚胶合板。钉固的方式可采用木楔圆钉（在结构柱体表层钻孔打入木楔后用圆钉钉固基面板），也可以使用水泥钢钉将厚夹板直接钉在柱体四面。无论采用何种方法固定柱面基面板，均需注意固结点不可太靠近柱体角位处，避免柱角裂损。

(3) 安装骨架

1) 顶面木骨架安装：先在四根木方条上按柱体宽度的间距，分别在每根木方上开出半槽，槽宽等于木方条尺寸。再将两根木方条的端头做出榫头，然后固定在柱体框架顶高线的位置上，在其半槽内涂刷胶液。将另两根木方条以同样方法做槽做榫头并于半槽处加胶，再与已固定的木骨架连接并同时固定于结构柱体上，最后用凿好榫孔的四段木方条与已安装固定好的四根有榫头的木方连接组合，即成顶面框架（图 6-55）。

2) 顶面金属骨架安装：金属骨架如铝合金、不锈钢或铜等，其构造方式与上述木骨架的井字形连接组合相同，但其框材间的相互连接多是采用角铝或专用连接件；骨架与结构柱的连接一般采用角铝或角钢。操作方法是：在结构柱体上沿框架顶高位置线用水泥钉或膨胀螺栓固定角钢或角铝，然后把骨架框材固定在角形连接件上（图 6-56）。

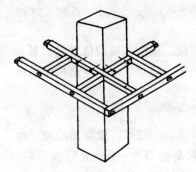 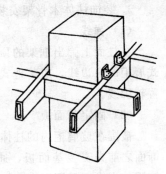

图 6-55　木骨架的固定方法　　图 6-56　金属骨架的固定

3）底面骨架的固定：对于落地式展柜的底面处理，可按地面弹好的位置线将骨架材料与地面固定，然后再用竖向骨架将顶面和底面的框架连接组合即可。对于悬空式展柜或台架的底面处理，需要在其基座下部或基座内安装角钢承重支架，角钢支架用膨胀螺栓固定在结构柱体上，再将底面骨架固定于角钢支架上，见图 6-57。

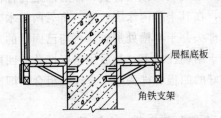

图 6-57　悬空展架基座（底面）做法

（4）安装展柜内陈设搁板

陈设搁板可以是木板，也可以是玻璃板。木搁板的安装多是用内藏角钢连接件的方法，将其固定于柱体侧壁的胶合板基面上；玻璃搁板一般是以专用的铝合金支架作支承，铝合金支架也是安装于柱体侧壁的胶合板基面上,两种搁板的安装做法见图6-58所示。

(5) 安装玻璃

木框架的玻璃安装一般是用双面木条固定;金属框架上的玻璃安装,可采用金属限位槽条,

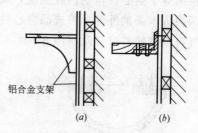

图6-58 展柜搁板安装方式
(a) 玻璃搁板;(b) 木搁板

限位后再用玻璃胶封缝固定的方法。如果有两块玻璃对缝的情况,应在对缝处用玻璃胶封闭缝隙。此类玻璃柜,如系经常更换展览物品的展柜,应设置可以灵活启闭的活动门扇。

6.3.2 半圆装饰柱施工

为适应建筑空间装饰造型对于柱体的需求,目前市场上有各种形式的成品装饰柱体出售。按材质种类有石膏制品,即石膏柱身、石膏花式柱头;木制品,即木柱身、木柱础、木雕花式柱头;玻璃钢制品,即玻璃钢柱身、柱基础及艺术造型柱头,如图6-59所示。

图6-59 木质成品半圆柱靠墙安装做法示例

1. 石膏和玻璃钢成品半圆柱的安装

由于这类成品装饰柱大都是空心柱体,所以在现场安装时应在其安装位置先钉设两段方木条,两段方木条的外侧边

距离等于空心柱体的内腔宽度,安装时使柱体内腔恰好卡在两根方木条的外侧。将成品空心柱体与方木条固定,可采用气钉枪直接打钉固结(图 6-60)。

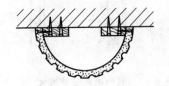

图 6-60 小型成品空心半圆柱的简易固定示意

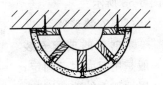

图 6-61 加设筋板固定成品空心柱的安装示意

如果选用的柱体空腔较大,其半径尺寸大于 150mm 时,应在其内腔增设筋板以保证安装的稳固性(图 6-61)。

2. 木制半圆柱制作及安装

(1) 先制作骨架,用 9~12mm 厚胶合板开出与柱身半径相同的弧形板(图 6-62),再用木方与弧形板组合固定成半圆柱的骨架,并将骨架固定在墙面上(图 6-63),最后在半圆骨架外包覆 3mm 薄型胶合板。

(2) 当半圆柱的半径较小时($R=150$ 左右),也可不用

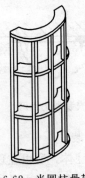

图 6-62 半圆柱骨架

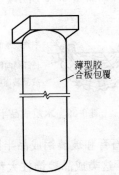

图 6-63 半圆柱基体

弧形板，而将竖向的木方骨架外边倒成圆角，使外包板直接覆贴在竖向木方骨架上。

（3）为了下一步安装装饰线条的方便，宜在骨架之外包覆两层薄胶合板；或者是在半圆柱需固定装饰线条的柱颈、柱顶和柱脚部位加设弧形板，以利于装饰线条的钉固。

（4）半圆柱木饰线安装：由于柱体罩面板为薄型胶合板，所以其装饰线条不能采用凹槽式做法，只能采取固定半圆形木线条的方式做柱身装饰。每条装饰线条的位置尺寸为：上距柱颈线 150～200mm，无柱颈线的爱奥尼克柱可距柱头下沿 100mm 左右；下距柱脚板 200～250mm；每条线之间的间距为 15～20mm（图 6-64）。

图 6-64　半圆柱安装半圆装饰线条

7 吊顶工程

吊顶，或称作天棚、天花，为建筑物室内重要的装饰部位之一。其装饰艺术形式，取决于实用功能和美感的要求；具装饰施工水平，则需依靠所用装饰材料及装饰施工技术的发展。

7.1 吊顶的构造及种类

7.1.1 吊顶的构造

吊顶由支承、基层和面层三部分组成。

1. 支承部分

(1) 吊顶悬挂于檩条上

图 7-1 为吊顶悬挂于檩条上构造示意图。垂直于檩条方向设置主龙骨，间距 1m 左右，主龙骨上设置吊筋，吊筋用断面较小的角钢或 $\phi 10$ 的钢筋。

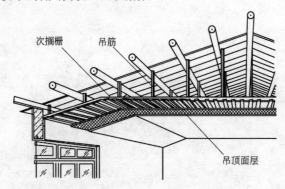

图 7-1 吊顶悬挂于檩条构造示意

(2) 吊顶悬挂于屋面下

图 7-2 为支承部分悬挂于屋面板下构造示意图。一般垂直于桁架方向设置主龙骨、间距为 1.5m 左右，在主龙骨上设置吊筋，吊筋一般为断面较小的型钢、钢筋等。

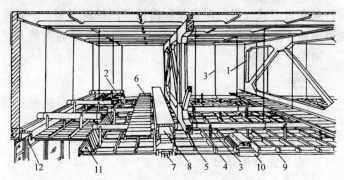

图 7-2 吊顶悬挂于屋面下构造示意
1—屋架；2—主龙骨；3—吊筋；4—次龙骨；5—间距龙骨；6—检修走道；
7—出风口；8—风道；9—吊顶；10—灯具；11—灯槽；12—窗帘盒

(3) 吊顶悬挂于楼板底

图 7-3 为吊顶悬挂于楼板的构造示意图。在主龙骨上设置吊筋，吊筋一般为断面较小的型钢、$\phi 8$ 钢筋等。

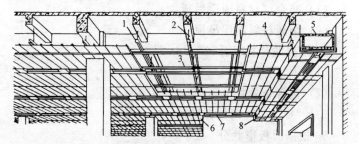

图 7-3 吊顶悬挂于楼板底的构造示意
1—主龙骨；2—吊筋；3—次龙骨；4—间距龙骨；
5—风道；6—吊顶；7—灯具；8—出风口

吊筋与主龙骨的结合，根据材料的不同可分别采用焊接、螺栓固结、钉固结及挂钩方法。

2. 基层部分

次龙骨（或称平顶筋）用木材、型钢及轻金属等材料制成，其布置方式以及间距要根据面层所用材料而定，一般次龙骨间距不大于 60cm。基层的作用是承受面层的重量并把它传递给支承部分。

3. 面层

固结在次龙骨上覆盖物，常用的面层材料为涂料、壁纸、石膏板、石棉板，金属板材等材料组成。

7.1.2 吊顶的种类

1. 根据龙骨外露分

(1) 暗龙骨吊顶；

(2) 明龙骨吊顶。

2. 根据吊顶承载能力分

(1) 上人吊顶（承重）；

(2) 不上人吊顶（不承重）。

3. 根据面层材料分

(1) 非金属材料面层吊顶；

(2) 金属材料面层吊顶。

4. 根据龙骨材料分

(1) 木龙骨吊顶；

(2) 铝合金龙骨吊顶；

(3) "U"型轻钢龙骨吊顶。

5. 根据面板形状分

(1) 方形板吊顶；

(2) 条形板吊顶；

(3) 格栅式吊顶;
(4) 挂片吊顶。

7.2 明龙骨吊顶安装

顶棚安装时,将吊顶龙骨露在面层表面,即为明龙骨吊顶。

7.2.1 明龙骨吊顶构造

明龙骨吊顶分为上人(承载)龙骨吊顶和不上人(不承载)龙骨吊顶两种:

1. 明龙骨吊顶构造

图 7-4 为明龙骨吊顶构造。

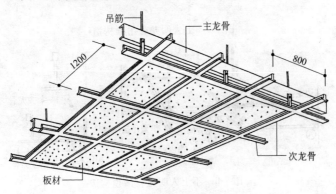

图 7-4 明龙骨吊顶构造

2. 上人明龙骨吊顶构造

图 7-5 为上人明龙骨吊顶构造示意图。它是覆面龙骨(LT)挂在主龙骨(承重)上。

3. 不上人明龙骨吊顶构造

图 7-6 为不上人明龙骨吊顶构造示意图。

7.2.2 施工准备

1. 材料

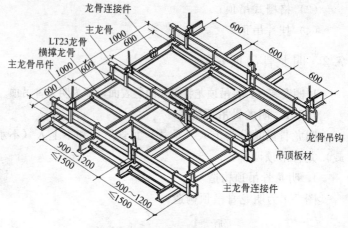

图 7-5 上人明龙骨吊顶构造

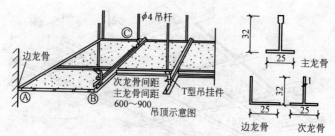

图 7-6 不上人明龙骨吊顶构造

(1) 龙骨 常用的龙骨有"T"型、"LT"型、"U"和"Λ"型。其材质可以是轻钢龙骨或铝合金龙骨。"LT"为覆面龙骨、"U"为承重龙骨。

(2) 吊杆 型钢、钢筋和简易伸缩吊杆。

(3) 面板 常用面板有钙塑泡沫装饰用面板，硬质纤维装饰吸声板、石膏装饰板、玻离棉装饰吸声板和矿棉装饰吸声板等。

2. 紧固件

(1) 射钉　用于固定吊杆。

(2) 水泥钉、自攻螺钉、铝铆钉、空心铝铆钉等。

3. 工具

(1) 手工工具　卷尺、线锤、角尺、手动铆钳、螺丝刀、射钉枪等。

(2) 电动工具　电镀、电钻、型材切割机、铝合金型材切割机、电动螺丝刀。

7.2.3　施工工艺

明龙骨吊顶安装施工工艺：

基层处理→弹线定位→吊杆固定→安装龙骨→安装面板

7.2.4　施工要点

1. 弹线定位

放线主要是弹标高线和龙骨布置线。

(1) 根据设计图纸，结合具体情况，将龙骨及吊点位置弹到板底面上。如果吊顶设计要求具有一定造型或图案，应先弹出吊顶对称轴线，龙骨及吊点位置应对称布置。弹线应清晰、位置准确。

(2) 确定吊顶标高　将设计标高线弹到墙面或柱面上；如果吊顶有不同标高，那么应将变截面的位置弹到楼板上。然后，再将角铝或其他封口材料固定在墙面上或柱面上，封口材料的底面与标高线重合。

2. 吊杆固定

吊杆固定有以下几种方式：

(1) 在吊点位预留吊筋或预埋件。

(2) 在吊点位置钉入带孔射钉。

(3) 在吊点位置预埋膨胀螺栓。

(4) 用简易伸缩吊杆悬吊，如图 7-7 所示。

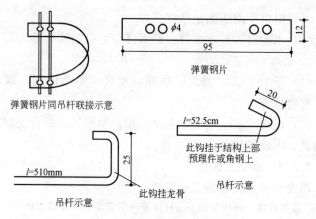

图 7-7 伸缩式吊杆配件

3. 龙骨安装

(1) 安装顺序:应先安装主龙骨后安装次龙骨,但也可主、次龙骨一次安装。

(2) 不上人龙骨安装,可以用简易方法进行安装。

(3) 上人龙骨安装:

上人龙骨架,除了承担本身自重外,还需承受上人检修、吊挂设备等附加荷载,则要求采用"T"型、"L"型吊顶铝合金龙骨应与"U"型轻钢吊顶龙骨相配合,由"U"型轻钢龙骨作承载主龙骨,"T"型铝合金龙骨作覆面次龙骨,"L"型铝合金龙骨为边龙骨,才可组成有承载能力的上人吊顶骨架。

4. 饰面板安装

饰面板安装应根据设计要求是全露龙骨还是半露龙骨。饰面板图案也应符合设计要求。

7.2.5 操作要点

1. 基层处理

在"T"型铝合金龙骨安装前,应检查楼面混凝土质量是否符合设计要求,有没有蜂窝、麻面。特别吊顶吊杆固定处混凝土质量不合格应及时进行处理。

2. 弹线定位

主要是弹好吊顶标高线、龙骨布置线和吊杆悬挂点。标高线一般弹到墙面或柱面上,龙骨及吊杆的位置则弹到楼板上,同时也要把大中型灯位线弹出。

(1)标高线

1)定出地面的地坪基准线。原地坪无饰面要求,基准线为原地坪线。如原地坪需贴石材,瓷砖等饰面要求则需要根据饰面层的厚度来确定地坪基准线;即原地面加上饰面粘贴层。将定出的地坪基准线画在墙边上。

2)从地坪基准线为起点,在墙面上量出高度,在该点画出高度线。

3)用一条塑料透明软管灌满水后,将软管的一端水平面对准墙面上的高度线。再将软管的另一端头水平面,在同侧墙找出另一点,当软管内水平面静止时,画下该点的水平面位置,再将这两点连成线,即得吊顶高度水平线,如图7-8所示。用同样方法在其他墙面做出高度水平线。操作时

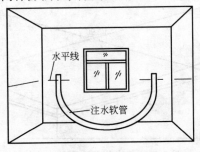

图7-8 水平标高线的做法

注意，一个房间的基准高度线只用一个，各个墙面的高度线测点共用。另外，操作时注意不要使注水塑料软管扭曲，要保证管内的水柱活动自如。此法为水柱法。

4）弹标高线，钉边角

用水注法在平整的墙上，弹出吊顶周边标高线，确定边角位置、并钉边角（边龙骨）固定在墙面标高线上，如图7-9所示。

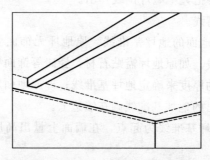

图7-9 弹出周边标高，钉上边角

（2）弹十字平分中线

在屋面（楼面）板上，弹出相垂直即十字平分，并以此两条中线按吊顶规格划分距离，找出吊线位置，如图7-10所示。

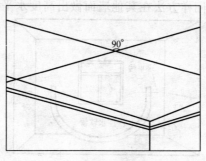

图7-10 找出相互垂直的中心线

(3) 弹出吊杆位置线

根据十字中心线位置,确定吊点的位置线并用射钉枪或膨胀螺栓钉在吊点位置线上。或桂上铁丝,如图 7-11 所示。

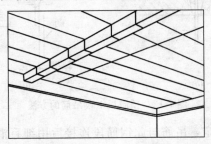

图 7-11 顶棚分线,打膨胀螺钉、挂铁丝

(4) 确定主龙骨走向

应综合考虑灯具、风口、消防头安装位置及方式、确定主龙骨安装走向。

3. 吊杆固定

吊杆的选用,根据吊顶承受荷载的情况而变。对于不上人的吊顶。吊杆可采用简易伸缩吊杆,伸缩式吊杆或镀锌铁丝悬吊杆。对于上人吊顶可选用圆钢或角钢做吊杆。吊杆固定有如下几种形式:

(1) 预埋吊筋

1) 在预制板缝中预埋吊筋有两种方法:一是通筋法;一是短筋法。

① 通筋法是在板缝中浇灌细石混凝土时,沿板缝方向通长设置 $\phi 8 \sim \phi 12$ 钢筋,另将吊筋系于此上并从板缝中伸出,伸出板缝 100mm,如图 7-12 (a) 所示。

② 短钢筋法是在两个预制板的板顶,横放长 400mm $\phi 12$ 的钢筋段,设置距离 1200mm 左右一个,具体尺寸应按

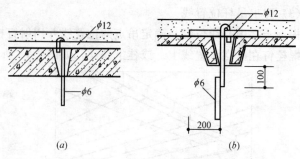

图 7-12 预制板上设吊筋的方法

吊筋间距确定,吊筋与此钢筋段连接后用细石混凝土灌实,如图 7-12 (b) 所示。

2) 在现浇混凝土板中预埋吊筋时,按吊筋的间距,将吊筋的一端打弯钩放在现浇层中,另一端从横板上的预留孔中伸出板底,其他同预制板中设筋同样考虑,如图 7-13 所示。

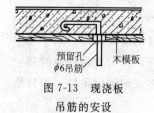

图 7-13 现浇板吊筋的安设

(2) 膨胀螺栓固定

在吊点的位置上,用冲击钻打膨胀螺栓,然后将膨胀螺栓同吊杆焊接。

(3) 用射钉固定

用射钉枪固定时,如果选用不带孔的射钉,将吊杆穿过尾部的孔即可。如果选用带孔的射钉,宜先将一个小角钢固定在楼板上,另一条边钻孔,将吊杆穿过角钢的孔即可固定,如图 7-14 所示。

4. 安装龙骨架

(1) 不上人(不承重)龙骨架安装

不上人(不承重)龙骨架安装,它是由铝合金(轻钢)"T"型和"LT"型龙骨组成的龙骨架与简易(伸缩式)吊

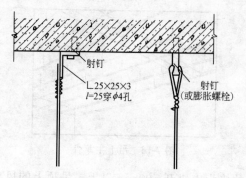

图7-14 吊杆同楼板固定

杆固定，构成了不上人（不承重）龙骨架，如图7-15所示。

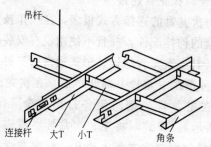

图7-15 T型轻钢龙骨吊顶安装示意图

1) 安装顺序

安装时先安装主龙骨，在稍高于标高线的位置上临时固定。如果吊顶面积较大，可分成几个部分吊架，然后在主龙骨之间安装次龙骨，也就是横撑龙骨，应用模规来测量横撑长度和间距。

2) 安装主龙骨

将主龙骨安装在吊杆上，与"T"型龙骨吊挂件连接，如图7-16所示。主龙骨之间的连接采用主龙骨连接件。相

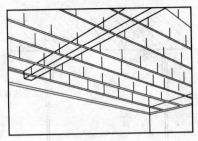

图 7-16 吊上主龙骨

邻主龙骨的接头应错开 500mm 以上。吊顶上的风口、检修口、灯罩等预留洞处，均应增设主龙骨。

3) 主龙骨与次龙骨连接

主龙骨与次龙骨的连接方式很多，在操作技术方面，如果不采用配套的钩挂配件，并且不使用设有安装孔眼的铝合金龙骨型材，其主次龙骨的连接形式通常有三种：

① 第一种是在主龙骨上部开半槽，在次龙骨的下部开出半槽，并在主龙骨半槽两侧各打出一个 43mm 的圆孔（如图 7-17 所示）。安装时将主、次龙骨半槽连接起来，然后用 22 号细铁丝穿过主龙骨上小孔，把次龙骨扎紧在主龙骨上。注意龙骨上的开槽间隔尺寸必须与龙骨架分格尺寸一致。安装方法，如图 7-18 所示。

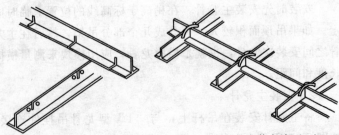

图 7-17　主次龙骨开槽方法　　图 7-18　龙骨安装方法（一）

② 第二种是在分段截开的次龙骨上用铁皮剪出连接耳，在连接耳上打孔，通常打 $\phi42$ 的孔可用 $\phi4$ 铝铆钉固定或打 $\phi3.8$ 的孔用 M4 自攻螺钉固定。连接耳形式如图 7-19 所示。安装时将连接耳弯成 90°直角，在主龙骨上打出相同直径的小孔，再用自攻螺钉或空芯铝铆钉将次龙骨固定在主龙骨上。安装方法如图 7-20 所示。

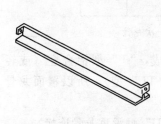

图 7-19 次龙骨连接耳做法　　图 7-20 龙骨安装方法（二）

③ 第三种是在主龙骨上打出长方孔，两长方孔的间隔距离为分格尺寸，安装前用铁皮剪剪出中（次）龙骨上的连接耳。安装时只要将次龙骨上的连接耳插入主龙骨长方孔再弯成 90°即可，如图 7-21 所示。

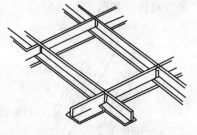

4) 安装次龙骨

图 7-21 龙骨安装方法（三）

安装时，先拉出房间的纵横中心线，定出房间中心。次龙骨应从房间中心向两边依次安装，以保证顶面对称，如图 7-22 所示。

（2）上人（承重）吊顶龙骨架安装

上人（承重）吊顶龙骨架，它是由"T"型覆面龙骨和

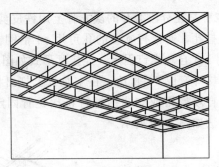

图 7-22 插装上次龙骨

"U"型轻钢承重龙骨两部分组成,"T"型铝合金(或轻钢)龙骨有两种断面("T"和"TL"型)。所以覆面龙骨与承重龙骨连接方式有两种。

1)第一种"T"型龙骨与"U"型承重龙骨连接

① "T"型龙骨纵横连接 "T"型龙骨纵向连接通过 T 型连接件(如图 7-23(a))横向连接是通过 T 型(横向)龙骨对接(如图 7-23(b))。

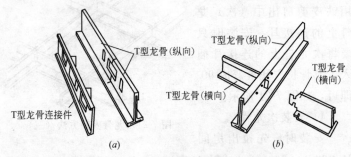

图 7-23 T 型轻钢龙骨的纵横连接
(a) T 型龙骨的纵向连接;(b) T 型龙骨的横向连接

② "T"型龙骨(纵向)与 U 型承重龙骨连接,通过"T"型龙骨挂件将其连接在一起,如图 7-24 所示。

③ 第一种"T"型龙骨与"U"型承重龙骨组成的吊顶骨架,如图 7-25 所示。

2) 第二种"T"型龙骨与"U"型承重龙骨连接

① 第二种"T"型龙骨,通过特制的"T"型龙骨挂件与"U"型承重龙骨连接,如图 7-26 所示。

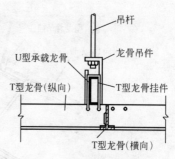

图 7-24　T 型轻钢龙骨与 U 型承载龙骨的连接节点

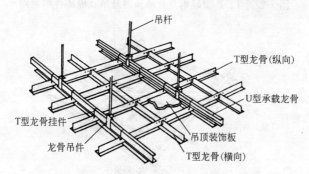

图 7-25　由"U"型轻钢龙骨作承载龙骨与第一种"T"型龙骨组装而成的有附加荷载吊顶

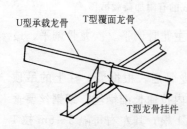

图 7-26　T 型轻钢龙骨与 U 型承载龙骨的连接节点

② 当吊顶需隔离时,可在龙骨架中安置"T"型龙骨隔离件,如图 7-27 所示。

③ 第二种"T"型龙骨与"U"型轻钢承载龙骨组成的吊顶龙骨架,如图 7-28 所示。

(3) 调平龙骨

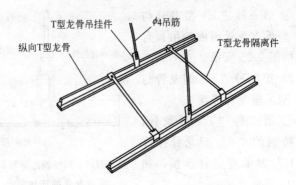

图 7-27 T、L 型轻钢龙骨吊顶的悬吊及隔离件的运用

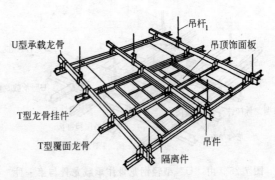

图 7-28 由"U"型轻钢龙骨做承载龙骨与第二种"T"型龙骨组装而成的有附加荷载吊顶

龙骨架调平应分步进行即主龙骨调平、次龙骨调平、最后整个龙骨架调平。

1) 主龙骨调平 安装主龙骨后,根据墙、柱上的吊顶标高控制线,在整个吊顶范围内拉通长细钢丝。细钢丝要垂直主龙骨并绷紧。房间中央拉 1 根,其左右每隔 3～5m 拉 1 根,用此细钢丝来控制主龙骨的标高、起拱和平整度。用拉通长麻线检查和调整每根主龙骨顺直。

2) 次龙骨调平　应拉麻线检查和调整次龙骨的顺直。最后拉十字细钢丝检查龙骨架。

(4) 安装靠墙边骨

将边骨直接钉在墙内木砖上或用射钉固定。

5. 节点构造

(1) 不上人（不承重）吊顶节点构造

图 7-29 为不上人吊顶与墙面节点构造。

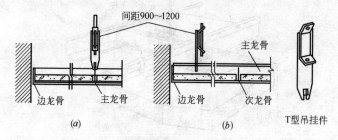

图 7-29　T、L 型铝合金无承载龙骨架节点构造
(a) 构造节点之一；(b) 构造节点之二

(2) 上人吊顶节点构造

图 7-30 为上人吊顶与墙面节点构造。

6. 吊顶面板安装

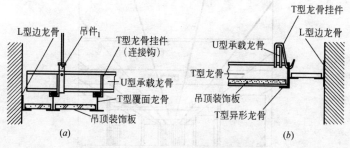

图 7-30　上人吊顶与墙面节点构造
(a) 直接与墙面连接；(b) 间接与墙面连接

明龙骨吊顶有明龙骨吊顶和部分明龙骨吊顶。

(1) 明龙骨吊顶面板安装

先将龙骨吊顶骨架悬吊安装就位，其覆面龙骨间距应根据面板规格而定。将龙骨固定、吊牢固，吊平。再将面板平放在龙骨的框格内，用龙骨的肢翼支承住板，如图 7-31 所示。

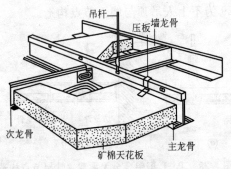

图 7-31 平安法安装吊顶板

对于"⊥"形龙骨，既是支承件，又是板缝的封口条，如图 7-32 所示。

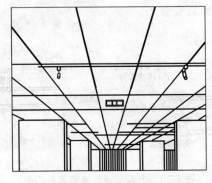

图 7-32 外露龙骨吊顶

(2) 部分明龙骨吊顶面板安装

部分明龙骨吊顶面板安装,是将每块面板两边裁口,另两边是平头,然后将裁口的两边卡在龙骨的肢翼上,另两平头搁置在龙骨的肢翼上,最后形成部分龙骨暴露吊顶,如图 7-33 所示。

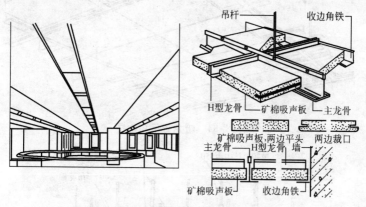

图 7-33 部分暴露龙骨架吊顶的构造

7.3 暗龙骨吊顶安装

暗龙骨吊顶,即吊顶龙骨隐蔽在覆面板里面不外露。

7.3.1 暗龙骨吊顶构造

暗龙骨吊顶分为上人暗龙骨吊顶和不上人暗龙骨吊顶两种。

1. 暗龙骨吊顶构造

图 7-34 为暗龙骨吊顶构造。

2. 不上人暗龙骨吊顶构造

图 7-35 为不上人暗龙骨吊顶构造。

3. 上人暗龙骨吊顶构造

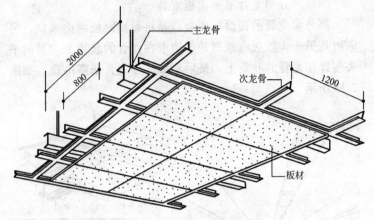

图 7-34 暗龙骨吊顶构造

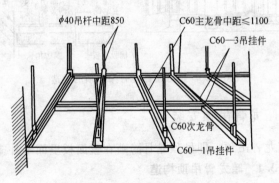

图 7-35 不上人暗龙骨吊顶安装示意图

图 7-36 为上人暗龙骨吊顶构造。

7.3.2 施工工艺

暗龙骨吊顶安装施工工艺：

基层处理→弹线定位→吊杆固定→安装龙骨→安装面板

7.3.3 操作要点

1. 基层处理

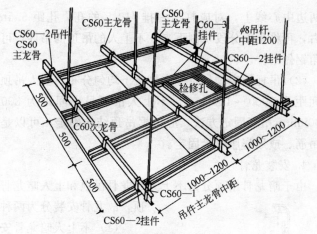

图 7-36 上人暗龙骨吊顶安装示意图

在"U"型轻钢龙骨安装前,应检查屋面板(楼板)是否符合设计要求,否则应及时处理,保证吊顶安装顺利进行。

2. 弹线定位

将吊顶标高线弹到墙面或柱面上,吊杆的位置线和龙骨布置线弹到楼板上,同时把大、中型灯位线也弹出。吊点位置确定应考虑下列因素:

(1) 平顶吊顶的吊点,一般按每平方米 1 个布置。要求吊点在面板上均匀布置。

(2) 在叠级造型的吊顶面板应在叠级交界处布置吊点、两吊点间距 0.8~1.2m。

(3) 较大的灯具也应该安排吊点来吊挂。

3. 吊杆固定

(1) 吊杆加工:吊件的制作应根据上人或不上人吊顶来加工,上人吊件通常采用与龙骨配套的标准配件。如不用标准配件可用∟30×30 的角钢来加工。加工时,先在一条角的两边中心线上,对应打出一排 $\phi 10.5$ 的孔,孔距 5.5mm 左右,再将角钢分段切割下来。不上人的吊顶的吊件,可用小角钢做吊件。

(2)吊杆固定:吊点应在楼板下均匀分布。上人吊顶吊点间距为 1000～1200mm,不上人吊顶吊点间距为 800～1000mm。吊杆固定方法,应根据吊顶结构确定。可以是预埋吊筋、或用膨胀螺栓固定。

4. 安装龙骨

由于暗龙骨吊顶分为不上人暗龙骨吊顶和上人暗龙骨吊顶,故龙骨安装分为两种。

(1)不上人暗龙骨安装

1)安装简易吊杆,用膨胀螺栓或射钉枪固定吊杆。

2)安装覆面龙骨,将纵向的覆面龙骨,通过龙骨吊挂件,挂在吊杆上。如图 7-37 所示。

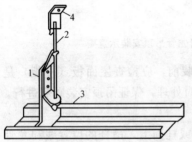

图 7-37 覆面龙骨与挂件连接
1—挂件;2—吊杆;3—覆面龙骨;4—连接件

3)将横向覆面龙骨通过龙骨支托与纵向覆面龙骨相连接,如图 7-38 所示。

(2)上人暗龙骨安装

1)主龙骨安装

用吊挂件将主龙骨连接在吊杆上,拧紧螺钉卡牢(图 7-39),然后以一个房间为单位,将主龙骨调整平直。调整方法可用 6cm×6cm 方木按主龙骨间距钉圆钉,再将长方木条横放在主龙骨上,并用铁钉卡在各主龙骨上,使其按规定间隔定位、临时固定(图 7-40)。方木两端要顶到墙上或梁边,再

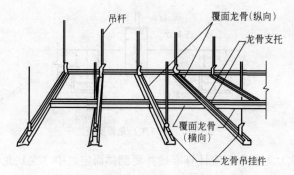

图 7-38 无承载龙骨的吊顶布置示意图

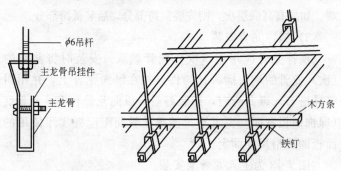

图 7-39 主龙骨连接图　　图 7-40 主龙骨定位方法

按十字和对角线拉线，拧动吊杆螺栓，升降调平时，一般可参照 3/1000，如图 7-41 所示。

2) 中（次）龙骨安装

中（次）龙骨垂直于主龙骨，在交叉点用中（次）龙骨吊挂件将其固定在主龙骨上，吊挂件上端搭在主龙骨上，挂件"U"型腿用钳子卧入主龙骨内（见图 7-42）。中（次）龙骨中距因饰面板是密缝还是离缝安装而异。

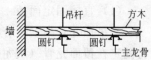

图 7-41 承载龙骨调平示意图

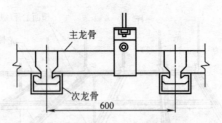

图 7-42 中（次）龙骨安装

中（次）龙骨中距应计算准确并要翻样而定，中（次）龙骨的安装程序，一般是按照预先弹好的位置从一端依次安装到另一端。如果有高低层次，则先装高跨部分，后装低跨部分。

3）横撑龙骨安装

横撑龙骨应用中（次）龙骨截取。安装时将截取的中（次）龙骨的端头插入挂插件，扣在纵向龙骨上，并用钳子将挂搭弯入纵龙骨内，组装好后，纵向龙骨和横撑龙骨底面（即饰面板背面）要求平。横撑龙骨间距应视实际使用的饰面板的规格尺寸而定。

图 7-43 为上人龙骨架安装。

5. 面板安装

吊顶的龙骨架安装好并经过检验合格后，再安装面板。安装面板有三种方法：一是直接将面板固定在覆面龙骨上；一是用复合平贴法将面板粘贴在顶棚上；三是镶插法将面板龙骨肢翼插入到面板的企口里。

（1）直接固定面板

当吊顶龙骨架安装合格后，可以将纸面石膏板用自攻螺钉固定在覆面龙骨（次龙骨）上，如图 7-44 所示。

（2）复合平贴法固定面板

当吊顶轻钢龙骨及纸面石膏板安装完毕，将矿棉板用建

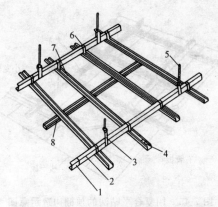

图 7-43 吊顶龙骨示意图
1—承载龙骨连接件;2—承载龙骨;3—吊件;
4—覆面龙骨连接件;5—吊杆;6—挂件;
7—覆面龙骨;8—挂插件

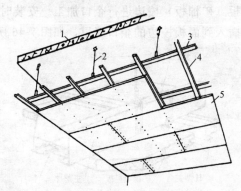

图 7-44 直接固定面板
1—楼板;2—吊杆;3—主龙骨;
4—次龙骨;5—纸面石膏板

筑胶粘剂与纸面石膏板粘贴复合,如图 7-45 所示。粘贴时需注意,在胶粘剂未完全固化前,板材不得有强烈振动,并要保持好室内通风。

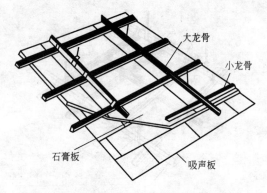

图 7-45 用复合平贴法的顶棚构造示意图

(3) 镶插法固定面板

安装覆面龙骨时,就应根据面板尺寸,确定龙骨间距,同时对面板(矿棉板)棱边进行企口加工。安装时,将板面龙骨肢翼插入到面板棱边的企口缝里,如图 7-46 所示。

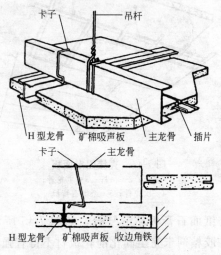

图 7-46 镶插法固定面板

6. 吊顶细部节点构造

（1）吊顶边部节点构造

1）吊顶边部节点构造做法基本形式

吊顶边部节点构造做法基本形式有两种：一是平接式；一是留槽式。如图 7-47 所示。

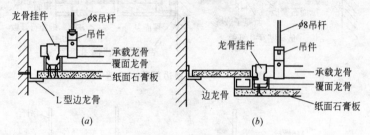

图 7-47 吊顶边部构造做法的基本形式示意
(a) 平接式；(b) 留槽式

2）不上人吊顶边部节点构造

不上人吊顶边部节点构造，如图 7-48 所示。

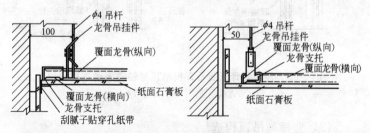

图 7-48 不上人吊顶边部节点构造

3）上人吊顶边部节点构造

上人吊顶边部节点构造，如图 7-49 所示。

（2）吊顶与隔墙连接节点构造

吊顶与隔墙连接节点构造，如图 7-50 所示。

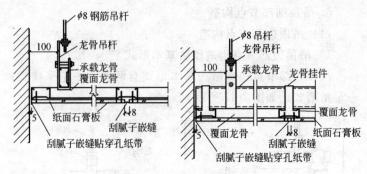

图 7-49 上人吊顶边部节点构造

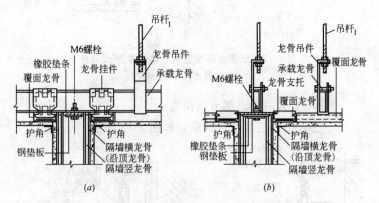

图 7-50 轻钢龙骨纸面石膏板吊顶与轻质隔墙连接示例
(a) 构造节点纵剖面图;(b) 构造节点横剖面图

(3) 变标高吊顶构造

1) 上人吊顶变标高做法节点构造,如图 7-51 所示。

2) 不上人吊顶变标高节点构造,如图 7-52 所示。

3) 暗灯槽节点构造,如图 7-53 所示。

4) 吊顶与灯盘节点构造:

安排灯位时,应尽量避免使主龙骨截断,如果不可避

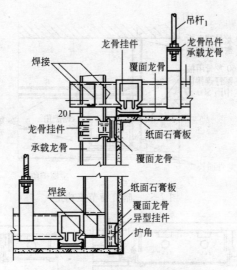

图 7-51 上人吊顶变标高节点构造

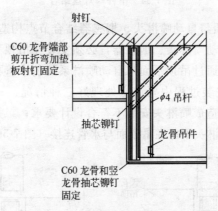

图 7-52 不上人吊顶变标高节点构造

免，应将两段龙骨在上部再连接，节点构造如图 7-54 所示。

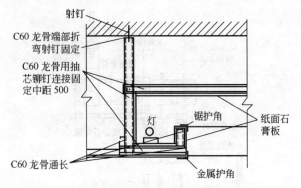

图 7-53 暗灯槽节点构造

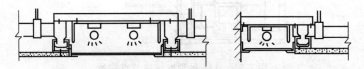

图 7-54 吊杆与灯盘结合

5）吊顶与自动喷淋头、烟感器结合节点构造。

安装自动喷淋头、烟感器，必须安装在吊顶平面上。自动喷淋头须通过吊顶平面与自动喷淋系统的水管相连接（图7-55）。在安装过程中要注意处理好三种情况：一是水管伸出吊顶面，造成喷淋头安装不符合设计要求；二是水管留短了，自动喷淋头不能在吊顶面与水管连接（图7-56）；三是喷

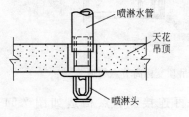

图 7-55 自动喷淋系统

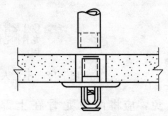

图 7-56 水管预留不到位

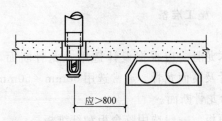

图 7-57 喷淋头边上不应有遮挡物

淋头边上不能有遮挡物（图 7-57）。

7.4 室内木制吊顶安装

7.4.1 木制吊顶构造

木制吊顶是由方木制成的龙骨组成的龙骨架和由胶合板、纤维板制成的面板构成的。如图 7-58 所示。

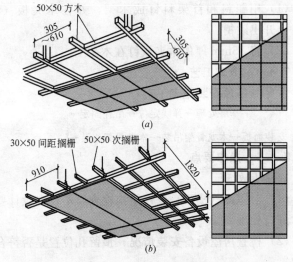

图 7-58 龙骨布置方式
(a) 正方形；(b) 长方形

7.4.2 施工准备

1. 材料

(1) 木龙骨　应根据设计选用木龙骨断面,确定主龙骨、次龙骨及覆面龙骨。通常选用50mm×50mm,30mm×50mm作为龙骨断面。

(2) 面板　一般选用胶合板和纤维板。

(3) 材料要求　要求龙骨及面板要进行,防火、防腐处理。

2. 工具

(1) 手工工具　卷尺、角尺、线锤、墨斗、手锤、手锯(刀锯)、木折尺、螺丝刀等。

(2) 电动工具　电钻、电锤、手提式电锯、手提电刨、电动打钉枪等。

3. 木料加工台

(1) 用腿料和首架料钉成木架,并在木夹板(15mm厚)上开出跳槽。

(2) 将15mm厚的木夹板钉在木架上。

7.4.3 施工工艺

木龙骨吊顶安装施工工艺:

基层处理→弹线定位→吊杆固定→
安装面板←木龙骨架吊装←木龙骨架组装←

7.4.4 操作要点

1. 基层处理

(1) 对屋面(楼面)进行结构检查,不符合设计要求的及时进行处理。

(2) 检查房屋设备安装情况、预留孔位置是否符合设计要求。

2. 弹线定位

(1) 确定标高线 用水柱法将吊顶标高线弹在墙面和柱面上。

(2) 确定造型位置线 对于不规则的空间画吊顶造型线，宜采用找点法连线形成吊顶造型。

(3) 确定吊点位置线 对于平顶天花，其吊点一般是按每平方米布置一个，在吊顶上均匀排布，对于有迭级造型的吊顶，应注意在分层交界处布置吊点，吊点间距0.8~1.2m。

3. 吊杆固定

木龙骨吊顶多半是不上人的吊顶，固定吊杆方法有两种：

(1) 膨胀螺栓固定 用冲击钻在屋面板的底面钻孔、安装膨胀螺栓后，可以将角钢固定在膨胀螺栓上，如图7-59所示。

(2) 用射钉固定 当用射钉固定时，射钉的直径必须大于$\phi 5mm$，如图7-60所示。

图7-59 膨胀螺栓固定

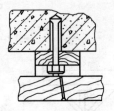

图7-60 射钉固定

4. 木龙骨架组装

为安装方便、木龙骨架吊装前，事先在地面上进行分片组装。

(1) 确定木龙骨吊顶分片安装位置和尺寸。

(2) 骨架的拼接应按凹槽对凹槽的方法咬口拼接，拼口处涂胶并用圆钉固定。如图7-61所示。

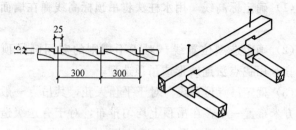

图 7-61 长木方向开槽及固定方法

(3) 分片组装 根据分片尺寸,组装成分片龙骨架,如图 7-62 所示。根据设计要求,可以组成正方形或长方形。

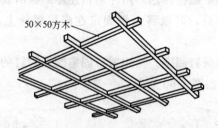

图 7-62 分片组装木龙骨架

5. 木龙骨架安装

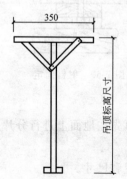

图 7-63 吊顶高度临时支撑定位杆

(1) 将分片组装好的龙骨架托起,至吊顶标高位置。对于高度低于 3m 的吊顶骨架,可用高度定位杆作临时支撑(图 7-63);吊顶高度超过 3m 时,可用铁丝在吊点上作临时固定。

(2) 根据吊顶标高线拉出纵横水平基准线,作为吊顶的平面基准。

(3) 将托起的龙骨架向下略作移位,使之与基准线平齐。待整片龙骨架调正调平后,将靠墙部分与沿墙龙骨钉接。

(4) 木龙骨架与吊点固定。

1) 将吊杆与木龙骨架固定 通常将扁钢或角钢吊杆用木螺钉固定在木龙骨架上。

2) 再将吊杆用螺栓与膨胀螺栓固定的角钢连接在一起,如图7-64所示。

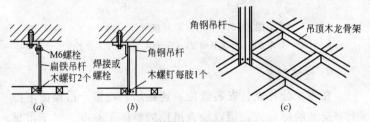

图7-64 木龙骨架与吊点连接示例

(a) 用扁钢固定;(b) 用角钢固定;(c) 角钢与龙骨架连接示意

3) 木龙骨架分片间连接。

① 两片不在一平面连接 对于迭级吊顶,一般是从最高平面(相对地面),开始吊装,其高低面的衔接,常用做法是先以一条木方斜向将上下平面龙骨架定位,而后用垂直方向的木方把上下两平面的龙骨架固定连接,如图7-65所示。

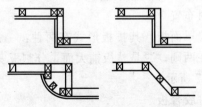

图7-65 木龙骨架迭级构造示意

② 在同一平面两分片骨架连接 分片龙骨架在同一平面对接时,将其端头对正,而后用短方木进行加固,将方木

钉于龙骨架对接处的侧面均可（图 7-66）。对一些重要部位的龙骨接长，须采用铁件进行连接紧固。

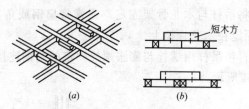

图 7-66　木龙骨架对接固定示意
(a) 短木方固定于龙骨侧面；(b) 短木方固定于龙骨上面

6. 整体调平

在各个分片龙骨安装就位，连接后，在整个吊顶面下拉十字交叉的标高线，用以检查吊顶的整体平整度。对于吊顶面向下凸起部分，需调整吊杆将骨架收紧拉起；对于吊顶骨架平面向上拱起部分，需将吊杆放松下移或另用吊杆向下顶，直至达到吊顶的整体平整。

为减少视觉的下坠感，应对吊顶起拱。起拱程度视房间跨度大小而定，当跨度为 7~10m 时，起拱量为 3/1000；当跨度为 10~15m 时，起拱量为 5/1000。

7. 木龙骨吊顶罩面板安装

(1) 板材布置

对于无缝罩面板，其排板形式有两种：一是整板居中，分割板布置在两则；二是整板铺大面，分割板安排在边缘部位，如图 7-67 所示。

(2) 装钉胶合板

1) 安装顺序　安装时应由吊顶中部向两边对称进行，墙面与吊顶的接缝应交圈一致。

2) 铁钉固定胶合板　将胶合板正面朝下，托起到预定

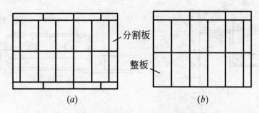

图 7-67 吊顶面木夹板布置方法
(a) 整板居中法；(b) 整板大面法

位置，使胶合板上划线与木龙骨中心线对齐，用铁钉固定，钉距为 80～150mm，钉长为 25～35mm，钉帽应砸扁钉入板内，钉帽进入板面 0.5～1mm，钉眼用油性腻子抹平。

3) 用气钉枪在木龙骨上钉胶合板，纤维板及各种装饰木线条，操作时应注意将钉枪嘴压在需钉接处，而后再按下钉枪开关。

8. 细部节点构造

(1) 木吊顶与暗装窗帘盒连接

1) 木吊顶与方木薄板窗帘盒衔接，如图 7-68 (a) 所示。

2) 木吊顶与厚夹板窗帘盒衔接，安装时直接将厚夹板装钉在木龙骨上，可以不设加强龙骨，如图 7-68 (b) 所示。

(2) 木吊顶与暗装灯盘衔接

灯盘与吊顶连接有两种处理方法：

1) 将灯盘与吊顶固定连接，如图 7-69 (a) 所示。即通过钻角将灯盘固定在吊顶上。

2) 灯盘自行悬吊于建筑底面，如图 7-69 (b) 所示。即将灯盘直接悬吊于屋面板（楼板）上。

(3) 木吊顶与反光钉槽的衔接

木吊顶与反光灯槽的连接，如 7-70 所示。

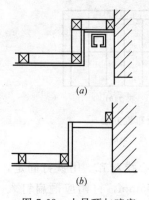
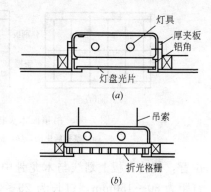

图 7-68 木吊顶与暗窗帘盒的连接节点

(a) 方木薄板窗帘盒；
(b) 厚夹板窗帘盒

图 7-69 木吊顶与暗装灯盘衔接

(a) 灯盘与吊顶固定连接；
(b) 灯盘自行悬吊于建筑物底面

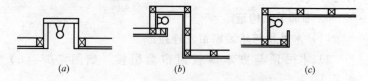

图 7-70 木吊顶与反光灯槽的衔接示意

(a) 平面式；(b) 侧向反光式；(c) 顶面半反光式

7.4.5 室内木制吊顶制作安装实例

民用建筑一般室内层高较低，顶棚多采用短小的吊杆直接在混凝土楼板上进行安装。这里举出几种不同造型顶棚安装案例。

1. 凹凸小圆角落低吊顶制作与安装

凹凸小圆角落低吊顶，它的龙骨框架由四周窄框和中间小圆角正方形的龙骨框架组成。通过吊杆与楼板固定，再用罩面板封面。即构成凹凸小圆角落低吊顶。

(1) 预制龙骨框架及吊杆

该吊杆龙骨框架分为边框和中心框。

1) 边框龙骨架预制

按照设计要求,用木龙骨 50mm×100mm 制成边框,凹圆角用三角木块制成并钉在转角处。制成的方框应是外方内圆。

2) 中心框龙骨框架预制

按照设计要求,用木龙骨制作中心框龙骨架,四角圆,内方的木龙骨框架。

3) 吊杆与紧固件

① 吊杆用 6mm×40mm 的铁板做成。

② 紧固件:

a. 吊杆与楼板连接紧固件,可用膨胀螺栓,也可用预埋件。

b. 龙骨架与吊杆连接紧固件,可用螺栓,也可用 48mm 钢螺杆和螺帽固定。

(2) 边框龙骨架安装

1) 吊杆安装

① 确定吊点:根据设计要求确定边框龙骨架吊点。在混凝土楼板上弹出吊点位置。

② 采用膨胀螺栓(或用预埋件),将吊杆固定在混凝土楼板上。

2) 边框龙骨架安装

将龙骨框架与吊杆用螺栓连接,如图 7-71 所示。

(3) 中心框龙骨架安装

1) 吊杆安装

① 确定吊点:根据设计要求,确定中心框龙骨架吊点,

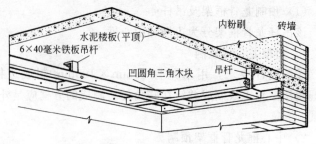

图 7-71 边框龙骨架安装

在混凝土楼板上弹出吊点的位置。

② 用膨胀螺栓（或用预埋件）将吊杆固定在混凝土楼板上。

2）中心框龙骨框架安装

将中心框龙骨框架与吊杆用螺栓连接，如图 7-72 所示。

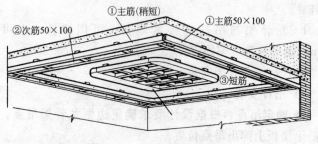

图 7-72 中心框龙骨架安装

(4) 吊顶罩面板安装

1）罩面板下料

① 根据设计要求，按框架实际尺寸，对罩面板进行下料。

② 下料时应预留出灯光口位置，并开口。

2）固定罩面板

用气钉枪将罩面板固定在木龙骨架上。如图 7-73 所示。

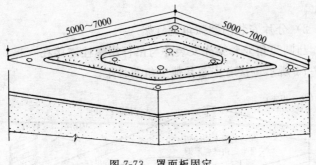

图 7-73 罩面板固定

2. 凸圆弧形角落低吊顶制作安装案例

凸圆弧形角落低吊顶，它是由四周窄框架和一角为凸圆弧形的悬臂架组成。凸圆弧形用角铁弧形包裹，形成独特的造型。

(1) 预制龙骨框架及吊杆

1) 预制龙骨框架

根据设计要求，龙骨架为边框一角带有凸圆弧角的框架。龙骨架用 50mm×100mm 的方木制成。而弧形木筋用 50mm×50mm 三角铁弧架包裹着。

2) 吊杆与紧固件

① 吊杆用 6mm×40mm 铁板制作。

② 紧固件。

(2) 龙骨架安装

1) 安装吊杆

① 确定龙骨架吊点

根据设计要求，确定龙骨架吊点位置。在混凝土楼板上弹出吊点位置。

② 用膨胀螺栓（或预埋件）将吊杆固定在混凝土楼

板上。

2）分片安装凸圆弧角龙骨架

凸圆弧角龙骨架先安装并与吊杆用螺栓连接在一起。如图7-74所示。接着安装其他三角龙骨架。

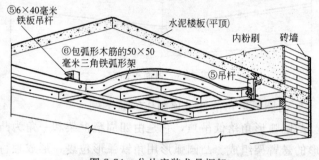

图7-74 分片安装龙骨框架

3）整体安装龙骨框架

整体框架在施工现场预制好后，可以一次性整体安装。安装时用螺栓将龙骨架与吊杆连接，如图7-75所示。

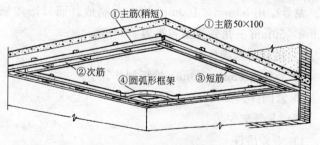

图7-75 整体龙骨框架安装

(3) 吊顶罩面板安装

1）罩面板下料

① 根据设计要求，龙骨框架实际尺寸，对罩面板进行

下料。

② 下料时应预留灯光口的位置,并开口。

2)固定罩面板

用气钉枪将面板固定在龙骨架上,如图 7-76 所示。

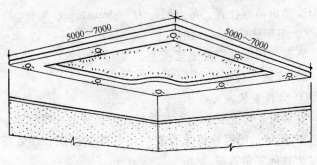

图 7-76 罩面板安装

3. 四凸圆角落低吊顶制作安装案例

凸圆角落低吊顶龙骨框架,由边框和四个角内的圆角框架组成。而圆角框架用 50mm×50mm 三角铁制成,并装嵌圆弧木筋。

(1)预制龙骨框架及吊杆

1)预制龙骨框架

由于龙骨框架四个角内均为 1/4 圆角装饰。制作时,可分为四个圆角框架进行。同样圆弧木筋外用 50mm×50mm 的三角铁包裹。

2)吊杆与紧固件吊杆

① 用 6mm×40mm 的铁板制作。

② 紧固件:吊杆与楼板连接紧固件用膨胀螺栓或预埋件。龙骨框架与吊杆连接可用螺栓,也可用 ϕ8mm 钢螺杆和螺帽固定。

(2) 龙骨架安装

1) 安装吊杆

① 确定龙骨架吊点

根据设计要求,确定龙骨架吊点位置,并在混凝土楼板上用线弹出吊点位置。吊点间距为600mm。

② 用膨胀螺栓(或预埋件)将吊杆固定在混凝土楼板上。

2) 安装龙骨框架

① 分片安装龙骨框架

安装时,可先安装1/4龙骨架,即吊顶的一角框架。如图7-77所示。用螺栓将龙骨架与吊杆连接固定。接着按顺序安装其他三角框架。

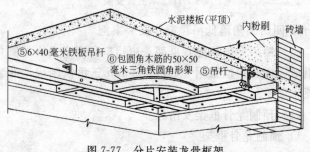

图7-77 分片安装龙骨框架

② 整体安装龙骨框架

四角龙骨框架在现场预装后,可以整体安装,用螺栓(或螺杆)将框架与吊杆固定。如图7-78所示。

(3) 吊顶罩面板安装

1) 罩面板下料

① 根据设计要求,龙骨框架的实际尺寸,对罩面板进行下料。

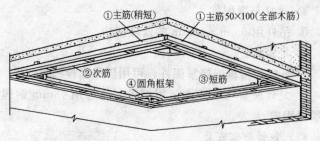

图 7-78 整体安装龙骨框架

② 下料时应预留灯光口位置,并开口。

2)固定罩面板

用气钉枪将罩面板固定在龙骨架上,如图 7-79 所示。

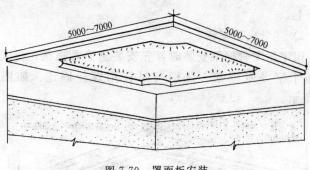

图 7-79 罩面板安装

4. 田字格落低吊顶制作安装案例

田字格落低吊顶,它是由四周较窄的龙骨框架和中间十字龙骨框架组成,四块凹档的内角均为小凹圆角。

(1) 预制龙骨框架及吊杆

1)预制龙骨框架

田字格落低吊顶龙骨框架,用木龙骨 50mm×100mm 制作成边框和中间十字龙骨框架。

2) 吊杆与紧固件

① 吊杆用 6mm×40mm 的铁板制作。

② 紧固件：

a. 吊杆与楼板连接紧固件，可用膨胀螺栓或预埋件。

b. 龙骨框架与吊杆连接用螺栓，也可用 $\phi 8mm$ 钢螺杆与螺帽固定。

(2) 龙骨框架安装

1) 吊杆安装

① 确定吊点。根据设计要确定吊点，其间距可以是 600mm，并将吊点弹在混凝土楼板上。

② 采用膨胀螺栓（或用预埋件），将吊杆固定在混凝土楼板上。

2) 龙骨框架安装

田字格龙骨框架安装时，先安装边龙骨框架，再安装中间十字龙骨框架。分别与吊杆用螺栓固定。如图 7-80 所示。

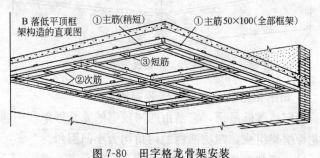

图 7-80 田字格龙骨架安装

3) 田字格凹档内角安装

田字格凹档内角用小圆角三角木块安装。如图 7-81 所示。

(3) 吊顶罩面板安装

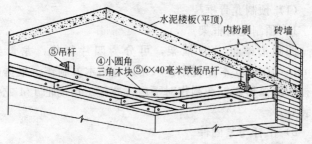

图 7-81 田字格凹档内角安装

1) 罩面板下料

① 根据设计要求,按框架实际尺寸,对罩面板进行下料。

② 下料时,应预留出灯光口位置并开口。

2) 罩面板固定

用气钉枪,将罩面板固定在龙骨架上。如图 7-82 所示。

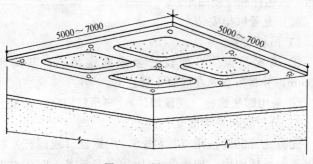

图 7-82 罩面板安装

5. 凹圆形落低吊顶制作与安装

凹圆形落低吊顶边框为龙骨框架,中间是内圆。在制作边框时,四周应钉上八角筋,根据内圆直径的圆周锯成内圆外八角的 8 块弧形木板,嵌钉在八角筋的两端,吊顶即可形成为圆。

(1) 预制龙骨框架

1) 预制龙骨框架

凹圆形落低龙骨框架，可分为四片制作，龙骨架用 50mm×100mm 木方制作，八角筋也用木方制作。根据内圆直径 8 块弧形木板在制作时下料。在施工现场把 1/4 龙骨架组装好。

2) 吊杆与紧固件

① 吊杆

吊杆用 6mm×40mm 的铁板制成。

② 紧固件

a. 吊杆与楼板连接紧固件可用膨胀螺栓，也可以用预埋件。

b. 龙骨框架与吊杆连接紧固件可用螺栓，也可用 ϕ8mm 钢螺杆和螺栓固定。

(2) 龙骨框架安装

1) 吊杆安装

① 确定吊点。根据设计要求确定吊点，其间距为 600mm，并将吊点弹在混凝土楼板上。

② 采用膨胀螺栓（或预埋件），将吊杆固定在楼板上。

2) 分片安装龙骨框架

先将龙骨框架一角（1/4 片），用螺栓（或螺杆）将龙骨框架与吊杆固定。如图 7-83 所示。安装龙骨时注意八角筋的安装，而后接着是弧形木板安装。接着顺次安装其他三角的龙骨架。

3) 整体龙骨框架安装

当吊点吊杆安装好后，整片龙骨框架可以在施工现场预制。整体安装，将龙骨框架与吊杆用螺栓（或螺杆）固定。如图 7-84 所示。

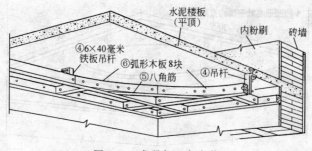

图 7-83 龙骨架一角安装

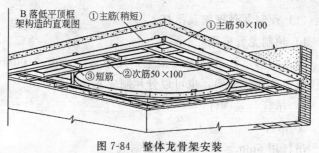

图 7-84 整体龙骨架安装

(3) 吊顶罩面板安装

1) 罩面板下料

① 根据设计要求，按框架实际尺寸，对罩面板进行下料。

② 下料时，应预留出灯光口位置并开口。

2) 罩面板固定

用气钉枪将罩面板固定在龙骨架上，如图 7-85 所示。

6. 凹八角形落低吊顶制作安装案例

凹八角形落低吊顶边框为龙骨框架，中间形成凹八角形。制作时，可先制边框。四角钉上八角筋，即形成凹八角形落低吊顶。

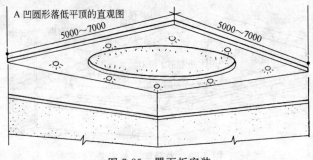

图 7-85 罩面板安装

(1) 预制龙骨框架及吊杆

1) 预制龙骨框架

凹八角形落低吊顶龙骨框架,用木方 50mm×100mm,制作成整体龙骨框架,也可以分片制成龙骨框架。

2) 吊杆与紧固件

① 吊杆

吊杆用 6mm×40mm 的铁板制成。

② 紧固件

吊杆与楼板连接紧固件可用膨胀螺栓,也可用 φ8mm 钢螺杆和螺帽固定。

3) 龙骨框架安装

① 吊杆安装

a. 确定吊点。根据设计要求,确定龙骨架吊点位置。在混凝土楼板上弹出吊点位置。

b. 用膨胀螺栓(或预埋件)将吊杆固定在混凝土楼板上。

② 龙骨框架安装

凹八角形落低吊顶龙骨框架安装可以采取分片安装(即

框架一角）和整体安装。

a. 分片安装

首先安装凹八角形落低吊顶的一角，并钉上八角筋。如图 7-86 所示。用螺栓或螺杆将龙骨架与吊杆固定在一起。接着顺次安其他三角的龙骨架。

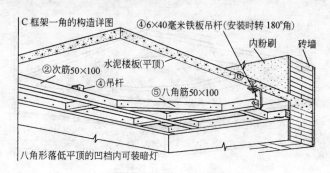

图 7-86　分片安装龙骨架

b. 整体安装

将施工现场拼装好的龙骨架，一次安装在顶棚上。用螺栓或螺杆与吊杆固定。如图 7-87 所示。

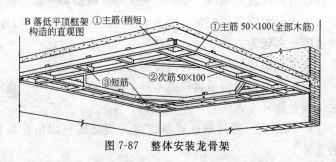

图 7-87　整体安装龙骨架

（2）吊顶罩面板安装

1）罩面板下料

a. 根据设计要求,按框架实际尺寸,对罩面板进行下料。

b. 下料时,应预留出灯光口位置并开口。

2) 罩面板固定

用气钉枪,将罩面板固定在龙骨架上,如图7-88所示。

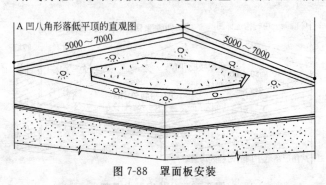

图7-88 罩面板安装

7.5 方型金属板吊顶安装

方型金属板吊顶,在装饰效果上别具一格。而且,吊顶表面设置的灯具,风口、喇叭等易于与方板协调一致,使整个吊顶表面组成有机整体。另外,采用方板吊顶时,与柱、墙边的处理较为方便合理,也是其一大特点。因此,近年来方型金属板吊顶的应用也日益增高。

由于方型金属板吊顶构造不同。安装方法有三种:固结法、搁置法和卡入法。

1. 固结法 通过钢丝或螺钉将方型金属板固结在吊顶的龙骨上。

2. 搁置法 将方型金属板搁置在"T"型龙骨的肢翼上。

3. 卡入法 将方型金属板卡入在吊顶的"Ω"型龙骨上。

7.5.1 方型金属板吊顶构造

方型金属板吊顶构造，根据承载分为上人（承重）吊顶和不上人（不承重）吊顶两种构造。

1. 上人（承重）吊顶构造

图 7-89 为上人（承重）吊顶构造图，它是由覆面龙骨（嵌龙骨）、U 型轻钢承重龙骨和吊杆组成吊顶龙骨架，面层嵌镶冲孔方型金属板构成方型金属板吊顶。

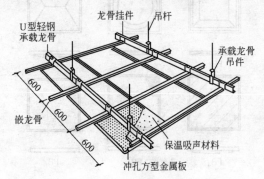

图 7-89 上人（承重）吊顶构造图

2. 不上人（不承重）吊顶构造

图 7-90 为不上人（不承重）吊顶构造图，它是由"T"型龙骨和吊杆组成吊顶龙骨架，将方型面板搁置在"T"龙骨肢翼上，构成方型金属板吊顶。

7.5.2 施工准备

1. 材料

（1）方型金属板 方型金属板其材质有铝合金、不锈钢及彩色钢板等。其外形，如图 7-91 和图 7-92 所示。

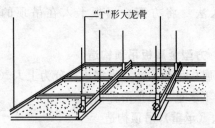

图 7-90 不上人吊顶构造

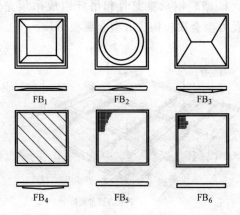

图 7-91 方板的各种形状

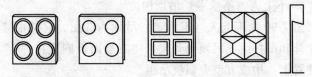

图 7-92 暗龙骨铝合金方形板式及卡子

(2) 龙骨 "U"型轻钢龙骨。"T"铝合金龙骨，"Ω"型轻钢龙骨。

(3) 吊杆 简易伸缩吊杆。48圆钢、型钢材制作吊杆。

2. 工具

(1) 手工工具 角尺、卷尺、线锤、手锤、扳手、螺丝刀等。

(2) 电动工具 电钻、电锤、冲击钻、电动螺丝刀、型材切割机、铝型材切割机、自攻螺钻等。

其他工具：射钉枪。

7.5.3 施工工艺

方型金属板吊顶施工工艺：

基层处理——→弹线定位——→固定吊杆——→
封口←——安装方型金属板←——安装龙骨←

7.5.4 固结法安装方型金属板吊顶

固结法安装方型金属吊顶，就是将方型板用自攻螺钉或吊钩悬挂或用钢丝扎结固定在覆面龙骨上。

1. 固定吊杆、安装龙骨

当吊顶弹线定位后，固定简易伸缩吊杆，将覆面龙骨固定在吊杆上，并对龙骨进行调平。

2. 方型金属板安装

方型金属板与轻钢龙骨架的安装，主要采用吊钩悬挂式或自攻螺钉固定式，如图7-93所示。也可采用钢丝扎结式（图7-94）。安装时按照弹好的板块安排布置线。从一个方向开始依次安装。并注意吊钩先与龙骨连接固定。再钩

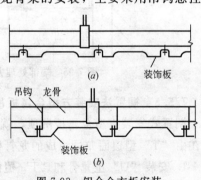

图7-93 铝合金方板安装

住板块侧边的小孔。用自攻螺钉固定时,应先用手电钻打出孔位后再上螺钉。如用 M5 螺钉。打孔直径为 4.2mm。

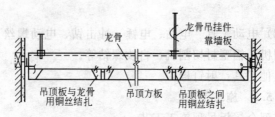

图 7-94 用钢丝扎结安装方板

3. 端部处理

当方型金属板吊顶四周靠墙边缘部分不符合方板的模数时,可以不采用方型金属板和靠墙吸边办法。而改用条板或纸面石膏板等作吊顶的处理。如图 7-95 所示。

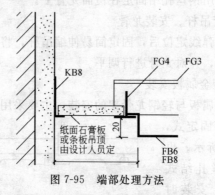

图 7-95 端部处理方法

7.5.5 搁置法安装方型金属板吊顶

搁置式安装方型金属板吊顶,就是将方型金属板直板搁置在由"T"型覆面龙骨组成的龙骨架上。

1. 安装"U"主龙骨和"T"覆面龙骨

当吊杆固定后,安装"U"主龙骨,接着安装次龙骨吊挂件并与覆面"T"龙骨相连接。龙骨架安装好后,应进行调平。

2. 安装方型金属板

当龙骨架调平后,方可搁置方型金属板、如图7-96所示。

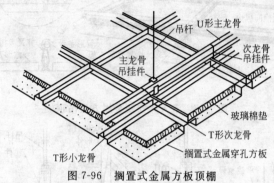

图7-96 搁置式金属方板顶棚

3. 端部处理

方型金属吊顶与四周靠墙边缘处,可以用L型边龙骨进行封口,如图7-97所示。

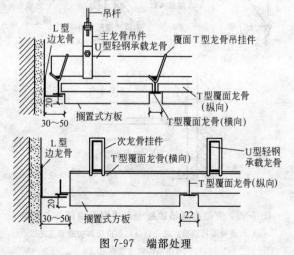

图7-97 端部处理

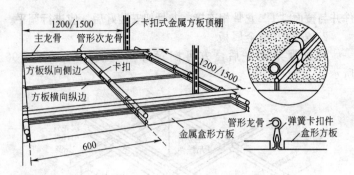

图 7-98 卡入式安装金属方板吊顶

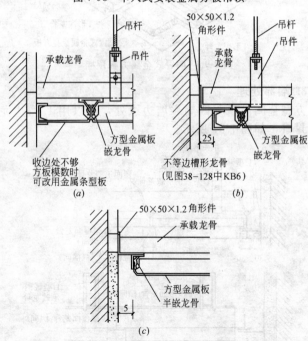

图 7-99 方型金属吊顶板卡入式安装端部节点构造
(a) 吊顶端部构造节点之一；(b) 吊顶端部构造节点之二；
(c) 吊顶端部构造节点之三

7.5.6 卡入式安装方型金属板吊顶

卡入式安装方型金属板吊顶，就是将方型金属板直接卡入在"Ω"覆面龙骨里的弹簧卡扣件中。

1. 固定吊杆、安装"Ω"型龙骨架

固定吊杆后，安装"Ω"型龙骨架。

2. 安装方型金属板

当"Ω"型龙骨架安装好后，将方型金属板卡入弹簧卡扣件里，如图 7-98 所示。

3. 端部处理

方型金属板卡入式安装时，端部构造节点如图 7-99 所示。

4. 吊顶变标高处理

当方型金属吊顶卡入式安装变标高时，其做法，如图 7-100 所示。

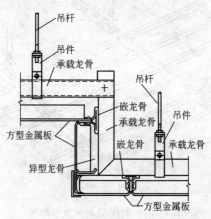

图 7-100　金属方板吊顶变标高
构造做法示例

7.6 条型金属板吊顶安装

条型金属板吊顶。是在吊顶龙骨架上,安装条型金属罩面板面装饰的吊顶。由于条型金属板线条刚劲、挺拔,可以取得别的罩面板无法取得的现代艺术效果。

条型金属板吊顶,按条型板断面不同而有多种。这里仅介绍两种:一是封闭型金属条板吊顶;一是开放型金属条板吊顶。

7.6.1 封闭型和开敞型金属条板吊顶构造

1. 封闭型金属条板吊顶构造

图 7-101 为封闭型金属条板吊顶构造。安装面板时,板与板之间无缝隙,可以用插缝条对板缝处理,也可以是扣接使吊顶面全封闭。

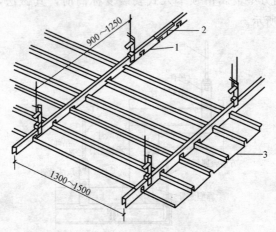

图 7-101 封闭型金属条板吊顶

2. 开敞型金属条板吊顶构造

图 7-102 为开敞型金属条板吊顶构造图。开敞型系指板

与板之间相接处未使用插缝条或作其他处理，留有缝隙，因此可隐约可见其后的龙骨等东西。

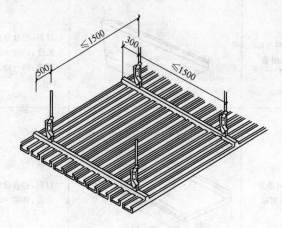

图 7-102　开敞型条板构造

7.6.2　施工准备

1. 材料

封闭型条板和开敞型条板吊顶的主要配件。见表 7-1 所示。

2. 紧固件

常用的紧固件：水泥钉、膨胀螺栓、射钉、自攻螺钉、铆钉等。

3. 工具

（1）手工工具　线锤、角尺、卷尺、水平尺、手锤、螺丝刀。

（2）电动工具　电钻、电锤、型材切割机、电动螺丝刀、自攻螺钉钻等。

"M"型、"F"型条板金属吊顶主要部件   表 7-1

名 称	形 状	规格、尺寸、材质
M 系列条形金属面板	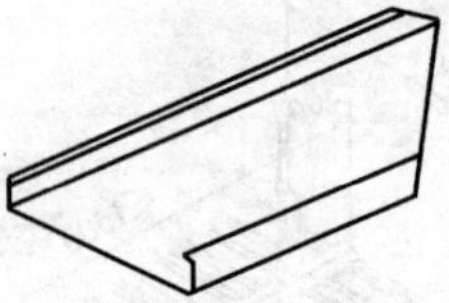	材料：铝合金或钢 长度：1000～5800mm 宽度：30～185mm
F 系列条形金属面板	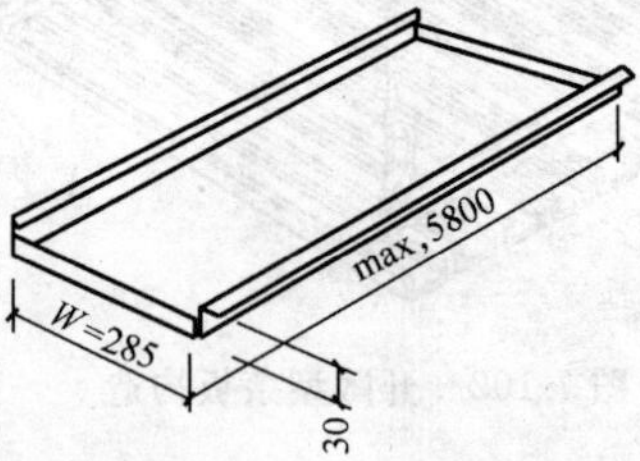 W=285, max.5800, 30	材料：铝合金或钢 长度：1000～5800mm
标准孔面板 微孔面板	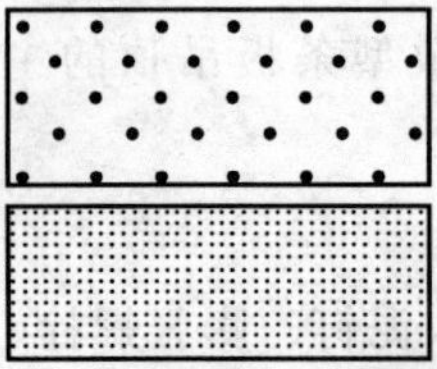	孔径：2mm 孔面积：15% 孔径：1.3mm 孔面积：22%
面板连接板	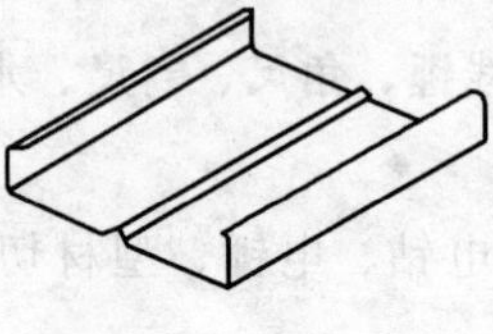	长度：125mm 材质：同面板

续表

名　称	形　状	规格、尺寸、材质
游标挂钩		材料：1.5mm 钢制成，带有弹簧片和直径 4mm 挂钩 标准：镀锌 长度：125～1000mm
蝶型挂钩		材料：上部吊杆 1.0mm 钢冷轧成型，侧面有 2.5mm 孔，62mm 处刻有"V"凹槽，便于弯曲及折断。 下部挂钩 1.25mm 钢制成，侧面有 2.5mm 孔，备有钢销，便于和上部吊杆连接 标准：上部防锈处理，下部镀锌 长度：150～2000mm
Ω型主龙骨	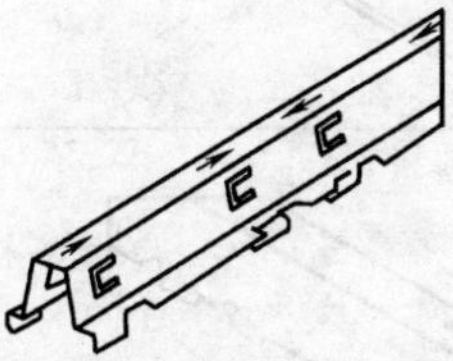	材料：0.8mm 铝合金或 0.6mm 钢冷轧成型，齿距与 V 系列、M 系列面板相配合 标准：瓷型黑色聚酯漆或镀锌

续表

名　称	形　状	规格、尺寸、材质
连接龙骨	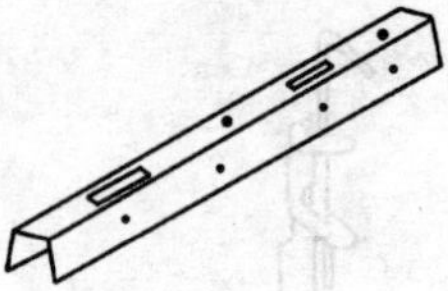	材料：0.6mm 钢冷轧成型 标准：瓷型黑色聚酯漆或镀锌 长度：与 Ω 型主龙骨相配合
保温材料	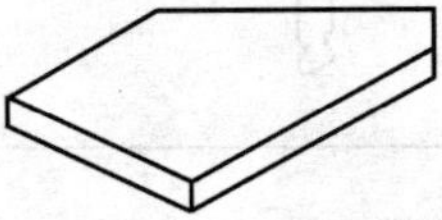	石棉或玻璃纤维
L 型墙角装饰条（简称 L 型角线）	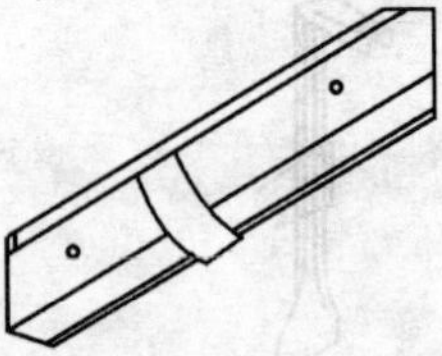	材料：0.8mm 铝合金或 0.6mm 钢冷轧成型 标准：瓷型白色或黑色聚酯漆 长度：4000mm 外形尺寸：40mm×20mm
W 型墙角装饰条（简称 W 角线）	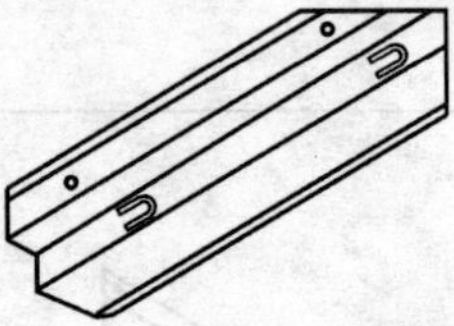	材料：标准同 L 型墙角装饰条 外形尺寸：44mm×36.5mm，压舌距离 12.5mm
边龙骨（LC）	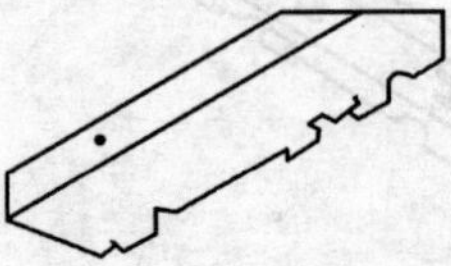	材料：标准同 Ω 型主龙骨 外形尺寸：20mm×48mm

7.6.3 施工工艺

条型金属板吊顶施工工艺：

基层处理——→弹线定位——→吊杆固定——┐
安装条型金属板←——安装龙骨←————————┘

7.6.4 封闭型条板吊顶操作要点

1. 基层处理

安装前应对屋面（楼面）进行全面质量检查、同时也检查吊顶上设备布置情况，线路走向等，发现问题及时解决，以免影响吊顶安装。

2. 弹线定位

将吊顶标高线弹到墙面上，将吊点的位置线及龙骨的走向线弹到屋面（楼面）板上。

3. 固定吊杆

用膨胀螺栓或射钉将简易吊杆固定在屋面（楼面）上。

4. 安装龙骨

安装龙骨时，将简易吊杆直插入在特制的"冂"形龙骨上，旋转90°。如图7-103所示，安装完龙骨应及时调平。

5. 封闭型条板（F型）安装

封闭型条板（F型）安装有几种形式：一是卡扣式连接；一是搁置式连接和扣板式连接。

（1）卡扣式安装封闭型（F型）条板

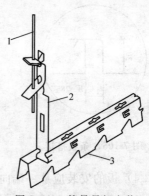

图7-103 简易吊杆安装
1—吊杆；2—挂件；3—特制龙骨

1)当"Ω"龙骨安装完并调平后,可将"F"形金属条板一端卡在"Ω"龙骨的卡距里。在制作龙骨时应根据板面尺寸、确定卡距。如图7-104所示。

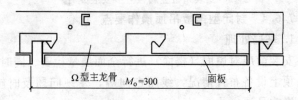

图7-104 条板卡在"Ω"型龙骨上示意图

2)板的搭接,板的搭接距离为15mm,如图7-105所示。可以与"Ω"龙骨配套使用。

3)板的横向连接处应交在"Ω"龙骨的距齿里防止横向板面产生移动,如图7-106所示。

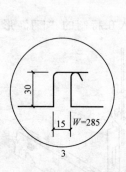
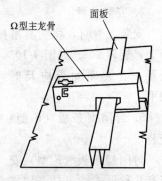

图7-105 条板搭接　　　图7-106 条板横向连接

4)板的安装应从一端向另一端安装,如图7-107所示。

5)板与墙面交接时,可以用W型墙角装饰条和L型墙角装饰条进行连接,如图7-108所示。

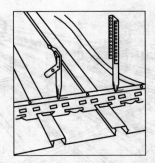

图 7-107 "F"型条板安装顺序

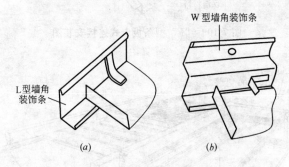

图 7-108 板与墙连接节点处理

(a) 用 L 型墙角装饰条连接；(b) 用"W"型墙角装饰条连接

6) 卡扣式安装封闭型（F 型）条板吊顶示意图见图 7-109。

(2) 搁置式安装封闭型（F 型）条板

1) 吊顶龙骨应配置双"T"型龙骨

搁置式安装 F 型条板。吊顶龙骨不能用"Ω"型龙骨而应用双"T"型龙骨。

2) 安装"F"型条板时，将条板搁置在"T"型龙骨翼缘上。再用螺丝钉固定。如图 7-110 所示。

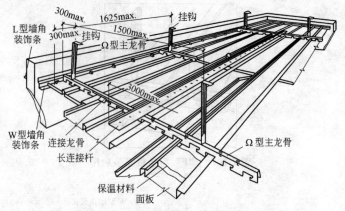

图 7-109 "F"型条板卡式连接安装图

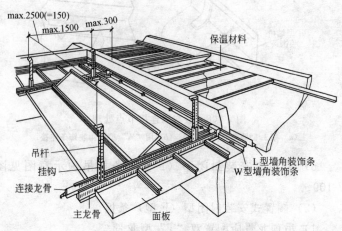

图 7-110 "F"条板搁置式连接安装图

(3) 扣板式安装封闭型（F型）条板

扣板式安装条板，就是将条板用自攻螺栓固定在龙骨上。如图 7-111 所示。

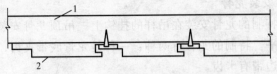

图 7-111 "F"型条板扣接在龙骨上示意
1—"U"型龙骨；2—"F"型金属条板

1）扣板式安装条板是与"U"型轻钢龙骨（或型材）用自攻螺钉固定。而不能再与"Ω"型特制的龙骨相固定。

2）固定方法。先固定前一条扣板，再另一条板扣在固定板上，可以遮盖自攻螺钉。使板缝保持均匀美观。如图 7-112 所示。

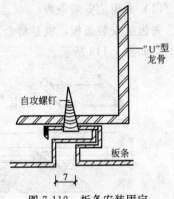

图 7-112 板条安装固定

7.6.5 开敞型条板（M型）吊顶操作要点

1. 基层处理

安装前应对屋面（楼面）进行检查。质量不合乎要求应进行返修。同时还应检查设备预留位置及线路走向等是否合理。

2. 弹线定位

将吊顶标高线弹到墙面上，将吊点位置线、龙骨走向线弹到屋面（楼面）板上。

3. 固定吊杆

用膨胀螺栓或射钉将简易吊杆固定在屋面（楼面）上。

4. 安装龙骨

将特制的龙骨安装在吊杆的挂钩上。吊顶龙骨安装后应进行调平。特制的龙骨有两种：一种是龙骨底带夹齿；一种是龙骨边带有卡齿。

5. 开放型条板（M型）安装

因特制龙骨有两种。因此 M 型条板安装有两种方式。

（1）夹齿法安装条板

夹齿法安装条板，就是将金属条板直接卡在龙骨的底夹齿里，如图 7-113 所示。

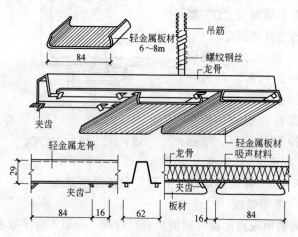

图 7-113 M 型条型金属板夹齿法安装构造图

（2）卡齿法安装条板

将 M 型金属条板卡在卡条式特制的金属龙骨上，如图 7-114 所示。

6. 条板与墙面交接处理

可以用 W 型墙角装饰条，或 L 型墙角装饰条，固定在墙面上，与金属条相连，如图 7-115 所示。

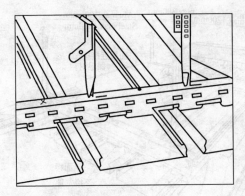

图 7-114 M型条型金属板卡齿法安装构造图

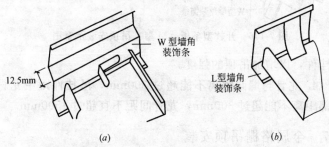

图 7-115 板与墙连接节点处理

(a) 用 W 型墙角装饰条连接；(b) 用 L 型墙角装饰条连接

7. 开放型条板（M型）吊顶安装

图 7-116 为开放型条板（M型）吊顶安装示意图。

7.6.6 条型金属板吊顶安装注意事项

1. 吊杆与顶棚要连接牢固。若用膨胀螺栓固定。一定要进行拉力试验。

2. 边角条要固定在坚实的基体上，标高符合设计要求。

3. 龙骨要调平，对于空间很大的吊顶，龙骨间要加设

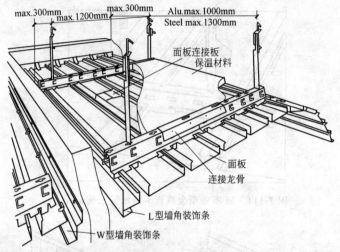

图 7-116 开放型条板（M 型）吊顶安装示意图

牵挂件，以增加吊顶的强度。

4. 龙骨与墙间距离不能超过 300mm，吊挂件距主龙骨端部距离不能超过 300mm，龙骨间距不宜超过 1500mm。

7.7 金属格栅吊顶安装

金属格栅吊顶，其吊顶装饰形式是通过特定形状的单元体及单元体组合，使建筑室内吊顶饰面即遮又透。既是吊顶装饰形式而又敞口形成独特的艺术效果。金属格栅吊顶与照明布置的关系较密切、甚至常常将其单体构件与照明灯具的布置结合起来。这种将照明与吊顶造型统一起来考虑的方法，无疑增加了吊顶构件和灯具双方的艺术功用。使其作为造型艺术品，装饰品的作用得到充分发挥。并且，金属格栅吊顶既可作为自然采光之用，也可以作为人工照明顶棚；既可与 T 型龙骨配合分格安装，也可不加分格的大面积组装。

综上所述，金属格栅吊顶，具有其他形式的吊顶所不具备的韵律感和通透感，因此近年来在各种类型的建筑中应用较多。

7.7.1 金属格栅吊顶构造

金属格栅吊顶，它是由金属格子板与吊杆组成的吊顶，如图 7-117 所示。金属格子板有不同的形状组成。有方格形、圆圈形、长方形等。

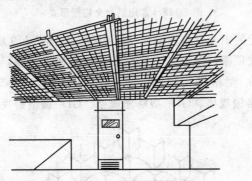

图 7-117 金属格栅吊顶

7.7.2 金属格栅吊顶单体构件

在金属格栅吊顶中，铝合金格栅式单体构件，质量轻。光泽明亮，是应用较多的一种形式。图 7-118 及表 7-2 是目前应用较多的铝合金格栅单体组合形式及单体构件规格，其单元组合尺寸一般为 610mm×610mm，格栅采用双层 0.5mm 厚的薄板加工而成，其表面色彩按设计要求进行加工。

常用的铝合金格栅单体构件尺寸　　　　表 7-2

规　格	宽 W(mm)	长 L(mm)	高 H(mm)	重量(kg/m²)
Ⅰ型	78	78	50.8	3.9
Ⅱ型	113	113	50.8	2.9
Ⅲ型	143	143	50.8	2.0

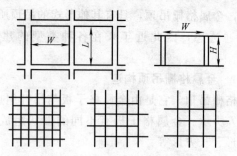

图 7-118 常用铝合金格栅形式

常见的铝合金格栅的形状有四种。如图 7-119 所示 GD_2 型格栅式顶棚，图 7-120 所示 GD_3 型格栅式顶棚，图 7-121 所示 GD_4 型格栅式顶棚。表 7-3、表 7-4、表 7-5 分别为 GD_2 型格栅规格、GD_3 型格栅规格、GD_4 型格栅规格。

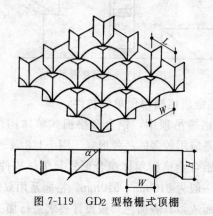

图 7-119 GD_2 型格栅式顶棚

GD_2 型格栅规格 (mm) 表 7-3

型 号	规格 $W \times L \times H$	遮光角 α	厚度	分格
GD_{2-1}	$25 \times 25 \times 25$	45°	0.8	600×1200
GD_{2-2}	$40 \times 40 \times 40$	45°	0.8	600×600

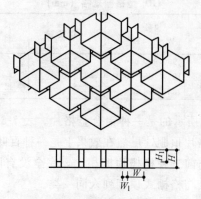

图 7-120 GD₃ 型格栅式顶棚

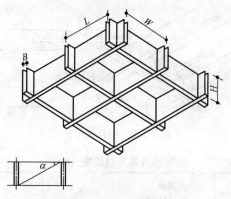

图 7-121 GD₄ 型格栅式顶棚

GD₃ 型格栅规格 (mm)　　　　　　　　表 7-4

型　号	规格 $W \times H \times W_1 \times H_1$	分　格
GD$_{3-1}$	26×30×14×22	600×600
GD$_{3-2}$	48×50×14×36	
GD$_{3-3}$	62×60×18×42	1200×1200

GD₄ 型格栅规格 (mm)　　　　表 7-5

型 号	规格 $W \times L \times H$	厚度	遮光角 α
GD$_{4-1}$	90×90×60	10	37°
GD$_{4-2}$	125×125×60	10	27°
GD$_{4-3}$	158×158×60	10	22°

图 7-122 所示的是一种铝合金格片。表 7-6 是其规格尺寸。铝合金格片顶棚，虽然在效果上是一种百叶式的，光栅式的形式，与前三种格栅顶棚相比，完全没有网格的效果，但通常仍将其与格栅式顶棚列入同一类。

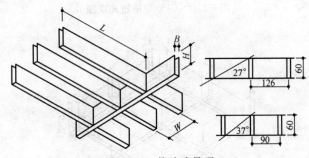

图 7-122　格片式吊顶

GD₁ 格片式顶棚规格 (mm)　　　　表 7-6

型号	规格 $L \times H \times W$	B	遮光角 α
GD$_{1-1}$	1260×60×90	10	3°～37°
GD$_{1-2}$	630×60×90	10	5°～37°
GD$_{1-3}$	1260×60×126	10	3°～27°
GD$_{1-4}$	630×60×126	10	5°～27°

7.7.3　施工工艺

金属格栅吊顶施工工艺：

基层处理──→弹线定位──→单体构件拼装─┐
设备安装←──整体调整及饰面←──构件吊装←┘

7.7.4 操作要点

1. 基层处理

对于金属格栅吊顶来说，吊顶以上部分应进行涂刷黑漆处理，或者按设计要求的色彩进行涂刷处理。

2. 弹线定位

弹线工作包括：标高线、吊挂布置线、分片布置线。

（1）标高线也是金属格栅吊顶整齐的控制线，放线时首先要把标高线弹到墙面（柱面）上，作为吊顶安装的控制线。

（2）吊挂布间线应根据金属格栅吊顶安装固定方式确定。确定好吊点的位置，然后再把吊点位置线放在屋（面）上。

（3）分片布置线一般先从室内吊顶直角位置开始逐步展开。吊挂点的布置需根据分片布置线来设定，以使吊顶分片材料受力均匀。

（4）分片布置就是根据吊顶的结构形式、材料尺寸和材料刚度、来确定分片的大小和位置。

3. 单体构件的拼装

常见的单体结构有单板方框式、骨架单板方框式及单条式等。

（1）单板方框式拼装

1）先在金属空心板条上开槽。槽深为板条的一半，开槽加工时要注意保证开槽的垂直度。

2）在开槽口处进行对拼插接，如图 7-123 所示。注意开槽口时，应去掉毛刺。

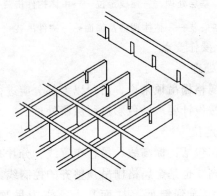

图 7-123 单板方框单体拼装

3）将与其他分片接合的单板端头安装上连接件，连接件可用角钢制作。如图 7-124 所示。

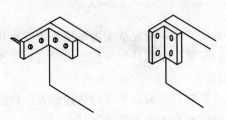

图 7-124 端头连接件

（2）骨架单板方框拼装

用铝合金型材和铝合金空心板制作成板方框或单体构件（图 7-125）和短板对缝固定（图 7-126）。

（3）单条板式拼装

将单体金属空心板条，按规定位置开出方孔或长方孔。按图进行组装。再和吊杆相连，如图 7-127 所示。

4. 格栅分片组装

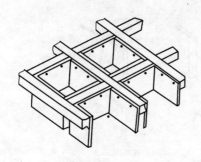

图7-125 骨架单板方框式单体构件拼装

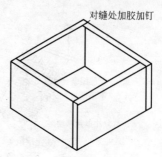

图7-126 短板对缝固定

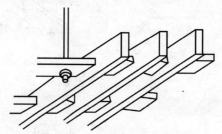

图7-127 单条板式单体构件拼装

格栅吊顶分片吊装时,可以在施工现场就地拼装,同时与吊杆固定。分片拼装过程,如图7-128所示。

5.整片组装

当格栅吊顶整体吊装时,可以先整片组装,如图7-129所示。

6.构件吊装

(1)吊装方法

格栅吊顶吊装方法有二种:一是直接固定吊装方法;一是间接固定吊装方法。如图7-130所示。

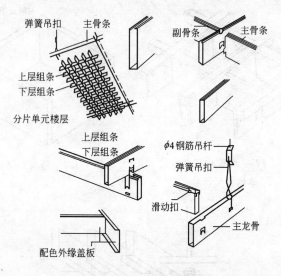

图 7-128 分片组装

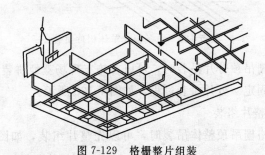

图 7-129 格栅整片组装

(2) 直接固定吊装

1) 将格栅分片连接成整体,如图 7-131 所示。
2) 将格栅与吊杆连接,如图 7-132 所示。
3) 直接将吊杆连接到屋面的吊点上。

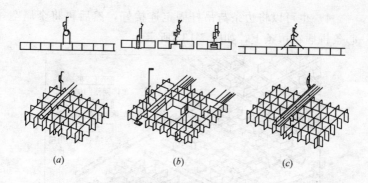

图 7-130 金属格栅及吊装方法
(a)、(c) 间接固定吊装方法；(b) 直接固定吊装方法

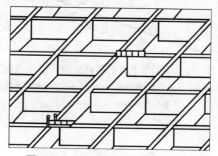

图 7-131 构成吊顶分片间的连接

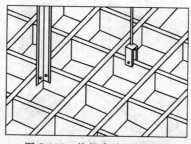

图 7-132 格栅直接悬吊示意

4）也可以将边条与吊杆固定连接好，然后再将金属空心条拼插在边条上，如图 7-133 所示。

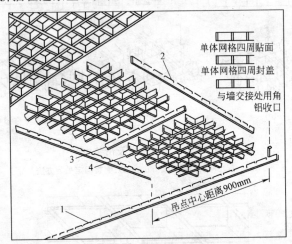

图 7-133　不用卡具的吊顶安装构造示意图

1—吊管（1800mm）；2—横插管（1200mm）；3—横插管（600mm）
4—单体网格构件（600mm×600mm）

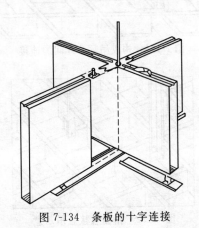

图 7-134　条板的十字连接

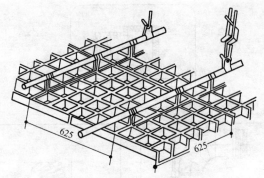

图 7-135　安装示意图

5）将单体构件，通十字连接，直接挂吊在屋面板（楼面板）的吊点位置上。如图 7-134 所示。

(3) 间接固定吊装

间接固定吊装，就是将连成整体的格栅，与长的钢管相连，由钢管承受格栅的载荷，再将钢管与吊杆连接在一起，形成格栅吊顶。如图 7-135 所示。

7. 整体调整

(1) 沿标高线拉出多条平行线，根据基准线进行吊顶面的整体调整，并检查吊顶面的起拱量是否正确。

(2) 检查各单体安装情况，布局情况，以及单体构件本身是否因安装而产生变形，要进行修正。

(3) 检查各连接部位的固定件是否可靠，对一些受力集中的部位、应进行加固。

8. 设备安装

设备安装时应注意，风口设在吊顶面上部，风口笆子嵌入单体构件内与吊顶面一平，如图 7-136 所示。

图 7-137 为格栅吊顶设备安装示意图。

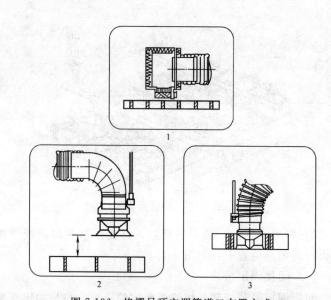

图 7-136 格栅吊顶空调管道口布置方式

1、2—风口设于吊顶面上部；3—风口笼子嵌入单体构件内，与吊顶面一平

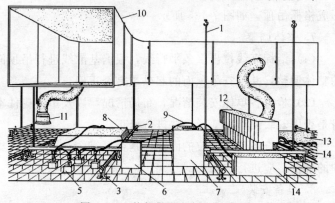

图 7-137 格栅吊顶设备安装示意图

1—吊杆；2—承载龙骨；3—吊挂件；4—横撑龙骨；5—白炽灯具；6—灯具盒；7—灯具盒；8—灯具盒；9—电线；10—空调管道；11—送风口；12—组合式送风口；13—铺设在格栅上的吸声材料；14—扬声器

7.8 吊顶工程质量要求及检验标准

7.8.1 一般规定

1. 吊顶工程验收时应检查下列文件和记录：
(1) 吊顶工程的施工图、设计说明及其他设计文件。
(2) 材料的产品合格证书，性能检测报告，进场验收记录和复验报告。
(3) 隐蔽工程验收记录。
(4) 施工记录。
2. 吊顶工程应对人造木板的甲醛含量进行复验。
3. 吊顶工程应对下列隐蔽工程项目进行验收：
(1) 吊顶的管道，设备的安装及水管试压。
(2) 木龙骨防火、防腐处理。
(3) 预埋件或拉结筋。
(4) 吊杆安装。
(5) 龙骨安装。
(6) 填充材料的设置。
4. 安装龙骨前，应按设计要求对房间净高、洞口标高和吊顶内管道，设备及其支架即标高进行交接检验。
5. 吊顶工程的木吊杆，木龙骨和木饰面板，必须进行防火处理，并应符合有关设计防火规范的规定。
6. 吊顶工程中的预埋件，钢筋吊杆和型钢吊杆应进行防锈处理。
7. 安装饰面板前，应完成吊杆内管道，和设备的调试及验收。
8. 吊杆距主龙骨端部距离不得大于 300mm。当大于 300mm 时，应增加吊杆。当吊杆长度大于 1.5m 时，应设置反支撑。当吊杆与设备相逆时,应调整并增设吊杆。

7.8.2 暗龙骨吊顶工程

本节适用于以轻钢龙骨、铝合金龙骨、木龙骨等为骨架,以石膏板、金属板、矿棉板、木板、塑料板或格栅等为饰面材料的暗龙骨吊顶工程的质量验收。

1. 主控项目

(1) 吊顶标高、尺寸、起拱和造型应符合设计要求。

(2) 饰面材料的材质、品种、规格、图案和颜色应符合设计要求。

(3) 暗龙骨吊顶工程的吊杆、龙骨和饰面材料的安装必须牢固。

(4) 吊杆、龙骨的材质、规格、安装间距及连接方式应符合设计要求。金属吊杆、龙骨应经过表面防腐处理;木吊杆、龙骨,应进行防腐防火处理。并应符合有关设计防火规范的规定。

(5) 石膏板的接缝应按其施工工艺标准进行板缝防裂处理。

2. 一般项目

(1) 饰面材料表面应洁净,色泽一致,不得有翘曲。裂缝及缺损。压条应平直、宽窄一致。

(2) 饰面板上的灯具、烟感器、喷淋头、风口篦子等设备的位置应合理,美观,与饰面板的交接应吻合,严密。

(3) 金属吊杆、龙骨的接缝应均匀一致,角缝应吻合,表面应平整,无翘曲、锤印。木质吊杆、龙骨应顺直,无劈裂、变形。

(4) 吊顶内填充吸声材料的品种和铺设厚度,应符合设计要求,并应有防散落措施。

3. 暗龙骨吊顶工程安装的允许偏差和检验方法。

暗龙骨吊顶工程安装的允许偏差和检验方法，见表7-7。

暗龙骨吊顶工程安装的允许偏差和检验方法　　表7-7

项次	项目	允许偏差(mm)				检验方法
		纸面石膏板	金属板	矿棉板	木板、塑料板、格栅	
1	表面平整度	3	2	2	2	用2m靠尺和塞尺检查
2	接缝直线度	3	1.5	3	3	接5m线，不足5m接通线用钢直尺检查
3	接缝高低差	1	1	1.5	3	用钢直尺和塞尺检查

7.8.3 明龙骨吊顶工程

本节适用于以轻钢龙骨，铝合金龙骨，木龙骨等为骨架，以石膏板、金属板、矿棉板、塑料板、玻璃板或格栅等为饰面材的明龙骨吊顶工程的质量验收。

1. 主控项目

(1) 吊顶标高、尺寸、起拱和造型应符合设计要求。

(2) 饰面材料的材质、品种、规格、图案和颜色应符合设计要求。当饰面材料为玻璃板时，应使用安全玻璃或采取可靠的安全措施。

(3) 饰面材料的安装应稳固严密。饰面材料与龙骨的搭接宽度应大于龙骨受力面宽度的2/3。

(4) 吊杆、龙骨的材质、规格、安装间距及连接方式应符合设计要求。金属吊杆、龙骨应进行表面防腐处理；木龙骨应进行防腐、防火处理。

(5) 明龙骨吊顶工程的吊杆和龙骨安装必须牢固。

2. 一般项目

(1) 饰面材料表面应洁净、色泽一致,不得有翘曲、裂缝及缺损。饰面板与龙骨的搭接应平整、吻合、压条应平直、宽窄应一致。

(2) 饰面板上的灯具、烟感器、喷淋头、风口篦子等设备的位置应合理、美观、与饰面板的交接应吻合、严密。

(3) 金属龙骨的接缝应平整、吻合、颜色一致、不得有划伤。擦伤等表面缺陷。木龙骨应平整、顺直、无劈裂。

(4) 吊顶内填充吸声材料的品种和铺设厚度应符合设计要求,并应有防散落措施。

3. 明龙骨吊顶工程安装的允许偏差和检验方法。

明龙骨吊顶工程安装的允许偏差和检验方法。见表7-8。

明龙骨吊顶工程安装的允许偏差和检验方法　　表7-8

项次	项目	允许偏差(mm)				检验方法
		石膏板	金属板	矿棉板	塑料板玻璃板	
1	表面平整度	3	2	3	2	用2m靠尺和塞尺检查
2	接缝直线度	3	2	3	3	接5m线,不足5m接通线
3	接缝高低差	1	1	2	1	用钢直尺和塞尺检查

8 楼地面装饰工程

楼地面是底层和楼层地面的总称,是建筑物中使用最频繁的部位。楼地面装饰通常是指在普通的水泥地面、混凝土地面、砖地面以及灰土垫层等各种地坪的表面上所加做的装饰面层。楼地面离人眼的距离较近,在人的视线范围内所占的比例很大。因而楼地面装饰在整体室内装饰中占很重要的地位。

8.1 楼地面的功能、组成及分类

8.1.1 楼地面的功能

1. 保护支体结构

楼地面在一定程度上缓解了外力对结构件的垂直作用。

2. 满足正常使用要求

(1) 隔声要求:隔声主要是对楼面而言的。因此,要求楼层构件的隔声量要求在 40~50dB。

(2) 吸声要求:在标准较高,使用人数较多的公共建筑中,有效地控制室内噪声具有积极作用。一般说来,致密光滑、刚性较大的地面,如大理石地面等,对于声波的反射能力较强,基本上没有吸声能力;各种软质地面,可以起到较大的吸声作用,如化纤地毯的平均吸声系数达到 55%。

(3) 防水、防潮要求:对于特别潮湿的房间,如浴室、卫生间、厨房等,如果防潮防渗漏问题处理不好,对相邻房间使用带来不利影响。

(4) 弹性要求:在建筑装饰要求高的地面,应尽可能采用具有一定弹性的材料作为地面的装饰面层，以便使人产生安全感和舒适感。

(5) 满足美观要求：楼地面美观与否，是由多方面的因素共同促成的。因此，必须考虑到诸如空间的形态，整体的色彩协调，装饰图案质感效果，家具饰品的配套，人在空间中的活动规律，心理感受等因素。

8.1.2 楼地面的组成

楼地面一般由基层、垫层和面层三部分组成，如图8-1所示。

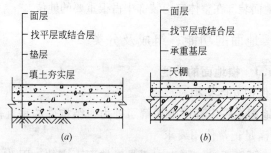

图 8-1 楼地面的基本构造组成
(a) 底层地面的组成；(b) 楼层地面的组成

8.1.3 楼地面分类

楼地面可以根据其饰面层所采用的材料不同分类。也可以根据构造方法和施工工艺的不同来分类，可分为整体地面，块料地面，木地面和人造软制品地面等。

8.2 木楼地面装饰

木楼地面一般是指楼地面，由木板铺钉或硬质木块胶合而成的楼地面。按构造形式分有粘贴式木楼地面。实铺式木楼地面、架空式木楼地面等。其中粘贴式木楼地面和实铺式木楼地面应用较广。

8.2.1 施工准备

1. 材料

(1) 垫木、木搁栅、剪刀撑和毛地板规格。按表 8-1 选用。

垫木、木搁栅、剪刀撑和毛地板常用规格参考 表 8-1

树种	名称	宽度(mm)	厚度(mm)	长度(mm)	木材含水率(%)
松木或杉木	垫木(实铺)	平面尺寸:120×120	20	按设计确定	不大于18
	垫木(空铺)	100	50	按设计确定	
	压檐木	75	20	按设计确定	不大于18
松、杉木	架空木搁栅	70	100	按设计确定	不大于20
	实铺木搁栅	上50,下70	70	1000以上	不大于20
	剪刀撑	50	50	1000以上	不大于20
杉木	毛地板(高低缝)	不大于120	22~25	1500以上	不大于15
松、杉木	横撑	50	50	1000以上	不大于18
水曲柳	压缝条	20	20		不大于12

(2) 硬木地板规格选用，见表 8-2。

硬木地板常用规格参考 表 8-2

树种	名称	长度(mm)	宽度(mm)	厚度(mm)	含水率(%)	加工	固定方式
水曲柳、柞木、柚木、核桃木等	硬木长条形地板	2000以上	50	18~23	不大于12	企口,五面刨光,平直	钉接
	硬木拼花地板	320、150、250、200	30、40、50	18~23	不大于10	企口,五面刨光,平直	钉接
	硬木短条形地板	不大于400	不大于50	10、15、18	不大于12	企口,五面刨光,平直	钉接
	薄木地板	320、200、150、120	单块:40、25	5、8、10	不大于12	用牛皮纸把小条粘贴固定	粘接
	硬木踢脚板	2000以上	150	20	不大于12	五面刨光,平直	钉接

(3) 木地板胶粘剂，按表 8-3 选用。

木地板胶粘剂　　　　表 8-3

序号	名称	说明和特点	主要性能	应用方法
1	8123 聚氯乙烯胶粘剂	是以氯丁乳胶为基料，加入增稠剂、填充料等配制而成。是一种水乳型胶粘剂，无毒、无味、不燃、施工方便，初粘强度高，防水性能好	1. 外观：灰白色、均质糊状 2. 黏度：26000～80000CP 3. 含固量：48±2% 4. pH 值：8～9 5. 抗拉强度：≥0.5MPa(24h) 6. 贮存期：半年(贮存温度不低于 0℃)	1. 施工时单位上胶，晾置 2min 后粘贴，余胶即时用湿布擦干净 2. 施工环境温度不得低于 5℃，每 kg 胶粘剂可施工 3m²
2	4115 建筑胶粘剂	是以溶液聚合的聚醋酸乙烯为基料，配以无机填料经机械作用而制成的一种常温固化单组分胶粘剂 特点是固体含量高、收缩率低、早强发挥快、粘接力强、防水防冻、无污染、施工方便、价格较低	1. 外观：灰色膏状黏稠物 2. 固体含量：60%～70% 3. 黏度：5～35 万 CP(25℃) 4. 压剪强度：7d (MPa) 木材-木材＞8 木材-玻纤水泥板 4 木材-水泥混凝土＞3.8 水泥刨花板互粘＞6.0 5. 抗拉强度 7d (MPa) 木材-木材＞1 木材-玻纤水泥板 1.8 木材-水泥混凝土＞1.0 水泥刨花板互粘＞2.0	1. 施胶方式可视不同板材、不同基面，进行点涂、线涂、井字型涂或全涂，施胶量可掌握在 0.2～0.5kg/m² 之间，单、双面涂胶均可 2. 一般粘合 24h 后可承载荷。3～7d，可达最高粘接强度 3. 涂抹工具可用抹灰刀、刮板或剂出枪 4. 初始干燥较快，应尽快粘合，因含有机溶剂，要注意防火、通风；长期水浸的地方不宜使用，用后密封保存

续表

序号	名称	说明和特点	主要性能	应用方法
3	5001脲醛树脂胶	是由尿素与甲醛在催化剂作用下缩聚而成的水溶性树脂溶液。粘接强度良好，耐水性中等，而溶剂性良好，成本较低	贮存期：1～6个月	使用时加氯化铵水溶液（浓度20%）5%～10%（树脂重量）在常温下固化或加热固化
4	YJ-1建筑胶粘剂	YJ建筑胶粘剂是双组分水乳型、高分子粘合剂。具有粘结力强、耐水、耐湿热、耐腐蚀性能好、低毒、低污染，可在潮湿的基层上施工，操作清洗方便等优点	1. 粘结强度(MPa)：水泥混凝土≥2.7 木板4～5 2. 抗压强度(MPa)：30～40 3. 弹性模量(MPa)：2.32×10^3 4. 收缩率(%)：0.2 5. 耐湿热强度(MPa)（70℃、99% RH、7d）4～5 6. 抗水渗透性：1～4mm厚胶泥浸水90d不透水	1. 配胶： 配合比为：甲组份100 乙组份25～30 填料250～400 将甲、乙组分胶料称量混合均匀，然后加入填料搅拌均匀即可（填料可用60～120目的石英粉） 2. 涂胶：采用粘结面涂刷本胶粘剂，揉挤定位，静直待干即可 3. 施工及养护温度应在5℃以上，而15～25℃时施工为佳。施工完毕，自然养护7d可交付使用

（4）石油沥青冷底子油和石油沥青胶粘剂配制，见表8-4。

石油沥青冷底子油和石油沥青胶粘剂配制　　表 8-4

冷底子油配合比（重量百分比）	配制方法	沥青粘结剂配合比	配制方法	施工方法
1. 10#建筑石油沥青40 煤油或轻柴油60 2. 30#建筑石油沥青30 汽油70（沥青的软化点要求为60～80℃，针入度以20～40为宜）	将沥青放在油锅内，使其溶化脱水，不再起沫为止 将熬好的沥青倒入料桶中，再加入溶剂。如加入慢挥发性溶剂，则沥青的温度不得超过140℃。如加入快挥发性溶剂，则沥青的温度不得超过110℃，溶剂应分批加入，开始每次加入2～3L，以后每次加入5L，加入时不停的搅拌至全部溶化为止 也可将溶化的沥青成细流地加入溶剂中	1. 10#石油沥青95%+机油10% 2. 10#石油沥青90%+机油10%+滑石粉5% 3. 10#石油沥青70%+200#石油沥青30%+滑石粉5%（沥青的软化点要求为60～80℃，针入度以20～40为宜）	将石油沥青入锅脱水，表面清亮不再起泡为止 将已溶化的沥青过秤后放入另一锅内，按比例加入定量机油，保持油锅温度待用。加入机油时沥青温度须冷却至180℃左右，并充分搅拌均匀，其控制温度160～180℃为宜	涂刷： 先将基层清扫干净，均匀涂刷冷底子油一道。5～10h（快挥发性溶剂时）或12～48h（慢挥发性溶剂时）之后，将木地板背面和已涂刷冷底子油基层各涂刷一道热沥青（沥青温度170～180℃），涂刷应厚薄均匀，厚度1～0.5mm，随涂随铺

（5）油漆材料

木地板的油漆材料通常用虫胶漆和聚氨酯清漆，虫胶漆用于上色打底，聚氨酯清漆用于罩面。一些较高级的地板，也可用进口的水晶油来进行罩面。

2. 工具

（1）手工工具　钢卷尺、墨斗、直角尺、割角尺、斧子、手锯、锤子、平刨、榫刨、刷子、凿子、刮胶板等。

（2）电动工具 电锯、电刨、手电钻、刨地板机、磨地板机、冲击电钻等。

8.2.2 木楼地面构造

木楼地面常见的有三种构造：

1. 粘贴式木楼地面构造：

粘贴式木楼地面构造，是在钢筋混凝土结构层上（或底层的地面素混凝土结构层上），做好找平层，再用粘结材料将木板直接贴在楼（地）面上。如图 8-2 所示。

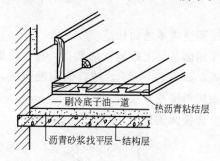

图 8-2 粘贴式楼地面构造

2. 实铺式木楼地面构造，是将木搁栅直接固定在基层

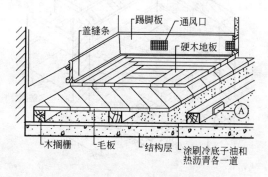

图 8-3 实铺楼地面构造

上，搁栅的截面较小，借预埋在结构层内的"U"形铁件嵌固或镀锌铁丝扎牢。在搁栅上铺钉毛地板，然后再与毛地板成一定的角度铺成面层条板，如图8-3所示。在搁栅间可放置隔热材料，也可不放，应根据设计确定。

3. 架空式木楼（地）面构造：

架空式木楼（地）面，主要是支承楼（地）面的搁栅架空搁置，使木楼（地）面下有足够的空间便于通风，以保持干燥、防止搁栅腐烂损坏。架空式木楼（地）面构造形式有两种：

(1) 首层架空式木地面构造

架空式在地面基层上砌地垄墙架空，在地垄墙上垫搁栅铺钉硬木地板，如图8-4所示。铺钉的搁栅面板，根据使用要求，可以做成单层或双层。

(2) 架空式楼面构造

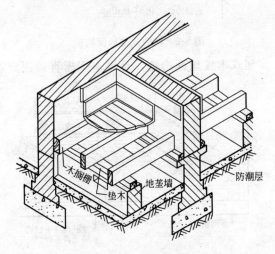

图8-4 架空式木地板构造

在楼面上搁置搁栅,搁栅之间钉剪刀撑,搁栅上钉木地板,如图 8-5 所示。

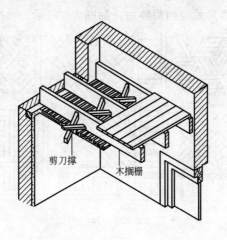

图 8-5 架空式木楼面构造

8.2.3 粘贴式木楼地面安装

粘贴式木地板,是将木地板,用一定的胶粘剂直接粘贴在楼(地)面上,经过一定的工艺过程,然后再进行油漆的硬木条板地面。

1. 施工工艺

粘贴式木地板施工工艺:

基层处理→弹线→地面刮胶→粘贴木地板大面→粘贴镶边→撕牛皮纸→养护→粗刨→细刨→磨光→油漆。

2. 施工要点

(1) 水泥砂浆面层或细石混凝土基层,粘贴前要干燥,含水率应不大于 8%,基层的细石混凝土强度等级不低于 C15,表面应抹光、平整、坚硬。当用 2m 直尺检查时,大于2mm，应用水泥砂浆对基层进行找平处理。

（2）拼花硬木地板面层的图案，可采用正方块，斜方块，席纹等形式。四周镶边，如图8-6所示。

图8-6 硬木拼花形式

（3）铺设拼花木地板前，根据设计要求和现场实际情况，在房间地面上进行弹线、分格、分块和定位，并进行试排。

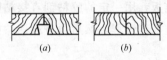

图8-7 拼花木地板接缝示意
（a）截口式；（b）平头式

（4）板的拼缝形式，对于拼花木地板常采用截口接缝和平口接缝两种形式，如图8-7所示。

（5）用沥青胶铺贴时，应在清洁的基层上，先刷一层冷底子油，再用热沥青胶随涂随铺。

（6）用胶粘剂铺贴拼花木地板时，要求基层面平整、洁净、干燥。

3. 操作要点

（1）基层处理

1）检验楼（地）面的强度，平整度，是否符合设计要求，两层含水率是否符合要求，否则要进行及时修整，以达到合格标准。

2）基层表面的浮灰、残余砂浆或木基层的木刨削等物，必须清理干净。刮胶前再用拧干的湿墩布将基层表面擦拭清洁。如用沥青粘结木板面层，应刷涂一道冷底子油，以提高粘结能力。

3）对底层房屋的面层应做防水层。

（2）弹线、分格和定位

在粘贴木地板前，应根据木地板的尺寸，房间面积和设计要求，对木地板花纹的排列进行安排，并在地面上弹出花纹排列的施工控制线。由于木地板排列有两种形式，故弹线也分为两种方法进行。

1）阶梯式花纹的木地板弹线

阶梯式花纹的弹线较简单，只要在地面上弹出条形的木地板走向线即可。每条线的间隔可以是一条木地板宽度尺寸，也可以是二条木地板宽度尺寸。

2）方形花纹木地板弹线

方形花纹的木地板，其铺贴方式有两种，一种是接缝与墙面成45度角，另一种是接缝与墙面平行。在弹线时以房间中心点为中心，弹出相互垂直的两条定位线。定位线与墙面成45°角，就可以铺贴出成角度的木地板花纹，定位线与墙面平行就可铺贴出平行的花纹，如图8-8所示。另外应注意若内外房间的地板线颜色不同，则分色线应设在门框踩口线处或在门扇中间。边框的宽度应按照房间的用途及规模等因素考虑，用得较多的是150～200mm。

根据房间尺寸及边框线尺寸，算出所需地板料的块数，

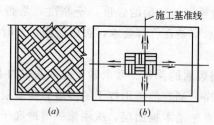

图 8-8 拼花木地板弹线作方格排布的形式
(a) 45°斜向角布板；(b) 与墙面平行布板

如为单数，则房间十字中心线和中间一块拼花地板的十字中心线应相吻合；如为双数，则房间十字中心线应和中间四块拼木地板料的十字拼缝线吻合。

(3) 粘贴硬木地板

1) 沥青玛琋脂粘贴法

用沥青玛琋脂粘贴拼花木地板块，应先将基层清扫干净，涂刷一层冷底子油，再用热沥青玛琋脂随涂随铺。冷底子油也可用乳化沥青代替。涂刷时用猪鬃大板刷，刷的薄而均匀。不得有空白、麻点和气泡。冷底子油或乳化沥青玛琋脂，其熬制和铺贴温度达到要求时方可铺贴。

粘贴时，将木地板背面涂刷一层热沥青，涂刷时要薄而均匀，同时在已涂刷冷底子油的基层上涂刷热沥青一道，厚度一般为 2mm，要随涂随铺。木地板要呈水平状就位，同时要在铺贴位置的边上设置顶紧块。其目的是为了将木地板排紧。木地板粘贴到另一个墙面时，用木块顶住木地板，然后打紧开始端的木地板，使其严密无缝隙，相邻两块木地板的高差不应超过 $^{+1.5}_{-1.0}$ mm。过高过低都要换块重铺。粘贴时要避免热沥青溢出表面，如溢出应及时刮去并擦干净。

2) 胶粘剂粘贴法

① 先在清洁的基层面上涂刷一层薄而匀的底子胶。胶粘剂的稀释应用配套产品进行。

① 铺设顺序：铺贴拼花木地板一般有方形正铺和方形斜铺两种。如图 8-8 所示。

正铺，由房间中心依次向四周铺贴，最后圈边。

斜铺，先弹房间中心线，再由中心线弹出 45°斜线，同时弹出圈边线，按 45°斜向铺地板，即人字形图案的铺设。

③ 铺贴方法应按预排编号顺序在基层上涂刷一层厚约 1mm 左右的胶液，再在木地板背面涂一层厚约 0.5mm 的胶粘剂，待表面不粘手时即可铺贴。粘贴时要使木地板水平就位。并用小锤轻敲使其紧密。

每粘贴完一行后，应在地面上弹细墨线修正一次，铺好几行板以后，要及时在板面洒水让板料两面同时受潮（另一面因涂刷胶粘剂已经受潮），使其有均匀的膨胀率。

④ 板料与板料之间应留有 0.3～0.4mm 间隙，以显示每块拼木板料的花纹、并使板料有伸缩的余地，切忌排列过紧甚至硬挤硬敲，以防板料成片拱起，导致返工。相邻两块木地板的高差不应超过 +1.5mm～-1.0mm。

(4) 撕牛皮纸

拼花木地板有的生产厂家将其粘到牛皮纸上，呈不同尺寸的见方板。特别是薄木拼板，一般这样做。所以，粘贴固定后，用湿墩布在木地板上全面湿拖一次，其湿度以牛皮纸全面弄湿，而表面又不积水为原则。隔 30min，即可将表面的牛皮纸撕掉。

(5) 养护

木地板粘贴后应自然养护一段时间。根据实用胶粘剂不同。养护日期也不同，一般 3~5 天，也有的需 5~7 天。养护期内严禁上人走动，同时要关窗锁门，以防雨水淋湿。夏天施工时，门窗玻璃要贴纸遮阳，防止强光照射，避免地板条变形、起壳。

（6）粗刨、细刨

刨地板前、用小铁锤全面轻击硬木地板条，如发现起壳、应返工修补。刨平工序宜用转速较快的电动刨板机进行。速度快，刨刀不易撕裂木纤维，破坏板面。滚刨方向同板条成 45°角斜刨，刨时不宜走得太快、多走几遍，先粗刨然后细刨。电动刨板机不用时，应先提起再关闸，防止慢速啃咬地板面。

如无电动刨板机，手工刨削也可以，但要注意木纹的方向，要避免撕裂木纤维、破坏表面平整。刨削时，一次不要刨得太深，如有 1mm 左右的高差，应分几次刨平。最大刨削厚度不宜大于 0.5mm，并无刨痕遗留。

（7）磨光

拼花木地板刨平后，可用电动磨滚机磨光，磨二遍。第一遍用 3 号粗砂纸基本磨平。第二遍用 0~1 号细砂纸，要求磨光。磨好后，将面层打扫干净。

（8）油漆上蜡

硬木地板磨光后，应抓紧油漆。油漆时一般满批腻子两遍，再用砂纸打磨，涂刷清漆 2~3 遍。油漆干燥后，打蜡擦亮。

8.2.4 实铺式木楼地面安装

实铺式木地板，是将木搁栅固定在混凝土楼（地）面的面层上，在木搁栅上铺贴面层，面层可以是单层板也可以是双层板，其性能优于粘贴式木楼（地）面，因此，目前实际工程中应用较多。

1. 施工工艺

实铺式木楼（地）面施工工艺：

基层处理→弹线·抄平→安装木搁栅→弹线·钉毛地板（钉硬木地板）→找平·刨平→弹线·钻人字形硬木地面板→找平·刨平→弹线·钉踢脚板→刨光、打磨→油漆。

2. 施工要点

（1）固定木搁栅，可在楼（地）面上设置预埋件，如图8-9所示。对于水泥地面，也可采用预埋木砖。

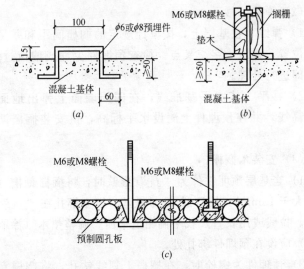

图8-9 预埋铁件

(a)"冂"形预埋件；(b)"L"形预埋螺栓；(c)"⊥"预埋螺栓

（2）地面应做防潮层，防止潮气侵入地面层引起木层变形、腐蚀等。

（3）在安装搁栅前，应弹出搁栅的标高线。

(4) 木搁栅应加工成梯形,并进行防腐处理。

(5) 搁栅之间应填充一些软质保温材料。还要设置横撑。

(6) 毛地板应垂直于搁栅铺钉,若面层是正席纹地板或条木长地板,则毛地板应与搁栅成30°或45°斜向铺钉。

3. 操作要点

(1) 基层处理

基层上的砂浆,垃圾及杂物,应全部清扫干净。在地面上涂刷两遍防水涂料(或乳化沥青)。

(2) 弹线、抄平

1) 弹线 在基层上,按设计规定的搁栅间距和基层预埋件位置,弹出十字交叉点。检查预埋件少埋或偏位过大,应立即进行处理。

2) 抄平 依水平基准线,在四周墙面上弹出地面设计标高线,并在预埋件上测设水平标高,供安装搁栅调平使用。

(3) 安装木搁栅

1) 当基层预埋铁件为"⊓"形铁时,将搁栅刻槽(槽深不大于10mm),用双股12号铁丝将搁栅绑扎在"⊓"形铁上。拉线或用长直尺找平搁栅上平面。调整垫木(涂刷防腐剂)应设在预埋件绑扎处。

2) 预理件为螺栓时,在搁栅上划线钻孔,将搁栅穿在螺栓上(图 8-10),拉线、用直尺找平搁栅上的平面,在螺栓处垫调平垫木。

3) 垫木应经防腐处理,宽度不少于5cm,长度是搁栅底宽的1.5~2倍,两边斜钉钉子。

4) 搁栅接头应采用平接头,每个接头用长600mm,厚

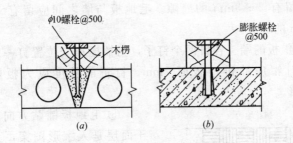

图 8-10 板缝中预埋螺栓固定木楞
(a) 预埋螺栓；(b) 膨胀螺栓固定

度为 25mm 双面木夹板，每面用三颗钉子钉牢。亦可用 6mm 厚的扁铁双钉合。

5）搁栅铺钉时，应进行边拉线或用水平仪抄平。个别不平处，高差不大，可在搁栅表面刨平。

6）铺钉完毕，检查水平合格后，低于搁栅面钉卡档横撑木。中距一般为 800mm。

7）搁栅上面，每隔 1m 以内，开深不大于 10mm，宽为 20mm 的通风小槽。

(4) 弹线、钉毛地板

1) 弹线

在搁栅顶面弹与搁栅成 30°～45°的铺钉线。人字纹面层，宜与搁栅垂直铺设。

2) 钉毛地板

① 毛地板的宽度不宜大于 120mm。铺钉时一般采用高低缝拼合。缝宽 2～3mm。

② 铺钉时应使地板髓心向上。若人字面层毛地板应与搁栅垂直铺钉。

③ 板的接头必须设在搁栅上，错缝相接，每块板的接

头处留有 2～3mm 的缝隙。毛地板与墙之间应留有 10～20mm 的缝隙。

④ 板的端头各钉两个钉子，与搁栅相交位置钉一颗钉子。钉帽应冲进地板面 2mm。钉正的长度应为板厚的 2.5 倍。

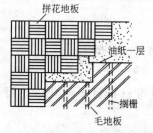

图 8-11 双层拼花木地板构造图

⑤ 毛地板铺贴方向。由于面层是人字形图案，为避免面层板条缝与毛地板的板缝重合，故毛地板应垂直于搁栅铺钉（若面层是正席纹地板或条木长地板，则毛地板应与搁栅成 30°或 45°斜向铺钉）。如图 8-11 所示。

⑥ 钉宽、弹方格网点抄平，边刨边用直尺检测，使表面同一水平与平整度达到控制的标准。

(5) 弹线、钉人字形木地板

1) 弹线

① 确定板条斜向角度。为了便于板端的严密拼接，一般是采用与墙面呈 45°角的斜向，其余弦为 0.7071。

② 计算人字形面层施工控制线的间距。人字形拼花地板面层施工控制线的间距有两种：

起始施工线间距（即距纵向中心线左右两侧的间距）。a=地板条宽度×0.7071×0.5

施工线间距 b=地板条长度×0.7071

③ 镶边线离纵向中心线的距离：

$c=n \cdot b-a$（n 为自然数）。n 的大小将决定镶边的宽狭。

④ 在房间地面弹出纵向和横向两条中心线。

⑤ 在距纵向中心线左右两侧。$a=$ 地板条宽度$\times 0.7071\times 0.5$ 处,作出中心线的平行线,就是起始施工线。

⑥ 在距起始施工线 $b=$ 地板长度$\times 0.7071$ 处,作出起始施工线的平行线,就是施工线,如图 8-12 所示。同时根据圈边宽度、弹出圈边线。

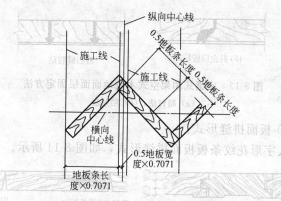

图 8-12 第一块板条的铺设位置

⑦ 第一块板条的铺设位置。当施工线弹好后,可以将第一块板条两外角对准施工线,和中心线铺设,这样就可以保证整个地板对称均衡的关键。

2)钉人字形拼花木地板

① 试排:从中心点开始,将条板两外角对准施工线。按条板的大小计算出块数,进行预排。预排合格后确定圈边宽度(一般 300mm)。并在拼花条板线上沿长向拉通线钉出木标准条。先铺钉出几个方块或几档作为标准。

② 木楼地面面层固定方法。

木楼地面面层固定方法有两种:一是暗钉法;一是粘贴法,如图 8-13 所示。

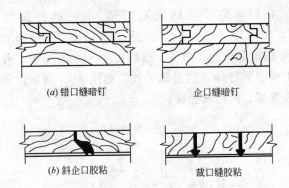

图 8-13 实铺式和架空式木楼地面面层固定方法
(a) 暗钉法；(b) 粘贴法

③ 板面拼缝形式：

人字形花纹条板板面拼缝形式，如图 8-14 所示。

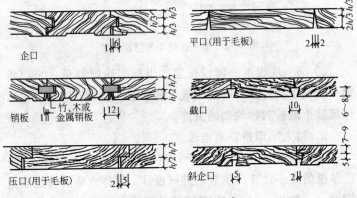

图 8-14 板面拼缝形式

④ 铺钉长条板时，为使缝隙严密顺直，在铺钉的条板近处钉铁扒钉，用楔块将板条靠紧（如图 8-15 所示）使之顺直。

⑤ 人字形花纹条板钉结圆钉的长度应为板厚的 2.5 倍，

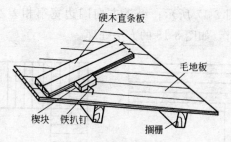

图 8-15 钉扒钉铺长条板

钉帽要砸扁。钉从板的侧边凹角处斜向的，一般为 45°或 60°角斜向钉入，不得外露，如图 8-16 所示。

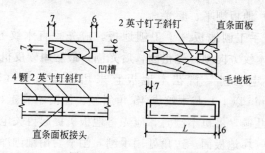

图 8-16 企口板钉子钉法

⑥ 当地板条长度小于 300mm 时，在侧边着钉 2 只；长度大于 300mm 时，应着钉 3 只。顶端钉一个钉子。

⑦ 在铺钉靠镶边线旁的地板条时，不应锯一块钉一块，而应将该排地板条排紧在毛地板上，然后根据镶边线位置，用墨斗线在地板条上弹出线来，统一锯割后铺钉。

⑧ 圈边处理：圈边方法，其一，用长条地板沿墙铺钉；其二，先用长条地板圈边，再用短条地板横钉。圈边地板仍应做成榫接。末尾不能榫接的地板，则应加胶钉牢。

当对称的两边宽窄不一致时，可将圈边加宽或作横圈边处理,如图 8-17 所示;纵横方向圈边宽窄相差小于一块,大于半块时,如图 8-18 的方法处理。

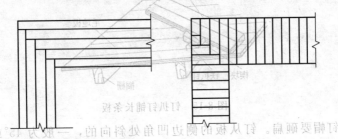

图 8-17　圈边不对称处理法　　图 8-18　纵横圈边不一处理法

(6) 地板刨平、磨光

1) 手工刨地板　手工刨地板,应先垂直木纹方向刨,然后顺木纹方向刨;先粗刨,后光刨,最后用砂皮机磨光。

2) 电动刨　拼花木地板宜采用刨地板机(转速应5000r/min 以上)与木纹成 45°角斜刨。刨时不宜走得太快,可多刨几遍,停机不刨时,应先将地板机提起再关电闸,以免慢速咬坏地板面。边角处用手刨,刨平后用细刨净面,检测平整度。最后,用磨地板机装上砂布或砂纸机与木纹成 45°角斜磨打光。

(7) 钉踢脚板

1) 木地板房间的四周墙脚处应设木踢脚板,踢脚板高 100～200mm,常采用 150mm,厚 15～20mm 的规格,所用木材与木地板面层材质相同。

2) 踢脚板预先刨光,上口刨成线条。为防止翘曲,在靠墙的一面应开成凹槽,超过 150mm 开三条凹槽,凹槽深约 3～5mm。如用 15mm 厚木夹板做踢脚板,则不需开口。

3) 安装木踢脚板是在木地面刨光后,墙面、抹灰罩面完毕,才可进行安装。

4)木踢脚板是成品,现场按设计标高把踢脚板固定在预埋木砖上,木砖应进行防腐处理,位置及标高应正确。

5)一般内墙可用冲击电钻打孔埋入木楔,然后将踢板钉在木楔处。

6)先按设计标高将控制线弹到墙面上,使木踢脚板上口与标高控制线重合。

7)木踢脚板背面应刷防腐剂,板面接槎,应作暗榫或斜坡压槎,在90°转角部位重做45°斜角接缝,踢脚板与墙面贴紧,上口平直,钉结牢固。通风孔采用$\phi6$孔,每组4~6孔,中距1.0~1.5m。

8)一般木踢板与地面转角处,常用木压条压口或安装圆角成木条,如图8-19所示。

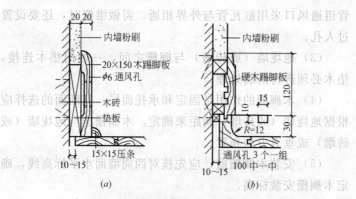

图8-19 木踢脚板做法示意图
(a)压条做法;(b)圆角做法

8.2.5 架空式木楼地面安装

架空式木楼(地)面,常在地面基层上砌地垄墙架空,在地垄墙上垫搁栅铺钉硬木地板。铺钉的搁栅和面板，根据使用要求，可以做成双层或单层。

1. 施工工艺

架空式木楼（地）面施工工艺：

基层处理→地垄墙抄平，弹线→平铺油毡、铺垫木（压檐木）→弹线、抄平、安装搁栅（或安装木框架搁栅）、剪刀撑→钉毛地板（或钉单层面板）→弹线，找平铺钉硬木地板→刨、磨光→钉踢脚板→油漆。

2. 施工要点

（1）地垄墙的基础及垫层，应根据设计要求进行施工。水泥砂浆强度等级不低于 M10，砖的强度等级也不低于 MU10。

（2）地垄墙上，要根据设计要求，预留通风口洞、暖气管道通风口采用缸瓦管与外界相通。需做维修时，还要设置过人孔。

（3）地垄墙（或砖墩）与搁栅之间，一般用垫木连接，垫木必须进行防腐处理。

（4）木搁栅的作用是固定和承托面层，其断面的选择应根据地垄墙（或砖墩）间距来确定。木搁栅应与地垄墙（或砖墩）成垂直方向布置。

（5）安装木搁栅前，应先核对四周墙面水平标高线，确定木搁栅安装标高。

（6）剪刀撑设置，应根据设计要求确定。

（7）架空式木楼（地）面面层的安装形式，应由设计确定，可以安装单层面层，也可以安装双层面层。

3. 操作要点

（1）基层处理

1) 检查地垄墙是否按设计要求预留安装设备管道的通风口,人孔等,检查它们的标高是否符合设计要求。

2) 清除地垄墙的泥土、砖头,灰渣等杂物。

(2) 弹线、抄平

先在地垄墙顶,按设计规定的搁栅间距和基层预埋件(一般纵向不大于800mm,横向不大于400mm)弹出十字交叉点。

依水平基准线,在四周墙面上弹出地面设计标高线。并在预埋件测设水平标高,供安装搁栅调平使用。

(3) 铺油毡、垫道长防腐垫木

在地垄墙顶面、应用水平仪抄平,贴灰饼抹1:2水泥砂浆找平层,砂浆强度达15MPa后干铺油毡,垫道长防腐垫木(压檐木)。

(4) 安装搁栅、剪刀撑

1) 木搁栅与地垄墙连接方法:

① 预埋木方固定:在砌筑地垄墙时,用水泥砂浆预埋木方。当搁栅框架的木方截面尺寸较大时,应在木方上先钻出与钉件直径相同的孔,孔深为木方高度的1/3,而后,将木搁栅与预埋的木方用钉固定,如图8-20所示。

② 预埋铁件固定:预埋铁件固定有两种形式:一是在木方两侧预埋大头螺栓,用骑马铁件将木方卡住,用螺栓固定;一是在砖墩内预埋凳形铁件,用10~14号钢丝将木方绑扎在铁件上。

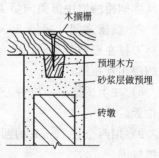

图8-20 木搁栅与预埋木方连接

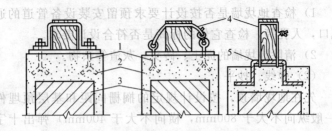

图 8-21 木搁栅与预埋铁件连接

1—大头螺栓；2—砂浆；3—砖墩；4—骑马铁件；5—预埋凳形铁件

如图 8-21 所示。

2）安装木搁栅前，应先对四周墙面水平标高线，确定木搁栅安装标高。

3）先在地坎上的沿缘木表面上划出各搁栅中线，在搁栅端头也划出中线。

4）先把两边的搁栅对准中线，摆上离墙面留有 30mm 左右缝隙的搁栅，再依次摆正中间部分搁栅。

5）搁栅应水平放置，当顶面不平时，可用适当厚度的垫木垫平。

6）木搁栅要钉牢在沿缘木上，必须用长 100mm 的圆钉从木搁栅两侧中部斜向呈 45°角与垫木钉牢。

7）搁栅之间，每隔 800mm 钉剪刀撑。为防止木搁栅与剪刀撑在钉结时移动，应在木搁栅上临时钉些拉木条，使木搁栅相互拉结。

8）在木搁栅上，按剪刀撑的间距弹线，确定剪刀撑安装位置。

9）用两个长 70mm 的圆钉，按剪刀撑位置将剪刀撑与搁栅钉牢。

（5）安装框架搁栅，不设置剪刀撑

1) 不设剪刀撑的架空式木楼(地)面构造

设置剪刀撑给施工带来麻烦、费工时。故此,这类地板的构造做法渐被较为简洁的木框架搁栅所取代,如图 8-22 所示。

2) 木框架搁栅安装

木框架搁栅,就是将纵向和横向搁栅组成木框架。木框架可有主次木方之分,也可无主次木方之分。如图 8-23 所

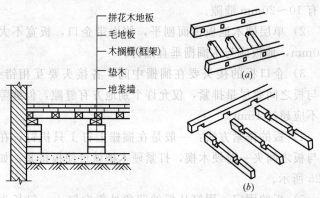

图 8-22 不设剪刀撑的高架空铺构造

图 8-23 木搁栅框架组装
(a) 有主次木方的榫卯连接示意;
(b) 无主次之分的半槽扣接示意

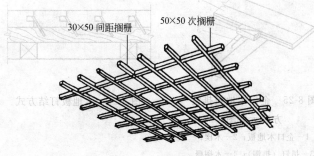

图 8-24 搁栅木框架

示。木方的连接。可以通过榫卯连接，也可通过半槽扣接组装成木框架，如图 8-24 所示。

3）木框架与砖墩固定

木框架与砖墩固定，可以用预埋木方的连接（图 8-21），也可以用预埋铁件的连接（图 8-9）。

(6) 在搁栅上铺钉单层硬木地板

1) 从墙的一边开始铺钉企口板，靠墙的一块板应离墙面有 10~20mm 缝隙。

2) 单层硬木地板顶面刨平，侧面带企口，板宽不大于 120mm，地板应与木搁栅垂直铺钉。

3) 企口板的接头要在搁栅中间，各接头要互相错开，板与板之间要尽量排紧，仅允许个别地方有缝隙，但缝隙宽度不应超过 1mm。

4) 板的排紧方法：一般是在搁栅上钉 1 只扒钉，在扒钉与板之间夹一对硬木楔，打紧硬木楔就可使板排紧。如图 8-25 所示。

5) 板的固定：用钉从板的凹角处斜向钉入，钉长为板厚的 2~2.5 倍，钉帽要砸扁，板与搁栅相交处至少要着钉

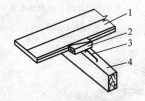

图 8-25 企口木地板排紧方法示意图

1—企口木地板；2—木楔；
3—扒钉（扒锔）；4—木搁栅

图 8-26 木地板钉结方式

1只。当地板条长度小于300mm时,在侧边着钉2只;长度大于300mm时,应着钉3只。如图8-26所示。

最后一块板,因无法斜向钉钉,可用明钉钉牢,钉帽砸扁,冲入板内3~5mm。采用硬木地板时,铺钉前应先钻孔,一般孔径为圆钉直径的0.7~0.8倍。

(7) 在木框架上钉基面板

1) 在木框架上钉板前,应对木框架进行找平。找平时可用2m长的直尺检查,尺与木框架之间的空隙不应超过3mm。找平可用垫木(不准用木楔)垫高木框架的低凹部分,可用修刨刨低木框架上的凸部分。

2) 钉基面板 在校正找平木框架后进行钉板操作。用厚木夹板作基面板时,要注意木夹板的尺寸是否可正好钉在木框架上,即木夹板的边全部在木框架的木方中线上。如果不行,就需根据木框架的分格尺寸,对木夹板进行锯裁。

3) 用厚实木板条作基面板时,要注意木板条长度方向的端头,是否正好钉在木框架的中线上,如果不行,也需进行锯裁,使之正好可钉在木框架木方的中心线上。

4) 两块板或两条实木板条均应在木框架木方的中线上对缝,但钉位要错开。

(8) 在木框架基层面板上钉硬木面板

木框架基层面板铺钉后,应清扫干净,弹铺钉线,由中间向边铺钉(小房间可以门口开始)。先跟线铺钉一条做标准,检验合格后,顺次向前开展。

(9) 刨平、磨光

面板安装完,在板面弹方格网测水平进行刨光。手工刨地板,应先垂直木纹方向刨,然后顺木纹方向刨;先粗刨,

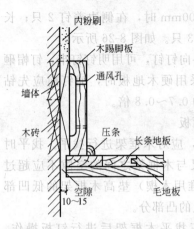

图 8-27 平头踢脚板安装

后光刨,最后用砂皮和磨光。

(10) 踢脚板安装

先在墙面上弹出踢脚板上口水平线,在地板上弹出地板厚度的铺钉进线,用钉子将踢脚板上下钉牢在嵌入墙内的木砖上。接头锯成45°斜口,接头上下各钻两个小孔,钉入圆钉,钉帽砸扁,冲入2~3mm。平头踢脚板安装,如图8-27所示。

8.2.6 木地板质量要求及检验标准

1. 一般规定

(1) 本章适用于实木地板面层、实木复合地板面层、中密度(强化)复合地板面层分项工程的施工质量检验。

(2) 木地板面层下的木搁栅、垫木、毛地板等采用木材的树种、选材标准和铺设时木材含水率以及防腐、防蛀处理等,均应符合现行国家标准《木结构工程施工质量验收规范》GB 50206 的有关规定。所选用的材料,进场时应对其断面尺寸、含水率等主要技术指标进行抽检,抽检数量应符合产品标准的规定。

(3) 与厕浴间、厨房等潮湿场所相邻木面层连接处应做防水(防潮)处理。

(4) 木面层铺设在水泥类基层上,其基层表面应坚硬、平整、洁净、干燥、不起砂。

(5) 建筑地面工程的木面层搁栅下架空结构层（或构造层）的质量检验，应符合相应国家现行标准的规定。

(6) 木面层的通风构造层包括室内通风沟、室外通风窗等，均应符合设计要求。

(7) 木面层的允许偏差，应符合表 8-5 的规定。

木、竹面层的允许偏差和检验方法（mm）　　表 8-5

项次	项目	允许偏差				检验方法
		实木地板面层			实木复合地板、中密度（强化）复合地板面层、竹地板面层	
		松木地板	硬木地板	拼花地板		
1	板面缝隙宽度	1.0	0.5	0.2	0.5	用钢尺检查
2	表面平整度	3.0	2.0	2.0	2.0	用 2m 靠尺和楔形塞尺检查
3	踢脚线上口平齐	3.0	3.0	3.0	3.0	拉 5m 通线，不足 5m 拉通线和用钢尺检查
4	板面拼缝平直	3.0	3.0	3.0	3.0	
5	相邻板材高差	0.5	0.5	0.5	0.5	用钢尺和楔形塞尺检查
6	踢脚线与面层的接缝				1.0	楔形塞尺检查

2. 实木地板面层

1) 实木地板面层采用条材和块材实木地板或采用拼花实木地板，以空铺或实铺方式在基层上铺设。

2) 实木地板面层可采用双层面层和单层面层铺设，其厚度应符合设计要求。实木地板面层的条材和块材应采用具有商品检验合格证的产品，其产品类别、型号、适用树种、检验规则以及技术条件等均应符合现行国家标准《实木地板块》GB/T 15036.1~6 的规定。

3）铺设实木地板面层时，其木搁栅的截面尺寸、间距和稳固方法等均应符合设计要求。木搁栅固定时，不得损坏基层和预埋管线。木搁栅应垫实钉牢，与墙之间应留出30mm的缝隙，表面应平直。

4）毛地板铺设时，木材髓心应向上，其板间缝隙不应大于3mm，与墙之间应留8～12mm空隙，表面应刨平。

5）实木地板面层铺设时，面板与墙之间应留8～12mm缝隙。

6）采用实木制作的踢脚线，背面应抽槽并做防腐处理。

（1）主控项目

1）实木地板面层所采用的材质和铺设时的木材含水率必须符合设计要求。木搁栅、垫木和毛地板等必须做防腐、防蛀处理。

2）木搁栅安装应牢固、平直。

检验方法：观察、脚踩检查。

3）面层铺设应牢固；粘结无空鼓。

（2）一般项目

1）实木地板面层应刨平、磨光，无明显刨痕和毛刺等现象；图案清晰、颜色均匀一致。

2）面层缝隙应严密；接头位置应错开、表面洁净。

3）拼花地板接缝应对齐，粘、钉严密；缝隙宽度均匀一致；表面洁净，胶粘无溢胶。

4）踢脚线表面应光滑，接缝严密，高度一致。

5）实木地板面层的允许偏差应符合本规范表8-5的规定。

3. 实木复合地板面层

1）实木复合地板面层采用条材和块材实木复合地板或

采用拼花实木复合地板，以空铺或实铺方式在基层上铺设。

2）实木复合地板面层的条材和块材应采用具有商品检验合格证的产品，其技术等级及质量要求均应符合国家现行标准的规定。

3）铺设实木复合地板面层时，其木搁栅的截面尺寸、间距和稳固方法等均应符合设计要求。木搁栅固定时，不得损坏基层和预埋管线。木搁栅应垫实钉牢，与墙之间应留出30mm缝隙，表面应平直。

4）毛地板铺设时，按本规范第7.2.4条规定执行。

5）实木复合地板面层可采用整贴和点贴法施工。粘贴材料应采用具有耐老化、防水和防菌、无毒等性能的材料，或按设计要求选用。

6）实木复合地板面层下衬垫的材质和厚度应符合设计要求。

7）实木复合地板面层铺设时，相邻板材接头位置应错开不小于300mm距离；与墙之间应留不小于10mm空隙。

8）大面积铺设实木复合地板面层时，应分段铺设，分段缝的处理应符合设计要求。

（1）主控项目

1）实木复合地板面层所采用的条材和块材，其技术等级及质量要求应符合设计要求。木搁栅、垫木和毛地板等必须做防腐、防蛀处理。

2）木搁栅安装应牢固、平直。

3）面层铺设应牢固；粘贴无空鼓。

（2）一般项目

1）实木复合地板面层图案和颜色应符合设计要求，图案清晰，颜色一致，板面无翘曲。

2) 面层的接头应错开、缝隙严密、表面洁净。

3) 踢脚线表面光滑，接缝严密，高度一致。

4) 实木复合地板面层的允许偏差应符合表8-5的规定。

4. 中密度（强化）复合地板面层

1) 中密度（强化）复合地板面层的材料以及面层下的板或衬垫等材质应符合设计要求，并采用具有商品检验合格证的产品，其技术等级及质量要求均应符合国家现行标准的规定。

2) 中密度（强化）复合地板面层铺设时，相邻条板端头应错开不小于300mm距离；衬垫层及面层与墙之间应留不小于10mm空隙。

（1）主控项目

1) 中密度（强化）复合地板面层所采用的材料，其技术等级及质量要求应符合设计要求。木搁栅、垫木和毛地板等应做防腐、防蛀处理。

2) 木搁栅安装应牢固、平直。

3) 面层铺设应牢固。

（2）一般项目

1) 中密度（强化）复合地板面层图案和颜色应符合设计要求，图案清晰，颜色一致，板面无翘曲。

2) 面层的接头应错开、缝隙严密、表面洁净。

3) 踢脚线表面应光滑，接缝严密，高度一致。

4) 中密度（强化）复合木地板面层的允许偏差应符合表8-5的规定。

8.3 活动地板及发光楼地面

8.3.1 活动地板

活动地板也称装配式地板，它是由各种规格型号和材质

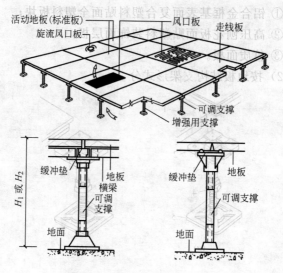

图 8-28 活动夹层地板的组成

面块板、横梁（行条）、可调支架等组合拼装而成的一种新型架空装饰地面，如图 8-28 所示。

活动地板与基层地面或楼面之间所形成的架空空间，不仅可满足敷设纵横交错的电缆和各种管线的需要，而且通过设计、在架空地板的适当部位设置通风口（通风百页或通风型地板）。还可以满足静压送风等空调方面的要求。一般的活动地板具有重量轻，强度大，表面平整，尺寸稳定，面层质感良好，装饰效果佳等优点，还具有防火、防虫、防鼠侵害及耐腐蚀等性能。较适用于电子计算机房、实验室、控制室、调度室、广播室及自动化办公室等室内地面。

1. 活动地板类型、规格及性能

（1）活动地板类型

1）按面板块材质分

① 铝合金框基表面复合塑料贴面全塑料板块；
② 高压刨花板面贴塑料装饰面层板；
③ 竹质面板。
2）按地板结构支架形式分

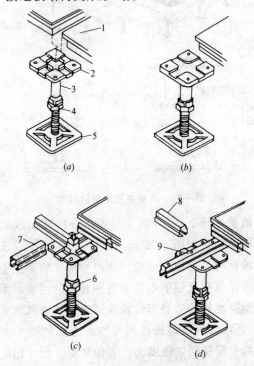

图 8-29 不同类型的地板支架
(a) 拆装式支架；(b) 固定式支架；(c) 卡锁搁栅式支架；(d) 刚性龙骨支架

1—面板块；2—支撑盘；3—空心支架管；4—钢制螺栓；5—底盘；6—放松螺母；7—卡锁龙骨；8，9—螺栓紧固龙骨

① 拆装式支架活动地板 [图 8-29 (a)]；
② 固定式支架活动地板 [图 8-29 (b)]；
③ 卡锁搁栅式支架活动地板 [图 8-29 (c)]；
④ 刚性龙骨支架活动地板 [图 8-29 (d)]。

拆装式支架是适用于小型房间地面活动地板装饰面的典型支架，其支架高度可在一定范围内自由调节，并可连接电器插座；固定式支架不另设龙骨行条，可将每块地板直接固定于支撑盘上，此种活动地板可应用于普通荷载的办公室或其他要求不高的一般房间地面；卡锁搁栅式支架是将龙骨行条锁在撑盘上，其龙骨行条所组成的搁栅可以自由拆装；刚性龙骨支架是将长度为 1830mm 的主龙骨跨在支撑盘上，用螺栓固定，此种构架的活动地板可以适应较重的荷载。

3) 按地板抗静电与不抗静电分。
① 活动地板；
② 抗静电活动地板。

抗静电活动地板它是金属活动支架，金属横梁和复合型抗静电（或铝合金面板）面板由三部分组成。

图 8-30 为一种复合型抗静电活动地板，其抗静电地板块是以木质层压板为基材，四周以金属板包边，板底面粘贴铝合金板，板块具有强度和抗静电性能，被广泛应用于电子计算机房，通讯电话机房，监测机房及管线铺设较为集中，有防尘，抗静电要求的场所。

(2) 活动地板规格、性能及配套用量
1) 活动地板规格、性能
活动地板的规格、性能，见表 8-6。
2) 活动地板配套用量

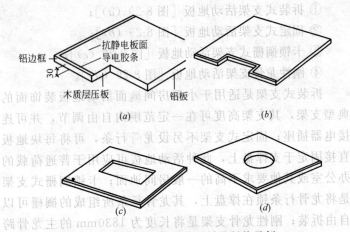

图 8-30 复合型抗静电活动地板块示例
(a) 复合型地板块的结构；(b) 出线口地板；(c) 可调风口地板；
(d) 旋流风口地板

活动地板配套件及每平方米配套用量，见表 8-7。

活动地板的规格和技术性能 表 8-6

名称	说 明	规格(mm)	技 术 性 能		生产单位
SJ-6型升降地板	是由可调支架、行条、及面板组成，面板底面用合金铝板、四周由2.5#角钢锌板作加强，中间由玻璃钢浇制成空心夹层，表面由聚酯树脂加抗静电剂，填料制成的抗静电塑料贴面	品种：有普通抗静电地板、特殊抗静电地板面板尺寸：600×600 支架可调范围：250×350	电性能： 表面电阻率(Ω) 体积电阻率($\Omega \cdot m$) 放电时间常数 $J(s)$ 电荷半衰期 $t^{1/2}(S)$	普通抗静电板 $10^8 \sim 10^9$ $10^6 \sim 10^7$ 2.65×10^{-8} 195×10^{-7}	特殊抗静电板 $10^6 \sim 10^7$ $10^4 \sim 10^8$ 3.54×10^{-7} 2.0×10^{-7}	常州新型建筑材料厂
			力学性能： 集中荷载：3000N（变形＜2mm） 均布荷载：6000N/m²（变形＜2mm）		

续表

名称	说　　明	规格(mm)	技　术　性　能	生产单位
活动地板	是由铝合金复合石棉塑料贴面板块、金属支座等组成。塑料贴面板块分防静电和不防静电二种，支座由钢铁底座、钢螺杆和铝合金托组成	面板尺寸： $450\times450\times36$ $465\times465\times36$ $500\times500\times36$ 支座可调范围： $250\sim400$	面板剥离强度(MPa)：5 均布荷载： 集中荷载： 防静电固有电阻：(Ω) $1.0\times10^6\sim1.0\times10^{10}$	吉林省九台县活动地板厂
HD-01型活动地板	是由面板、支座、横梁和密封垫等部位组装而成。面板用平压刨花板双面贴三聚氰胺甲醛树脂装饰板而制得，油腻子封边；支座用铸铝的头和底及双头螺柱组成；横梁由2mm厚的钢板冲压而成。密封垫用橡胶条或泡沫塑料条裁成	板面尺寸： $600\times600\times25$ 板面重量：6kg 地面至板面高度： 360 ± 20 200 ± 20 横梁尺寸： $L\times b\times h$ $558\times40\times37$	集中荷载：$\leqslant$2000N（变形$\sim$2mm） 均布荷载：$\geqslant$10000N/m²	北京市木材厂
石城静电活动地板	产品分KD-2型、KD-3型(高档)两种，1989年通过南京市级鉴定。地板表面平整、耐磨、阻燃、防潮，具防静电和屏蔽作用。支架有数种不同高度可根据需要选配	KD-2型幅面： 600×600，厚27 KD-3型幅面： 600×600，厚28 支架高度： 150、200、290等数种	集中荷载(N) KD-1型 2000 KD-3型 1000 均布荷载(N/m²)：100 系统电阻(Ω)： KD-1型 $1\times(10^5\sim10^{10})$ KD-2型 $4.3\times(10^5\sim10^8)$	南京市木材厂

续表

名称	说明	规格(mm)	技术性能	生产单位
竹质抗静电活动地板	具优良抗静电性能和机械性能,耐磨耐久性好,防蛀、防腐、干缩湿胀性小,各项性能均符合国家标准	面板规格: 300×300×25 500×500×30 600×600×30 架设高度: 150~180 260~290 290~320	系统电阻(Ω): $10^5 \sim 10^9$ 均布荷载(N/m²):1200 集中荷载(N/cm²):3000/5	江苏省溧阳市横涧福利竹制品厂
活动地板	面板采用双面贴塑刨花胶合板,颜色花纹和开孔可按设计设活动地板四周钢梁上和底座下均贴有橡皮,以提高地板密封性和防震性,底座和顶头采用铸铝结构,钢梁镀锌	600×600×20 地板全高: 200~1000		上海市川沙县黄楼栏杆电子设备厂
抗静电铝合金活动地板	面板块:铸铝合金表面粘中软塑料 支架:铝合金、铸铁制造	外形尺寸: 500×500×32 每块重量: ≥7kg	均布荷载:≤12000N/m² 集中荷载:3000N 防静电固有电阻值:$10^5 \sim 10^{10} \Omega$	天津市电工专用设备厂
复合活动铝地板		450×450×40 每块重量: 2.7kg	均布荷载:2000N/m² 集中荷载:5000N 抗静电:(FFD—83型)$10^9 \Omega$以下 摩擦电压:0~10V	中建一局机械厂
钢制活动地板	面板块为塑料地板,支架行条由优质冷轧钢板制造	500×500 450×450 重量:24kg/m² 地板高度: 150(可调节) 300(可调节)	均布荷载:≤16000N/m² 集中荷载:≤5000N 系统电阻值:$10^8 \sim 10^{12} \Omega$ 表面起电压:>10V	北京昆仑实业公司

活动地板配套件及每平方米配套用量 表 8-7

产品型号	面板块规格(mm)	安装面积(m^2)	上下托(个)	螺杆(支)	螺帽(只)	横梁(支)	胶条(条)	备注
HA-HD1 HA-HDM	600×600	1	各3.3	3.3	3.3	5.7	5.7	参见"广州汇安工贸公司电子机房设备厂"产品
HA-HDL HA-HDG	500×500	1	各4.4	4.4	4.4	8	8	

2. 安装准备

(1) 安装前施工条件准备

1) 活动地板安装前,应检查电缆,电线敷设是否完毕。

2) 活动地板底层地面架空层,应安装活动地板通风口,如图 8-31 所示。

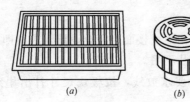

图 8-31 活动地板通风口制品形式示例

(a) 可调通风口;(b) 螺旋风口

3) 检查室内其他设备是否安装完毕。

4) 原基层地面或楼面要平整,无明显凹凸不平。如地面平整度相差太大,就需用水泥砂浆做找平层。

5) 若是抗静电活动地板根据抗静电地板对基层要求,宜刷一层清漆,以益于地面防尘。

6) 抗静电活动地板,底层地面应有防潮措施。

7) 抗静电活动地板，在安装前，应检查预埋件是否符合设计要求。

8) 准备抗静电活动地板，安装完后测试静电的电器设备。

(2) 材料

1) 活动地板：根据设计要求选用合适的活动地板。

2) 选用合适的配件：根据设计要求选用合适的活动支架。

3) 紧固件：膨胀螺栓、自攻螺钉及水泥钉。

(3) 工具

1) 手工工具 卷尺、直角尺、墨斗、搬手、螺丝刀、手锤等。

2) 电动工具 电钻、电锤、电动扳手、手提式电锯、型材切割机等。

3. 安装要点

(1) 原基层地面或楼面要符合设计要求，即基层地面应平整、无明显凹凸不平。

(2) 依设计要求放线，按板块尺寸打出墨线，形成方格网。

(3) 在方格网十字交点处固定支座。

(4) 调整支架，顶面高度至全室水平。

(5) 将行条（横梁）放在支架上，用水平尺校正水平后方可安装面板。

(6) 拼装地板块、调整板块水平度及缝隙应符合设计要求。

(7) 安装设备时必须注意保护面板。

(8) 安装面板之前，应连接电缆和管线。

4. 操作要点

(1) 清理基层：

1) 活动地板的基层楼地面表面应平整，无明显的凹凸不平、不起砂。对严重起砂水泥面层，应全部剔除掉，清除浮砂，用清水冲洗干净后重新做面层。

2) 清除基层表面杂物，对抗静电活动地板清除干净后，基层面应涂刷一层清漆。

(2) 定位弹线：

1) 在地面上弹出活动支架位置线。在室内中心弹出房间十字轴线，然后按照预定设计尺寸弹出方格网线。正方网的尺寸应符合活动地板板块的尺寸。

2) 拉水平线。按活动地板高度线减去活动地板厚度的高度为标准点拉水平线，再用水柱找点法（见本书7.2.5），将此标准点画在各个墙面上，在这些标准点上打钉拉线，拉线的位置按地面弹出的墨线方格安排。拉水平线的目的是将活动支架调整在一个水平上，以保证活动地板的水平。

(3) 固定支架：

在地面弹线方格网的十字交点处，固定支架。固定方法通常在地面打孔埋入膨胀螺栓，然后用膨胀螺栓把支架固定在地面上。

(4) 调整支架顶面高度：

调整支架顶面的高度至室内要求的水平线。调整时松开支座顶面活动部分的锁紧螺钉或螺母，把支架的顶面调高或调低，使顶面与拉出的水平线一平，然后再锁紧活动部分。

(5) 将地板支承行条（横梁）放在两支架之间（图8-32）。再用平头螺钉与支座顶面固定，也有的行条（横梁）与支架顶面连接是定位销卡固定（图8-33）。

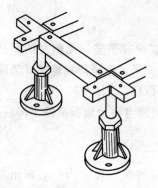 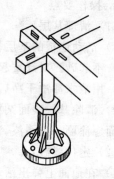

图 8-32 行条与支座的连接　　图 8-33 行条与支座顶面的固定

（6）连接支架和行条（横梁）成为一框架结构后，再用水准仪检查其平整度，并随时调节支座螺栓，纠正高度。最后，用环氧树脂注入支座底盘与水泥楼地面间的空隙内，使之牢固连接。

（7）活动地板组装：活动地板在组装时，应按先里后门口的顺序，其组装形式，如图 8-34 所示。

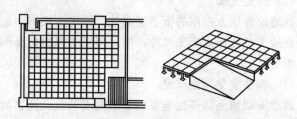

图 8-34　活动地板的组装形式示例

（8）铺放面板。在组装好的行条（横梁）框架上，安放活动地板的面板，并调整板块的缝隙，因活动地板块或多或少的存在尺寸误差，应该将尺寸准确的地板块放在室内中间的主要部位,而将尺寸误差较大的地板块放在次要的墙边部分或设置在桌子框下边。

(9) 对于抗静电活动地板,地板与固定墙柱面的接触部位要求缝隙严密,铺至墙边,不能整块铺设时,对于缺边宽度较大的。可将面板切割成所需的尺寸后铺贴,缺边宽度较小的,可采用硬木地板条作镶边处理。

(10) 活动地板节点处理。活动地板边部处理,可以采用搭接方法,如图8-35(a)所示。活动地板中间支架节点处理,如图8-35(b)所示。

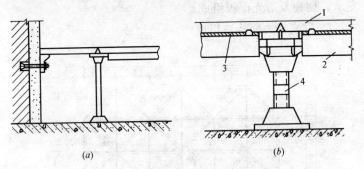

图 8-35 活动地板组装的构造节点示例
(a) 地板边部的构造做法;(b) 地板装配构造示意
1—面板块;2—横梁(行条、龙骨);3—缓冲垫;4—可调支架

5. 维护与保养

(1) 在活动地板上放置重物时应避免重物放在地板上拖拉,其接触面不应太小,必要时可用木板衬垫。重物引起的集中荷载超过负荷时,应在受力点上,用支架加强。

(2) 在活动地板上行走时或作业,不能穿带有金属钉的鞋子,更不能用锐物、硬物在地板表面划擦及敲击。

(3) 为保证地板清洁,可涂擦地板蜡,当局部玷污时,可用汽油、酒精或皂水、去污粉擦洗。

8.3.2 发光楼地面

1. 发光楼地面的特点

发光楼地面是指地面采用透光材料,光线由架空地面的内部向室内空间透射的一类地面。发光楼地面主要用于舞厅的舞台和舞池、歌剧院的舞台、大型高档建筑的局部重点的舞台、大型高档建筑的局部重点处理地面。

2. 发光楼地面构造

图 8-36 为发光楼地面构造图。它是由架空底层、架空支承、搁栅及透光面板组成。

3. 发光楼地面构造组成

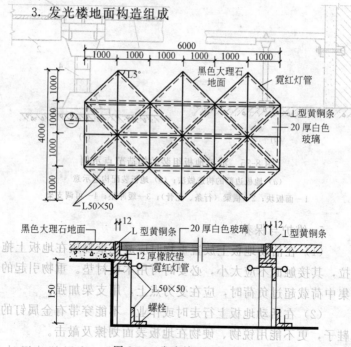

图 8-36 发光楼地面构造

发光楼地面由架空基层包括架空支承结构、设置搁栅、预留孔洞及透光面板等组成。

(1) 架空支承结构

架空支承结构一般有砖支墩、钢结构支架或木结构支架等几种。前三种的耐火性能良好，宜尽量选用这三种支承结构。

(2) 搁栅设置

搁栅的作用是固定和承托面层。可采用木搁栅、型钢、T 型铝型材等。其断面尺寸的选择应根据地垄墙（或砖墙）的间距来确定。铺设找平后，将搁栅与支撑结构固定即可。特别注意的是，木搁栅在施工前应预先进行防火处理。

(3) 预留孔洞

要预留通风散热孔洞，使架空层与外部之间均有良好的通风条件。一般沿外墙应每隔 3~5m 开设 180mm×180mm 的孔洞，墙洞口加封铁丝网罩，或与通排风管道相连。由于架空层内敷设泛光灯具及管线设备，因此，在使用空间条件许可的情况下，需考虑经常维修的空间，考虑预留进入孔。否则，只能通过设置活动面板来解决这一问题。

(4) 透光面板层

在架空骨架上固定透光面板形成透光面板层，其主要材料是钢化玻璃或玻璃钢。

4. 发光楼地面施工工艺

发光楼地面施工工艺：

基槽施工→架空支架施工→灯具安装→透光面板安装。

5. 发光楼地面施工

(1) 施工准备

1) 材料

① 基槽材料　根据设计要求确定基槽材料。

② 架空支架材料　根据设计要求,确定架空支架材料。

③ 灯具　根据设计要求,选用灯具。

④ 透光面板　透光材料有双层中空钢化玻璃、双层中空彩绘钢化玻璃、玻璃钢等。

2) 工具

① 手工工具　线锤、卷尺、角尺、开挖工具、手锤、水平仪。

② 电动工具　型材切割机、电钻、手提电锯、手提电刨、电锤。

(2) 操作要点

1) 架空基层施工

① 基槽施工

按设计要求定位放线,基槽可以是砖砌体或混凝土结构,也可以是木结构或钢结构的,根据设计要求确定。

② 架空支架安装

架空支架应根据设计要求进行制作和安装,通常选用砖支墩、混凝土支墩或钢支架。因为它们强度高、防火性能强。

2) 灯具安装

① 地面内灯具应选用冷光源灯具,以免散发大量光热。灯具基座固定在楼盖基层上。灯具应避免与木质构件直接接触,并采取相应隔绝措施,以免引发火灾事故。

② 走珠灯带直接敷设或嵌入地面。

3) 透光面板安装

透光面与架空骨架安装有两种方法:一是搁置法;一是粘贴法。

① 搁置法 就是将透光面板直接搁置在架空骨架的搁栅上。这种方法可以节省室内空间便于更换维修灯具和线路，在实际工程中应用广泛。

② 粘贴法 就是将透明面板粘贴在架空骨架的搁栅上。这种安装方法必须设置专门的进入孔，架空层需考虑经常维修的空间。一般楼层不宜采用，否则会影响室内使用空间。

4) 节点处理

① 发光楼地面与其他楼地面交接处理

发光楼地面与其他楼地面交接处，通常加铜条或铝合金条，如图8-36所示。

② 透光材料之间的接缝处理

接缝处理的目的是为了防止在使用过程中透光材料移动，防止地面灰尘、水等渗入地面内部。处理方法是采用密封条嵌实，密封胶密封。

8.3.3 活动地板质量要求及检验标准

1) 活动地板面层用于防尘和防静电要求的专业用房的建筑地面工程。采用特制的平压刨花板为基材，表面饰以装饰板和底层用镀锌板经粘结胶合组成的活动地板块，配以横梁、橡胶垫条和可供调节高度的金属支架组装成架空板铺设在水泥类面层（或基层）上。

2) 活动地板所有的支座柱和横梁应构成框架一体，并与基层连接牢固；支架抄平后高度应符合设计要求。

3) 活动地板面层包括标准地板、异形地板和地板附件（即支架和横梁组件）。采用的活动地板块应平整、坚实，面层承载力不得小于 7.5MPa，其系统电阻 A 级板为 $1.0\times 10^5 \sim 1.0\times 10^8 \Omega$；B 级板为 $1.0\times 10^5 \sim 1.0\times 10^{10} \Omega$。

4) 活动地板面层的金属支架应支承在现浇水泥混凝土

基层(或面层)上,基层表面应平整、光洁、不起灰。

5) 活动板块与横梁接触搁置处应达到四角平整、严密。

6) 当活动地板不符合模数时,其不足部分在现场根据实际尺寸将板块切割后镶补,并配装相应的可调支撑和横梁。切割边不经处理不得镶补安装,并不得有局部膨胀变形情况。

7) 活动地板在门口处或预留洞口处应符合设置构造要求,四周侧边应用耐磨硬质板材封闭或用镀锌钢板包裹,胶条封边应符合耐磨要求。

(1) 主控项目

1) 面层材质必须符合设计要求,且应具有耐磨、防潮、阻燃、耐污染、耐老化和导静电等特点。

2) 活动地板面层应无裂纹、掉角和缺楞等缺陷。行走无声响、无摆动。

(2) 一般项目

1) 活动地板面层应排列整齐、表面洁净、色泽一致、接缝均匀、周边顺直。

2) 活动地板面层的允许偏差应符合表8-10的规定。

8.4 塑料地板地面

塑料地板系采用聚氯乙烯板作地面面层,不仅有其独特的装饰效果,而且还有脚感舒服,不易沾灰、噪音小、防滑、耐磨等优点,没有水泥地板的冷、硬、潮、脏等缺陷,多用于住宅和建筑物的室内公共场所。

塑料地板的种类很多。按材料性质可分为:硬质、半硬质和弹性塑料地板;按产品外形又可分为块状塑料地板和卷状塑料地板。

8.4.1 硬质塑料地板铺贴

1. 材料要求

(1) 硬质塑料地板

1) 性能。塑料地板的性质在很大程度上取决于组成材料,一般来讲,树脂掺量越多,其耐磨性越强。

2) 规格。为 1 平方尺（≈305mm×305mm）,每盒 50 张。有各种颜色的净面板,仿水磨石、仿木纹、仿面砖等图案。

3) 块材厚度。有 1.6mm、2.0mm、2.5mm 和 3.2mm 几种。

(2) 塑料踢脚板　板宽有 120mm 和 150mm 两种规格。每卷 300～500m。

(3) 胶粘剂　一般可按使用说明选用。常和地板配套使用。

(4) 聚氯乙烯焊条　聚氯乙烯焊条抗拉强度不低于 10MPa,在 15℃时弯到 180°后不得有裂纹。焊条表面应平整光洁,无孔眼、节瘤、裂纹、皱皮等缺陷,焊条内部不得有气泡。

聚氯乙烯焊条的规格和型号见表 8-8。

聚氯乙烯焊条规格型号 (mm)　　表 8-8

种　类	截面形式	边宽或直径	长度	被焊材料厚度
软聚氯乙烯焊条	等边三角形	4.2±0.6	72000	
硬聚氯乙烯焊条	圆形	2±0.3 3±0.3 4±0.3	500～700	2～5 1.5～2.5 16 以上

(5) 脱脂剂　用于半硬质聚氯乙烯板脱脂去蜡。脱脂剂为:丙酮:汽油=1:8 的混合溶液。

2. 施工准备

(1) 检查、验收主体结构底层的平整度及强度。若不符合设计要求应进行返工。

(2) 检查、验收门框、水暖、电器预埋管线及预埋件是否准确安装。

(3) 室内温度不应低于 10℃，否则不宜施工。

(4) 施工机具：常用工具有弹线墨斗、钢皮尺、刷子、毛巾以及配有 $\theta=10mm$ 弹簧钢板的磨石机、铁滚筒、盛胶容器等。

专用工具如图 8-37 所示。梳型刮刀（梳齿尺寸因刮胶量的多少不同而有多种）、橡胶双滚筒（或单滚筒）、橡皮榔头、橡胶压边滚筒、裁切刀。

塑料焊接机具。塑料焊枪。

3. 施工要点

(1) 基层应清洗干净，特别不能残留白灰。面层与基层的粘结不允许有空鼓、起壳。

(2) 地面应平整。塑料踢脚板宽度是一定的，既不能按需要拉宽，也不能压窄。踢脚上口成一直线，下口也应成一直线。

(3) 基层含水率不大于 10%，应保持干燥状态。

检查含水率的方法，可在地面上压放吸水纸进行观察，也可将一定面积的塑料薄膜放在基层地面上，四周用树脂胶带密封，不使地面湿气逃逸。24h 后，去掉薄膜，观察薄膜上是否有结露或水泥地面变色形象，据此判断基层的干湿程度。

(4) 同一层楼层可能有几个地面标高。如走廊高于房间，房间高于卫生间，不同标高分界线应设在门框踩口线

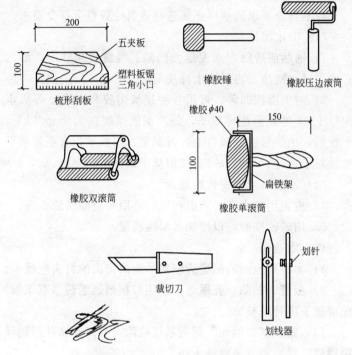

图 8-37 塑料地板铺贴常用工具

外,而不能设在门框内边缘处。

(5) 等高点、等高线的标志,应采用与墙面颜色接近的颜色。

(6) 塑料地板应平整,尺寸准确。若有卷曲,翘边等情况应先处理压平。对缺角者作相应处理。

4. 基层处理要求

对基层的要求是:平整、结实、有足够强度,各阴阳角必须方正,无污垢、灰尘和砂粒(砂粒可将地板顶起一个小突点，局部受力而变白），无白灰，含水率低于10%。

对不符合要求的基层必须进行适当处理直至符合要求。

(1) 旧水泥地面

1) 铺贴前清除旧水泥地面凹陷、裂缝、起砂等，油污必须用碱水洗净，再用清水冲洗干净。

2) 对大面积凹陷，可用各种建筑用胶和高强度等级水泥以1∶2的比例配成腻子，每次刮的厚度在1.0mm以下，干燥后，用0号铁砂布打毛，再刮第二遍腻子，直至基面平整。对于裂缝、小凹陷可直接用腻子批嵌。

(2) 水磨石或陶瓷锦砖地面

1) 应先用碱水洗去表面污垢，再用稀硫酸腐蚀表面。

2) 用砂轮推磨，以增加基层粗糙度。

(3) 木地面

1) 木结构地面的搁栅应坚实，地面突出的钉头应敲平。

2) 板缝、凹陷、孔眼等，应用胶粘剂加老粉（双飞粉）配成腻子填补平整。

(4) 钢板基层地面　钢板基层应除去表面浮锈并用钢丝刷除锈，然后用汽油擦洗干净。

(5) 新的混凝土地面（现浇或预制板）　因这种结构层混凝土地面标高误差往往达3～5cm，需进行处理，确定合理标高时，应注意以下几点：

1) 确定抹灰砂浆层的合理标高，所谓合理标高是要达到混凝土的铲除量最少而又节约砂浆的目的。该标高也是安装门框和电梯的依据。

2) 在地面适当位置（常在离开阳角一定距离处）作几个灰饼，并拉水平线；凿除超出水平线的地面混凝土。

3) 抹找平层。在抹找平层前可在基层上抹水泥净浆，起粘结作用,接着抹找平层,若找平层超过25mm可分二层抹。

4)注意平整度与踢脚板的关系。塑料踢脚板是死尺寸,既不能按需要拉宽,也不能压窄。踢脚板上口成一直线,下口也应成一直线如图8-38(a)所示。若地面不平,高的地方踢脚板多了就向地面中间延伸如图8-38(b)所示。低的地方踢脚板又不够形成吊口如图8-38(c)所示。因此,地面平整度应在与墙面相交的阴角处重点控制。

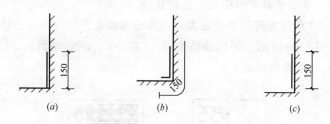

图8-38 地面平整度与踢脚关系

5)不同标高分界线设置。同一层楼可能有几个地面标高 如走廊高于房间、房间高于卫生间,不同标高分界线应设在门框踩口处如图8-39(a)所示,而不能设在门框内边缘处如图8-39(b)所示。这样可以使门扇与地面之间空隙

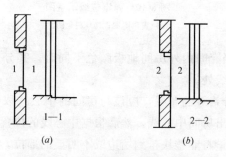

图8-39 不同标高分界线的设置

大一点,有利于门窗的安装。

5. 操作要点

塑料地板规格种类较多,不同的使用要求,在施工方法上也可做一些特殊的处理。现介绍一般板材的具体操作。

(1) 弹线、分格 塑料地板在铺贴时,控制的依据是分格线,弹好分格线是保证设计意图,控制质量的重要步骤。

弹线主要是根据设计要求,结合房间几何尺寸及板的规格,准确地画出纵横交叉的棋格线。

1) 以房间的中心点为中,弹出互相垂直的两条定位线,如图 8-40 所示。斜向铺贴常用 45°或 60°。距墙面留出 20～30cm 以作镶边。

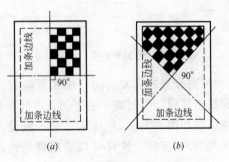

图 8-40 弹定位线示意图
(a) 直角图案;(b) 斜角图案

2) 当套间内外房间地板颜色不同时,其分包线应设在门框踩口线处。

3) 分格缝的布置,应该与房间的中心线取得一定的关系。先弹出房间中心线,然后根据中心线的位置,依次往两侧分,尽量将非整块排到墙边或不明显的部位。

4) 如整个房间排偶数块时,则房间的中心线即为塑料板块的接缝,作为定位线;如排奇数块时,则定位线应将房间的中心线向左或向右移动半块塑料地板的距离,如图8-41。

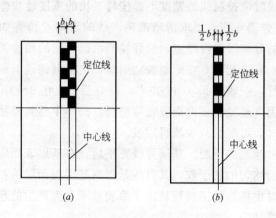

图 8-41 确定定位线方法的示意图
(a) 排偶数块时；(b) 排奇数块时

5) 在块状地板中,除了正方形外,还可以成三角形(沿对角线切开)和梯形(沿相对两边的1/3和2/3边长处切开)如图8-42所示。用这两种形状的板块可拼接成如图8-43所示的波浪形和菱形图案。

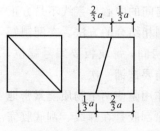

图 8-42 三角形和
梯形地板块

图 8-43 波浪形和
菱形图案

6) 铺设时常采用"两块一铺"或者"三块一铺"的办法。即一次前进的方向是两块板的宽度或三块板的宽度。因此,弹线时应控制线的宽度不必按每一块的宽度逐块弹出。

7) 弹墨斗线,要求清晰准确。线的走向及位置如能够同吊顶的分格线取得呼应,最好能够取得一定的相应关系。

(2) 称量配胶 在配制胶粘剂时,应根据铺设面积的需用量进行,一般 $0.5kg/m^2$ 左右,配好后,应在 $3\sim4h$ 内用完。如因气候变化,地面吸收等情况,操作中感到胶粘剂不易涂布时,可酌量减少填料用量。

(3) 涂刮底子胶 基层弹线完毕后,在基层表面应涂刮一层薄而均匀的底子胶,其目的是提高基层与面层的粘结强度,同时也能弥补塑料板材由于涂胶量不足而产生的起鼓翘边等质量缺陷。

底子胶配制:用非水溶性的胶粘剂时,按原胶中的重量加 10% 的 65 号汽油和 10% 醋酸乙酯(或乙酸乙酯);用水溶性的胶粘剂时,按原胶中加适量的水性溶剂。涂刷一层薄而匀的底子胶后,能封闭基层表面的麻面和不平之处,因而使整个面层有了很好的粘结表面层。

(4) 配料与试铺 根据房间的大小和其他要求,选择适当的塑料板方块,但考虑到每个房间的中心十字线不是方正的,故配料时,宜采用预制和现制相结合的方法。在配制好的板块,特别是方正偏差较大的房间,每块板要编号就位,使粘贴时不至于用错,并在粘贴前要试铺一次。

(5) 涂刮胶粘层 胶粘剂的作用是使两个物质能紧密地粘结在一起,涂刮时越薄越好。涂刮胶是在弹线、刮底胶完毕的情况下,随铺随刮。胶不能涂得过早,否则失去涂胶的作用。

胶粘剂的涂刮应注意涂刮的先后顺序。因水泥拌合物基层虽有一定的含水率，但毕竟因多孔材料吸水性强，所以涂刮时，一般应先涂刮塑料板材的贴面，后涂刮基层表面。

胶粘剂一般装入桶内，使用时，若桶较大，宜用小勺舀在基层上，然后用梳型刮板从一个方向刮向另一端，如图 8-44 所示。胶粘剂厚度不宜太大，一般应控制在 1mm 以内。胶粘剂也不要刮得太多，否则在铺贴时，因多余的胶粘剂在拍压时易从拼缝挤出，而增加板面清洁的工作量。

当用乳液型胶粘剂涂刷时，则需同时在塑料地板的背面也薄薄涂上胶粘剂，如图 8-45 所示。

图 8-44 地面涂刮胶

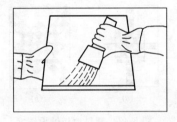
图 8-45 塑料板背面刮胶

过去都采用油漆刷在地面上涂胶粘剂，铺贴后曾发现一些问题。以后改用梳型刮板使涂布均匀，涂胶量易于控制，铺贴时也易赶走气泡，从而保证了铺贴质量。

刮胶的速度应与铺贴的速度相协调。

（6）铺贴塑料地板　涂刮过胶的表面，应静停一段时间，使溶剂部分挥发。静停时间，可根据胶粘剂的类型而具体掌握。通常室温在 10～35℃ 范围内，暴露时间约在 5～15min。一般应掌握胶粘剂表面不粘手指时铺贴为好。

1）铺贴顺序，应根据地板图案，按照弹好的中心线和定位线，先铺设定位块，其位置必须准确，特别是定位线要

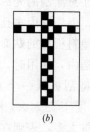

图 8-46 铺贴定位带示意图

(a) 十字形定位带；(b) 丁字形定位带；(c) X形定位带

垂直，粘贴时，可先在定位线左右各贴一排成为定位带，定位带的位置必须准确，如图 8-46 所示。定位带设后，设正方向一般应由里向外，由中心向四周进行，如图 8-47 所示。

图 8-47 塑料地板铺设图案

(a) 直角图案；(b) 斜角图案

2) 铺贴时，切勿整张一下子贴下，应先将地板一端对齐粘合，如图 8-48 所示，轻轻地用橡胶滚筒将地板平服地粘贴在地面上，使其准确就位，同时赶走气泡，如图 8-49 所示。

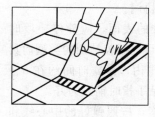

图 8-48 地板铺贴　　　　图 8-49 赶走气泡

为使粘贴可靠（一般每块地板的粘贴面要大于80%），应用压滚压实或用橡皮榔头敲实（聚胺酯和环氧树脂胶粘剂应用砂袋适当压住直至固化以后）。用橡皮榔头敲打时，应从中间向四周移动，或从一边移向另一边。滚压时要注意滚压方向，一般宜横竖交替进行。

3）如果选用半硬质聚氯乙烯板，有些塑料地板在成型时，表面涂以一层薄的蜡膜，以防脱膜不方便。所以在使用时，可用丙酮与汽油的混合溶液（丙酮：汽油=1：8）进行脱脂除蜡。这层极薄的蜡膜对粘结有影响。

4）要格外注意边角部位及墙边部位的铺贴，因为这些部位容易积尘，甚至表面有残留的灰迹。铺贴时可能出现拼角。这时则应准确量取尺寸，在现场裁切，刮胶适当，并一起粘贴完毕，如图8-50所示。然后用橡胶滚压边滚筒反复滚压，直到气体赶出，粘结牢固即可如图8-51所示。

图8-50 拼块裁切

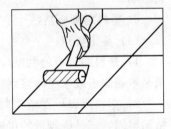

图8-51 压边赶气

5）铺贴时应掌握好铺板的速度，每贴一块，都要照顾一下前、后、左、右之间的关系，使之在接缝高低及缝格顺直等方面符合要求。

6）铺贴时，操作人员宜穿干净的鞋，最好有专用施工鞋。操作现场应禁止行人走动。其他工种的交叉施工，可通过商量解决，应避免在操作现场交叉作业。

7) 清理　铺贴完毕后，应及时清塑料地面的表面，对溶剂型粘结剂用棉纱蘸少量松节油或汽油擦去拼缝时挤出的胶液，一般溶剂不宜过多，防止渗入胶层中影响粘结力；对水乳型胶粘剂只须用湿布擦掉即可。但是在接触塑料板的过程中，光滑的塑料板表面仍有手摸过的胶印。它们在初期虽不是很显现，待清理完毕，在阳光的照射下，会隐隐显露。所以，要用溶剂满擦表面。

8) 养护　塑料地板铺贴完毕，要有一定的养护时间。养护主要有两方面，一是禁止行人在刚贴过的地面上大量行走；二是在养护期间应避免粘污或用水清洗表面，养护时间一般应控制在 3d 左右。

如果表面淋水或局部积水，对胶粘剂的粘结影响并不大。可是表面有水易弄污塑料地板的表面，使表面的光膜受到影响。

6. 塑料踢脚板粘贴

(1) 施工要点

1) 塑料踢脚板的粘贴应与地面板材铺贴同时进行。如果是木踢脚板或水泥砂浆踢脚板，应提前进行。

2) 塑料踢脚板在施工时，要注意一是上口平直，二是粘贴牢固，三是踢脚板的拼缝宜同地面的拼缝协调一致。

(2) 操作要点

1) 检查基层的平整度，误差大的应用腻子找补。防止粘结不牢。

2) 在踢脚板安装位置上口弹出控制线。

3) 刮胶。踢脚板表面和墙面同时刮胶。但在离上口 1cm 范围内，一般不刮胶，免得在挤压、拍平时，胶粘剂溢出上口，增加擦拭工作量。

4）胶干后，从门口开始铺贴。最好三人一组，一人伸开踢脚板，一人铺贴，另一人保护刚粘贴好的阴阳角处。贴阴角时，踢脚板下口应剪去一个三角形切口，保证贴的平整。

5）擦净表面。粘贴结束后，必须立即用棉纱松香水等溶剂擦去表面残留的或多余的胶液。

如墙面有凸出物，可用两脚规或一种为划线器的工具来划线。凸出物不大时用两脚规，凸出物较大时用划线器。划线器如图 8-52 所示，是一根金属杆，中间开槽以固定划针，划针离前端的距离可以调节。用两脚规划线的方法如图 8-53 所示。在有凸出物处放一块地板，两脚规的一端紧贴墙面，另一端压在地板上，沿墙面的轮廓线移动两脚规。注意，移动时，两脚规的平面始终要与墙面垂直，此时，可在地板上划出与墙面轮廓线完全相同的图形。沿划线裁切就得到能与墙面密切配合的边框。使用划线器时，将其一端紧贴墙面上凹得最深的地方，调节划针的位置，使划针对准地板的边缘，然后，沿墙面轮廓线移动划线器，并始终保持划线器与墙面垂直，划针即可在地板上画出与墙面轮廓完全相同的图形。

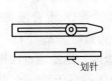

图 8-52 划线器

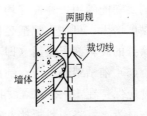

图 8-53 两脚规划法

8.4.2 软聚氯乙烯地板铺贴

1. 塑料板粘贴施工要点

(1) 准备工作 粘贴前应将塑料板预热展平,以减少板的胀缩变形和消除内应力。预热方法是将塑料板放入约75℃左右的热水中浸泡10~20min,至松面全部松软伸平,并在塑料板的粘贴面用棉纱擦净腊脂,晾干待用。不得采用炉火和电热炉预热。

(2) 弹线 粘贴前,应在地面上根据设计分格尺寸进行弹线,分格尺寸一般不宜超过90cm,在室内四周或柱根处弹线时,要留不小于120mm的宽度,在粘贴塑料踢脚板时进行镶边。

(3) 下料 下料要根据房间地面的实际尺寸进行,下料时,将塑料板平铺在地面上用刀裁割,然后进行预拼。塑料板边缘应裁割成平滑坡口,两板拼合的坡口角度约为55°。

(4) 涂刮胶粘剂 先在基层上刮底子胶一遍,宜用塑料刮板涂胶,不宜用毛刷。次日在塑料板粘贴面和基层面上,各刷一遍胶粘剂(用擦刷涂刷),刷的要薄而匀,不能漏刷。刮涂胶粘剂时,要使胶液满涂基层,超过分格线1cm,俗称基层过线,而离塑料边缘5~10mm的地方不可刷胶,俗称软板留边,这样既可保证粘结质量,又可保证板面清洁。胶粘剂要随配随用,并搅拌均匀。在使用中若因溶剂挥发,以致黏度增大,可加入醋酸乙酯和汽油(2:1)混合液稀释,待涂抹的胶粘剂干燥后(即不粘手),再进行粘贴。

(5) 铺贴塑料地板 铺贴塑料地板时,施工地点四周的温度应保持在10~35℃,相对湿度最好不高于70%。粘贴前一昼夜,宜将塑料板放置在施工地点,使其保持与施工地点相同的温度。塑料板的粘结须待室内各工序施工完毕后进行,施工操作人员鞋底要保持干净。铺贴方向和顺序,一般由里向外,由中间向两侧或以室内一角开始,先铺地面,后贴踏脚板。铺贴塑料板时，涂刷一块塑料板的胶粘剂，随即贴一块。粘贴时应将塑料板的一边与已粘贴好的塑料板靠近，依顺序赶走板下空气，与基层一次准确就位。铺贴时切忌用力拉伸或揪扯塑料板。铺贴后，一般不需加压，粘贴后10d 内施工地点温度保持 10～35℃，空气中的相对湿度不宜超过 70%，粘贴后 24h 内不得上人。待板缝焊接后，表面可进行打蜡处理。粘贴后的塑料地面应平整，无皱纹起隆现象，缝子横竖要直。脱脚处不得大于 20cm^2，各脱脚处之间距离不得小于 50cm。

2. 塑料板焊接工艺

(1) 焊接前的准备工作　焊缝内的污物和胶水可用丙酮、松节油、汽油或其他溶剂清洗。采用丙酮清洗时，应随即擦拭干净。也可用不加热的焊枪吹去板缝中的灰尘。

焊条在施焊前要进行去污除油处理，一般可用碱水清洗，碱水温度为 50～60℃，然后用水冲洗干净，晾干备用，每 kg 碱可洗 20kg 焊条。

焊接前应检查压缩空气是否带有油质和水分，检查的方法是将压缩空气向白纸上喷射（此时不接通焊枪的电路）30s，若纸上无油或无任何痕迹，则压缩空气是纯洁的。

(2) 塑料板拼缝焊接　塑料板粘结后，一般经过 2d 进行拼缝焊接。焊接时先把焊枪与压缩空气接通，焊枪入口处的压缩空气压力应控制在 0.08～0.1MPa，然后接通焊枪电路（焊枪的电源应接自耦变压器），以调节电压，控制焊枪的温度，电源调节到 60～36V 范围，焊接结束时，应先截断焊枪电路，再停止供应压缩空气。焊接出口气流（离焊枪喷嘴 4～5mm 处）的温度应为 180～250℃，焊接温度可依据焊枪熔化焊条的现象（熔化快慢，熔化后的颜色等）加以掌握。

施焊时，焊枪的喷嘴与焊条，焊缝的距离要相适应，使焊条的焊缝都能很好地熔化。焊接时要注意焊条不要偏位和打滚，焊条要与塑料板呈垂直状，并对焊条稍施压力，随即用压辊滚压焊缝。脱焊部位可以补焊，焊缝凸起的地方可用铲刀局部修平。焊接速度主要取决于焊枪温度和操作熟练程度，一般控制在 30～50cm/min。

焊缝应平整、光滑、洁净，无焦化变色斑点，焊瘤和起鳞现象。凹凸不能超过 6mm。用 20 倍放大镜观察焊缝应密实、无缝隙。弯曲焊缝 180°时，不得出现开焊或裂缝。焊缝冷却后，将与焊缝焊接的焊条往上揪，揪不起来，就证明焊接牢固。取试样作焊缝抗拉强度试验，其强度不得低于原塑料板抗拉强度的 75%。

3. 踢脚板铺贴

软质塑料地板踢脚板的做法，一般是上口压一根木条或硬塑料压条封口，阴角处理成 90°或成小圆角，如图 8-54。

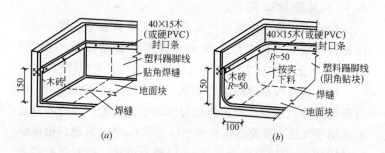

图 8-54 软质塑料地板踢脚板铺贴
(a) 90°角；(b) 小圆角

小圆角的做法是将两面相交处做成 $R=50$mm 的小圆角；90°角做法是将两面相交处做成 90°角，用三角形焊条贴角焊接。面板粘贴后均对立板和转角施压24h，小圆角做法可用砂袋堆压，90°角做法可用平木板撑压。

8.4.3 氯化聚乙烯卷材地板铺贴

氯化聚乙烯（简称CPE）卷材地板作为地面材料，其耐磨性能延伸率明显优于聚氯乙烯（PVC）地板。

1. 材料要求

（1）卷材地板　复合塑料卷状地板，厚度为1.4～1.5mm，卷材表面应洁净、平整、光滑，不允许有折痕、破损、脏污等缺陷。

（2）胶粘剂　胶黏剂选用合成橡胶胶粘剂，也可用404胶，以三甲苯为溶剂。

2. 施工准备

（1）检查、验收主体结构层，平整度、强度及门框、水暖、电气管道安装位置是否符合设计要求。

（2）施工工具，见8.4.1中2的（4）条。

3. 施工要点

（1）基层必须清理干净，若基层上有一颗小砂粒，面层上就会形成一个明显的小凸包。因此，铺贴时宜在室内备有专用鞋，并严禁非施工人员的进出。

（2）胶液涂刷的厚度应适当，既不宜太薄也不能太厚。可按每kg涂刷$3m^2$（包括基层和卷材）的用量来控制。

（3）胶液的干湿程度对粘结力有很大的影响，若手摸未干就粘贴，粘贴结合力强，必须对准线慢慢粘贴，否则重新撕开后再对线就很困难。一般常温施工不需加压，粘贴后10天内施工地点温度应保持在10～35℃。

（4）铺贴卷材时要注意正反面（正面光洁度好）。若随意铺贴，则铺成的地面色泽不一致，会影响美观。还应注意胶液不要污染卷材表面；污染后用二甲苯或汽油擦掉，但会影响色泽。

(5) 施工时，操作间的空气应流通，操作人员要戴口罩以防中毒。

4. 操作要点

(1) 铺贴前根据房间尺寸及卷材长度，决定纵铺还是横铺，一般以接缝少为好。同时应从两边往中间铺贴，这样铺贴的工作面大、工效高。

(2) 基层清扫后，必须用湿拖把将尘土清除干净，然后用二甲苯涂刷基层，清除不利用粘结的污物。若没有二甲苯，也可用汽油加少量胶粘剂（约 10%～20%）搅匀后涂刷，这样不仅能清除污物，还能使基层渗入胶液，起底胶作用，使粘结更好。

(3) 在接缝处切割卷材时，必须用力拉直不得重复切割，否则会形成锯齿形，使接缝不牢。使用的刀必须刃薄、锋利，除多用刀外，可用切割皮革用的偏口刀。

(4) 基层和卷材涂胶后要晾干（常温施工时不少于 20min）。以手摸胶面不粘为度。

(5) 铺贴时，四人分为四边同时将卷材提起，按预先弹好的搭接线，先将一端放下，再逐渐顺线铺置。若离线时应立即掀起移动调整，铺正后，从中间往两边用手或滚辊压赶铺平。

(6) 气泡要由中间向外赶出，要明确分正，每人负责一段，以防遗漏。若铺完毕后，发现有个别地方气泡没有赶出，可用针头和针管插入气泡内将空气抽出，并压实粘牢。

(7) 卷材接缝处搭接至少 2cm，并居中弹线，将钢板尺压线后，将两层叠合的卷材一次切断，撕下断开的边条，并将接缝卷材粘牢。

（8）若踢脚线也用卷材铺贴，则应先做地面，再做踢脚，使踢脚压地面，这样可使阴角处的缝不明显。粘贴时以下口平直为准，若上口高出原水泥踢脚，形成凹陷可用108胶水泥浆填塞刮平。

8.4.4 塑料地板质量要求及检验标准

（1）塑料地板面层应采用塑料板块材、塑料板焊接、塑料卷材以胶粘剂在水泥类基层上铺设。

（2）水泥类基层表面应平整、坚硬、干燥、密实、洁净、无油脂及其他杂质，不得有麻面、起砂、裂缝等缺陷。

（3）胶粘剂选用应符合现行国家标准《民用建筑工程室内环境污染控制规范》GB 50325 的规定。其产品应按基层材料和面层材料使用的相容性要求，通过试验确定。

1. 主控项目

（1）塑料板面层所用的塑料板块和卷材的品种、规格、颜色、等级应符合设计要求和现行国家标准的规定。

（2）面层与下一层的粘结应牢固，不翘边、不脱胶、无溢胶。

注：卷材局部脱胶处面积不应大于 $20cm^2$，且相隔间距不小于 50cm 可不计；凡单块板块料边角局部脱胶处且每自然间（标准间）不超过总数的 5% 者可不计。

2. 一般项目

（1）塑料板面层应表面洁净，图案清晰，色泽一致，接缝严密、美观。拼缝处的图案、花纹吻合，无胶痕；与墙边交接严密，阴阳角收边方正。

（2）板块的焊接，焊缝应平整、光洁，无焦化变色、斑点、焊瘤和起鳞等缺陷，其凹凸允许偏差为 ±0.6mm。焊缝的抗拉强度不得小于塑料板强度的75%。

(3) 镶边用料应尺寸准确、边角整齐、拼缝严密、接缝顺直。

(4) 塑料板面层的允许偏差应符合表8-10的规定。

8.4.5 塑料地面使用中保养注意要点

任何一种地面都会有它材性方面的局限性，欲使塑料地面经久耐用，始终如新，要十分注意保护。

(1) 一般不用湿拖布经常拖，以防脏水从缝中渗进，破坏粘结。必要时，应将湿拖布拧干再拖。通常情况下2～3月打蜡一次，打蜡以后只要用干拖把清扫就可以了。

(2) 在经常受到阳光直接照射的地方可能会局部褪色，如能加上窗帘遮挡，使直射光变成复射光，有利于延长使用寿命。

(3) 如遇油渍、红蓝墨水玷污，应立即清洗掉，清洗时可用皂液擦洗，切勿用酸性洗液。

(4) 在使用中，切忌金属锐器、玻璃陶瓷片、鞋钉等坚硬物质磨损表面，划出伤痕影响美观。

(5) 聚氯乙烯表面耐高温性较差，不应使烟火、开水壶、炉子等与地面直接接触，以防烧焦或烫坏。

(6) 局部受到损坏，应即时调换，重新粘贴。但应将原有的胶粘剂刮掉，除去浮尘，保持基层表面平整，再涂刮胶粘剂，将新的塑料板粘贴上。

(7) 在家具脚等静止负荷集中的地方，最好放一些垫块，避免产生永久凹陷。

8.4.6 质量通病及防治措施

1. 块与块之间错缝

产生原因：

（1）由于板材尺寸不规格，误差较大，致使在密缝的铺贴过程中，缝格控制线失去作用。

（2）由于手劲大小不均匀，使铺贴过程中产生累计误差。

防治措施：

（1）铺贴前要加强挑选，发现误差较大的塑料板，应适当选用。

（2）在铺贴的过程中，隔5～6块，在有控制线的位置，跳过一块或两块，待往前铺贴一段距离后，回过头来，将空下的位置，用塑料板将其补上。这样，每隔一段距离就调整一次，免得密缝的误差累计到最后，变成明显的错缝。补贴时，可将板轻轻弯起，对好缝后，用力将板压平。

2. 面层空鼓

产生原因：

（1）由于基层表面粗糙，或有凹搪孔隙。涂刮胶粘剂时厚薄不匀，其中的挥发性气体将继续挥发，当积聚一定程度后，就会在粘贴的薄弱部位形成板面起鼓或板边起翘现象。

（2）由于基层含水率大，面层粘结后，基层内的水分向外蒸发，在粘贴的薄弱部位鼓起。

（3）由于基层表面不清洁，有尘土，浮灰，油脂等，降低了胶粘剂的胶结效果。

（4）塑料板在工厂成型时，表面涂有一层板薄的蜡膜，粘贴前，未作除蜡处理。

（5）面层粘贴好后，就进行拼缝焊接施工，胶粘剂尚未充分凝固硬化，受热膨胀，致使焊缝两侧塑料板空鼓。

（6）粘贴方法不当，粘贴时整块下贴，使面层板块与基层板块间存有空气，影响粘贴效果，也易面层空鼓。

(7) 胶粘剂质量差或已变质,影响粘结效果。

防治措施:

(1) 基层表面应坚硬、平整、光滑、无油脂及其他杂物,不得有起砂、起壳现象。如有麻面或凹搪孔隙,应用乳液腻子修补平整后,再行粘贴面层塑料板。

(2) 严格控制基层含水率。

(3) 涂刮胶粘剂,应待稀释剂挥发后(即用手摸不粘手时),再进行粘贴。

(4) 塑料板粘贴前应作除蜡处理。

(5) 施工温度应控制在 15～30℃,相对湿度应不高于 10%(应保持至施工后 10d 内)。

(6) 拼缝焊接应待胶粘剂完全干燥硬化后进行。施工前可由小试样确定。一般应在粘贴 1～2d 后进行焊接。

(7) 严禁用变质的胶粘剂。

3. 面层不平

产生原因:

由于基层平整度误差,从而影响面层的平整度。有的是清理基层不够,甚至有凸出表面的残渣,致使表面不平。

防治措施:

在铺贴前应对基层进行验收,若误差大,土建单位应进行反修,使表面平整度误差不大于 2mm。

当基层误差不大时,可用水泥腻子找平。脱皮、起砂影响粘结,这些都应在铺贴前处理。

4. 塑料板铺贴后表面呈波浪型

产生原因:

(1) 基层表面平整度差,有明显的波浪形。

(2) 涂刮胶粘剂的刮板,齿的间距过大或深度过深,使涂刮的胶粘剂具有明显的波浪形。

（3）胶粘剂在低温下施工，不易涂刮均匀，流动性和粘结性能较差，胶粘层厚薄不匀，铺贴后，就会出现明显的波浪形。

防治措施：

（1）严格控制平整度。

（2）使用齿形恰当的刮板涂刮胶粘剂，使胶层的厚度薄而均匀，并控制在1mm左右。涂刮时，应注意基层与塑料板粘贴面上涂刮方向应成纵横相交，以便面层铺贴时，粘贴面的胶层均匀。

（3）严格掌握施工温度。

（4）不得使用毛刷子涂刷胶粘剂。

5. 拼缝焊接未焊透

产生原因：

（1）焊枪出口气流温度过低、速度过小、空气压力过低、焊枪移动速度过快。

（2）焊条、焊缝与焊枪喷嘴三者不成一直线，或喷嘴与地面夹角太小。

（3）焊缝两边塑料板质量不同，熔化程度不一样，影响粘结质量。

（4）压缩空气不纯，有油渍或水分混入熔化物内，影响相互粘结质量。

防治措施：

（1）采用同一品种，同一批号的塑料板铺贴面层，防止不同品种，不同批号的塑料板混杂使用。

（2）焊接前，应先检查压缩空气是否纯洁。可将压缩空气向白纸上喷射20～30min，若无任何痕迹，即可认为压缩空气是纯洁的。

（3）掌握好焊枪喷嘴的角度和距离，喷嘴与地面夹角不应小于25°，以25°～36°为宜；距离焊条与板缝5～6mm为宜。

（4）掌握好焊枪气流温度和空气压力值，一般温度在180～250℃为宜；空气压力值控制在0.08～0.1MPa为宜。

（5）控制焊枪的移动速度，一般控制在30～50cm/min为宜。

（6）正确选择焊条。从成分上分，焊条有含增塑剂的普通硬焊条和不含增塑剂的硬焊条两种。含增塑剂的普通硬焊条可降低塑化温度，有利于提高焊接速度，但耐腐蚀性和耐热性均有所降低。因此，对用于耐腐蚀楼地面的塑料板面层，应用不含增塑剂硬焊条进行焊接。

8.5 地毯及铺设

地毯是地面装饰效果最好，最受用户欢迎的一种材料，很久以来，地毯作为一种比较华贵的装饰品，较多用于高级宾馆、礼宾场所、会堂等地面装饰。近年来，随着化纤、塑料地毯的研制及生产，地毯正逐步走进千家万户，并成为一种广泛应用的普通地面的装饰材料。目前常用的地毯有：化纤地毯、海绵衬底地毯及机织羊毛地毯等。

8.5.1 地毯铺设方法

地毯的铺设，如果从固定地毯的方法上分类，可分为固定式铺设和活动式铺设两种。

1. 活动式铺设

活动式铺设，是指将地毯明摆浮搁在基层上，不需将地毯同基层固定的一种铺设。此法铺设简单，易于更换。一般用于下列情况：

(1) 装饰性的工艺地毯，多采用此种方法。

(2) 在人活动不是很频繁的部位，如果室内在墙的四周有较多的重物压在上面，可考虑不将地毯固定，采用此法铺设。

(3) 方块地毯，一般都采用不加任何固定平放在基层上。

2. 固定式铺设

是将地毯裁边，粘结接缝成一片，四周与房间地面加以固定，使其不再变形。常用的固定办法是，钉倒刺板条和用胶粘结。

(1) 胶结固定法。把胶刷在基层上，然后将地毯固定。刷胶有满刷胶和局部刷胶两种。不常走动的房间，一般采用局部刷胶。在公共场所，因人活动频繁，应采用满刷胶。

(2) 用倒刺板条固定法。地毯铺设在地面上，沿踢脚板的边缘用高强水泥钉将倒刺板条钉在基层上，即可固定地毯。此法适合于不常翻起地毯或不经常搬家具的情况。

8.5.2 材料要求

1. 地毯

化纤地毯具有质轻、耐磨、色彩鲜艳、脚感舒适、富有弹性，且价格便宜的特点。目前广泛用于民用住宅、宾馆、饭店等处。

常见的化纤地毯规格应符合设计要求。

羊毛地毯规格应符合设计要求。

2. 胶粘剂

地毯铺设时有两处需用胶粘剂，一是地毯与地面粘结时用；另一是地毯与地毯连接拼缝用。施工用的胶粘剂采用天然乳胶漆加增稠剂,防霉剂配制而成。它无毒、无霉、快干,30min内便有足够的粘结强度,能满足使用张力器时不脱缝的要求。

3. 收口条与倒刺板

(1) 收口条。两种不同材质的地面相接部位,要加设收口条或分格条。加设收口条的目的是固定地毯,另外也可防止地毯外露毛边。常用"L"形铝合金收口条,其形状如图 8-55 所示。

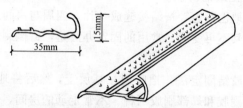

图 8-55 铝合金"L"形倒刺收口条

对于室内地毯与走廊地面的分格处,最好用铝合金倒刺条,如图 8-56 所示。

(2) 铝合金门口压条。门口压条是厚度为 2mm 左右的

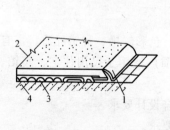

图 8-56 铝合金倒刺条收口示意图
1—铝合金倒刺条;2—地毯;3—地毯垫层;4—混凝土楼板

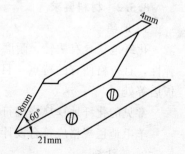

图 8-57 铝合金门口压条

铝合金材料，其形状如图8-57。

(3) 倒刺板。倒刺板一般用于房间或大厅的四周的墙脚固定。它应有两排朝天斜钉，如图8-58所示。

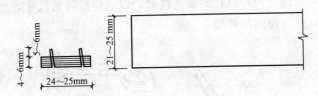

图8-58 倒刺板加工示意图

8.5.3 施工准备

1. 检查、验收主体结构层

检查、验收主体结构层平整度、强度是否符合施工质量要求，并应检查水暖、电气管道安装、门框安装是否符合设计要求。

2. 施工工具

(1) 裁毯刀 有手推剪刀、手握剪刀两种。前者用于铺设操作时少量裁切，后者用于施工前的大批下料，如图8-59所示。

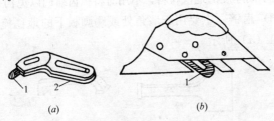

图8-59 裁毯刀
(a) 手握式裁刀；(b) 手推裁刀
1—活动式刀片；2—手把

（2）地毯撑子　用于地毯拉伸，有大撑子及小撑子两种（如图 8-60 所示）。大撑子用于房间内大面积铺地毯。操作时，通过可伸缩的杠杆撑头及铰结承脚将地毯张拉平整。撑头与承脚之间可以任意装连接管，以适应房间的尺寸，使承脚顶住对面的柱和墙。

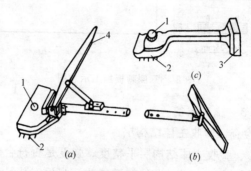

图 8-60　地毯撑子
(a) 大撑子撑头；(b) 大撑子承脚；(c) 小撑子
1—扒齿调节钮；2—扒齿；3—空气橡胶垫；4—木杠压把

小撑子用于墙角和操作面窄处，操作者应用膝盖顶住尾部的空心橡胶垫，两手可以自由操作。地毯撑子的扒齿可调长短，以适应不同厚度的地毯材料，不用时将扒齿缩回以免伤人。

（3）扁铲　主要用于墙角处或踢脚板下的地毯掩边，如图 8-61 (a) 所示。

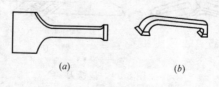

图 8-61　墩拐与扁铲
(a) 扁铲；(b) 墩拐

(4) 墩拐　地毯固定在倒刺板上，如果遇到障碍物，不能用榔头将倒刺砸倒，可用墩拐垫着，如图 8-61（b）所示。

(5) 其他工具　还有用于缝合的尖嘴钳子，熨斗、地毯修边器，直尺、米尺、粉线袋、手枪式电钻、调胶容器、搪刀、修茸电铲等。

8.5.4　施工要点

1. 地（楼）面铺设要点

(1) 铺设地毯的地面需具有一定的强度，地面要平整、无凸泡、麻坑、裂缝等现象。

(2) 除去地面钉头等所有障碍物，以免损坏地毯。

(3) 施工地面应扫除干净，并保持干燥。

(4) 拼接的地毯如有花纹应对称完整，地毯面平整，没有脏污、空鼓、死折、翘边，对缝不允许偏差，并不离缝、不搭接。

(5) 凡能被雨水淋湿，有地下水浸湿或渗透的地面不能铺设地毯。

(6) 塑料地毯可以铺设在露天场地。

(7) 在海绵垫层地毯铺设前，应在地面上铺一层纸毡，防止海绵垫层粘住地面。

(8) 理顺地毯的绒毛，找出绒毛最平滑的方向，地毯铺设的方向要使面上绒毛的走向背光。将每卷地毯打开时都要注意表面平直，否则就要起鼓。若出现起鼓，可把地毯卷回头重新铺展。

(9) 在墙边的踢脚板铺设地毯，需要一把锋利的裁切刀。如果室内有柱子或突出的地方，需将地毯大量的切掉，可在地毯上用粉笔画出一个大略记号，先照线剪去，然后留下边缘细心切割以供切贴。地毯边缘除了可以用地板条上突起的钉子抓住外,也可以使用双面胶带或骑马钉用钉枪把它钉牢。

2. 楼梯铺设要点

(1) 测量每级楼梯的深度与高度,以估计所需地毯的用量。将上述量得的深度与高度相加乘以楼梯的级数,再加上45cm的余量,以便挪动地毯,转移常受磨损的部位。

(2) 如果选用背后不曾加衬的无底垫地毯,则应以在地毯下面使用楼梯垫料以资耐用,并可吸收噪声。衬垫的深度必须能触及楼梯竖板,并可延伸至每级踏板外5cm,以便包覆。

(3) 除去突出地面的所有障碍物如钉头等,以免损坏地毯并将梯级地面扫除干净。

8.5.5 用倒刺板固定地毯操作要点

1. 基层处理

(1) 混凝土地面 混凝土地面要平整,无凹凸不平现象。表面所粘着的油脂、油漆、蜡质等物,要用砂轮机清除干净;表面的凸起部分要先修平,凹处和所有孔洞用108胶水泥砂浆修补,要保持平整、干燥、清洁。

(2) 水泥砂浆地面 表面平整度误差不应大于4mm。表面的含水率不应大于8%,并具有一定的强度。基层表面应干净,无灰渣、油污等杂物。

(3) 涂刷胶粘剂 若涂刷胶粘剂,在涂刷前要充分清扫,并用浸水的湿布拧干,擦拭地面。

2. 弹分格线

应按分格图在地面上弹线。施工时常在踢脚线处粘贴塑料或其他材料的踢脚板。所以在弹踢脚线处时,不要按踢脚线全高弹线,应留5mm左右不刷胶。

3. 踢脚板固定

踢脚板不仅保护墙面的底部免遭破坏,而且是地毯的收口处理。铺设地毯的地面,常用的踢脚板有木踢脚板和塑料踢脚板。

塑料踢脚板,用胶粘剂将其粘到基层上。踢脚板要离开地面8mm左右,以便将地毯的毛边掩到踢脚板的下面。

木踢脚板的固定,是用平头木螺丝,拧到预埋木桩上,平头沉进1~0.5mm,然后用腻子补平。如若墙体上未能预埋木砖,也可用高强水泥钉将踢脚板固定在水泥墙上,钉头砸扁,沉入1~0.5mm,然后用腻子刮平。踢脚板要离开地面8mm左右,以便掩边。还要注意,地毯铺设前应将踢脚板的油漆涂刷完毕。

4. 倒刺板固定

将要铺设的房间基层清理干净后,便可沿踢脚板的边缘用高强水泥钉将倒刺板钉在基层上,间距40cm左右。倒刺板要离开踢脚板8~10mm,便于锤头砸钉子。如果是大厅,在柱子的四周也要钉上倒刺板条,一般的房间沿墙钉,如图8-62所示。

采用倒刺板固定地毯,一般系放波垫,波垫用胶粘到基层,用108胶或白乳胶均可。将波垫固定。垫层不要压住倒刺板条,应离开倒刺板10mm左右,以防铺设地毯时影响倒刺板上的钉尖对地毯地面的勾结。垫层在地毯拉伸前将垫层放妥即可。

5. 裁剪地毯

裁剪地毯前,应认真量好铺地毯部位的细部尺寸,在铺设方向确定后,便可在地毯背后弹出尺寸线,每段地毯的长度要比房间长约2cm。宽度要以裁去地毯的边缘线后的尺寸

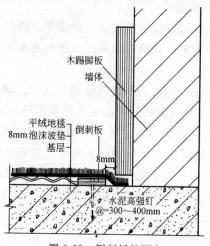

图 8-62 倒刺板的固定

计算,所以要弹线裁去地毯的边缘部分。如果是圈绒地毯,裁割时应从环毛的中间剪开。如果是割绒地毯,应注意切口绒毛的整齐。下料时,可用手推剪刀或裁边机从毯背裁刀。

6. 地毯拼缝

将裁好的地毯,虚铺在垫层上,然后将地毯卷起,在拼接处进行缝合。接缝处缝合时,先两端对齐,再用直针隔一段先缝几针临时固定,然后再用大针满缝。如果地毯拼缝较长,宜从中间往两端缝。背面缝完毕,在缝合处刷 5～6cm 白乳胶,然后将裁好的白布条贴上,也可用塑料胶纸粘贴于缝合处,保护接缝处不被划破或勾起。将背面缝合完毕的地毯平铺好,再用弯针在接缝处做绒毛密实的缝合,经弯针缝合后,在表面可以做到不显拼缝。如图 8-63 所示。

7. 拉伸与固定

地毯缝合完毕,要进行拉伸。先将地毯的一条长边固定在倒刺上,将地毯的毛边掩到踢脚板下面。拉伸地毯要用地毯撑子,用手压住地毯撑,再用膝盖撞击地毯撑子,从一个方向,一步一步推向另一边。如果面积大,可几个人同时操作。一遍未能将地毯拉平,可再重复拉

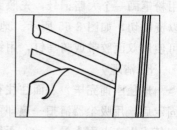

图 8-63 地毯接缝

伸,直到拉平为止,然后将地毯固定在倒刺板上,将毛边掩好。对于长出的地毯,用裁割刀将其割掉。一个方向拉伸完毕,可进行另一个方向的拉伸,直至四个边都固定在倒刺板上。

门口处地毯的敞边处装上门口压条,折去暂时固定的螺丝。使用时,将18mm的一面轻轻敲一下,紧压住地毯面层,其21mm的一面应压在地板之下。并与地面用螺丝加以固定,如图8-64。

在墙边踢脚处安装地毯,需用一把锋利的裁切刀。如果室内有柱子或凸出来的地方,需将地毯大量切掉,可在毯上

图 8-64 门口处安装压条

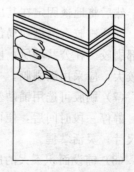

图 8-65 墙边处安装地毯

用粉笔画一个大略记号，先照剪去，然后留下边缘细心切割以资贴切，如图8-65所示。地毯边缘除了可以钉住外，也可使用双面胶带或骑马钉，用钉枪把它钉牢。

8. 清理

地毯刚铺完毕，表面往往有不少脱落的绒毛，待收口条固定后，用吸尘器清扫一遍即可干净。铺设后的房间，一般应禁止人在上面大量走动，否则会增加清理工作量。清理完毕后用塑料薄膜加以覆盖。

8.5.6 用粘结法固定地毯操作要点

（1）铺设地毯的地面需具有一定的强度，地面要平整、无凸包、麻坑、裂缝等现象。

（2）施工地面应扫除干净，并保持干燥。

（3）拼缝的地毯，如有花纹应对称完整，地毯面平整、没有脏污、空鼓、死折、翘边、对缝不允许偏差，并不离缝、不搭缝。

（4）凡能被雨水淋湿，有地下水或渗透的地面，不能铺设地毯。

（5）用胶粘结固定地毯，一般不放垫层，把胶刷在基层，然后将地毯固定在基层上。

（6）刷胶有满刷和局部刷两种，不常走动的房间多采用局部刷胶。在公共场所，由于人活动的频繁，所用的地毯磨损较大，应采用满刷胶。

（7）刷胶可选用铺贴塑料地板用的地板胶。胶刷在基层上，静停一段时间后，便可铺放地毯。铺设的方法应根据房间尺寸，灵活掌握。

（8）铺设面积不大的房间地面，将地毯裁割完毕，在地面的中间刷一块面积的胶，然后将地毯铺放，再用地毯撑子往两边撑拉,再沿墙边刷两条胶,将地毯压平掩边。

(9) 对于面积狭长的走廊或影剧院观众厅的走道,宜从一端铺向另一端。

(10) 当地毯需要拼接时,在拼缝处刮一层胶,将地毯拼密实。地毯要裁割整齐,不应弯弯曲曲。

8.5.7 楼梯地毯的铺设操作要点

(1) 将垫衬材料用地板木条分别钉在楼梯阴角两边,两木条之间应留有 1.5mm 的间隙,如图 8-66 所示。

(2) 用预先切好的地毯角铁钉在每级压板与踏板所形成转角的衬垫上。由于整条角铁都有突起的抓钉,故能不露痕迹地将整条地毯抓住。如果所用地毯已有海绵衬底,则可以用塑胶的固定材料来代替角铁。

(3) 把地毯毛绒理顺,找出绒毛最光滑的方向,地毯的铺设以绒毛走向朝下为准。

(4) 地毯要从楼梯的最高一级铺起,将始端翻起在顶级的竖板上钉住,然后用扁铲将地毯压进阴角,并使地板木条上的抓钉紧紧抓住地毯,如图 8-67 所示。然后铺达第二套固定角铁。这样连续下来直到最下一级,将多余的地毯朝内褶转,钉于底级的竖板上。

图 8-66 钉衬垫材料

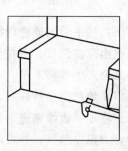

图 8-67 钉地毯

(5) 在梯级阴角处用扁铲敲打,地板木条上都有突起的抓钉能将地毯紧密抓住。在每级压、踏板转角处用不锈钢螺钉拧角铝角防滑条。

8.5.8 机织羊毛满铺地毯的铺设操作要点

(1) 根据铺设的面积,合理选购适当规格的地毯和垫层,以最省料为度。

(2) 沿墙边钉木卡条。

(3) 在地毯接缝处,应将地毯翻过来平接,接口处应涂上一些白胶,并贴上牛皮胶纸,缝线应结实,针脚不必太密。

(4) 用电铲修茸地毯接口处正面不齐的绒毛。

(5) 为避免门口处的地毯被踢起,在门口处常加一弧形锑条,锑条内有倒钩扣牢地毯,如图8-68所示。

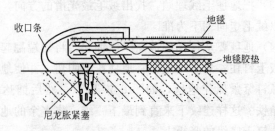

图8-68 锑条内的倒钩扣牢地毯

(6) 铺平后的地毯用撑子张拉,使其平伏地面,避免表面松弛出现波浪纹。张拉力量应适当,过大易使地毯撕破,过小又会产生推移不平。

(7) 地毯完全铺好后,用搪刀裁去墙边多出的部分,再用扁铲将地毯边缘塞进木条和墙壁之间的间隙中,地板木条上的钉尖抓住地毯。并将原先暂用锚固的钢钉拔除,清理施工现场。

8.5.9 地毯地面的质量要求及检验标准

（1）地毯面层采用方块、卷材地毯在水泥类面层（或基层）上铺设。

（2）水泥类面层（或基层）表面应坚硬、平整、光洁、干燥，无凹坑、麻面、裂缝，并应清除油污、钉头和其他突出物。

（3）海绵衬垫应满铺平整，地毯拼缝处不露底衬。

（4）固定式地毯铺设应符合下列规定：

1）固定地毯用的金属卡条（倒刺板）、金属压条、专用双面胶带等必须符合设计要求；

2）铺设的地毯张拉应适宜，四周卡条固定牢；门口处应用金属压条等固定；

3）地毯周边应塞入卡条和踢脚线之间的缝中；

4）粘贴地毯应用胶粘剂与基层粘贴牢固。

（5）活动式地毯铺设应符合下列规定：

1）地毯拼成整块后直接铺在洁净的地上，地毯周边应塞入踢脚线下；

2）与不同类型的建筑地面连接处，应按设计要求收口；

3）小方块地毯铺设，块与块之间应挤紧服贴。

（6）楼梯地毯铺设，每梯段顶级地毯应用压条固定于平台上，每级阴角处应用卡条固定牢。

1. 主控项目

（1）地毯的品种、规格、颜色、花色、胶料和辅料及其材质必须符合设计要求和国家现行地毯产品标准的规定。

（2）地毯表面应平服、拼缝处粘贴牢固、严密平整、图案吻合。

2. 一般项目

(1) 地毯表面不应起鼓、起皱、翘边、卷边、显拼缝、露线和无毛边,绒面毛顺光一致,毯面干净,无污染和损伤。

(2) 地毯同其他面层连接处、收口处和墙边、柱子周围应顺直、压紧。

8.5.10 地毯表面污渍的清除

地毯不宜积存灰砂,长期则会引致地毯纤维磨损侵蚀,因此,最好经常使用吸尘器来保持地毯的清洁。地毯比较容易受磨损,受污染,但只要及时清理,选用合适的清洁剂,大部分是可以清除干净的。

表 8-9 中所介绍的是对不同污渍所采用的不同清理方法。

不同污渍所采用的不同清理方法　　　表 8-9

污渍类型	清除步骤
酒精、尿液、烟灰、铁锈、血液、啤酒、酒、果汁、盐水、芥末、漂白剂、墨水	(1) 将溶液Ⅰ倒进布块 (2) 抹掉污渍(不宜大力抹擦) (3) 用纸巾吸去多余水分 (4) 弄干后再用吸尘机清理
巧克力、鸡蛋、口香糖、冰淇淋、牛奶、汽水、呕吐物	(1) 用溶液Ⅰ抹掉污渍 (2) 用纸巾吸去多余液体 (3) 应用溶液Ⅱ (4) 应用溶液Ⅰ (5) 用纸巾吸去多余液体 (6) 弄干后再用吸尘器
牛油、水果、果汁、油脂、食油、药膏、油漆、香水、鞋油、油渍、蜡	(1) 用溶液Ⅰ抹掉污渍体 (2) 用纸巾吸去多余液 (3) 等待变干 (4) 将溶剂倒进布块 (5) 用溶液再抹污渍 (6) 用纸巾吸去多余液体 (7) 弄干后再用吸尘机清理

注:溶液Ⅰ:以 30ml 地毯清洁剂加一匙白醋混进 120ml 水中。

溶液Ⅱ:将 7ml 硼砂混于 300ml 水中。

溶剂:应用干洗剂,但不宜多用,避免与地毯驳缝接触。

8.5.11 地毯的整新与染色

每一种地毯都有专用的染料,不可混淆。适用于羊毛、尼龙、嫘萦或这些纤维与腈纶组织的地毯染料,不可用于100%的纯腈纶纤维织成或具有海绵、橡胶衬底的地毯。地毯褪色欲染新色时,所用染料会与原色泽相混合。例如,一张原为金色的地毯加染蓝色时会出现绿色。为了使效果良好,最好采用同一色系的染料,如在原为粉红之上改为染红色或紫色,在肉色之上改染棕色等比较好。

1. 施工准备

地毯染色的主要物具有:真空吸尘器、地毯洗洁剂、硬的擦洗刷、地毯用染料、橡皮手套、报纸、小碗等。

2. 操作要点

(1) 在施工前用真空吸尘器清扫地毯一番。先将踢脚板及四周地面用旧报纸护住。再用清洁剂清洗地毯,所有污迹尽可能洗掉,以免在染色后仍显露出来。

(2) 按使用说明,将染料熔化在热水瓶中。远离门口的地方先染。用硬刷将热的染料溶液刷进绒毛之中,如图8-

图 8-69 刷染料

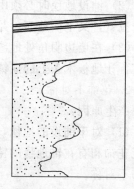

图 8-70 参差状颜色

69 所示。

(3) 褪色的地方先染，等整张的地方染完，将该处再染一次。即使还没染完的时候，中途要停顿工作，停下来的地方要呈参差状，如图 8-70 所示，不可作一直线。

(4) 染完静候 24h 以待晾干，然后再用真空吸尘器清理一遍。

8.5.12 质量通病及防治措施

1. 外观表面不平整，有起鼓、皱褶现象

产生原因：

(1) 地毯打开时出现起鼓现象，又未卷回头重新铺展。

(2) 地毯铺设时，推张松紧不匀，铺设不平伏，出现松弛状。

(3) 基层墙边阴角处地板木条上的抓钉未能抓住地毯，出现波浪状，易产生皱褶。

防治措施：

(1) 地毯打开时出现起鼓现象，必须立即卷回头，再重新平稳展开，要注意表面平坦。

(2) 铺设地毯时必须用"膝撑"逐段逐行推张地毯，使之既拉紧，又平伏地面，并随即用钢钉锚固，防止松弛。

(3) 在墙边阴角处地毯应裁剪合适压进墙边，并用扁铲敲打，让地板木条上的抓钉能真正抓住地毯。

2. 花饰不对称

产生原因：

(1) 对于铺设的地毯，未进行周密地观察研究，没有区分无花饰和有花饰地毯的特点而盲目操作，两块连接的地毯花饰不对称。

(2) 由于选购的地毯规格与房间的铺设面积不相符，如为了两块连接的地毯花饰对称,需要切掉不对称的部分,造成地毯面积不够,于是马虎铺设。

防治措施:

(1) 根据铺设面积,合理的选购适当规格的地毯。须注意,如果是花饰地毯应考虑保留余量。

(2) 地毯铺设前,应先进行周密的观察研究。花饰地毯的拼接与裁切要恰当。在接缝处用胶烫带细心粘贴,并将接缝辗平、压实,不能搭缝或离缝。

3. 颜色不一致

产生原因:

(1) 地毯的材质不良,易褪色,表面有花斑,色相不统一。

(2) 基层潮湿,或日光曝晒,使地毯表面颜色发白或变浅。

(3) 由于基层地面渗水,地毯易吸水,潮湿的地毯极易脏污和发霉。

防治措施:

(1) 选用不易褪色,材质优良的地毯,不用残次品。

(2) 待基层基本干燥,含水率低于8%时,将准铺设地毯。

(3) 凡能被雨淋,或有地下水渗透的地面,绝不能铺设地毯。

(4) 尽量避免地毯处在日光直接照射,或在有害气体的环境中施工。

(5) 有严重颜色不一致的地毯,必须掀掉重新铺设新毯。

8.6 板块地面施工

板块地面是指采用大理石板块、花岗石板块、陶瓷锦砖、陶瓷质铺地砖等板材与块材铺设的地面。

8.6.1 大理石板块地面

1. 施工准备

(1) 大理石板块地面施工，应在顶棚、墙面饰面完成之后进行，先铺设楼、地面，后安装踢脚板。

(2) 施工前，要清理现场，检查施工部位有没有水、暖、电等工种的预埋件，是否会影响板块的铺贴。

(3) 大理石板块的品种、规格及性能符合设计要求。对进场的大理石板材要进行规格、尺寸、色泽、边角等方面几何尺寸和外观要求的检查。凡有翘曲、歪斜、厚薄偏差过大以及裂缝、掉角等缺陷应于剔出。

(4) 同一楼面、地面工程应采用同一厂家、同一批号的产品，不同品种的大理石板块材料不得混杂使用。

(5) 施工工具 水平尺、开刀、钢錾、电动手提无齿石材切割机（图3-52）、手提式磨石机（图3-77）。

2. 操作要点

(1) 基层处理 板块地面在铺砌或铺粘之前，应先挂线检查并掌握楼、地面垫层的平整度，做到心中有数。然后清扫基层并用水刷净，如为光滑的钢筋混凝土楼面，应凿毛。对于楼、地面的基层表面应提前一天浇水湿润。

(2) 找规矩 根据设计要求、确定平面标高位置。对于结合层的厚度，水泥砂浆结合层应控制在10～15mm；砂结合层为20～30mm。平面标高确定之后，在相应的立面上弹线，再根据板块分块情况挂线找中，即在房间地面取中点，拉十字线。与走廊直接相通的门口外，要与走道地面拉通线，板块分块布置要以十字线对称。如若室内地面与走廊地面颜色不同，其分界线应安排在门口门扇中间处。

(3) 试拼　根据标准线确定铺砌顺序和标准块位置。在选定的位置上，对每个房间的板块，应按图案，色泽和纹理进行试拼。试拼后按两个方向编号排列，然后按编号码放整齐。

(4) 试铺　在房间的两个垂直方向，按标准线铺两条干砂，其宽度大于板块。根据设计图要求把板块排好，检查大理石板的缝隙（一般不大于1mm），同时核对板块与墙面、柱面、管线洞口等的相对位置，确定找平层砂浆的厚度（对于浴室、卫生间等有排水要求者，应找好泛水）。根据试铺结果，在房间主要部位弹上互相垂直的控制线，并引至墙上，用以检查和控制板块的位置。

(5) 浸水湿润　对于铺设于水泥砂浆结合层上的大理石板块，施工前应将板块料浸水湿润，并阴干码好备用，铺砌时，板块的底面以内潮外干为宜。这是保证面层与结合层粘结牢固、防止空鼓、起壳等质量通病的重要措施。

(6) 铺水泥砂浆结合层

1) 砂浆的选择　水泥砂浆结合层，或又是找平层，应严格控制其稠度，以保证粘结牢固及面层的平整度。结合层宜采用干硬性水泥砂浆，因干硬性水泥砂浆具有水分少、强度高、密实度好、成型早及凝结硬化过程中收缩率小等优点。干硬性水泥砂浆的配合比常用1∶1～1∶3（水泥∶砂）体积比，沉入度为2.5～3.5cm，若直观检查，以手捏成团、落地成花即可。

2) 刷水泥素浆粘结层　在铺水泥砂浆结合层之前，还应在基层上刷一遍水灰比为0.4～0.5的水泥浆粘结层，随刷随铺。

3) 试铺　铺水泥砂浆结合层时，摊铺砂浆长度应在1m

以上,其宽度要超出平板宽度 20～30mm,摊砂浆厚度为 10～15mm,楼、地面虚铺的砂浆应比标高线高出 3～5mm。砂浆应从里面向房间门口铺抹,然后用大杠刮平、拍实、用木抹子找平、再进行试铺。

试铺的操作程序是:铺设干硬性水泥砂浆结合层后,即将大理石块材安放在铺设的位置上,对好纵横缝、用橡皮锤(或木锤)轻轻敲击大理石板块料,使砂浆振实,当锤击到铺设标高后,将板料搬起移至一旁。

(7) 正试铺贴 试铺后,在干硬性砂浆面层上检查是否平整,密实,如有孔隙不实之处,应及时用砂浆补上,接着浇上一层水灰比为 0.4～0.5 的水泥浆,才能进行铺贴。

正试铺贴时,要将极块四角同时平稳下落,对准纵横缝后,用橡皮锤轻敲振实,并用水平尺找平。锤击板块时注意不要敲砸边角,也不要敲打在已铺贴完毕的平板上,以免造成空鼓。

(8) 板缝的修饰 大理石铺贴完毕,养护 1～2d 后,即可开始灌缝。灌缝宜用稀水泥浆或 1∶1 水泥细砂浆。灌缝或擦缝所用的水泥,一般应根据面层的色彩决定,浅色的板材、宜用内水泥。灌缝面层上溢出的水泥浆或水泥砂浆应在其凝结之前予以清除,再用与板面相同颜色的水泥浆将缝擦满。待缝内的水泥凝结后,再将面层清洗干净,3d 内禁止上人走动。

(9) 上蜡 大理石铺砌后,待结合层砂浆强度达到 60%～70%方可打蜡抛光。

(10) 踢脚板镶贴 踢脚板施工前要认真清理墙面,提前一天浇水湿润。按需要数量将阳角处的踢脚板的一端,用无齿锯切成 45°角,并将踢脚板用水刷净,阴干备用。

镶贴时，由阳角开始向两侧试贴，检查是否平直，缝隙是否严密，有无缺边掉角等缺陷，合格后才可实贴。不论采取什么方法安装，均应先在墙面两端各镶贴一块踢脚板，其上沿高度应在同一水平线上，出墙厚度要一致，然后沿两块踢脚板上沿拉通线，逐块依顺序安装。

1) 粘贴法：根据墙面标筋和标准水平线，用 1:2～2.5 的水泥砂浆抹底层并刮平划纹，待底层砂浆干硬后，将已湿润阴干的预制水磨石踢脚板抹上 2～3mm 素水泥浆进行粘贴，并用橡皮锤敲击平整，且随时用水平尺及靠尺找平与找直。第二天，用与板面相同颜色的水泥浆擦缝。

2) 灌浆法：将踢脚板临时固定在安装位置，用石膏将相邻两块踢脚板以及踢脚板与地面、墙面之间稳牢，然后用稠度 10～15cm 的 1:2 水泥砂浆（体积比）灌缝。注意随时把溢出的砂浆擦拭干净。待灌入的水泥砂浆终凝后，把石膏铲掉擦净，用与板面同色的水泥浆擦缝。

8.6.2 碎拼大理石地面

碎拼大理石地面面层，亦称冰裂纹面层，它是采用不规则的大理石碎块经选择后，不规则地铺设在水泥砂浆结合层上，并用水泥砂浆或水泥石粒浆填补块料间隙而成的一种板块型新颖地面（图 8-71），其构造做法见图 8-72。

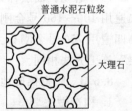

图 8-71 碎拼大理石面层

拼碎大理石地面的铺贴施工方法与前述墙面碎拼大理石基本相同。碎拼大理石地面的缝隙，如为冰状块料时，可大可小，互相搭配铺贴出各种图案。缝隙可用同色水泥色浆嵌

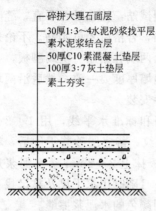

图8-72 碎拼大理石
地面构造做法

抹,做成平缝;也可以嵌入彩色水泥石粒浆,嵌抹应凸出2mm,然后用金刚石将凸缝抹平,面层磨光,再上蜡抛光。

地面镶贴时应注意:

(1)镶拼后,刮除缝内挤出的砂浆,缝底成方形,并检查碎拼大理石的平整度。

(2)浇注石碴浆。在抹接缝处的水泥石碴浆前,应将接缝内的积水和浮砂清扫干净,并刷素水泥浆一道,随即浇注石碴浆。抹灰厚度要高出大理石面1~2mm。

(3)压光。面层石碴浆铺设后,在表面要均匀撒一层石碴,用钢抹刀拍实压平,待表面出浆后,再用钢抹刀压光,次日开始养护。

(4)磨光。面层抹光,第一遍用80~100号金刚石,第二遍用100~160号金刚石,第二遍用240~280号金刚石,第四遍用750号金刚石。各遍要求与上蜡方法与"水磨石面层"施工方法相同。

8.6.3 陶瓷锦砖地面施工

1. 构造做法

陶瓷锦砖楼、地面面层常见的构造做法见图8-73、图8-74所示。

2. 施工准备

(1)材料准备

纸
陶瓷锦砖
10～15厚
水泥砂浆
钢筋混凝土垫层

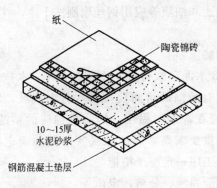

图 8-73　陶瓷锦砖楼、地面构造

1）陶瓷锦砖　陶瓷锦砖分大、小块，有釉、无釉，表面颜色和小块规格形状多种多样，每联规格一般为30.5×30.5。

2）水泥砂子。

（2）工具准备

钢、木抹子、木拍板、刷子、水平尺、墨斗线、开刀、切砖刀、胡桃钳、橡皮锤、钢錾等。

3. 操作要点

（1）地面处理

铺贴地面陶瓷锦砖，通常是在混凝土楼面或地面上施工。如基层表面较光滑应进行凿毛处理，凿毛深度为 5～10mm，凿毛痕的间距为 30mm 左右。对地面基体表面应进行清理，表面残留

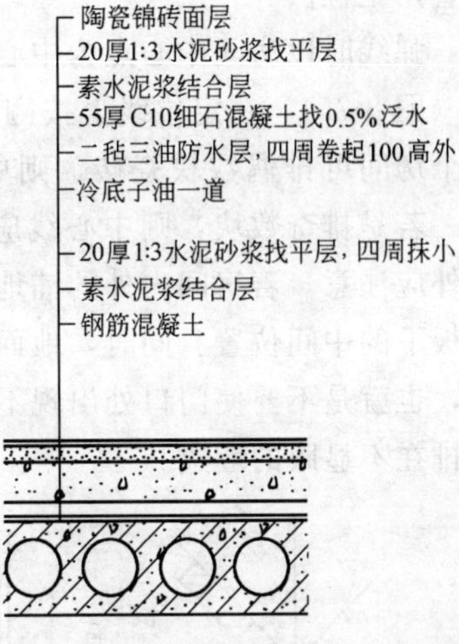

陶瓷锦砖面层
20厚1:3水泥砂浆找平层
素水泥浆结合层
55厚C10细石混凝土找0.5%泛水
二毡三油防水层，四周卷起100高外
冷底子油一道
20厚1:3水泥砂浆找平层，四周抹小
素水泥浆结合层
钢筋混凝土

图 8-74　陶瓷锦砖楼、地面做法

的砂浆、尘土和油渍等应用钢丝刷刷洗干净,并用清水冲洗地面。

(2) 抹底灰

用1∶3水泥砂浆打底,木刮杆刮平,木抹子搓毛,有坡度要求或有地漏的房间要按排水方向找坡,坡度不小于5%,找坡应在冲筋时做出。因陶瓷锦砖的粘结砂浆较薄,抹底灰的质量要求高,因此抹底灰阶段的确定标高,做灰饼、冲筋等工序一定要严格把关。

(3) 地面弹线、分格,定位

地面铺贴常有两种方式,一种是陶瓷锦砖接缝与墙间面成45°角,称为对角定位法;另一种是接缝与墙面平行,称为直角定位法。

弹线时以房间中心点为中心,弹出相互垂直的两条定位线(图8-75)。在定位线上按陶瓷锦砖的尺寸进行分格,如整个房间可排偶数块瓷砖,则中心线就是陶瓷锦砖的对接缝。若是排奇数块,则中心线应为陶瓷锦砖的中心位置上。另外应注意,若房间内外的铺地材料不同,其交接线应设在门板下的中间位置。同时,地面铺贴的收边位置不应在门口处,也就是不要使门口处出现不完整的砖块,其收边位置应安排在不显眼的墙边。

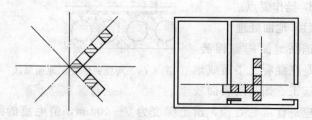

图8-75 弹线、定位

(4) 铺贴

1) 预选锦砖：对其规格颜色进行检查，对掉块的锦砖要用胶水补贴，将选用的锦砖按房间部位分别存放，铺贴前背面刷水湿润。

2) 抹粘结层：湿润底灰后，刮一道素水泥浆，随即抹1：1.5水泥砂浆3～4mm厚，随刷随抹随铺贴。

3) 铺贴：双手拿锦砖按弹线仔细对位后铺上，用橡皮锤拍实，使锦砖与底灰粘牢，并与其他锦砖平齐，铺贴时应随时注意平直，随时刮去挤出缝隙的砂浆。

4) 揭纸拔缝：锦砖铺完后20～30min，即可用水喷湿面纸，面纸湿透后，手扯纸边与地面平行揭去纸面，不可向上提拉。用开刀将缝隙调匀，表面不平部分再行按平拍实，用1：2干水泥砂子灌缝，用开刀再次调缝。

5) 擦缝：用白水泥素浆或加颜料水泥素浆嵌缝，要擦密实，并将表面灰痕用锯末或棉纱擦洗干净。

4. 施工注意事项

(1) 陶瓷锦砖地面，一般应在顶棚、墙面抹灰和墙裙、踢脚线做完后施工。

(2) 陶瓷锦砖铺贴地面时，一个房间应一次完成，不能分次铺贴。

(3) 施工完后的锦砖表面应平整，颜色一致，接缝均匀，无砂浆痕迹。

(4) 铺贴完地面的次日，铺干锯末养护3～4d，养护期间不得上人。

(5) 施工过程中，不得直接在未硬化的面层上踩踏，地面上如需上人，可铺脚踏板，增加受力面积，以保证面层不变形为宜。

8.6.4 预制水磨石地面

用预制水磨石板代替现制水磨石作建筑地面,具有工艺简单、劳动效率高、施工方便、速度快、装饰美观等优点,是一项内装饰的革新工艺。

1. 材料要求

(1) 预制水磨石板:规格有 305mm×305mm、400mm×400mm、500mm×500mm,厚 25、35mm。表面色彩按设计要求选定。其规格选前两种为好。预制水磨石板必须做到角方、边直、面平,利于保证铺贴质量。

(2) 水泥:32.5、42.5,水泥出厂半个月到三个月,品种不限,稳定性好。

(3) 黄砂:中砂,力求干净,含泥量不大于3%,并要求过筛。

(4) 材料配合比:

1) 基层细石混凝土按设计强度等级配制。

2) 找平层砂浆配合比:水泥:砂=1:3。

3) 粘结层砂浆配合比:水泥:黄砂=1:1.5,稠度一般为 6~8cm。

2. 施工准备

(1) 常用工具同一般抹灰用的工具及专用平尺、木锤、水磨石板切割机。

(2) 预制水磨石板铺浆模台。采用预制水磨石板铺浆模台,可代替一般手工操作。模台供铺预制水磨石板底粘结层砂浆,能控制水磨石板加粘结层的总厚度,使之规格化,确保地面平整度。经实践证明效果较好。

模台制作如图 8-76 所示,它由木台和钢模两部分组成,一张木台上配三个钢模,钢模三边固定,一边可拆装。

(3) 检查、验收主体结构层，平整度、强度是否符合设计要求，否则应进行返工。

(4) 检查、验收门框，水暖、电气管道及预埋件安装是否合乎要求。

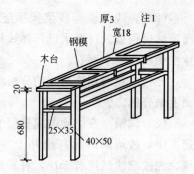

图8-76 预制水磨石板铺浆模台示意

注：凹槽高度（25mm厚板取27，35mm厚板取37）里边净长为水磨石板全长加6。

3. 施工要点

(1) 铺设在水泥砂浆结合层上的水磨石板块，在铺设前应用水浸湿，应待基层水泥砂浆抗压强度达到1.2MPa以上才能进行。

(2) 水磨石预制块面层铺设前，应先按图案纹理试拼并编号。铺砌时，应使预制水磨石表面平整、密实。

(3) 板块应分段同时铺砌。板块间和板块与结合层间以及墙角、镶边和靠墙处，均应与水泥砂浆紧密结合。板块与结合层之间不得有空隙，亦不得在靠墙处，砂浆应在其凝结前清除。

(4) 铺砌时，要求板块平整，镶嵌正确。铺砌工作应在水泥砂浆凝结前完成。施工间隙后继续铺砌前，应将已铺砌的板块下挤出的砂浆予以清除。

(5) 水磨石预制板块铺砌后，其表面应加以保护，待结合层水泥砂浆强度达到60%～70%时，方可打蜡达到光滑洁亮。

4. 操作要点

(1) 检查 基层处理及抹找平层砂浆，基本同现制水磨石操作工艺，找平层施工必须检查其平整度。

（2）弹线排块　砂浆找平层抹好后第二天就可清扫表面，然后根据设计要求进行弹线排块，排块要注意对称和尽量少切割预制水磨石。

分格时要与相连房间的分格线连接，所有分格线应在墙面上做好标志。

（3）试铺　在结硬的找平层上抹水泥浆一道，于房间四边取中，按地面的标高拉好十字线，或若干条竖（横）准线。先按准线试铺若干块，看看是否符合要求，若发现问题应予以调整。从试铺中确定砂浆厚度。

（4）铺预制水磨石板底面粘结砂浆　将预制水磨石板放入模台的钢模中，底面向上，清除灰尘、垃圾，稍洒水湿润，铺上粘结砂浆，用木刮尺刮平砂浆层，厚5mm左右，如选用厚度25mm（实际厚度23～27mm）的预制水磨石板，模台控制板和砂浆总厚度应为30mm。

（5）铺找平层面粘结砂浆　用铁板铺砂浆、抹平，厚度为3～4mm，可用移动的4mm厚的木板条控制。预铺砂浆长度以1m为宜。

（6）铺贴预制水磨石板　镶贴饰面板时四角应往下落，使其与砂浆平行接触，轻放，防止板的棱角破坏粘结层的平整度。凡有柱的大厅，应先铺柱与柱之间的直线，然后再向两边镶贴。

（7）校正水磨石板　预制水磨石板铺好后用木锤轻击板面，使之牢固粘结，表面平整，两块板接缝对齐、平整，尤其要注意板的"拼角"平、齐，边击边用水平尺检查，铺好一排后要拉通线检查是否直，如发现个别凹凸或曲缝，要及时进行加浆、减浆和理缝。

（8）嵌缝　预制水磨石板铺好后，隔两天方可对板缝清除尘物,洒水,应先用水泥砂浆灌 2/3 高度,余下的 1/3 应按要求的颜色水泥浆灌满并嵌擦密实。然后用干锯末把表面擦净。

(9) 养护　嵌好缝后的第二天应立即铺上 5~10mm 厚木屑浇水养护 3d 左右。

(10) 打蜡　在地面使用前扫除木屑,用磨石子机压麻袋布擦净表面灰尘污物,再稍打一遍蜡,擦亮,到出现反光为止。

5. 质量通病及防治措施

(1) 地面空鼓

产生原因:

1) 基层清理不干净或浇水湿润不够,结合层涂刷不均匀或涂刷时间过长,致使风干硬结,造成面层和垫层一起空鼓。

2) 粘结层砂浆铺得太厚,砸不密实,容易造成面层空鼓。

3) 预制水磨石板块背面没刷净和没用水浸透,影响粘结效果,或锤击不当。

防治措施:

1) 地面基层清理必须认真,并充分湿润。水泥素浆结合层应刷涂均匀,不能用撒干水泥面后,再洒水扫浆的办法施工。

2) 预制水磨石块背面必须清扫干净,并事先用水浸透。

(2) 接缝不平,缝子不匀

产生原因:

1) 板块本身有厚薄不匀、宽窄不一、窜角、翘曲等缺陷,使铺设后,在接缝处产生不平,缝子不均等现象。

2) 各房间的水平标高线不统一,使得与楼道相接的门口处出现地面高低偏差。

防治措施:

1) 应由专人负责从楼道统一往各房间内引入标高线,房间内应四边取中,在地面上弹出十字线。铺设时,应先安好十字线交叉处最中间的一块作为标准块,作为整个房间的水平标准和经纬标准,应用90°角尺及水平尺细致校正。

2) 铺设时,应向两侧和后退方法顺序铺设,随时用水平尺和直尺找准,缝子必须拉通长线,不能有偏差,铺设时分设分块尺寸要事先排好定死,以免产生游缝、缝子不匀和最后一块铺不上或缝子过大等现象。

3) 有翘曲、拱背、宽窄不方正等缺陷的板块,应事先用套尺检查挑出,或在试铺时认真调整,用在适当部位。

8.6.5 地面砖镶贴

1. 施工准备

(1) 材料准备

1) 地面砖的规格、性能应符合质量要求。

2) 在使用前应对地面砖进行挑选,强度等级和品种不同的砖不得混用。如有裂缝、掉角,扭曲变形和小于半块的碎砖应予剔除。

(2) 施工工具

常用的工具有木、铁抹子,卷尺、水平尺、线锤、棉线(或尼龙线)、橡皮锤(或木锤)等。

2. 操作要点

(1) 基层处理

在地面砖铺贴前,应先挂线检查并掌握楼地面垫层的平整度,做到心中有数。然后清扫基层并用水冲刷净,如为光滑的混凝土楼面应凿毛。对于楼、地面的基层表面应提前一天浇水。

(2) 铺抹结合层

在刷干净的地面上，摊铺一层 1∶3.5 的水泥砂浆、厚度小于 10mm 的砂浆结合层。

(3) 弹线、定位

根据设计要求确定地面标高线和平面位置线。可以用尼龙线或棉线绳在墙面标高点上拉出地面标高线，以及垂直交叉的定位线。

(4) 铺贴

1) 按定位线的位置铺贴瓷砖。用 1∶2 的水泥砂浆摊在瓷砖背面上，再将瓷砖与地面铺贴，并用橡皮锤敲击瓷砖面，使其与地面压实，并且高度与地面标高线吻合。铺贴 8 块以上时应用水平尺检查平整度，对高的部分用橡皮锤敲平，低的部分应起出瓷砖后用水泥浆垫高。瓷砖的铺贴程序，对于小房间来说（面积小于 $40m^2$），通常是做 T 字形标准高度面。对于房间面积较大时，通常按在房间中心十字形做出标准高度面，这样可便于多人同时施工。如图 8-77 (a) 所示。

2) 铺贴大面。铺贴大面施工是以铺好的标准高度面为标基进行，铺贴时紧靠已铺好的标准高度开始施工，并用拉出的对缝平直线来控制瓷砖对缝的平直。铺贴时，水泥浆应饱满地抹于瓷砖背面，并用橡皮锤敲实，以防止空鼓现象。并应一边铺贴一边用水平尺检查校正。还需即刻擦去表面的水泥浆。如图 8-77 (b) 所示。

对于卫生间、洗手间的地面，应注意铺贴时做出 1∶500 的返水斜度。

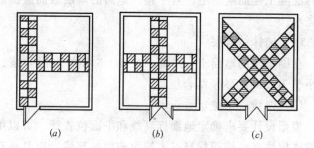

图 8-77 标准高度面做法
(a) 面积较小的房间做 T 字形；(b)、(c) 大面积房间做法

整幅地面铺贴完毕后，养护 2d 再进行抹缝施工。抹缝时，将白水泥调成干性团，在缝隙上擦抹，使瓷砖的对缝内填满白水泥，再将瓷砖表面擦净。

8.6.6 板、块地面质量要求及检验方法

1. 一般规定

1) 本章适用于砖面层、大理石面层和花岗石面层、预制板块面层、料石面层、塑料板面层、活动地板面层和地毯面层等面层分项工程的施工质量检验。

2) 铺设板块面层时，其水泥类基层的抗压强度不得小于 1.2MPa。

3) 铺设板块面层的结合层和板块间的填缝采用水泥砂浆，应符合下列规定：

① 配制水泥砂浆应采用硅酸盐水泥、普通硅酸盐水泥或矿渣硅酸盐水泥，其水泥强度等级不宜小于 32.5；

② 配制水泥砂浆的砂应符合国家现行行业标准《普通混凝土用砂质量标准及检验方法》JGJ 52 的规定；

③ 配制水泥砂浆的体积比（或强度等级）应符合设计

要求。

4) 结合层和板块面层填缝的沥青胶结材料应符合国家现行有关产品标准和设计要求。

5) 板块的铺砌应符合设计要求,当设计无要求时,宜避免出现板块小于1/4边长的边角料。

6) 铺设水泥混凝土板块、水磨石板块、水泥花砖、陶瓷锦砖、陶瓷地砖、缸砖、料石、大理石和花岗石面层等的结合层和填缝的水泥砂浆,在面层铺设后,表面应覆盖、湿润,其养护时间不应少于7d。

当板块面层的水泥砂浆结合层的抗压强度达到设计要求后,方可正常使用。

7) 板块类踢脚线施工时,不得采用石灰砂浆打底。

8) 板、块面层的允许偏差应符合表8-10的规定。

2. 砖面层

1) 砖面层采用陶瓷锦砖、缸砖、陶瓷地砖和水泥花砖应在结合层上铺设。

2) 有防腐蚀要求的砖面层采用的耐酸瓷砖、浸渍沥青砖、缸砖的材质、铺设以及施工质量验收应符合现行国家标准《建筑防腐蚀工程施工及验收规范》GB 50212的规定。

3) 在水泥砂浆结合层上铺贴缸砖、陶瓷地砖和水泥花砖面层时,应符合下列规定:

① 在铺贴前,应对砖的规格尺寸、外观质量、色泽等进行预选,浸水湿润晾干待用;

② 勾缝和压缝应采用同品种、同强度等级、同颜色的水泥,并做养护和保护。

4) 在水泥砂浆结合层上铺贴陶瓷锦砖面层时,砖底面应洁净,每联陶瓷锦砖之间、与结合层之间以及在墙角、镶

板、块面层的允许偏差和检验方法（mm） 表 8-10

项次	项目	允许偏差										检验方法
		陶瓷锦砖面层、高级水磨石板、陶瓷地砖面层	缸砖面层	水泥花砖面层	水磨石板块面层	大理石面层和花岗石面层	塑料板面层	水泥混凝土板块面层	碎拼大理石、碎拼花岗石面层	活动地板面层	条石面层	块石面层	
1	表面平整度	2.0	4.0	3.0	3.0	1.0	2.0	4.0	3.0	2.0	10.0	10.0	用2m靠尺和楔形塞尺检查
2	缝格平直	3.0	3.0	3.0	3.0	2.0	3.0	3.0	—	2.5	8.0	8.0	拉5m线和用钢尺检查
3	接缝高低差	0.5	1.5	0.5	1.0	0.5	0.5	1.5	—	0.4	2.0	—	用钢尺和楔形塞尺检查
4	踢脚线上口平直	3.0	4.0	—	4.0	1.0	2.0	4.0	1.0	—	—	—	拉5m线和用钢尺检查
5	板块间隙宽度	2.0	2.0	2.0	2.0	1.0	—	6.0	—	0.3	5.0	—	用钢尺检查

边和靠墙处，应紧密贴合。在靠墙处不得采用砂浆填补。

5）在沥青胶结料结合层上铺贴缸砖面层时，缸砖应干净，铺贴时应在摊铺热沥青胶结料上进行，并应在胶结料凝结前完成。

6）采用胶粘剂在结合层上粘贴砖面层时，胶粘剂选用应符合现行国家标准《民用建筑工程室内环境污染控制规范》GB 50325 的规定。

（1）主控项目

1）面层所用的板块的品种、质量必须符合设计要求。

2）面层与下一层的结合（粘结）应牢固，无空鼓。

注：凡单块砖边角有局部空鼓，且每自然间（标准间）不超过总数的5%可不计。

（2）一般项目

1）砖面层的表面应洁净、图案清晰，色泽一致，接缝平整，深浅一致，周边顺直。板块无裂纹、掉角和缺棱等缺陷。

2）面层邻接处的镶边用料及尺寸应符合设计要求，边角整齐、光滑。

3）踢脚线表面应洁净、高度一致、结合牢固、出墙厚度一致。

4）楼梯踏步和台阶板块的缝隙宽度应一致、齿角整齐；楼层梯段相邻踏步高度差不应大于10mm；防滑条顺直。

5）面层表面的坡度应符合设计要求，不倒泛水、无积水；与地漏、管道结合处应严密牢固，无渗漏。

6）砖面层的允许偏差应符合本规范表8-10的规定。

3. 大理石面层和花岗石面层

1）大理石、花岗石面层采用天然大理石、花岗石（或碎拼大理石、碎拼花岗石）板材应在结合层上铺设。

2）天然大理石、花岗石的技术等级、光泽度、外观等质量要求应符合国家现行行业标准《天然大理石建筑板材》JC 79、《天然花岗石建筑板材》JC 205的规定。

3）板材有裂缝、掉角、翘曲和表面有缺陷时应予剔除，品种不同的板材不得混杂使用；在铺设前，应根据石材的颜色、花纹、图案、纹理等按设计要求，试拼编号。

4）铺设大理石、花岗石面层前，板材应浸湿、晾干；结合层与板材应分段同时铺设。

(1) 主控项目

1) 大理石、花岗石面层所用板块的品种、质量应符合设计要求。

2) 面层与下一层应结合牢固,无空鼓。

注:凡单块板块边角有局部空鼓,且每自然间(标准间)不超过总数的 5% 可不计。

(2) 一般项目

1) 大理石、花岗石面层的表面应洁净、平整、无磨痕,且应图案清晰、色泽一致、接缝均匀、周边顺直、镶嵌正确、板块无裂纹、掉角、缺楞等缺陷。

2) 踢脚线表面应洁净,高度一致、结合牢固、出墙厚度一致。

检验方法:观察和用小锤轻击及钢尺检查。

3) 楼梯踏步和台阶板块的缝隙宽度应一致、齿角整齐,楼层梯段相邻踏步高度差不应大于 10mm,防滑条应顺直、牢固。

4) 面层表面的坡度应符合设计要求,不倒泛水、无积水;与地漏、管道结合处应严密牢固,无渗漏。

5) 大理石和花岗石面层(或碎拼大理石、碎拼花岗石)的允许偏差应符合本规范表8-10的规定。

4. 预制板块面层

1) 预制板块面层采用水泥混凝土板块、水磨石板块应在结合层上铺设。

2) 在现场加工的预制板块应按本规范第 5 章的有关规定执行。

3) 水泥混凝土板块面层的缝隙,应采用水泥浆(或砂浆)填缝;彩色混凝土板块和水磨石板块应用同色水泥浆

（或砂浆）擦缝。

(1) 主控项目

1) 预制板块的强度等级、规格、质量应符合设计要求；水磨石板块尚应符合国家现行行业标准《建筑水磨石制品》JC 507 的规定。

2) 面层与下一层应结合牢固、无空鼓。

注：凡单块板块料边角有局部空鼓，且每自然间（标准间）不超过总数的 5% 可不计。

(2) 一般项目

1) 预制板块表面应无裂缝、掉角、翘曲等明显缺陷。

2) 预制板块面层应平整洁净，图案清晰，色泽一致，按缝均匀，周边顺直，镶嵌正确。

3) 面层邻接处的镶边用料尺寸应符合设计要求，边角整齐、光滑。

4) 踢脚线表面应洁净、高度一致、结合牢固、出墙厚度一致。

5) 楼梯踏步和台阶板块的缝隙宽度一致、齿角整齐，楼层梯段相邻踏步高度差不应大于 10mm，防滑条顺直。

6) 水泥混凝土板块和水磨石板块面层的允许偏差应符合本规范表 8-10 的规定。